21世纪高等学校计算机类课程创新规划教材 · 微课版

Java Web 程序设计及项目实战

微课视频版

◎ 圣文顺 李晓明 刘进芬 主编　王伟 张会影 杨玉环 范晓玲 副主编

清华大学出版社
北京

内容简介

本书全面、系统地介绍了基于 Java 的 Web 编程相关技术。全书共 10 章，主要内容包括：Java Web 应用开发技术概述、Servlet 基础、请求与响应、JSP 技术、EL 表达式与 JSTL 标签库、会话技术及其应用、Servlet 高级应用、JSP 数据库应用开发、Java Web 实用开发技术，并以一个实战型项目总结本书内容。

本书主要面向普通本科院校师生，适合作为高校 Java Web 开发相关课程的教材，也适合有 Java SE 知识基础但没有 Java Web 开发基础的程序员作为入门用书。本书可帮助缺乏项目实战经验的程序员快速积累项目开发经验。

图书在版编目(CIP)数据

Java Web 程序设计及项目实战：微课视频版/圣文顺，李晓明，刘进芬主编. —北京：清华大学出版社，2020.8 (2024.7重印)

21 世纪高等学校计算机类课程创新规划教材：微课版

ISBN 978-7-302-55887-3

Ⅰ. ①J… Ⅱ. ①圣… ②李… ③刘… Ⅲ. ①JAVA 语言－程序设计－高等学校－教材 Ⅳ. ①TP312.8

中国版本图书馆 CIP 数据核字(2020)第 109138 号

责任编辑：陈景辉　薛　阳
封面设计：刘　键
责任校对：梁　毅
责任印制：宋　林

出版发行：清华大学出版社
网　　址：https://www.tup.com.cn, https://www.wqxuetang.com
地　　址：北京清华大学学研大厦 A 座　　**邮　　编**：100084
社 总 机：010-83470000　　**邮　　购**：010-62786544
投稿与读者服务：010-62776969，c-service@tup.tsinghua.edu.cn
质量反馈：010-62772015，zhiliang@tup.tsinghua.edu.cn
课件下载：https://www.tup.com.cn，010-83470236
印 装 者：三河市君旺印务有限公司
经　　销：全国新华书店
开　　本：185mm×260mm　　**印　　张**：23.25　　**字　　数**：563 千字
版　　次：2020 年 10 月第 1 版　　**印　　次**：2024 年 7月第 5 次印刷
印　　数：6001 ～ 7000
定　　价：69.90 元

产品编号：083884-01

前　　言

Java 作为面向对象程序设计的主流语言之一，一直受到程序开发人员的青睐。Java 的应用可以说是无处不在，从桌面办公应用到网络数据库应用，从 PC 到嵌入式移动平台，处处都有 Java 的身影。用途如此之广的 Java 造就了 Java 工程师的辉煌，使其在软件工程师的领域里独占鳌头。Java 开发工程师的成长之路一般要经历 Java SE 基础、Java Web 程序设计、Java EE 框架开发三部曲。

Java Web 是用 Java 语言来解决互联网 Web 相关领域问题的技术总和，包括 Web 服务器和 Web 客户端两部分。Java 技术对 Web 领域的发展注入了强大的动力，基于 Java 的 Web 应用开发技术已成为目前 Web 开发的主流技术。本书以 Servlet 3.0 和 JSP 2.2 规范为基础，对 Java Web 开发编程技术进行了详细的讲解，以通俗易懂的案例程序循序渐进地引领读者从基础到各个知识点进行系统学习。

本书全面、系统地介绍了基于 Java 的 Web 编程相关技术，体现了应用 Java 技术开发 Web 应用的快捷高效，程序设计开发规范、内容结构清晰、应用实例丰富，实现了理论学习和具体应用的充分结合。全书共 10 章，主要内容如下。

第 1 章主要介绍程序开发架构与交互模式、Java Web 应用开发的相关技术、Java Web 开发环境配置以及 Java Web 应用程序的开发与部署方法。

第 2 章主要介绍了 Servlet 的基本知识、Servlet 常用的接口和类的方法，最后介绍了 Servlet 的运行机制，并由此引出了 Servlet 线程安全问题。

第 3 章主要介绍了 HttpServletResponse 响应对象、HttpServletRequest 请求对象及使用两个对象进行程序开发的具体实例。

第 4 章主要介绍 JSP 基础知识，主要包括 JSP 的各种语法元素、JSP 页面的生命周期、JSP 的内置对象等，引导读者开发简单的 JSP 程序。

第 5 章介绍了表达式语言(EL)的使用以及 JSTL 标签库的详细内容。

第 6 章主要讲解会话技术的相关概念及其 4 种不同实现方式。

第 7 章重点讲解 Filter 过滤器与 Listener 监听器及其使用方法。

第 8 章详细介绍 JSP 数据库访问与开发技术，包括常见的数据库连接方式，使用数据源访问数据库的方法以及 DAO 设计模式。

第 9 章介绍常见的实用开发技术，包括图形验证码技术、MD5 加密技术、在线编辑器、文件上传与下载和 Java Mail 开发等。

第 10 章介绍了一个实际开发案例——网上问答系统，总结前面所学内容，强化读者的实际应用开发能力。

配套资源

为便于教学，本书配有2170分钟教学视频、程序源码、教学课件、教学大纲、教学日历、软件安装包、习题答案。

（1）获取教学视频方式：读者可以先扫描本书封底的文泉云盘防盗码，再扫描书中相应的视频二维码，观看教学视频。

（2）获取程序源码、软件安装包和习题答案的方式：先扫描本书封底的文泉云盘防盗码，再扫描下方二维码，即可获取。

程序源码

软件安装包

习题答案

（3）其他配套资源可以扫描本书封底的课件二维码下载。

适读人群

本书可作为高等学校计算机专业Java Web开发相关课程的教材，也可以作为打算从事Java Web开发的程序员或计算机爱好者及其他自学人员的学习用书。

参加本书编写的人员还有孙洁、乔雨、都娥娥、黄承宁、姜丽莉、李双梅、季波、孙艳文、彭晶星、邵琳洁、王嘉豪、薛龙花等。

由于时间仓促和作者水平有限，书中疏漏和不妥之处在所难免，敬请读者批评指正。

编　者

2020年8月

目　　录

第1章 Java Web应用开发技术概述

当前Internet已经遍及社会的每个角落,Web应用也已经成为Internet上最受欢迎的应用,而Web应用的出现也推动了Internet的普及与推广。Web技术已经成为Internet上最重要的技术之一。随着Web应用越来越广泛,Web开发逐渐成为软件开发技术的重要组成部分。Web开发是B/S模式下的一种开发形式。本章简单介绍程序开发架构、Java Web开发所需要的主流技术,以及开发Java Web应用所需要的开发环境、运行环境和开发工具。最后,介绍建立简单的Web项目,并讲解Web项目的结构。

1.1 程序架构与交互模式

视频讲解

一般程序按是否进行网络接入分为单机版和网络版两种。单机版程序一般指仅使用一台计算机或客户端就可以独立运作的软件,相对于网络程序而言不需要联网,单机运行即可,比如Office、Photoshop、记事本和画图软件等。近年来,由于互联网的普及,为了实现多人连线合作、防止盗版等功能,许多单机软件也逐渐开始连入网络,逐渐向网络软件发展。凡是能够通过网络在多台计算机上同时运行的软件,称为网络版软件。在网络应用程序中,有两种基本的架构:C/S架构和B/S架构。

1.1.1 C/S程序架构

C/S程序架构即Client/Server(客户机/服务器)结构,是人们熟知的软件系统体系结构,也是一种比较早的软件架构,主要应用于局域网内,通过将任务合理分配到客户端和服务器端,降低了系统的通信开销,需要安装客户端才可进行管理操作。客户端和服务器端的程序不同,用户的程序主要在客户端,服务器端主要提供数据管理、数据共享、数据及系统维护和并发控制等,客户端程序主要完成用户的具体业务。C/S架构的程序开发比较容易,操作简便,但应用程序的升级和客户端程序的维护较为困难。较常见的C/S架构软件有QQ、Foxmail、360杀毒软件等。C/S体系架构如图1-1所示。

1.1.2 B/S程序架构

B/S程序架构即Browser/Server(浏览器/服务器)结构,是随着Internet技术的兴起,对C/S结构的一种优化或者改进的结构。在这种结构下,用户操作完全通过WWW浏览器实现,如图1-2所示。

客户端基本上没有专门的应用程序,应用程序基本上都在服务器端。由于客户端不需要特意安装软件,应用程序的升级和维护都可以在服务器端完成,升级维护方便。客户端使

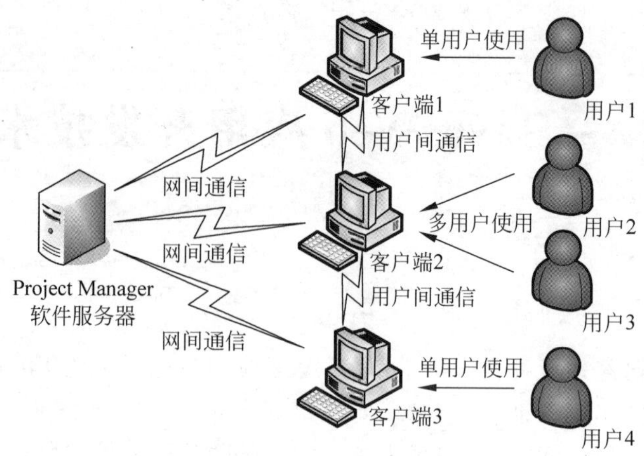

图 1-1　C/S 体系架构

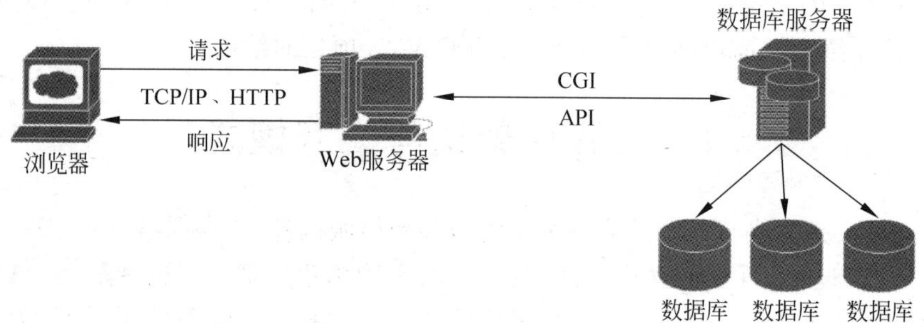

图 1-2　B/S 体系架构

用浏览器进行访问,使得用户界面"丰富多彩",但数据的打印输出等功能受到了限制。为了克服这个缺点,一般把利用浏览器方式难以实现的功能,单独开发成可以发布的控件,在客户端利用程序调用来完成。

1. B/S 程序架构的优点

(1) 浏览器和数据库服务器采用多对多的方式连接,因此适合在广域网里实现,甚至是全球网,有着很强大的信息共享性。

(2) 浏览器只处理一些简单的逻辑事务,负担小。

(3) 数据都集中存放在数据库服务器,所以不会出现数据不一致现象。

(4) 随着服务器负载的增加,可以平滑地增加服务器的个数并建立集群服务器系统,然后在各个服务器之间做负载均衡。

(5) B/S 建立在广域网上,所以对网速要求不高,不需要安装客户端,只要能连上网,就能随时随地地浏览页面。

(6) B/S 架构的程序设计模式实现了浏览器、Web 服务器和后台数据库三层访问模式,能有效地保护数据平台和管理访问权限,确保服务器数据库的数据安全。

2. B/S 程序架构的缺点

(1) 服务器承担着重要的责任,数据负荷较重。一旦发生服务器"崩溃"等问题,后果不堪设想。

(2) 页面需要不断地动态刷新,当用户增多时,网速会变慢。

(3) 由于客户端的浏览器类型五花八门，在程序开发时需要特别注意浏览器的兼容性和安全性。

通常我们打开浏览器，输入百度、新浪等大型网站的 URL 地址(如 http://www.baidu.com、http://www.sina.com.cn)，就可以访问相应的网络资源，这些都属于 B/S 架构的程序。

1.1.3 交互模式

在当前的应用系统中，B/S 系统占绝对主流地位，Java Web 应用开发就是 B/S 模式下的软件开发。要开发基于 B/S 的应用系统，必须首先知道什么是外部网站。Web 原意是“网”。在互联网等技术领域，特指网络；在应用程序领域，又是万维网的简称。不过对于不同的对象，有多方面的含义：对于普通用户来说，Web 是一种应用程序的使用环境；对于软件网站的制作者来说，是一系列技术的复合总称，如网站的用户界面、后台程序、数据库等。

在 Web 程序结构中，用户通过浏览器向服务器端发送请求，服务器对客户端的请求进行响应，将处理结果反馈给客户端浏览器，从而实现整个交互过程，具体访问流程如图 1-3 所示。

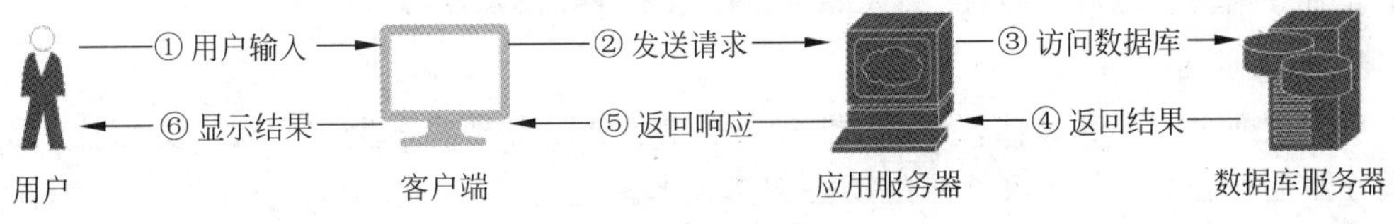

图 1-3　B/S 交互模式

访问过程描述如下。

① 客户端通过浏览器接受用户的输入，如用户名、密码、查询字符串等。

② 客户端向应用服务器发送请求，即输入之后提交，客户端把请求信息(包含表单中的输入以及其他请求等信息)发送到应用服务器端，客户端等待服务器端的响应。

③ 数据处理，即应用服务器使用某种脚本语言访问数据库，查询数据，并获取查询结果。

④ 数据库服务器向应用服务器中的程序返回结果。

⑤ 发送响应，即应用服务器端向客户端发送响应信息(一般是动态生成的 HTML 页面)。

⑥ 显示，即浏览器解释 HTML 代码，将结果界面呈现给用户。

1.2　Java Web 应用开发技术

视频讲解

Java Web 是用 Java 技术来解决相关 Web 互联网领域的技术总和。Web 包括 Web 服务器和 Web 客户端两部分。Java 在客户端的应用有 Java Applet，不过使用得很少。Java 在服务器端的应用非常丰富，比如 Servlet、JSP 和第三方框架等。Java 技术对 Web 领域的发展注入了强大的动力。在 Sun 公司的 Java Servlet 规范中，对 Java Web 应用做了这样的定义：“Java Web 应用由一组 Servlet、HTML 页、类，以及其他可以被绑定的资源构成。它可以在各种供应商提供的能实现 Servlet 规范的 Servlet 容器中运行。”

1.2.1 Java Web应用相关概念

1. Web页面

Web是互联网提供信息的一种手段。通过这种手段,能够实现以Web页面为单位管理庞大的信息及其之间的联系,并对其进行无缝检索。Web在提供信息服务之前,所有信息都必须以文件方式事先存放在Web服务器所管辖的磁盘中的某个文件夹下,其中包含由超文本标记语言(HyperText Markup Language,HTML)组成的文本文件,这些文本文件称为超链接文件,又称网页文件或Web页面文件(Web Page)。根据网页文件生成的方式不同,可以分为静态页面和动态页面两种。

1)静态页面

静态文档也叫静态页面,是一种以文件的形式存放在服务器端的文档。静态文档创建完成之后存放在Web服务器上,在被用户浏览的过程中,其内容保持不变,因此用户每次对静态文档的访问所得到的结果都是相同的。

静态文档的最大优点是简单,由于HTML是一种排版语言,即便是不懂程序设计的人员也可以创建静态网页文档。静态文档的缺点是不够灵活,当信息变化时,就要由文档的作者手动对文档进行修改。显然,静态网页不适用于变化频繁的文档。

2)动态页面

动态页面也叫动态文档,是指文档的内容可以根据需要动态生成。动态文档技术又分为服务器端动态文档技术和客户端动态文档技术。

服务器端动态文档技术主要包括公共网关接口(Common Gateway Interface,CGI)技术、服务器扩展技术(如Servlet容器)、在HTML页面中嵌入脚本技术(如当前比较流行的ASP、ASP.NET、PHP和JSP技术)等。

服务器端动态脚本技术处理表单以及与服务器上的数据库进行交互的问题。它们都可以接收来自表单的信息,在一个或多个数据库中查找信息,然后利用查找的结果生成HTML页面。它们所不能做的是响应鼠标移动事件,或者直接与用户交互。为了达到这个目的,有必要在HTML页面中嵌入脚本,而且这些脚本是在客户机上被执行的而不是在服务器上执行的。通常使用VBScript或JavaScript结合DOM技术实现客户端动态Web文档技术。客户端动态文档的技术与服务器端动态文档的技术是完全不同的。对于采用服务器端动态文档技术的页面,代码是在服务器端执行的;而采用客户端动态文档技术的页面,代码是在客户端执行的。

2. Web容器

Web容器(Container)指的是提供特定程序组件服务的标准化运行环境,通过这些组件可以在Java EE平台上得到所期望的服务。容器的作用是为组件提供部署、执行、生命周期管理、安全和其他组件需求相关的服务。此外,不同类型的容器明确地为它们管理的各种类型的组件提供附加服务。例如,Web容器都提供响应客户请求、执行请求事件的处理,以及将结果返回到客户端的运行时环境支持;Web容器还负责管理某些基本服务,诸如组件的生命周期、数据库连接资源的共享、数据持久性等。

一般来说,软件开发人员只要开发出满足Java EE应用需要的组件并能安装在容器内就可以了。程序组件的安装过程包括设置各个组件在Java EE应用服务器中的参数,以及设置 Java EE 应用服务器本身，这些设置决定了在底层由 Java EE 服务器提供的多种服务（例如安全、交易管理、JNDI 查询和远程方法调用等）。

Java EE 平台对每一种主要的组件类型都定义了相应的容器类型。Java EE 平台由 Applet 容器、应用客户端容器（Application Client Container）、Web 容器（Servlet、JSP 容器）和 EJB 容器（Enterprise JavaBeans Container）4 种类型的程序容器组成。

（1）EJB 容器——为 Enterprise JavaBean 组件提供运行时环境，它对应于业务层和数据访问层，主要负责数据处理以及和数据库或其他 Java 程序的通信。

（2）Web 容器——管理 JSP 和 Servlet 等 Web 组件的运行，主要负责 Web 应用和浏览器的通信，它对应于表示层。Web 容器是本书所使用的容器。

（3）应用客户端容器——负责 Web 应用在客户端组件的运行，对应于用户界面层。

（4）Applet 容器——负责在 Web 浏览器和 Java 插件（Java Plug-in）上运行 Java Applet 程序，对应于用户界面层。

每种容器内都使用相关的 Java Web 编程技术。这些技术包括应用组件技术（如 Servlet、JSP、EJB 等技术构成了应用的主体）、应用服务技术（如 JDBC、JNDI 等服务保证组件具有稳定的运行时环境）、通信技术（如 RMI、JavaMail 等技术在平台底层实现机器和应用程序之间的信息传递）3 类。

3. 组件

为了降低软件开发成本，适应企业快速发展的需求，Java EE 平台提供了基于组件的方式设计、开发、组装和部署企业应用系统。按照这种方式开发出来的 Java EE 组件，不依赖于某个特定厂商提供的产品或者 API，不管是开发商还是最终用户，都有最大的自由去选择那些能更好地满足业务或技术需求的产品或组件。

组件（Component）是指在应用程序中能发挥特定功能的软件单位，实质上是几种特定的 Java 程序，只不过这些程序被规定了固定的格式和编写方法，它们的功能和使用方式在一定程度上被标准化了。例如，在 Java 2 标准版中提供的 JavaBean 组件，就是按照特定格式编写的 Java 类文件，JavaBean 可以通过 get/set 方法访问对象中的属性数据。

Java EE 平台主要提供了以下 3 类 Java EE 组件。

（1）客户端组件——客户端的 Applet 和客户端应用程序。

（2）Web 组件——Web 容器内的 JSP、Servlet、Web 过滤器、Web 事件监听器等。

（3）EJB 组件——EJB 容器内的 EJB 组件。

1.2.2 Java Web 应用常用开发技术

在信息领域中，Web 技术几乎汇集了当前信息处理的所有技术手段，以求最大限度地满足人性化的特点。由于 Web 正处在日新月异的高速发展之中，它所覆盖的技术领域和层次深度也在不断改变，所以在这里只讨论主流技术的相关内容。现阶段 Web 的基本技术包括 HTML、CSS、JavaScript、JSP、Servlet、JavaBean 等。下面分别对它们进行介绍。

1. HTML

HTML（HyperText Markup Language，超文本标记语言）是一种用来制作超文本文档的简单标记语言，它实际上是标准通用标记语言（Standard Generalized Markup Language，SGML）的一个子集。SGML 是 1986 年发布的一个信息管理方面的国际标准（ISO 8879）。

HTML通过利用近120种标记来标识文档的结构以及标识超链接的信息。虽然HTML描述了文档的结构格式,但并不能精确地定义文档信息必须如何显示和排列,而只是建议Web浏览器应该如何显示和排列这些信息,最终在用户面前的显示结果取决于Web浏览器本身的显示风格及其对标记的解释能力。这就是为什么同一文档在不同的浏览器中展示的效果会不一样的原因。

在互联网发展的开始阶段,人们通过浏览器浏览的页面一般都是HTML静态页面,即Web页面只包括单纯的HTML标记文本内容,浏览器也只能显示简单的文字或图像等信息。静态页面是实际存在的,无须经过服务器编译,而可直接加载到客户端浏览器上显示出来。用户使用客户机端的Web浏览器,访问Internet上各个Web站点,在每一个站点都有一个主页(Home Page)作为进入某个Web站点的入口。每一个Web页中都可以含有信息及超文本链接,超文本链接可以让用户链接到另一个Web站点或是其他Web页面。从服务器端来看,每一个Web站点由一台主机、Web服务器及许多Web页面文件组成,以一个主页为首,其他的Web页为支点,形成一个树状的结构,每一个Web页面都是以HTML的格式编写的。Web服务器使用HTTP超文本传输协议,将HTML文档从Web服务器传输到用户的Web浏览器上,就可以在用户的屏幕上显示出特定设计风格的Web页面。

HTML文件是一种纯文本文件,通常它带有.htm或.html的文件扩展名(在UNIX中的扩展名为.html)。可以使用各种类型的文本编辑工具来创建或者处理HTML文档,如记事本、写字板、Front Page、Dreamweaver或HBuilder等都可用来创建或者处理HTML文档。

超级文本标记语言文档的制作不是很复杂,但功能强大,支持不同数据格式的文件嵌入,这也是万维网(WWW)盛行的原因之一,其主要特点如下。

(1) 简易性:超级文本标记语言版本升级采用超集方式,从而更加灵活方便。

(2) 可扩展性:超级文本标记语言的广泛应用带来了加强功能,增加标识符等要求,超级文本标记语言采取子类元素的方式,为系统扩展带来保证。

(3) 平台无关性:虽然个人计算机大行其道,但使用MAC等其他机器的大有人在,超级文本标记语言可以使用在广泛的平台上,这也是万维网(WWW)盛行的另一个原因。

(4) 通用性:HTML是网络的通用语言,一种简单、通用的全置标记语言。它允许网页制作人员建立文本与图片相结合的复杂页面,这些页面可以被网上任何其他人浏览到,无论使用的是什么类型的计算机或浏览器。

随着互联网技术的不断发展以及网上信息呈几何级数的增加,人们逐渐发现手动编写包含所有信息和内容的页面对人力和物力都是一种极大的浪费,而且几乎变得难以实现。此外,采用静态页面方式建立起来的站点只能简单地根据用户的请求传送现有页面,而无法实现各种动态的交互功能。具体来说,静态页面在以下几个方面都存在明显的不足。

(1) 无法支持后台数据库。随着网上信息量的增加,以及企业和个人希望通过网络发布产品和信息的需求的增强,人们越来越需要一种能够通过简单的Web页面访问服务端后台数据库的方式,这是静态页面所远远不能实现的。

(2) 无法有效地对站点信息进行及时的更新。用户如果需要对传统静态页面的内容和信息进行更新或修改的话,只能够采用逐一更改每个页面的方式。在互联网发展初期网上信息较少的时代,这种做法还是可以接受的。但现在即便是个人站点也包含着各种各样的丰富内容,因此如何及时、有效地更新页面信息成为一个亟待解决的问题。

(3) 无法实现动态显示效果。所有的静态页面都是事先编写好的,是一成不变的,因此访问同一页面的用户得到的都将是相同的内容,静态页面无法根据不同的用户做不同的页面显示。

HTML 从产生到现在,已经经历了好几次版本的升级与更迭,其发展历史如下。

超文本标记语言(第一版)——1993 年 6 月作为互联网工程工作小组(IETF)工作草案发布(并非标准)。

HTML 2.0——1995 年 11 月作为 RFC 1866 发布,在 RFC 2854 于 2000 年 6 月发布之后被宣布已经过时。

HTML 3.2——1997 年 1 月 14 日,W3C 推荐标准。

HTML 4.0——1997 年 12 月 18 日,W3C 推荐标准。

HTML 4.01(微小改进)——1999 年 12 月 24 日,W3C 推荐标准。

HTML 5.0——2014 年 10 月 28 日,W3C 正式发布 HTML 5.0 推荐标准。

HTML 5.1——2016 年 11 月 1 日,W3C 的 Web 平台工作组(Web Platform Working Group)发布了 HTML 5.1 的正式推荐标准(W3C Recommendation)。

HTML 5.2——2017 年 12 月 14 日,W3C 的 Web 平台工作组(Web Platform Working Group)发布了 HTML 5.2 正式推荐标准(Recommendation),并淘汰过时的 HTML 5.1 推荐标准。

2019 年 5 月 28 日,W3C 与 WHATWG 开启合作模式,W3C 将重新成立 HTML 工作组,W3C 一如既往地坚持 HTML 发展始终考虑全球社区的需求,同时不断改进可访问性、国际化和隐私等方面,进一步提升互操作性、性能和安全性。

2. CSS

CSS(Cascading Style Sheets)即层叠样式表,是一种用来表现 HTML 或 XML(标准通用标记语言的一个子集)等文件样式的计算机语言。CSS 不仅可以静态地修饰网页,还可以配合各种脚本语言动态地对网页各元素进行格式化。CSS 为 HTML 提供了一种样式描述,定义了其中元素的显示方式。CSS 能够对网页中元素位置的排版进行像素级精确控制,支持几乎所有的字体字号样式,拥有对网页对象和模型样式编辑的能力。CSS 在 Web 设计领域是一个突破,利用它可以实现修改一个小的样式更新与之相关的所有页面元素。

CSS 是一种定义样式结构如字体、颜色、位置等的语言,被用于描述网页上的信息格式化和显示的方式。CSS 样式可以直接存储于 HTML 网页或者单独的样式单文件。无论哪一种方式,样式单包含将样式应用到指定类型的元素的规则。外部使用时,样式单规则被放置在一个带有文件扩展名.css 的外部样式单文档中。

样式规则是可应用于网页中元素,如文本段落或链接的格式化指令。样式规则由一个或多个样式属性及其值组成。内部样式单直接放在网页中,外部样式单保存在独立的文档中,网页通过一个特殊标签链接外部样式单。

名称 CSS 中的"层叠(cascading)"表示样式单规则应用于 HTML 文档元素的方式。具体地说,CSS 样式单中的样式形成一个层次结构,更具体的样式覆盖通用样式。样式规则的优先级由 CSS 根据这个层次结构决定,从而实现级联效果。总的来说,CSS 具有以下特点。

(1) 丰富的样式定义。CSS提供了丰富的文档样式外观,以及设置文本和背景属性的能力;允许为任何元素创建边框,以及元素边框与其他元素间的距离,以及元素边框与元素内容间的距离;允许随意改变文本的大小写方式、修饰方式以及其他页面效果。

(2) 易于使用和修改。CSS可以将样式定义在HTML元素的style属性中,也可以将其定义在HTML文档的header部分,也可以将样式声明在一个专门的CSS文件中,以供HTML页面引用。总之,CSS样式表可以将所有的样式声明统一存放,进行统一管理。另外,可以将相同样式的元素进行归类,使用同一个样式进行定义,也可以将某个样式应用到所有同名的HTML标签中,也可以将一个CSS样式指定到某个页面元素中。如果要修改样式,只需要在样式列表中找到相应的样式声明进行修改。

(3) 多页面应用。CSS样式表可以单独存放在一个CSS文件中,这样就可以在多个页面中使用同一个CSS样式表。CSS样式表理论上不属于任何页面文件,在任何页面文件中都可以将其引用。这样就可以实现多个页面风格的统一。

(4) 层叠。简单地说,层叠就是对一个元素多次设置同一个样式,这将使用最后一次设置的属性值。例如,对一个站点中的多个页面使用了同一套CSS样式表,而某些页面中的某些元素想使用其他样式,就可以针对这些样式单独定义一个样式表应用到页面中。这些后来定义的样式将对前面的样式设置进行重写,在浏览器中看到的将是最后设置的样式效果。

(5) 页面压缩。在使用HTML定义页面效果的网站中,往往需要大量或重复的表格和font元素形成各种规格的文字样式,这样做的后果就是会产生大量的HTML标签,从而使页面文件的大小增加。而将样式的声明单独放到CSS样式表中,可以大大地减小页面的体积,这样在加载页面时使用的时间也会大大减少。另外,CSS样式表的复用更大程度地缩减了页面的体积,减少下载的时间。

3. JavaScript

JavaScript是目前使用最广泛的脚本语言,它是由Netscape公司开发并随Navigator浏览器一起发布的,是一种介于Java与HTML之间、基于对象的事件驱动的编程语言。使用JavaScript,不需要Java编译器,而是直接在Web浏览器中解释执行,无须服务器端的支持。这种脚本语言可以直接嵌套在HTML代码中,它响应一系列的事件。当一个JavaScript函数响应的动作发生时,浏览器就会执行对应的JavaScript代码,从而在浏览器端实现与客户的交互。

JavaScript语言在早期被Netscape的开发者们称为Mocha语言,在一次Beta测试时,名字被改为LiveScript。Sun公司推出Java之后,Netscape引进了Sun的有关概念,将自己原有的LiveScript更名为JavaScript,它不仅支持Java的Applet小程序,同时向Web开发者提供一种嵌入HTML文档进行编程的、基于对象的Script程序设计功能。JavaScript增加了HTML网页的互动性,它可以在浏览器端实现一系列动态的功能,仅依靠浏览器就可以完成一些与用户的互动。

虽然JavaScript采用的许多结构与Java相似,但两者有着根本的不同。Java是面向对象的程序设计语言,JavaScript则是一种脚本语言,是一种基于对象的、面向非程序设计人员的编程语言。和Java不同,JavaScript没有提供抽象、继承、多态等有关面向对象程序设计的许多功能。JavaScript源代码无须编译,嵌入HTML文档中的JavaScript源代码实际上是作为HTML页面的一部分存在的。浏览器浏览包含代码的HTML页面时，由浏览器自带的脚本引擎对该HTML文档进行分析、识别、解释，并执行用JavaScript编写的源代码。而Java则不同，Java源代码必须经编译、链接后才能运行。

4. JSP

JSP(Java Server Page)是由Sun公司于1999年推出的一项因特网应用开发技术，是基于Java Server以及整个Java体系的Web开发技术，利用这一技术可以建立先进、安全和跨平台的动态网站。JSP技术是以Java语言作为脚本语言的，使用JSP标识或者Java Servlet小脚本来生成页面上的动态内容。JSP页面看起来像普通HTML页面，但它允许嵌入服务器执行代码。服务器端的JSP引擎解释JSP标识和小脚本，生成所请求的内容，并且将结果以HTML页面形式发送回浏览器。在数据库操作上，JSP可通过JDBC技术连接数据库。

Java Servlet是一种开发Web应用的理想架构。JSP以Servlet技术为基础在许多方面做了改进。利用跨平台运行的JavaBean组件，JSP为分离处理逻辑与显示样式提供了卓越的解决方案。JavaBean是一种基于Java的软件组件。JSP对于在Web应用中集成JavaBean组件提供了完善的支持。这种支持不仅能缩短开发时间，也为JSP应用带来了更多的可伸缩性。JavaBean组件不仅可以用来执行复杂的计算任务，还可以负责与数据库的交互以及数据提取等。JSP可以通过JavaBean等技术实现内容的产生和显示相分离，并且JSP可以使用JavaBeans或者EJB(Enterprise JavaBeans)来执行应用程序所要求的更为复杂的处理，进而完成企业级的分布式的大型应用。

JSP本身虽然也是脚本语言，但是却和PHP、ASP有着本质的区别。PHP和ASP都是由语言引擎解释执行程序代码，而JSP代码却被编译成Servlet并由Java虚拟机执行，这种编译操作仅在对JSP页面的第一次请求时发生。因此普遍认为JSP的执行效率比PHP和ASP都高。

绝大多数JSP页面依赖于可重用的和跨平台的组件。跨平台应用是JSP的最大特色。作为Java平台的一部分，JSP拥有Java编程语言"一次编写，各处运行"的特点。随着越来越多的供应商将JSP支持添加到他们的产品中，开发人员可以自由选择服务器和开发工具，更改工具或服务器并不影响当前的应用。

5. Servlet

Servlet是一种服务器端的Java应用程序，具有独立于平台和协议的特性，可以生成动态的Web页面。它担当客户请求(Web浏览器或其他HTTP客户程序)与服务器响应(HTTP服务器上的数据库或应用程序)的中间层。Servlet是位于Web服务器内部的服务器端的Java应用程序，与传统的从命令行启动的Java应用程序不同，Servlet由Web服务器进行加载，该Web服务器必须包含支持Servlet的Java虚拟机。Servlet是按照自身规范设计的一个Java类，具有可移植性、功能强大、安全、继承模块化和可扩展性好等特点。

最早支持Servlet技术的是JavaSoft的Java Web Server。此后，一些其他的基于Java的WebServer开始支持标准的Servlet API。Servlet的主要功能在于交互式地浏览和修改数据，生成动态Web内容。这个过程如下。

(1) 客户端发送请求至服务器端。

(2) 服务器将请求信息发送至Servlet。

(3) Servlet 生成响应内容并将其传给 Server。

(4) 服务器将响应返回给客户端。

Servlet 看起来像是通常的 Java 程序。Servlet 导入特定的属于 Java Servlet API 的包。因为是对象字节码,可动态地从网络加载,可以说 Servlet 对 Server 就如同 Applet 对 Client 一样。但是,由于 Servlet 运行于 Server 中,它们并不需要一个图形用户界面。从这个角度讲,Servlet 也被称为 FacelessObject。一个 Servlet 就是 Java 编程语言中的一个类,它被用来扩展服务器的性能,服务器上驻留着可以通过"请求-响应"编程模型来访问的应用程序。虽然 Servlet 可以对任何类型的请求产生响应,但通常只用来扩展 Web 服务器的应用程序。

6. JavaBean

JavaBean 是 Sun 微系统的一个面向对象的编程接口,可方便用户创建可重用的应用程序,也可以在网络主流操作系统平台上配置程序块,通常将 JavaBean 称作组件。在 Java Web 开发中常用 JavaBean 来存放数据、封装业务逻辑等,从而很好地实现业务逻辑和表示逻辑的分离,使系统具有更好的健壮性和灵活性。像 Java Applet 一样,JavaBeans 组件(或 Beans)能够给予万维网页面交互的能力,例如,计算感兴趣的比率或是根据用户或浏览器的特性改变页面内容。对程序员来说,JavaBean 最大的好处是可以实现代码的重用,另外对程序的易维护性等也有很大的意义。

JavaBeans 是用 Java 语言定义的类,这种类的设计需要遵循 JavaBeans 规范的有关约定。任何遵循下面三个规范的 Java 类都可以作为 JavaBean 使用。

(1) JavaBean 应该是 public 类,并且具有无参数的 public 构造方法,通过定义不带参数的构造方法或使用默认的构造方法均可满足这个要求。

(2) JavaBean 类的成员变量一般称为属性(property)。对每个属性访问权限一般定义为 private,而不是 public。注意:属性名必须以小写字母开头。

(3) 每个属性通常定义两个 public 方法,一个是访问方法(getter),另一个是修改方法(setter),使用它们访问和修改 JavaBeans 的属性值。访问方法名应该定义为 getXxx(),修改方法名应该定义为 setXxx()。

由此可见,JavaBean 事实上有三层含义。首先,JavaBean 是一种规范,一种在 Java(包括 JSP)中可重复使用的 Java 组件的技术规范,也可以说成我们常说的接口。其次,JavaBean 是一个 Java 的类,一般来说,这样的 Java 类将对应于一个独立的.java 文件,在绝大多数情况下,这应该是一个 public 类型的类。最后,当 JavaBean 这样一个 Java 类在具体的 Java 程序中被实例之后,这就是面向对象的对象,有时也会将这样的一个 JavaBean 的实例称为 JavaBean。简言之,JavaBean 就是 Java 中的接口、类和对象。

7. JDBC

JDBC(Java DataBase Connectivity,Java 数据库访问接口)是一种用于执行 SQL 语句的 Java API,可以为多种关系数据库提供统一访问,它由一组用 Java 语言编写的类和接口组成。JDBC 提供了一种基准,据此可以构建更高级的工具和接口,使数据库开发人员能够编写数据库应用程序。

使用 JDBC API 可以访问任何数据源,从关系数据库到电子表格甚至平面文件(Flat File),它使开发人员可以用纯 Java 语言编写完整的数据库应用程序。JDBC 的基本功能包括:建立与数据库的连接;发送 SQL 语句;处理数据库的操作结果等。

8. XML

XML(eXtensible Markup Language)即可扩展标记语言，是标准通用标记语言(SGML)的子集，是一种用于标记电子文件使其具有结构性的标记语言。

在电子计算机中，标记指计算机所能理解的信息符号，通过此种标记，计算机之间可以处理包含各种信息，比如文章等。它可以用来标记数据、定义数据类型，是一种允许用户对自己的标记语言进行定义的源语言。它非常适合万维网传输，提供统一的方法来描述和交换独立于应用程序或供应商的结构化数据，是 Internet 环境中跨平台的、依赖于内容的技术，也是当今处理分布式结构信息的有效工具。早在 1998 年，W3C 就发布了 XML 1.0 规范，使用它来简化 Internet 的文档信息传输。

在 Java Web 应用程序中，XML 主要用于描述配置信息。Servlet、Struts、Spring 以及 Hibernate 框架需要配置文件，它们的配置文件都是 XML 格式的。当前，XML 已成为 W3C 推荐使用的标准，是整个 Web 的基本结构和未来技术发展的基础。具体来讲，什么是 XML?

(1) XML 是一种类似于 HTML 的标记语言。

(2) XML 是用来描述数据的。

(3) XML 的标记不是在 XML 中预定义的，用户必须定义自己的标记。

(4) XML 使用文档类型定义(DTD)或者模式(Schema)来描述数据。

(5) XML 使用 DTD 或者 Schema 后就是自描述的语言。

从上面 XML 的定义来看，应清楚以下 3 点。

(1) 可以用 XML 来定义标记，它和 HTML 是不一样的，XML 的用途比 HTML 广泛得多；XML 并不是 HTML 的替代。

(2) XML 不是 HTML 的升级，它只是 HTML 的补充，为 HTML 扩展更多功能，我们仍将在较长的一段时间里继续使用 HTML，但基于 XML 格式的 XHTML 将逐步取代 HTML。

(3) 不能用 XML 来直接写网页。XML 文档存放自描述的数据，必须转换成 HTML 格式后才能在浏览器上显示。

一个简单的 XML 文档内容如下。

```
<?xml version = "1.0"?>
< book >
        < title > XML 及应用</title >
         < author >许爱平等</author >
        < publisher >清华大学出版社</publisher >
        < publishdate > 200509 </publishdate >
</book >
```

其中，book、title、author、publisher、publishdate 都是自定义的标记(tag)。

1.2.3 MVC 设计模式

Sun 公司推出 Servlet 技术的主要目的是代替 CGI 编程。可以把 Servlet 看成是含有 HTML 的 Java 代码。仅使用 Servlet 当然可以实现 Web 应用程序的所有功能，但它的一大缺点是业务逻辑和表示逻辑不分，这导致涉及大量 HTML 内容的应用编写 Servlet 非常复杂，程序的修改困难，代码的可重用性也较差。因此，Sun 又推出了 JSP 技术。可以把 JSP 看成是含有 Java 代码的 HTML 页面。JSP 页面本质上也是 Servlet，它可以完成 Servlet 能够完成的所有任务。

Sun 公司在推出 JSP 技术后提出了建立 Web 应用程序的两种体系结构方法，这两种方法分别称为 JSP Model 1 体系结构和 JSP Model 2 体系结构，二者的差别在于处理请求的方式不同。

1. Model 1 体系结构

在 Model 1 体系结构中，每个请求的目标都是 JSP 页面。JSP 页面负责完成请求所需要的所有任务，其中包括验证客户、使用 JavaBeans 访问数据库及管理用户状态等。最后的响应结果也通过 JSP 页面发送给客户。

在该结构中没有一个核心组件控制应用程序的工作流程，所有的业务处理都使用 JavaBeans 实现。该结构具有严重的缺点。第一，它需要将实现业务逻辑的大量 Java 代码嵌入到 JSP 页面中，这将对不熟悉服务器端编程的 Web 页面设计人员产生困难。第二，这种方法并不具有代码可重用性。例如，为一个 JSP 页面编写的用户验证代码无法在其他 JSP 页面中重用。

2. Model 2 体系结构

Model 2 体系结构如图 1-4 所示，这种体系结构又称为 MVC（Model-View-Controller）设计模式。在这种结构中，将 Web 组件分为模型（Model）、视图（View）和控制器（Controller），每种组件完成各自的任务。在这种结构中所有请求的目标都是 Servlet 或 Filter，它充当应用程序的控制器。Servlet 分析请求并将响应所需要的数据收集到 JavaBeans 对象或 POJO 对象中，该对象作为应用程序的模型。最后，Servlet 控制器将请求转发到 JSP 页面。这些页面使用存储在 JavaBeans 中的数据产生响应。JSP 页面构成了应用程序的视图。

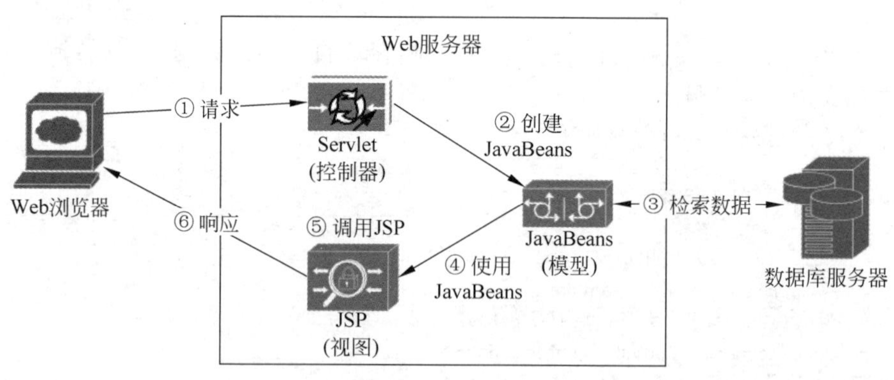

图 1-4　MVC 设计模式

该模型的最大优点是将业务逻辑和数据访问从表示层分离出来。控制器提供了应用程序的单一入口点，它提供了较清晰的实现安全性和状态管理的方法，并且这些组件可以根据需要实现重用。然后，根据客户的请求，控制器将请求转发给合适的表示组件，由该组件来响应客户。这使得 Web 页面开发人员可以只关注数据的表示，因为 JSP 页面不需要任何复杂的业务逻辑。

1.3 Java Web 开发环境及开发工具

Java Web 应用开发就是使用 Java 开发语言及其相关的开发技术，来完成 Web 应用程序的开发过程。开发 Java Web 项目，需要安装相应的开发工具并配置相应的开发环境。本节主要介绍 Java Web 开发工具的下载、安装与配置，Java Web 开发环境的搭建及具体开发工具的使用。软件下载指导文档，详见下方二维码。

软件下载指导文档

视频讲解

1.4 Java Web 应用程序的开发与部署

Eclipse 是一个集成开发工具，可以创建多种类型的项目。安装了服务器和 IDE 之后，本节开始介绍如何开发 Web 网站项目。创建 Web 项目的步骤如下。

(1) 启动 Eclipse，创建 Web 项目。

(2) 创建动态 Web 项目。

(3) 设计编写 Web 项目的代码与网页。

(4) 部署 Web 项目资源内容。

(5) 启动 Web 服务器(Tomcat)，调试运行程序。

(6) 部署 Web 项目，在服务器中发布运行该项目。

具体步骤详见下方二维码。

Java Web 应用程序的开发与部署

视频讲解

小　　结

本章讲解了程序开发架构、B/S 交互模式、Java Web 应用开发技术原理，最后对 Java Web 的开发工具及开发环境配置等进行了详细介绍。通过本章的学习，可为 Web 开发打下良好的基础。

习　题

1. 安装 JDK 和 Tomcat，并进行测试。

2. 修改 Tomcat 的服务端口为 8518，重启后进行测试。

3. 安装 Eclipse，绑定 JDK 和 Tomcat，建立站点并测试。

4. 在 Eclipse 中新建 Web 项目，再建一个静态网页，在服务器中运行，在本机和另一台机器上测试访问。

第2章 Servlet 基础

Servlet 是一种服务器端的编程语言，是 Java Web 程序设计中比较关键的技术之一。Servlet 技术的推出，扩展了 Java 语言在服务器端开发的功能，巩固了 Java 语言在服务器端开发中的地位，而且现在使用非常广泛的 JSP 技术也是基于 Servlet 原理，JSP＋JavaBeans＋Servlet 已成为实现 MVC 模式的一种有效的选择。本章将介绍 Servlet 的基础知识，并通过具体的示例介绍 Servlet 的强大功能。

2.1 Servlet 简介

视频讲解

Servlet 在本质上就是 Java 类，编写 Servlet 需要遵循 Java 的基本语法，但是与一般 Java 类所不同的是，Servlet 是只能运行在服务器端的 Java 类，而且必须遵循特殊的规范，在运行的过程中有自己的生命周期，这些特性都是 Servlet 所独有的。另外，Servlet 是和 HTTP 紧密联系的，所以使用 Servlet 几乎可以处理 HTTP 各个方面的内容，这也正是 Servlet 受到开发人员青睐的主要原因。

2.1.1 认识 Servlet

Servlet 独立于平台和协议，由服务器端调用和执行，主要用来生成动态的 Web 页面。与传统的从命令行启动的 Java 应用程序不同，Servlet 由 Web 服务器进行加载。相比较传统的 CGI(计算机图形接口)，Servlet 相对于其他编程语言具有更好的可移植性、更强大的功能、更少的投资、更高的效率、更好的安全性等特点。

Servlet 是使用 Java Servlet 应用程序设计接口(API)及相关类和方法的 Java 程序。Java 语言能够实现的功能，Servlet 基本上都能实现(除了图形界面外)。Servlet 主要用于处理客户端传来的 HTTP 请求，并返回一个响应。通常所说的 Servlet 就是指 HttpServlet，用于处理 Http 请求，其能够处理的请求有 doGet()、doPost()、service()等。在开发 Servlet 时，可以直接继承 javax. servlet. http. HttpServlet。

Servlet 需要在 web. xml 中进行描述，例如，映射执行 Servlet 的名字，配置 Servlet 类、初始化参数，进行安全配置、URL 映射和设置启动的优先权等。Servlet 不仅可以生成 HTML 脚本进行输出，也可以生成二进制表单进行输出。

1. Servlet 功能

Servlet 通过创建一个框架来扩展服务器的能力，以提供在 Web 上进行请求和响应的服务。当客户机发送请求至服务器时，服务器可以将请求信息发送给 Servlet，并让 Servlet 建立起服务器返回给客户机的响应。当启动 Web 服务器或客户机第一次请求服务时，可以自动装入 Servlet，之后，Servlet 继续运行直到其他客户机发出请求。Servlet 的功能涉及范围很广，主要功能如下。

(1) 创建并返回一个包含基于客户请求性质的动态内容的完整的 HTML 页面。

(2) 创建可嵌入到现有 HTML 页面中的一部分 HTML 页面(HTML 片段)。

(3) 与其他服务器资源(包括数据库和基于 Java 的应用程序)进行通信。

(4) 用多个客户机处理连接，接收多个客户机的输入，并将结果传递到多个客户机上，例如，Servlet 可以是多参与者的游戏服务器。

(5) 当允许在单连接方式下传送数据的情况下，在浏览器上打开服务器至 Applet 的新连接，并将该连接保持在打开状态；当允许客户机和服务器简单、高效地执行会话的情况下，Applet 也可以启动客户浏览器和服务器之间的连接，可以通过定制协议进行通信。

(6) 将定制的处理提供给所有服务器的标准程序。

2. Servlet 的特点

Servlet 技术带给程序员最大的优势是它可以处理客户端传来的 HTTP 请求，并返回一个响应。Servlet 是一个 Java 类，Java 语言能够实现的功能，Servlet 基本上都可以实现(图形界面除外)。总的来说，Servlet 技术具有以下特点。

1) 高效

在服务器上仅有一个 Java 虚拟机在运行，它的优势在于当多个来自客户端的请求进行访问时，Servlet 为每个请求分配一个线程而不是进程。

2) 方便

Servlet 提供了大量的实用工具例程，例如，处理很难完成的 HTML 表单数据、读取和设置 HTTP 头、处理 Cookie 和跟踪会话等。

3) 跨平台

Servlet 是用 Java 类编写的，它可以在不同的操作系统平台和不同的应用服务器平台下运行。

4) 功能强大

在 Servlet 中，许多使用传统 CGI 程序很难完成的任务都可以利用 Servlet 技术轻松地完成。例如，Servlet 能够直接和 Web 服务器交互，而普通的 CGI 程序不能。Servlet 还能够在各个程序之间共享数据，使得数据库连接池之类的功能很容易实现。

5) 灵活性和可扩展性

采用 Servlet 开发的 Web 应用程序，由于 Java 类的继承性、构造函数等特点，使得其应用灵活，可随意扩展。

6) 共享数据

Servlet 之间通过共享数据可以很容易地实现数据库连接池。它能方便地实现管理用户请求，简化 Session 和获取前一页面信息的操作。而在 CGI 之间通信则很差。由于每个 CGI 程序的调用都开始一个新的进程，调用间通信通常要通过文件进行，因而相当缓慢。同一台服务器上的不同 CGI 程序之间的通信也相当麻烦。

7) 安全

有些 CGI 版本有明显的安全弱点。即使是使用最新的标准和 PERL 等语言，系统也没有基本安全框架。而 Java 定义有完整的安全机制，包括 SSL\CA 认证、安全政策等规范。

2.1.2 Servlet 工作原理

Servlet 需要在特定的容器中才能运行，在这里所说的容器即 Servlet 运行的时候所需的运行环境。一般情况下，市面上常见的 Java Web Server 都可以支持 Servlet，例如 Tomcat、Resin、WebLogic、WebSphere 等，在本书中采用 Tomcat 作为 Servlet 的容器，由 Tomcat 为 Servlet 提供基本的运行环境。

Servlet 容器环境在 HTTP 通信和 Web 服务器平台之间实现了一个抽象层。Servlet 容器负责把请求传递给 Servlet，并把结果返回给客户。容器环境也提供了配置 Servlet 应用的简单方法，并且也提供用 XML 文件配置 Servlet 的方法。当 Servlet 容器收到用户对 Servlet 请求的时候，Servlet 引擎就会判断这个 Servlet 是否是第一次被访问，如果是第一次访问，Servlet 引擎就会初始化这个 Servlet，即调用 Servlet 中的 init()方法完成必要的初始化工作，当后续的客户请求 Servlet 服务的时候，就不再调用 init()方法，而是直接调用 service()方法，也就是说，每个 Servlet 只被初始化一次，后续的请求只是新建一个线程，调用 Servlet 中的 service()方法。

在使用 Servlet 的过程中，并发访问的问题由 Servlet 容器处理，当多个用户请求同一个 Servlet 的时候，Servlet 容器负责为每个用户启动一个线程，这些线程的运行和销毁由 Servlet 容器负责，而在传统的 CGI 程序中，是为每一个用户启动一个进程，因此 Servlet 的运行效率就要比 CGI 的高出很多。

2.1.3 Servlet 与 JSP 的区别与联系

Servlet 是一种在服务器端运行的 Java 程序，从某种意义上来说，它就是服务器端的 Applet。所以 Servlet 可以像 Applet 一样作为一种插件(Plugin)嵌入到 Web Server 中，提供诸如 HTTP、FTP 等协议服务甚至用户自己定制的协议服务。

而 JSP 是继 Servlet 后 Sun 公司推出的新技术，它是以 Servlet 为基础开发的。JSP 页面编写完毕后，在 Web 引擎运行前，也会被编译器先转换为 Servlet，再编译成字节。一般对 Tomcat 服务器而言，JSP 转换后的 Servlet 放在 work 目录中。也就是说，JSP 页面和 Servlet 是一一对应的。

Servlet 与 JSP 相比有以下几点区别。

(1) 编程方式不同。

(2) Servlet 必须在编译以后才能执行。

(3) 运行速度不同。

一般地，一个网络项目最少分为三层：数据层、业务层、表现层。下面从网络三层的结构角度分析 Servlet 与 JSP 的区别。Servlet 一般用来写业务层，JSP 则主要是为了方便写表现层而设计的。借助内容和外观的分离，使得页面制作中不同性质的任务可以方便地分开，人员分工更细致明确，有助于软件开发的实施。

Servlet 与 JSP 有什么联系呢？JSP 是 Servlet 技术的扩展，本质上就是 Servlet 的简易方式。JSP 编译后是“类 Servlet”。

2.2 Servlet 开发入门

视频讲解

在 Java Web 开发中，Servlet 具有重要的地位，程序中的业务逻辑可以由 Servlet 进行处理，它也可以通过 HttpServletResponse 对象对请求做出响应，功能十分强大。本节将对 Servlet 创建、配置、结构、生命周期及 Servlet 常用接口和 Servlet 线程安全，进行详细讲解。

2.2.1 Servlet 创建

创建 Servlet 十分简单，主要有两种创建方法。第一种方法为创建一个普通的 Java 类，使这个类继承 HttpServlet 类，第二种方法通过手动配置 web.xml 文件注册 Servlet 对象。具体方法通常涉及下列 4 个步骤。

(1) 继承 HttpServlet 抽象类。

```
import javax.servlet.http.HttpServlet;
```

(2) 重写 doGet()方法或 doPost()方法。

(3) 如果有 HTTP 请求信息的话，获取该信息，可通过调用 HttpServletRequest 类对象的以下 3 个方法获取。

```
getParameterNames()                    //获取请求中所有参数的名字
getParameter()                         //获取请求中指定参数的值
getParameterValues()                   //获取请求中所有参数的值
```

(4) 生成 HTTP 响应。HttpServletResponse 类对象生成响应，并将它返回到发出请求的客户机上。它的方法允许设置"请求"标题和"响应"主体。"响应"对象还含有 getWriter()方法以返回一个 PrintWriter 类对象。使用 PrintWriter 的 print()方法和 println()方法以编写 Servlet 响应来返回给客户机，或者直接使用 out 对象输出有关 HTML 文档内容。

按照上述步骤，创建的 Servlet 类代码如下。

```
package servlets;
import java.io.IOException;
import java.io.PrintWriter;
import javax.servlet.ServletException;
//第一步：继承 HttpServlet 抽象类
import javax.servlet.http.HttpServlet;
import javax.servlet.http.HttpServletRequest;
import javax.servlet.http.HttpServletResponse;
public class MyServlet extends HttpServlet {
//第二步：重写 doGet()方法
        public void doGet(HttpServletRequest request, HttpServletResponse response) throws
ServletException, IOException {
            //第三步：获取 HTTP 请求信息
            String username = request.getParameter("username");
            //第四步：生成 HTTP 响应
            PrintWriter out = response.getWriter();
            response.setContentType("text/html;charset = gb2312");
            response.setHeader("Pragma", "No - cache");
```

```
            response.setDateHeader("Expires", 0);
            response.setHeader("Cache-Control", "no-cache");
            out.println("<html>");
            out.println("<head><title>A Simple Servlet</title></head>");
            out.println("<body>");
            out.println("<h1>A Simple Servlet</h1>");
            out.println("<p>" + "Welcome" + username + "To Java Web!");
            out.println("</body>");
            out.println("</html>");
            out.flush();
        }
        public void doPost(HttpServletRequest request, HttpServletResponse response) throws
    ServletException, IOException {
            this.doGet(request, response);
        }
    }
```

这种方法操作比较烦琐，在实际项目开发中通常不被采纳，而是使用第二种方法，直接通过IDE集成开发工具进行创建。

使用集成开发工具创建Servlet非常方便，下面以Eclipse为例介绍Servlet的创建过程，其他开发工具如MyEclipse等大同小异，方法如下。

首先在Eclipse中新建一个名为0201-SimpleServlet的项目；在src目录上右击，在弹出的菜单中选择New→Servlet命令，出现如图2-1所示的界面。

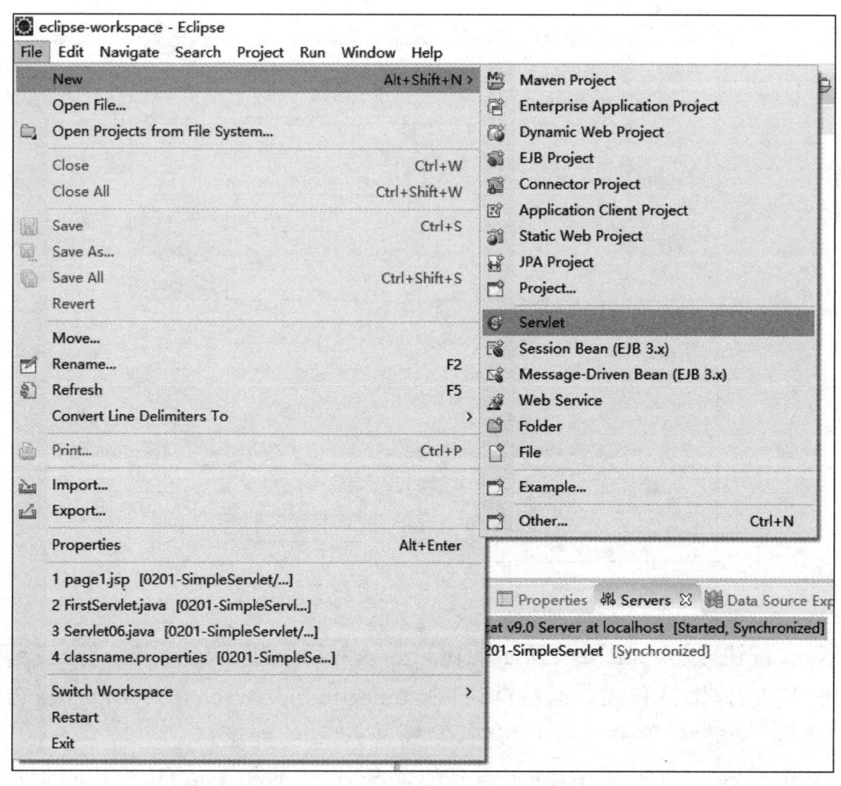

图2-1　新建Servlet

打开 Create Servlet 窗口，如图 2-2 所示。在该窗口的 Java package 文本框中输入包名“servlets”，在 Class name 文本框中输入类名“FirstServlet”，其他的采用默认。

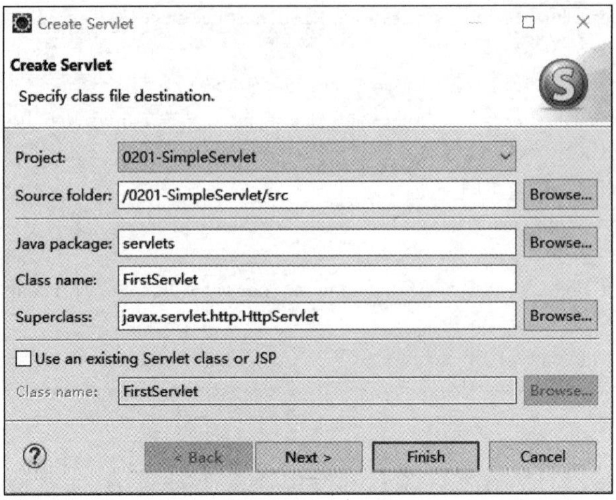

图 2-2　Servlet 配置界面

单击 Next 按钮，进入如图 2-3 所示的指定配置 Servlet 部署描述信息界面。在该界面中采用默认配置。

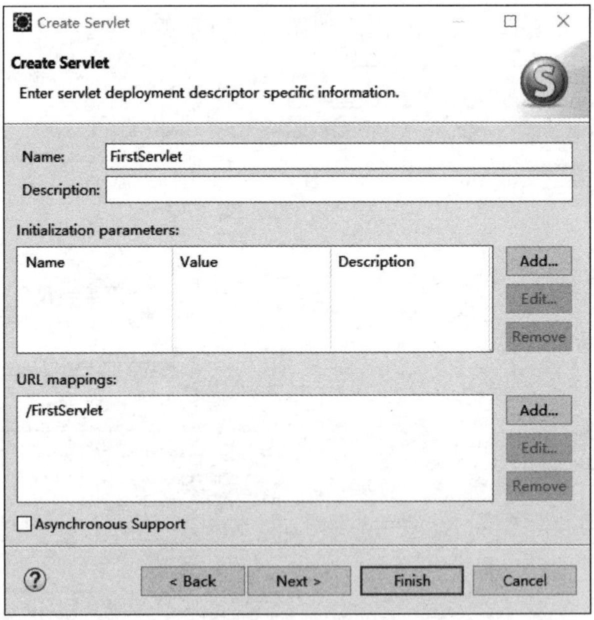

图 2-3　配置 Servlet 部署描述的信息

单击 Next 按钮，进入如图 2-4 所示的窗口。该对话框用于选择修饰符、实现接口和要生成的方法，其中，修饰符和接口保持默认，在 Inherited abstracted methods 复选框中选择 doGet 和 doPost 复选框，单击 Finish 按钮，完成 Servlet 的创建。

注意：(1) 在 Servlet 开发中，如果需要配置 Servlet 的相关信息，可以在如图 2-3 所示的窗口中进行配置，如描述信息、初始化参数、URL 映射。其中，描述信息指的是对 Servlet

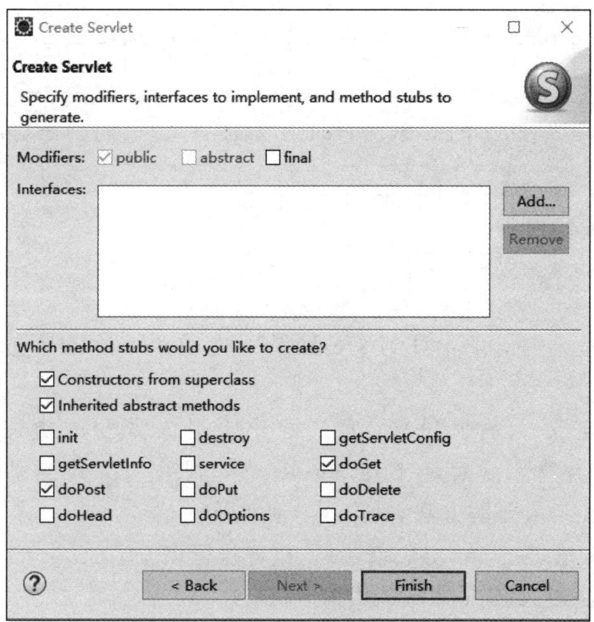

图 2-4 实现接口和要生成的方法

的一段描述文字；初始化参数指的是 Servlet 初始化过程中用到的参数，这些参数可以在 Servlet 的 init 方法中进行调用；URL 映射指的是通过哪一个 URL 来访问 Servlet。

（2）选择 doGet 与 doPost 复选框的作用是让 Eclipse 自动生成 doGet 与 doPost 方法，实际应用中可以选择多个方法。

2.2.2 Servlet 结构

按照上述步骤完成操作之后，Eclipse 会自动创建一个 Servlet 模板代码，内容如下。

```
package servlets;

import java.io.IOException;
import javax.servlet.ServletException;
import javax.servlet.annotation.WebServlet;
import javax.servlet.http.HttpServlet;
import javax.servlet.http.HttpServletRequest;
import javax.servlet.http.HttpServletResponse;

@WebServlet("/FirstServlet")
public class FirstServlet extends HttpServlet {
      private static final long serialVersionUID = 1L;

    public FirstServlet() {
        super();
        //TODO Auto - generated constructor stub
    }

    protected void doGet(HttpServletRequest request, HttpServletResponse response) throws
```

```
ServletException, IOException {
        response.getWriter().append("Served at: ").append(request.getContextPath());
    }

    protected void doPost(HttpServletRequest request, HttpServletResponse response) throws
ServletException, IOException {
        //TODO Auto - generated method stub
        doGet(request, response);
    }
}
```


在项目资源管理器中，可以看到 src 目录下生成了 servlets 包及 FirstServlet. java 文件。

代码的第一行定义了一个包名，第二行开始引入需要的类库，类库引入完后是 FirstServlet 的构造函数。下面是 FirstServlet 的主要内容，其继承类 HttpServlet。类 HttpServlet 中包含几个重要的方法，其作用分别如下。

init()：初始化方法，Servlet 对象创建后，接着执行该方法。

doGet()：当请求类型是 get 时，调用该方法。

doPost()：当请求类型是 post 时，调用该方法。

destroy()：Servlet 对象注销时，自动执行。

该 Servlet 处理的是 get 请求，如果读者不理解 HTTP，可以把它看成是当用户在浏览器地址栏中输入 URL、单击 Web 页面中的链接、提交没有指定 method 的表单时浏览器所发出的请求。Servlet 也可以很方便地处理 post 请求。post 请求是提交那些指定了 method="post"的表单时所发出的请求。

doGet()和 doPost()方法都有两个参数，分别为 HttpServletRequest 类型和 HttpServletResponse 类型。HttpServletRequest 提供访问有关请求的信息的方法，例如，表单数据、HTTP 请求头等。

HttpServletResponse 除了提供用于指定 HTTP 应答状态(200，404 等)、应答头(Content-Type，Set-Cookie 等)的方法之外，最重要的是它提供了一个用于向客户端发送数据的 PrintWriter。对于简单的 Servlet 来说，它的大部分工作是通过 println()方法生成向客户端发送的页面。

注意：doGet()方法和 doPost()方法抛出两个异常，因此必须在声明中包含它们。另外，还必须导入 java. io 包(要用到 PrintWriter 等类)、javax. servlet 包(要用到 HttpServlet 等类)以及 javax. servlet. http 包(要用到 HttpServletRequest 类和 HttpServletResponse 类)。doGet()和 doPost()这两个方法是由 service()方法调用的，有时可能需要直接覆盖 service()方法，比如 Servlet 要处理 Get 和 Post 两种请求时。

2.2.3 web. xml 文件的配置

了解了 Servlet 的结构，接下来看 Servlet 的配置。Servlet 创建好之后还不能直接用，还需要配置 Servlet，配置的目的是为了将创建的 Servlet 注册到 Servlet 容器之中，以方便 Servlet 容器对 Servlet 的调用。

那么是在什么地方进行配置呢？这应该是在 web. xml 文件中进行配置。web. xml 文件在项目文件夹的 WEB-INF\目录下。如果使用第一种方法创建 Servlet，则需要手动配置 web. xml 文件。如果使用第二种方法创建 Servlet，Eclipse 工具在创建时会自动将 Servlet 的相关配置文件添加到 web. xml 文件中，因此，打开 web. xml 文件，可以看到 FirstServlet 的虚拟映射路径已自动进行了配置，如图 2-5 所示。

```
<?xml version="1.0" encoding="UTF-8"?>
<web-app xmlns:xsi="http://www.w3.org/2001/XMLSchema-instance" xmlns="http://java.sun.com/xml/ns/javaee" xsi:schemaLocati
  <display-name>0201-SimpleServlet</display-name>
  <welcome-file-list>
    <welcome-file>index.html</welcome-file>
    <welcome-file>index.htm</welcome-file>
    <welcome-file>index.jsp</welcome-file>
    <welcome-file>default.html</welcome-file>
    <welcome-file>default.htm</welcome-file>
    <welcome-file>default.jsp</welcome-file>
  </welcome-file-list>
<servlet>
    <description>This is the description of my J2EE component</description>
    <display-name>Servlet</display-name>
    <servlet-name>FirstServlet</servlet-name>
    <servlet-class>servlets.FirstServlet</servlet-class>
</servlet>
<servlet-mapping>
    <servlet-name>FirstServlet</servlet-name>
    <url-pattern>/servlet/FirstServlet</url-pattern>
</servlet-mapping>

</web-app>
```

图 2-5　web. xml 文件

接下来看一下 web. xml 文件中各个元素的配置方法。

(1) Servlet 的名称、类和其他选项的配置。

在 web. xml 文件中配置 Servlet 时，必须指定 Servlet 的名称、Servlet 类的路径，可选择性地给 Servlet 添加描述信息和指定在发布时显示的名称。具体代码如下。

```
<servlet>
    <description>This is the description of my J2EE component</description>
    <display-name>Servlet</display-name>
    <servlet-name>FirstServlet</servlet-name>
    <servlet-class>servlets.FirstServlet</servlet-class>
</servlet>
```

其中，< description >和</description >元素之间的内容是 Servlet 的描述信息，< display-name >和</display-name >元素之间的内容是发布时 Servlet 的名称，< servlet-name >和</servlet-name >元素之间的内容是 Servlet 的名称，< servlet-class >和</servlet-class >元素之间的内容是 Servlet 类的路径。

如果要对一个 JSP 页面进行配置，如 login. jsp，则可通过下面的代码进行指定。

```
<servlet>
    <description>This is the description of my J2EE component</description>
    <display-name>Servlet</display-name>
    <servlet-name>Login</servlet-name>
    <jsp-file>login.jsp</jsp-file>
</servlet>
```

其中，<jsp-file >和</jsp-file >元素之间的内容是要访问的 JSP 文件名称。

(2) Servlet 映射。

```
<servlet-mapping>
    <servlet-name>FirstServlet</servlet-name>
    <url-pattern>/servlet/FirstServlet</url-pattern>
</servlet-mapping>
```

其中,<servlet-name>和</servlet-name>元素之间的内容跟之前一样,是 Servlet 的名称,这两个 servlet-name 名称必须要相同,<url-pattern>和</url-pattern>元素之间的内容是 Servlet 在服务器中的映射,即可通过<url-pattern>设定的映射名称访问这个 Servlet。

需要注意的是,url-pattern 不一定是包的路径。例如,上述代码中的 url-pattern 是 /servlet/FirstServlet,而 Servlet 的类路径是/servlets/FirstServlet。因此,若要访问这个 Servlet,需要在浏览器中输入地址 http://localhost:8080/0201-SimpleServlet/servlet/FirstServlet,得到的运行效果如图 2-6 所示。

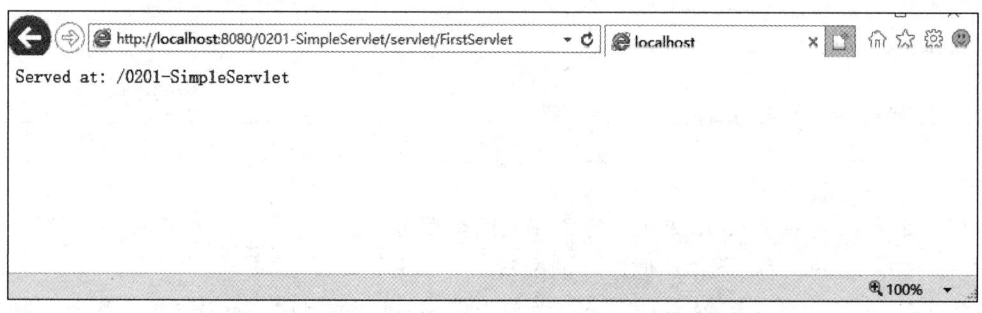

图 2-6 页面运行效果

(3) Servlet 多重映射。

Servlet 多重映射指的是同一个 Servlet 可以被映射成多个虚拟路径,也就是说,客户端可以通过多种方式来访问同一个 Servlet。实现 Servlet 多重映射的方法有两种,第一种是配置多个<servlet-mapping>,第二种是在同一个<servlet-mapping>下面配置多个<url-pattern>。接下来以两个实例来分别介绍这两种方法。

① 配置多个<servlet-mapping>。

以 FirstServlet 为例,在 web.xml 文件中对 FirstServlet 的虚拟路径进行修改,代码如下。

```
<servlet>
    <servlet-name>FirstServlet</servlet-name>
    <servlet-class>servlets.FirstServlet</servlet-class>
  </servlet>
  <servlet-mapping>
  <!-- 映射为/Test01 -->
    <servlet-name>FirstServlet</servlet-name>
    <url-pattern>/Test01</url-pattern>
  </servlet-mapping>
  <!-- 映射为/Test02 -->
  <servlet-mapping>
    <servlet-name>FirstServlet</servlet-name>
```

```
    <url-pattern>/Test02</url-pattern>
  </servlet-mapping>
```

在浏览器的地址栏中输入 http://localhost:8080/0201-SimpleServlet/Test01，得到的运行效果如图 2-7 所示。

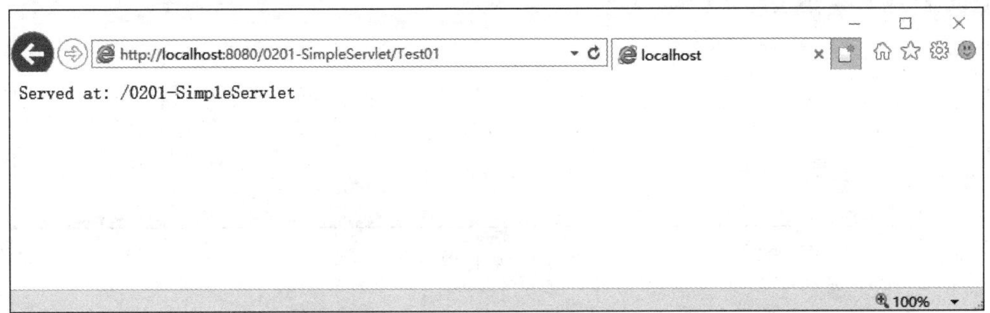

图 2-7　运行效果

在浏览器的地址栏中输入 http://localhost:8080/0201-SimpleServlet/Test02，得到的运行效果如图 2-8 所示。

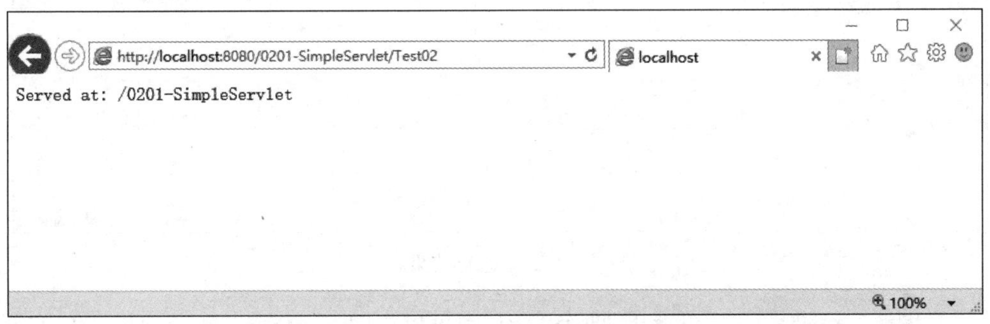

图 2-8　运行效果

通过图 2-7 和图 2-8 可以看出，两个 URL 都可以访问 FirstServlet。由此可见，通过配置多个<servlet-mapping>可以实现 Servlet 的多重映射。

② 在同一个<servlet-mapping>下面配置多个<url-pattern>。

还是以 FirstServlet 为例，在 web.xml 文件中对 FirstServlet 的虚拟路径进行修改，代码如下。

```
<servlet>
    <servlet-name>FirstServlet</servlet-name>
    <servlet-class>servlets.FirstServlet</servlet-class>
  </servlet>
  <servlet-mapping>
    <servlet-name>FirstServlet</servlet-name>
    <!-- 映射为/Test01 -->
    <url-pattern>/Test01</url-pattern>
    <!-- 映射为/Test02 -->
    <url-pattern>/Test02</url-pattern>
  </servlet-mapping>
```

在浏览器的地址栏中输入 http://localhost:8080/0201-SimpleServlet/Test01，得到的运行效果如图 2-9 所示。

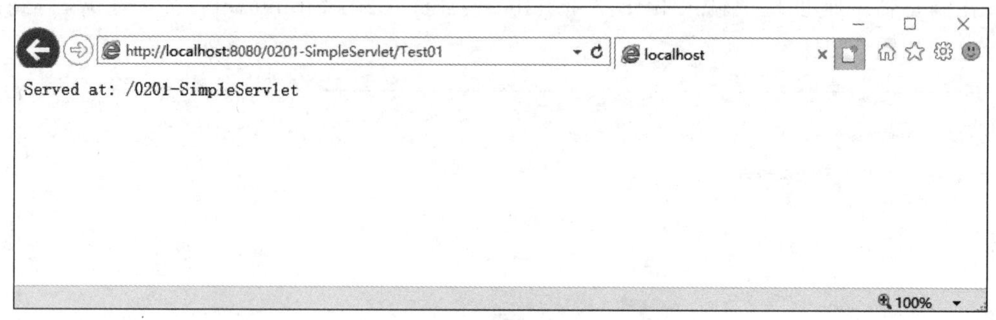

图 2-9　运行效果

在浏览器的地址栏中输入 http://localhost:8080/0201-SimpleServlet/Test02，得到的运行效果如图 2-10 所示。

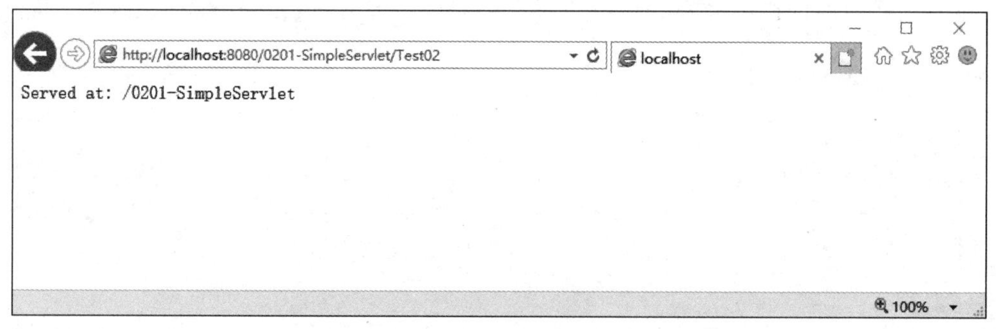

图 2-10　运行效果

通过图 2-9 和图 2-10 可以看出，两个 URL 都可以访问 FirstServlet。由此可见，在同一个< servlet-mapping >下面配置多个< url-pattern >可以实现 Servlet 的多重映射。

(4) Servlet 映射虚拟路径时使用通配符 * 和默认/。

在实际项目开发中，有时可能需要某个目录下的所有路径都有权限访问同一个 Servlet，这就需要在 Servlet 映射虚拟路径时使用通配符 * 。通配符的格式有两种，具体如下。

① 格式为：* . 扩展名。例如，* . do。匹配以 do 结尾的所有 URL 地址。

② 格式为：/ * 。例如，/com/ * ，匹配以 com 开头的所有 URL 地址。

这两种格式不能混淆使用。也就是说，格式/com/ * . do 是错误的，是不合法的。

如果某个 Servlet 的虚拟路径是默认的，也就是说映射路径仅仅是一个反斜线(/)，那就表示该 Servlet 是默认 Servlet，其作用是用于处理其他 Servlet 都不处理的客户端请求。例如，在访问 Web 服务器时，如果输入的 URL 在 web. xml 文件中找不到，那么 Web 服务器就会将这个请求交给默认 Servlet 来处理。接下来以一个实例来加以说明。

同样地，还是以 FirstServlet 为例，在 web. xml 文件中对 FirstServlet 的虚拟路径进行修改，代码如下。

```
<servlet>
    <servlet-name>FirstServlet</servlet-name>
    <servlet-class>servlets.FirstServlet</servlet-class>
  </servlet>
  <servlet-mapping>
    <servlet-name>FirstServlet</servlet-name>
    <url-pattern>/</url-pattern>
  </servlet-mapping>
```

在浏览器的地址栏中输入 http://localhost:8080/0201-SimpleServlet/1234，该地址在 web.xml 文件中没有匹配，于是由默认 Servlet 来处理，得到的运行效果如图 2-11 所示。

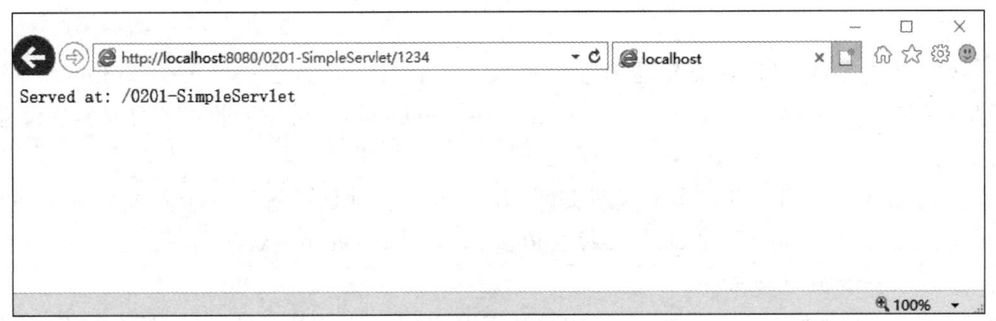

图 2-11　运行效果

从图 2-11 中可以看出，当 URL 地址在 web.xml 文件中找不到匹配项时，Web 服务器会将请求交给默认 Servlet 来处理。

(5) 启动装入优先权。

启动装入优先权通过<load-on-startup>元素指定。

```
<servlet>
    <servlet-name>Servlet1</servlet-name>
<servlet-class>servlets.Servlet1</servlet-class>
<load-on-startup>10</load-on-startup>
</servlet>
<servlet>
    <servlet-name>Servlet2</servlet-name>
<servlet-class>servlets.Servlet2</servlet-class>
<load-on-startup>20</load-on-startup>
</servlet>
<servlet>
    <servlet-name>Servlet3</servlet-name>
<servlet-class>servlets.Servlet3</servlet-class>
<load-on-startup>AnyTime</load-on-startup>
</servlet>
```

其中，<load-on-startup>和</load-on-startup>元素之间的值标记容器是否在启动的时候就加载这个 Servlet，当值为 0 或者大于 0 时，表示容器在应用启动时就加载这个 Servlet；当是一个负数时或者没有指定时，则指示容器在该 Servlet 被选择时才加载。正数的值越小，启动该 Servlet 的优先级越高。由此可以看出，在上述代码中，Servlet1 先被载入，

Servlet2 后被载入，Servlet3 可在任意时间内载入。

这个标记的好处是，如果在 web. xml 中设置了多个 Servlet，可以使用 load-on-startup 来指定 Servlet 的加载顺序，服务器会根据 load-on-startup 的大小依次对 Servlet 进行初始化。即使将 load-on-startup 设置重复也不会出现异常，服务器会自己决定初始化顺序。

(6) 设置欢迎页面。

一些网站，会把自己的首页作为网站的欢迎页面。也就是说，用户只需在浏览器中输入该网站的虚拟路径，就可以自动访问欢迎页面。

```
<welcome-file-list>
    <welcome-file>page1.jsp</welcome-file>
</welcome-file-list>
```

例如上述代码，只需在浏览器地址中输入 http://localhost:8080/0201-SimpleServlet/ 就可以访问 page1. jsp。其中，<welcome-file>和</welcome-file>元素之间的内容是设定的欢迎页面。

web. xml 可以同时设置多个欢迎页面，Web 容器会默认设置第一个页面为欢迎页面，如果找不到最前面的页面，Web 容器将会依次选择后面的页面为欢迎页面。

下面以一个实例来说明。

① 项目 0201-SimpleServlet 中新建一个 JSP 页面。选中 WebContent 文件夹后单击鼠标右键，选择 New→File→JSP File，如图 2-12 所示。

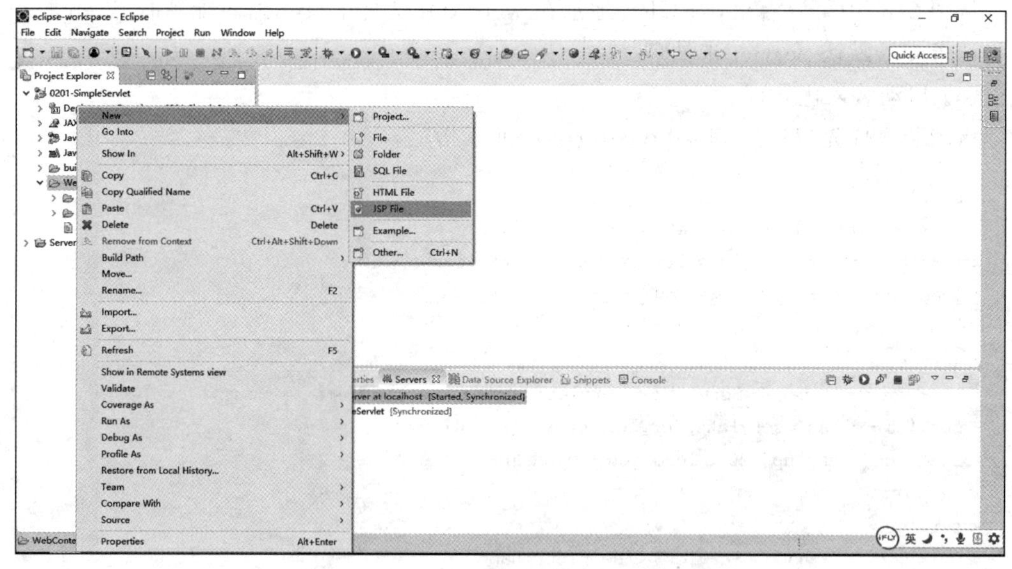

图 2-12 新建 JSP 页面

② 弹出 New JSP File 窗口，如图 2-13 所示。在该窗口中 File name 文本框中输入 JSP 名称“page1. jsp”。

③ 单击 Next 按钮，出现 JSP 模板配置窗口，如图 2-14 所示，Templates 模板栏保持默认选择项。

④ 单击 Finish 按钮，完成 JSP 页面的创建。在 page1. jsp 页面的<body>标签里面添

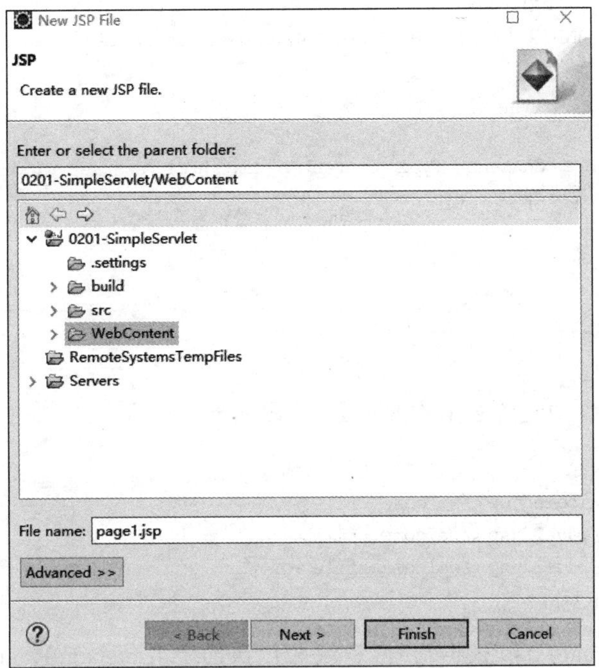

图 2-13　New JSP File 窗口

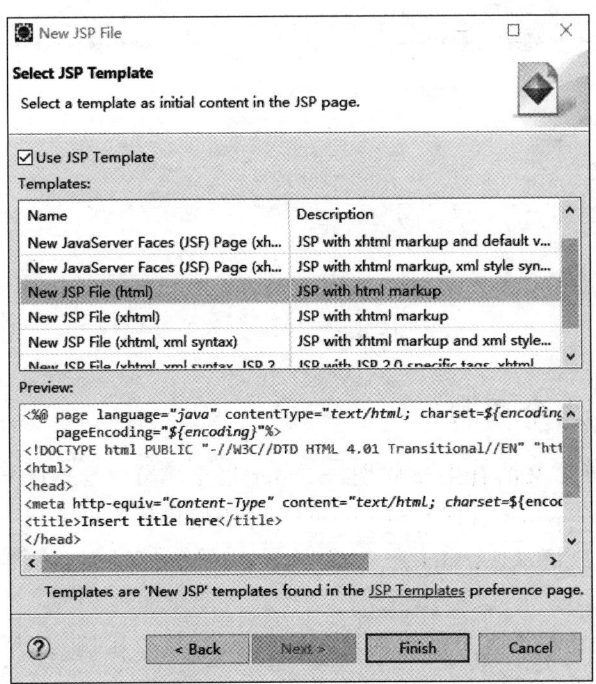

图 2-14　完成 JSP 创建

加文本字符串“Welcome To Java Web!”完整代码如下。

page1.jsp

```
<%@ page language = "java" contentType = "text/html; charset = ISO - 8859 - 1"
```

```
    pageEncoding = "ISO - 8859 - 1" %>
<! DOCTYPE html PUBLIC " - //W3C//DTD HTML 4.01 Transitional//EN" "http://www.w3.org/TR/html4/
loose.dtd">
< html >
< head >
< meta http - equiv = "Content - Type" content = "text/html; charset = ISO - 8859 - 1">
< title > Insert title here </title >
</head >
< body >
Welcome To Java Web!
</body >
</html >
```

在 web.xml 文件中配置多个欢迎页面，代码如下。

```
< welcome - file - list >
< welcome - file > login.jsp </welcome - file >
< welcome - file > page1.jsp </welcome - file >
< welcome - file > page2.jsp </welcome - file >
</welcome - file - list >
```

当第一个页面 login.jsp 找不到时，系统会依次向下寻找 page1.jsp。因此当在浏览器中输入 http://localhost:8080/0201-SimpleServlet/时，页面运行效果如图 2-15 所示。

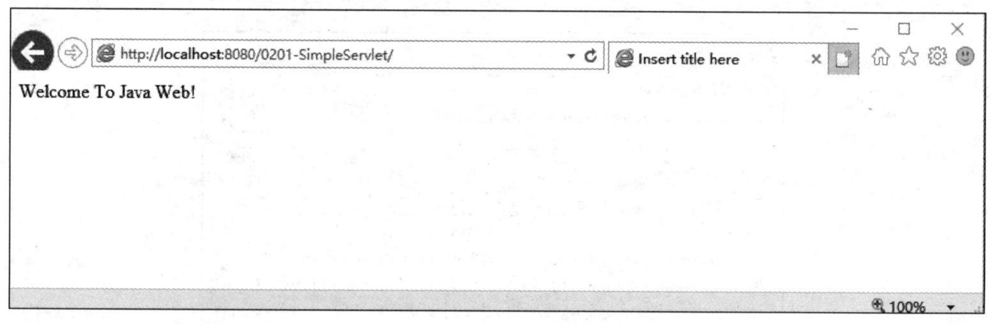

图 2-15　页面运行效果

2.2.4　Servlet 生命周期

在 Java 中，任何对象都有生命周期，Servlet 也不例外。Servlet 部署在容器 Tomcat 中，它的生命周期由 Tomcat 管理。Servlet 的生命周期概括为以下几个阶段。

(1) 当 Web 客户请求 Servlet 服务或当 Web 服务启动时，容器环境加载一个 Java Servlet 类。

(2) 容器环境也将根据客户请求创建一个 Servlet 对象实例，或者创建多个 Servlet 对象实例，并把这些实例加入到 Servlet 实例池中。

(3) 容器环境调用 Servlet 的初始化方法 init()进行初始化。这需要给 init()方法传入一个 ServletConfig 对象，ServletConfig 对象包含初始化参数和容器环境的信息，并负责向 Servlet 传递数据，如果传递失败，则会发生 ServletException 异常，Servlet 将不能正常工作。

(4) 容器环境利用一个 HttpServletRequest 和 HttpServletResponse 对象，封装从 Web 客户接收到的 HTTP 请求和由 Servlet 生成的响应。

(5) 容器环境把 HttpServletRequest 和 HttpServletResponse 对象传递给 HttpServlet.service()方法。这样，一个定制的 Java Servlet 就可以访问这种 HTTP 请求和响应接口。service()方法可被多次调用，各调用过程运行在不同的线程中，互不干扰。

(6) 定制的 Java Servlet 从 HttpServletRequest 对象读取 HTTP 请求数据，访问来自 HttpSession 或 Cookie 对象的状态信息，进行特定应用的处理，并且用 HttpServletResponse 对象生成 HTTP 响应数据。

(7) 当 Web 服务器和容器关闭时，会自动调用 HttpServlet.destroy()方法关闭所有打开的资源，并进行一些关闭前的处理。

Servlet 的整个生命周期中，Servlet 的处理过程如图 2-16 所示。

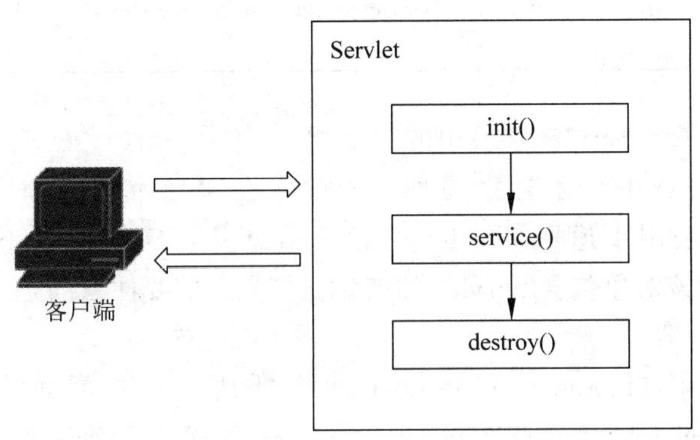

图 2-16 Servlet 生命周期

第一步：用户通过客户端浏览器请求服务器，服务器加载 Servlet，并创建一个 Servlet 实例。

第二步：容器调用 Servlet 的 init()方法。

第三步：容器调用 service()方法，并将 HttpServletRequest 和 HttpServletResponse 对象传递给该方法，在 service()方法中处理用户请求。

第四步：在 Servlet 中请求处理结束后，将结果返回给容器。

第五步：容器将结果返回给客户端进行显示。

第六步：当 Web 容器关闭时，调用 destroy()方法销毁 Servlet 实例。

2.3 Servlet API 编程常用的接口和类

本节将介绍 Servlet 中的常用接口和类，使读者对 Servlet 有个比较全面的了解。

2.3.1 Servlet API

最重要的接口是 javax.servlet.Servlet，它是所有 Java Servlet 的基础接口。它的主要方法如表 2-1 所示。

表 2-1 Servlet 接口类的主要方法

方法原型	含义
public void destroy()	当 Servlet 被清除时，Web 容器会调用这个方法，Servlet 可以使用这个方法完成如切断和数据库的连接、保存重要数据等操作
public ServletConfig getServletConfig()	该方法返回 ServletConfig 对象，该对象可以使 Servlet 和 Web 容器进行通信，例如传递初始变量
public String getServletInfo()	返回有关 Servlet 的基本信息，如编程人员姓名和时间等
public void init (ServletConfig arg0) throws ServletException	该方法在 Servlet 初始化时被调用，在 Servlet 生命周期中，这个方法仅会被调用一次，它可以用来设置一些准备工作，例如，设置数据库连接、读取 Servlet 设置信息等，它也可以通过 ServletConfig 对象获得 Web 容器通过的初始化变量
public void service (ServletRequest arg0, ServletResponse arg1) throws ServletException, IOException	该方法用来处理 Web 请求、产生 Web 响应的主要方法，它可以对 ServletRequest 和 ServletResponse 对象进行操作

在表 2-1 中，列举了 Servlet 接口中的五个方法，其中，init()、service()和 destroy()这三个方法可以表现 Servlet 的生命周期，它们会在某个特定的时刻被调用。另外，getServletInfo()方法用于返回 Servlet 的相关信息。getServletConfig()方法用于返回 ServletConfig 对象，该对象包含 Servlet 的初始化信息。需要注意的是，表中提及的 Web 容器，指的是 Web 服务器。

针对 Servlet 的接口，Sun 公司提供了两个默认的接口实现类：GenericServlet 和 HttpServlet。GenericServlet 类存放在 javax. servlet. 包中，它是一个抽象类，该类为 Servlet 接口提供了部分实现，但是它并没有实现 HTTP 请求处理。该类的主要方法如表 2-2 所示。

表 2-2 GenericServlet 接口的主要方法

方法原型	含义
public void destroy()	Servlet 容器使用这个方法结束 Servlet 服务
public String getInitParameter(String arg0)	根据变量名称查找并返回初始变量值
public Enumeration getInitParameterNames()	返回初始变量的枚举对象
public ServletConfig getServletConfig()	返回 ServletConfig 对象
public ServletContext getServletContext()	返回 ServletContext 对象
public String getServletInfo()	返回关于 Servlet 的信息，如作者、版本、版权等
public String getServletName()	返回 Servlet 的名称
public void init() throws ServletException	代替 super. init(config)的方法
public void init(ServletConfig arg0) throws Servlet-Exception	Servlet 容器使用这个指示 Servlet 已经被初始化为服务状态
public void log(String arg0, Throwable arg1)	这个方法用来向 Web 容器的 log 目录输出运行记录，一般文件名称为 Web 程序的 Servlet 名称
public void log(String arg0)	这个方法用来向 Web 容器的 log 目录输出运行记录和弹出的运行错误信息
public void service (ServletRequest arg0, ServletResponse arg1) throws ServletException, IOException	由 Servlet 容器调用，使 Servlet 对请求进行响应

HttpServlet 是 GenericServlet 的子类,它继承了 GenericServlet 的所有方法,并为 HTTP 请求中的 post,get 等类型,提供了具体的操作方法。HttpServlet 类存放在 javax. servlet. http 包内,HttpServlet 类的主要方法如表 2-3 所示。

表 2-3 HttpServlet 类的主要方法

方法原型	含义
protected void doDelete (HttpServletRequest arg0, HttpServletResponse arg1) throws ServletException, IOException	对应 HTTP DELETE 请求从服务器删除文件
protected void doGet (HttpServletRequest arg0, HttpServletResponse arg1) throws ServletException, IOException	对应 HTTP GET 请求,客户向服务器请求数据,通过 URL 附加发送数据
protected void doHead (HttpServletRequest arg0, HttpServletResponse arg1) throws ServletException, IOException	对应 HTTP HEAD 请求从服务器要求数据,和 GET 不同的是并不是返回 HTTP 数据体
protected void doOptions (HttpServletRequest arg0, HttpServletResponse arg1) throws ServletException, IOException	对应 HTTP OPTION 请求,客户查询服务器支持什么方法
protected void doPost (HttpServletRequest arg0, HttpServletResponse arg1) throws ServletException, IOException	对应 HTTP POST 请求,客户向服务器发送数据,请求数据
protected void doPut (HttpServletRequest arg0, HttpServletResponse arg1) throws ServletException, IOException	对应 HTTP PUT 请求,客户向服务器上传数据或文件
protected void doTrace (HttpServletRequest arg0, HttpServletResponse arg1) throws ServletException, IOException	对应 HTTP TRACE 请求,用来调试 Web 程序
protected long getLastModified(HttpServletRequest arg0)	返回 HttpServletRequest 最后被更改的时间,以 ms 为单位,从 1970/01/01 计起

通常情况下,编写的 Servlet 类都继承自 HttpServlet,在开发中使用的具体的 Servlet 对象就是 HttpServlet 对象。HttpServlet 主要有两大功能。第一是根据用户请求方式的不同,定义相应的方法处理用户请求。例如,与 GET 请求方式对应的 doGet()方法,与 POST 方式对应的 doPost()方法。第二,是通过 service()方法将 HTTP 请求和响应分别强制转为 HttpServletRequest 和 HttpServletResponse 类型的对象。

需要注意的是,由于 HttpServlet 类在重写的 service()方法中,为每一种 HTTP 请求方式都定义了对应的 doXxx()方法,因此,当定义的类继承 HttpServlet 后,只需根据请求方式重写对应的 doXxx()方法即可,而不需要重写 service()方法。

下面以一个实例来说明。

在项目 0201-SimpleServlet 中新建一个 Servlet 类,类名是 Servlet01,并实现 doGet()和 doPost()方法的重写。代码如下。

```
package servlets;
```

```
import java.io.IOException;
import java.io.PrintWriter;
import javax.servlet.ServletException;
import javax.servlet.annotation.WebServlet;
import javax.servlet.http.HttpServlet;
import javax.servlet.http.HttpServletRequest;
import javax.servlet.http.HttpServletResponse;

public class Servlet01 extends HttpServlet {
        private static final long serialVersionUID = 1L;
        protected void doGet(HttpServletRequest request, HttpServletResponse response) throws
ServletException, IOException {
            PrintWriter out = response.getWriter();
            out.write("doGet Method");
        }

        protected void doPost (HttpServletRequest request, HttpServletResponse response)
throws ServletException, IOException {
            PrintWriter out = response.getWriter();
            out.write("doPost Method");
        }
}
```

配置 web.xml 文件：

```
<servlet>
    <servlet-name>Servlet01</servlet-name>
    <servlet-class>servlets.Servlet01</servlet-class>
  </servlet>
  <servlet-mapping>
    <servlet-name>Servlet01</servlet-name>
    <url-pattern>/servlet/Servlet01</url-pattern>
  </servlet-mapping>
```

部署 Servlet。打开 Servers 选项卡，右击并选择 Add and Remove 选项，如图 2-17 所示。

单击如图 2-17 所示的 Add and Remove 选项后，进入部署 Servlet 的界面，如图 2-18 所示。

在图 2-18 中，Available 选项中的内容是还没有部署到 Tomcat 服务器的 Web 项目，Configured 选项中的内容是已经部署到 Tomcat 服务器的 Web 项目。选中 0201-SimpleServlet，单击 Add 按钮，将项目添加到 Tomcat 服务器中，如图 2-19 所示。

单击如图 2-19 所示的 Finish 按钮，完成 Servlet 的部署。

启动 Tomcat 服务器，在浏览器地址栏中输入 http://localhost:8080/0201-SimpleServlet/servlet/Servlet01，运行结果如图 2-20 所示。

从图 2-20 中来看，Servlet01 使用的是 doGet 方法。

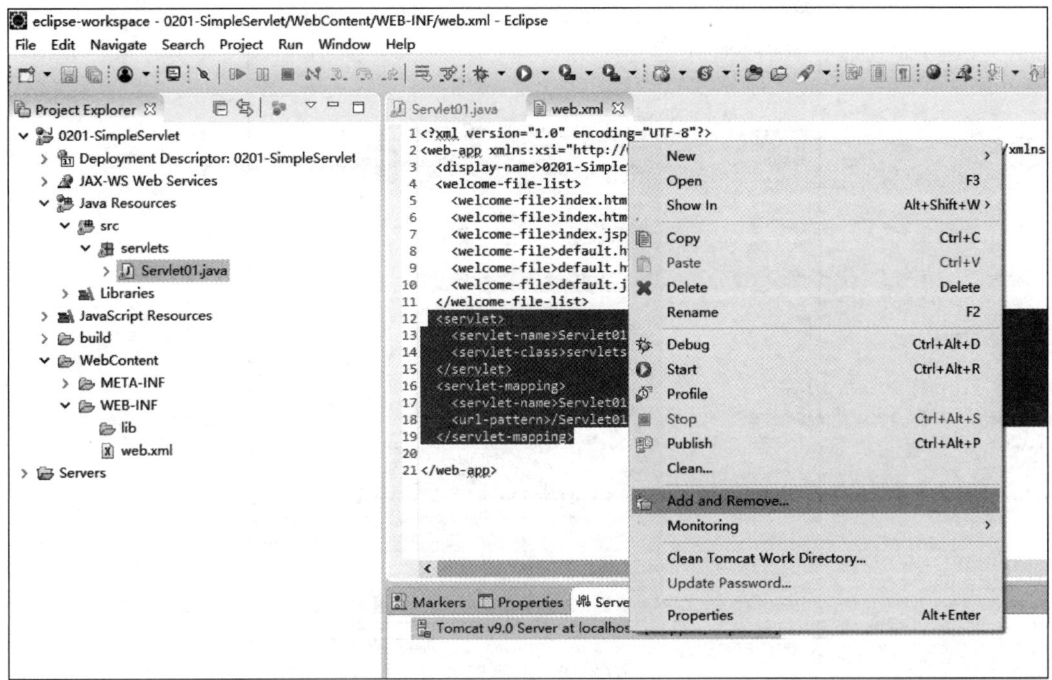

图 2-17　Add and Remove 选项

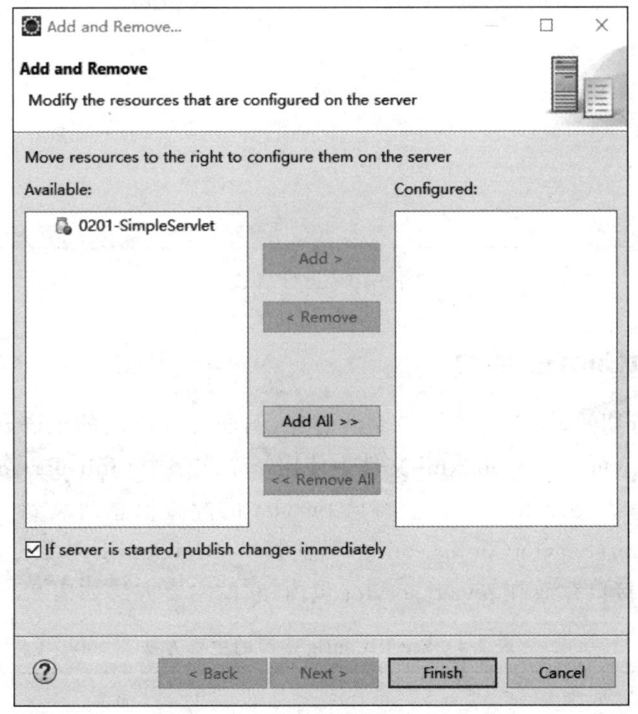

图 2-18　部署 Servlet

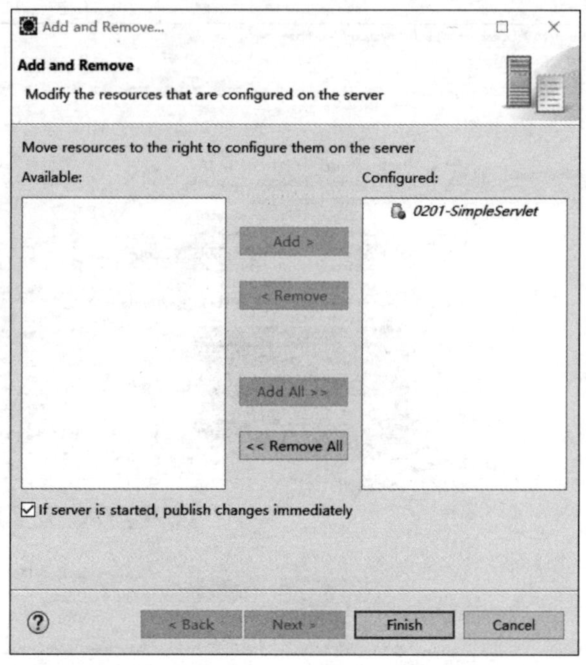

图 2-19　部署完成

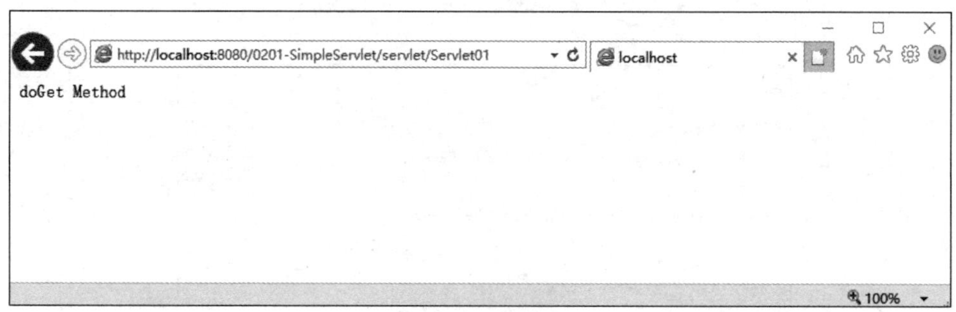

图 2-20　运行结果

2.3.2　ServletConfig 接口

在 Servlet 运行期间，经常需要一些辅助信息，例如文件使用的编码，使用 Servlet 程序的共享等。这些信息可以在 web.xml 文件中使用一个或多个< init-param >元素进行配置。当 Tomcat 初始化一个 Servlet 类时，会将该 Servlet 的配置信息封装到一个 ServletConfig 对象中，通过调用 init(ServletConfig config)方法将 ServletConfig 对象传递给 Servlet。

ServletConfig 接口存放在 javax.servlet 包内，它的主要方法如表 2-4 所示。

表 2-4　ServletConfig 接口的主要方法

方法原型	含　义
public String getInitParameter(String arg0)	根据初始化变量名称返回其字符串值
public Enumeration getInitParameterNames()	返回所有初始化变量的枚举 Enumeration 对象，可以用来查询

续表

方法原型	含　义
public ServletContext getServletContext()	返回 ServletContext 对象，Java 的 getXxx()方法大多返回原对象，而不是对象复制
public String getServletName()	返回当前 Servlet 的名称，该名称在 web.xml 里指定

下面以 getInitParameter()方法为例，分析讲解该方法的使用，具体如下。

在项目 0201-SimpleServlet 中新建一个 Servlet 类，类名是 Servlet02，并实现 doGet()方法的重写。

配置 web.xml 文件，在里面添加<init-param>参数信息。代码如下。

```
<servlet>
   <servlet-name>Servlet02</servlet-name>
   <servlet-class>servlets.Servlet02</servlet-class>
   <init-param>
      <param-name>encoding</param-name>
      <param-value>UTF-8</param-value>
   </init-param>
</servlet>
<servlet-mapping>
   <servlet-name>Servlet02</servlet-name>
   <url-pattern>/servlet/Servlet02</url-pattern>
</servlet-mapping>
```

上述代码中，<init-param>表示要设置的参数，该参数必须放在<servlet>和</servlet>之间。其中，<param-name>表示参数的名称，<param-value>表示参数的值。例如上述代码，设定参数 encoding 的值为 UTF-8。

在 Servlet02 类中，使用 getInitParameter()方法获取 web.xml 文件中的值。具体代码如下。

```
package servlets;

import java.io.IOException;
import java.io.PrintWriter;

import javax.servlet.ServletContext;
import javax.servlet.ServletException;
import javax.servlet.annotation.WebServlet;
import javax.servlet.http.HttpServlet;
import javax.servlet.http.HttpServletRequest;
import javax.servlet.http.HttpServletResponse;

public class Servlet02 extends HttpServlet {
        protected void doGet(HttpServletRequest request, HttpServletResponse response)
throws ServletException, IOException {
            PrintWriter out = response.getWriter();
            ServletContext application = this.getServletContext();
            String encoding = application.getInitParameter("encoding");
```

```
            out.println("encoding 参数是: " + encoding);

        }
    }
```


部署 Servlet02,重新启动 Tomcat 服务器,在浏览器的地址栏中输入 http://localhost:8080/0201-SimpleServlet/servlet/Servlet02,运行结果如图 2-21 所示。

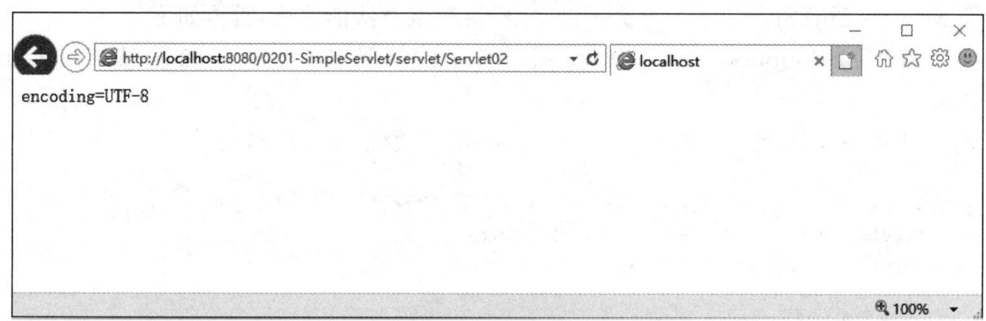

图 2-21　运行结果

2.3.3　ServletContext 接口

当 Servlet 容器启动时,它会为每个 Web 应用创建一个唯一的 ServletContext 对象,该对象不仅封装了当前 Web 应用的所有信息,而且实现了多个 Servlet 之前数据的共享。也就是说,ServeltContext 可以代表整个应用,所以 ServletContext 有另一个名称:application。ServletContext 对象随着 Web 应用的启动而创建,随着 Web 应用的关闭而销毁。一个 Web 应用只有一个 ServletContext 对象。ServletContext 接口的主要方法如表 2-5 所示。

表 2-5　ServletContext 接口的主要方法

方法原型	含　义
public ServletContext getContext(String uripath)	获取当前应用在 Web 容器中的名称
public int getMajorVersion()	返回 Servlet 容器支持的 Servlet API 的版本号
public String getInitParameter(String name)	返回上下文定义的变量的值
public Enumeration getInitParameterNames()	返回一个 Enumeration 对象,该对象包含所有存放在 ServletContext 中的域属性名
public Object getAttribute(String name)	根据参数指定的属性名,返回一个与之匹配的域属性值
public Enumeration getAttributeNames()	返回 Servlet 容器的所有变量的枚举函数,如果空则返回空枚举函数
public void setAttribute(String name,Object obj)	设置域属性,其中,name 是域属性名,obj 是域属性值
public void removeAttribute(String name)	根据参数指定的域属性名,从 ServletContext 中删除匹配的域属性
public String getResourcePaths(String path)	返回一个 set 集合,集合中包含资源目录中子目录和文件的路径名称。参数 path 必须以反斜线(/)开始,指定匹配资源的部分路径

续表

方法原型	含　义
public String getRealPath(String path)	返回资源文件在服务器文件系统上的真实路径，也就是文件的绝对路径。参数 path 代表资源文件的虚拟路径，它应该以正斜线(/)开始
public URL getResource(String path)	返回映射到某个资源文件的 URL 对象，参数 path 必须以正斜线(/)开始
public InputStream getResourceAsStream(String path)	返回映射到某个资源文件的 InputStream 输入流对象，参数 path 必须以正斜线开始

从表 2-5 中可以看出，ServletContext 接口有很多方法。接下来，针对 ServletContext 接口的不同作用分别进行讲解，具体如下。

1. 获取 Web 应用程序的初始化参数

在 web. xml 文件中不仅可以配置 Servlet 的初始化信息，还可以配置整个 Web 应用的初始化信息。通常使用< context-param >元素来配置，格式如下。

```
<context-param>
    <param-name>param</param-name>
    <param-value>value</param-value>
</context-param>
```

下面以一个实例来具体说明< context-param >元素的配置方法。

在项目 0201-SimpleServlet 中新建一个 Servlet 类，类名是 Servlet03。

配置 web. xml 文件，添加< context-param >元素。具体代码如下。

```
<context-param>
  <param-name>ClassName</param-name>
  <param-value>JavaWeb</param-value>
</context-param>
<context-param>
  <param-name>address</param-name>
  <param-value>nanjing</param-value>
</context-param>
<servlet>
  <servlet-name>Servlet03</servlet-name>
  <servlet-class>servlets.Servlet03</servlet-class>
</servlet>
<servlet-mapping>
  <servlet-name>Servlet03</servlet-name>
  <url-pattern>/servlet/Servlet03</url-pattern>
</servlet-mapping>
```

其中，< context-param >表示要设置的参数。其中，< param-name >表示参数的名称，< param-value >表示参数的值。例如上述代码，设定参数 ClassName 的值为 JavaWeb，address 的值为 nanjing。

在 Servlet 中添加如下代码。

```
package servlets;

import java.io.IOException;
import java.io.PrintWriter;
import java.util.Enumeration;

import javax.servlet.ServletContext;
import javax.servlet.ServletException;
import javax.servlet.annotation.WebServlet;
import javax.servlet.http.HttpServlet;
import javax.servlet.http.HttpServletRequest;
import javax.servlet.http.HttpServletResponse;

public class Servlet03 extends HttpServlet {

        protected void doGet (HttpServletRequest request, HttpServletResponse response)
throws ServletException, IOException {
            response.setContentType("text/html;charset = utf - 8");
            PrintWriter out = response.getWriter();
            //得到 ServletContext 对象
             ServletContext context = this.getServletContext();
             //得到包含所有初始化参数名的 Enumeration 对象
             Enumeration < String > paramNames = context.getInitParameterNames();
              //遍历所有的初始化参数名,得到相应的参数值,打印到控制台
              out.println("all the paramName and paramValue are following:" + "< br >");
              //遍历所有的初始化参数名,得到相应的参数值并打印
              while (paramNames.hasMoreElements()) {
                String name = paramNames.nextElement();
                String value = context.getInitParameter(name);
                out.println(name + ": " + value);
                out.println("< br >");
             }
        }
        public void doPost(HttpServletRequest request, HttpServletResponse response) throws
ServletException, IOException {
            this.doGet(request, response);
        }
}
```

该代码表示,当通过 this.getServletContext()方法获取到 ServletContext 对象后,首先调用 getInitParameterNames()方法,获取到包含所有初始化参数名的 Enumeration 对象,然后遍历 Enumeration 对象,根据获取到的参数名,通过 getInitParameter()方法得到对应的参数值。

部署 Servlet03,重新启动 Tomcat 服务器,在浏览器的地址栏中输入 http://localhost:8080/0201-SimpleServlet/servlet/Servlet03,运行结果如图 2-22 所示。

从图 2-22 中可以看出,在 web.xml 文件中配置的信息被读取了出来,由此可见,通过 ServletContext 对象可以获取到 Web 应用的初始化参数。

2. 实现多个 Servlet 对象共享数据

一个 Web 应只有一个且是唯一的一个 ServletContext 对象,所以这个 ServletContext 对象的域属性,可以被这个应用中的所有 Server 访问。

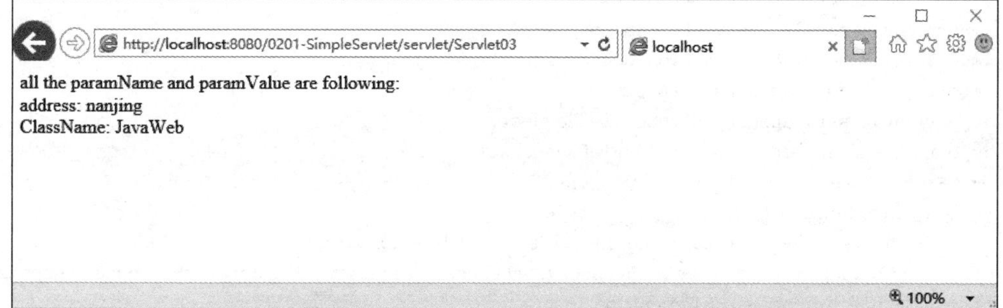

图 2-22　运行结果

下面以一个实例来具体说明。

在项目 0201-SimpleServlet 中新建两个 Servlet 类：Servlet04 和 Servlet05。这两个 Servlet 类都使用了 ServletContext 接口中的方法，来设置和获取属性值。Servlet04 代码如下。

Servlet04.java

```
package servlets;

import java.io.IOException;
import javax.servlet.ServletContext;
import javax.servlet.ServletException;
import javax.servlet.annotation.WebServlet;
import javax.servlet.http.HttpServlet;
import javax.servlet.http.HttpServletRequest;
import javax.servlet.http.HttpServletResponse;

public class Servlet04 extends HttpServlet {
        protected void doGet (HttpServletRequest request, HttpServletResponse response)
throws ServletException, IOException {
          ServletContext context = this.getServletContext();
          //通过 setAttribute()方法设置属性值
          context.setAttribute("ClassName", "JavaWeb");
        }
        protected void doPost (HttpServletRequest request, HttpServletResponse response)
throws ServletException, IOException {
          this.doGet(request, response);
        }
}
```

Servlet04 代码里面使用 setAttribute()方法设置了 ClassName 的属性值，然后在 Servlet05 代码中使用 getAttribute()方法获取到 ClassName 的值，并输出到页面上。Servlet05 代码如下。

Servlet05.java

```
package servlets;

import java.io.IOException;
import java.io.PrintWriter;
```

```
import javax.servlet.ServletContext;
import javax.servlet.ServletException;
import javax.servlet.annotation.WebServlet;
import javax.servlet.http.HttpServlet;
import javax.servlet.http.HttpServletRequest;
import javax.servlet.http.HttpServletResponse;

public class Servlet05 extends HttpServlet {
        private static final long serialVersionUID = 1L;
        protected void doGet(HttpServletRequest request, HttpServletResponse response)
throws ServletException, IOException {
          PrintWriter out = response.getWriter();
          ServletContext context = this.getServletContext();
              //通过 getAttribute()方法获取属性值
              String ClassName = (String) context.getAttribute("ClassName");
              out.println("Get ClassName:" + ClassName);
        }

        protected void doPost(HttpServletRequest request, HttpServletResponse response)
throws ServletException, IOException {
          //TODO Auto-generated method stub
          doGet(request, response);
        }
}
```

配置 web.xml 文件。

部署 Servlet05，重新启动 Tomcat 服务器。首先在浏览器的地址栏中输入 http://localhost:8080/0201-SimpleServlet/servlet/Servlet04，将数据 JavaWeb 存入 ServletContext 对象 ClassName 中，然后在浏览器中再次输入地址 http://localhost:8080/0201-SimpleServlet/servlet/Servlet05，得到的运行结果如图 2-23 所示。

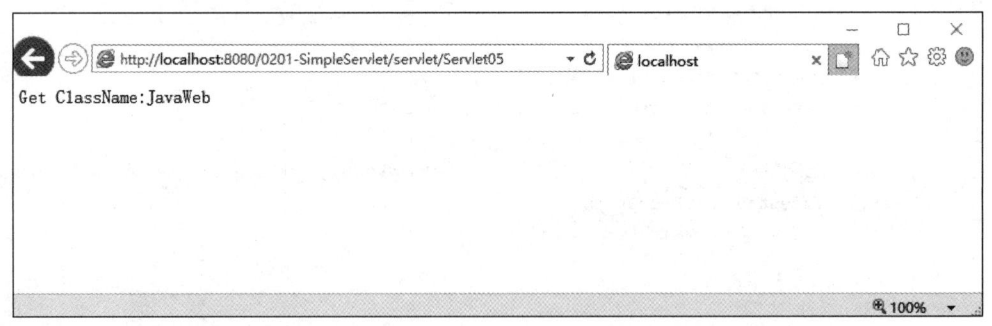

图 2-23 运行结果

由图 2-23 可以看到，Servlet05 可以访问 Servlet04 里面设置的数据，由此说明，ServletContext 对象可以实现多个 Servlet 数据的共享。

3. 获取 Web 应用下的资源文件

在实际项目开发中，有时可能会需要读取 Web 应用中的一些资源文件，例如视频、图片等，为此 ServletContext 接口定义了一些读取资源的方法，请参考表 2-5。

下面以一个实例来具体说明如何使用 ServletContext 对象读取资源文件。

在项目 0201-SimpleServlet 中，右击 src 文件夹，选择 New→Other 快捷菜单，进入创建

资源文件的界面,如图 2-24 所示。

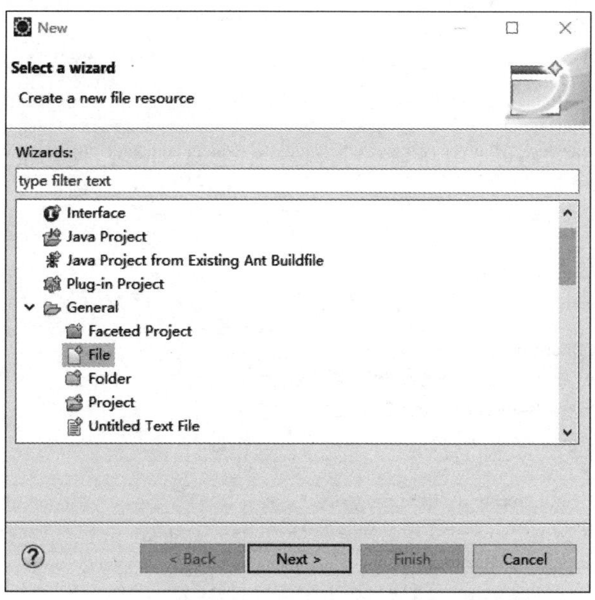

图 2-24　创建资源文件

选择 File,单击 Next 按钮,进入填写文件名称的界面,如图 2-25 所示。在 File Name 一栏输入文件名称"classname. properties",并且选择存放的目录为 src 目录,单击 Finish 按钮完成资源文件的创建。

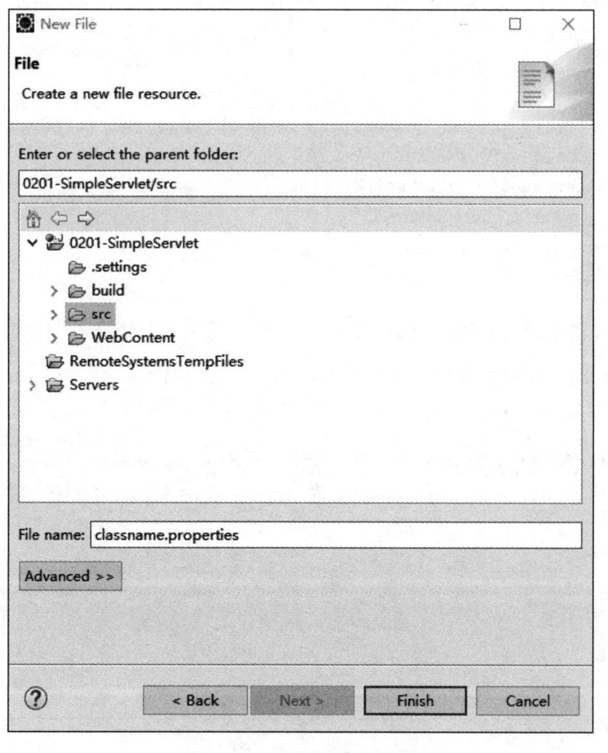

图 2-25　新建资源文件

在创建好的 classname. properties 文件中添加配置信息：ClassName＝JavaWeb，Address＝Nanjing，如下。

```
ClassName = JavaWeb
Address = Nanjing
```

在项目 0201-SimpleServlet 中新建一个 Servlet 类 Servlet06，使用 getResourceAsStream() 方法来读取资源文件的配置。代码如下。

```
package servlets;

import java.io.*;
import java.util.Properties;
import javax.servlet.ServletContext;
import javax.servlet.ServletException;
import javax.servlet.http.*;

public class Servlet06 extends HttpServlet {
        protected void doGet (HttpServletRequest request, HttpServletResponse response)
throws ServletException, IOException {
            ServletContext context = this.getServletContext();
            PrintWriter out = response.getWriter();
            //获取相对路径中的输入流对象
            InputStream in = context
                .getResourceAsStream("/WEB-INF/classes/classname.properties");
            Properties pros = new Properties();
            pros.load(in);
            out.println("ClassName = " + pros.getProperty("ClassName") + "<br>");
            out.println("Address = " + pros.getProperty("Address") + "<br>");
        }

        protected void doPost (HttpServletRequest request, HttpServletResponse response)
throws ServletException, IOException {
            //TODO Auto-generated method stub
            doGet(request, response);
        }
}
```

部署 Servlet06，重新启动 Tomcat 服务器，在浏览器的地址栏中输入 http://localhost:8080/0201-SimpleServlet/servlet/Servlet06，运行结果如图 2-26 所示。

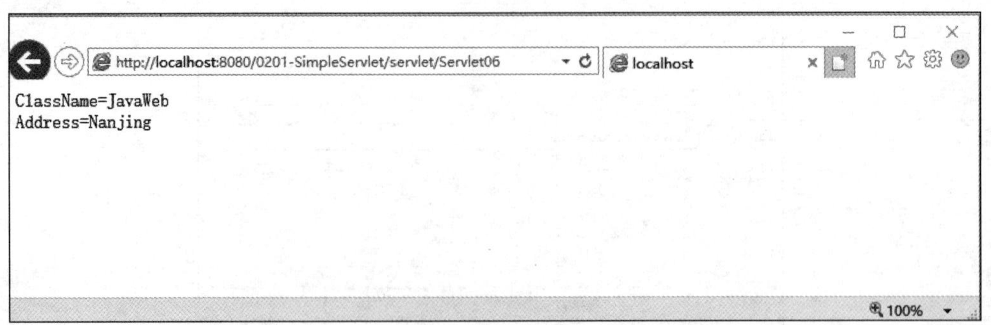

图 2-26 运行结果

由图 2-26 可以看到，classname. properties 资源文件的内容被读取出来，由此可见，ServletContext 对象可以读取 Web 应用中的资源文件。

上述示例中，也可以使用绝对路径来获取资源文件，即使用方法 getRealPath()，则 Servlet06 中的代码修改如下。

```
package servlets;

import java.io.*;
import java.util.Properties;
import javax.servlet.ServletContext;
import javax.servlet.ServletException;
import javax.servlet.http.*;

public class Servlet06 extends HttpServlet {

        protected void doGet (HttpServletRequest request, HttpServletResponse response)
throws ServletException, IOException {
            PrintWriter out = response.getWriter();
            ServletContext context = this.getServletContext();
            //获取文件绝对路径
        String path = context.getRealPath("/WEB-INF/classes/classname.properties");
        FileInputStream in = new FileInputStream(path);
        Properties pros = new Properties();
        pros.load(in);
        out.println("ClassName = " + pros.getProperty("ClassName") + "<br>");
        out.println("Address = " + pros.getProperty("Address") + "<br>");
        }

        protected void doPost (HttpServletRequest request, HttpServletResponse response)
throws ServletException, IOException {
            //TODO Auto-generated method stub
            doGet(request, response);
        }
}
```

重新启动 Tomcat 服务器，在浏览器的地址栏中输入 http://localhost:8080/0201-SimpleServlet/servlet/Servlet06，运行结果如图 2-27 所示。可以看出，使用绝对路径也可以获取到资源文件的内容。

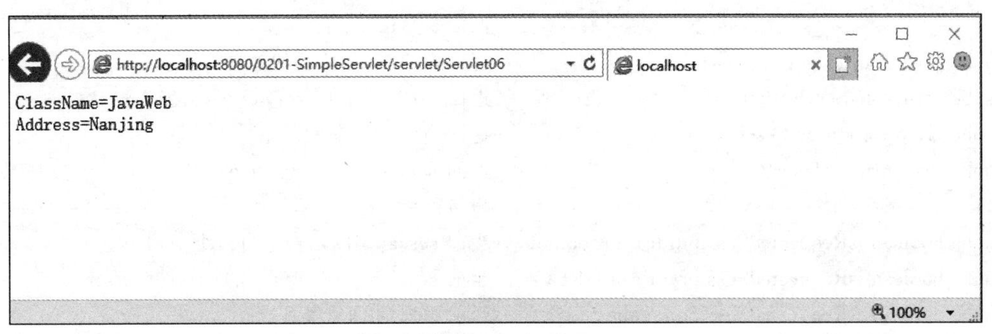

图 2-27 运行结果

2.3.4 HttpServletRequest 接口

HttpServletRequest 对象代表客户端的请求，当客户端通过 HTTP 访问服务器时，HTTP 请求头中的所有信息都封装在这个对象中，通过这个对象提供的方法，可以获得客户端请求的所有信息。HttpServletRequest 接口存放在 javax. servlet. http 包内，该接口的主要方法如表 2-6 所示。

表 2-6 javax. servlet. http. HttpServletRequest 接口的主要方法

方法原型	方法原型
public String getAuthType()	返回 Servlet 使用的安全机制名称
public String getContextPath()	返回请求 URI 的 Context 部分，实际是 URI 中指定 Web 程序的部分，例如 URI 为"http://localhost:8080/mingrisoft/index. jsp"，这一方法返回的是"mingrisoft"
public Cookie[] getCookies()	返回客户发过来的 Cookie 对象
public long getDateHeader(String arg0)	返回客户请求中的时间属性
public String getHeader(String arg0)	根据名称返回客户请求中对应的头信息
public Enumeration getHeaderNames()	返回客户请求中所有的头信息名称
public Enumeration getHeaders(String arg0)	返回客户请求中特定头信息的值
public int getIntHeader(String arg0)	以 int 格式根据名称返回客户请求中对应的头信息(header)，如果不能转换成 int 格式，生成一个 NumberFormatException 异常
public String getMethod()	返回客户请求的方法名称，例如 GET、POST 或 PUT
public String getPathInfo()	返回客户请求 URL 的路径信息
public String getPathTranslated()	返回 URL 中在 Servlet 名称之后、检索字符串之前的路径信息
public String getQueryString()	返回 URL 中检索的字符串
public String getRemoteUser()	返回用户名称，主要应用在 Servlet 安全机制中检查用户是否已登录
public String getRequestURI()	返回客户请求使用的 URI 路径，是 URI 中的 host 名称和端口号之后的部分，例如 URL 为"http://localhost:8080/mingrisoft/index. jsp"，这一方法返回的是"/index. jsp"
public StringBuffer getRequestURL()	返回客户 Web 请求的 URL 路径
public String getServletPath()	返回 URL 中对应 servlet 名称的部分
public HttpSession getSession()	返回当前会话期间对象
public Principal getUserPrincipal()	返回 java. security. Principal 对象，包括当前登录用户名称
public boolean isRequestedSessionIdFromCookie()	当前 session ID 是否来自一个 cookie
public boolean isRequestedSessionIdFromURL()	当前 session ID 是否来自 URL 的一部分
public boolean isRequestedSessionIdValid()	当前用户期间是否有效
public boolean isUserInRole(String arg0)	已经登录的用户是否属于特定角色

表 2-6 给出了 HttpServletRequest 的很多方法，现在以一个实例加以说明。

在项目 0201-SimpleServlet 中新建一个 Servlet 类，类名是 Servlet07，并实现 doGet() 方法的重写。代码如下。

```
package servlets;

import java.io.IOException;
import java.io.PrintWriter;
import javax.servlet.ServletException;
import javax.servlet.http.HttpServlet;
import javax.servlet.http.HttpServletRequest;
import javax.servlet.http.HttpServletResponse;

public class Servlet07 extends HttpServlet {
        protected void doGet (HttpServletRequest request, HttpServletResponse response)
throws ServletException, IOException {
            response.setHeader("content-type", "text/html;charset=UTF-8");
            PrintWriter out = response.getWriter();
            out.print("<p>上下文路径: " + request.getServletPath() + "</p>");
            out.print("<p>HTTP 请求类型: " + request.getMethod() + "</p>");
            out.print("<p>请求参数: " + request.getQueryString() + "</p>");
            out.print("<p>请求 URI: " + request.getRequestURI() + "</p>");
            out.print("<p>请求 URL: " + request.getRequestURL().toString() + "</p>");
            out.print("<p>请求 Servlet 路径: " + request.getServletPath() + "</p>");
            out.flush();
            out.close();
        }
}
```

配置 web.xml 文件，部署 Servlet。重新启动 Tomcat 服务器，在浏览器的地址栏中输入 http://localhost:8080/0201-SimpleServlet/Servlet07?ClassName=JavaWeb，运行结果如图 2-28 所示。

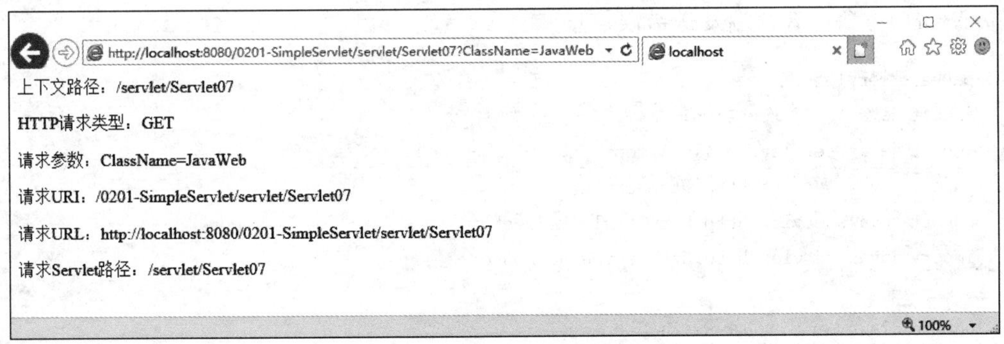

图 2-28　运行结果

2.3.5 HttpServletResponse 接口

HttpServletResponse 接口存放在 javax.servlet.http 包内，它代表了对客户端的

HTTP 响应。HttpServletResponse 接口给出了相应客户端的 Servlet()方法。它允许 Serlvet 设置内容长度和回应的 MIME 类型，并且提供输出流 ServletOutputStream。HttpServletResponse 接口的主要方法如表 2-7 所示。

表 2-7 javax.servlet.http.HttpServletResponse 接口的主要方法

方法原型	含义
public void addCookie(Cookie arg0)	在响应中加入 cookie 对象
public void addDateHeader(String arg0, long arg1)	加入对应名称的日期头信息
public void addHeader(String arg0, String arg1)	加入对应名称的字符串头信息
public void addIntHeader(String arg0, int arg1)	加入对应名称的 int 属性
public boolean containsHeader(String arg0)	对应名称的头信息是否已经被设置
public String encodeRedirectURL(String arg0)	对特定的 URL 进行加密，在 sendRedirect()方法中使用
public String encodeURL(String arg0)	对特定的 URL 进行加密，如果浏览器不支持 cookie，同时加入 session ID
public void sendError(int arg0) throws IOException	使用特定的错误代码向客户传递出错响应
public void sendError(int arg0, String arg1) throws IOException	使用特定的错误代码向客户传递出错响应，同时清空缓冲器
public void sendRedirect(String arg0) throws IOException	传递临时响应，响应的地址根据 location 指定
public void setHeader(String arg0, String arg1)	设置指定名称的头信息
public void setIntHeader(String arg0, int arg1)	设置指定名称头信息，其值为 int 数据
public void setStatus(int arg0)	设置响应的状态编码

表 2-7 中给出了 HttpServletResponse 的很多方法，现在以一个实例加以说明。

在项目 0201-SimpleServlet 中新建一个 Servlet 类，类名是 Servlet08，并实现 doGet()方法的重写。代码如下。该代码是在 doGet()方法中模拟一个自发过程中的异常，并将其通过 throw 关键字抛出，通过 catch 进行捕获。使用 HttpServletResponse 对象的 sendError()方法向客户端发送错误信息。

```
package servlets;
import java.io.IOException;
import javax.servlet.ServletException;
import javax.servlet.http.HttpServlet;
import javax.servlet.http.HttpServletRequest;
import javax.servlet.http.HttpServletResponse;

public class Servlet08 extends HttpServlet {
        private static final long serialVersionUID = 3563565034243126713L;

        public void doGet(HttpServletRequest request, HttpServletResponse response)
                throws ServletException, IOException {
          try {
                //创建一个异常
```

```
                throw new Exception("数据库连接失败");
            } catch (Exception e) {
                response.sendError(500, e.getMessage());
            }
        }
}
```

配置 web.xml 文件，部署 Servlet。重新启动 Tomcat 服务器，在浏览器的地址栏中输入 http://localhost:8080/0201-SimpleServlet/servlet/Servlet08，运行结果如图 2-29 所示。

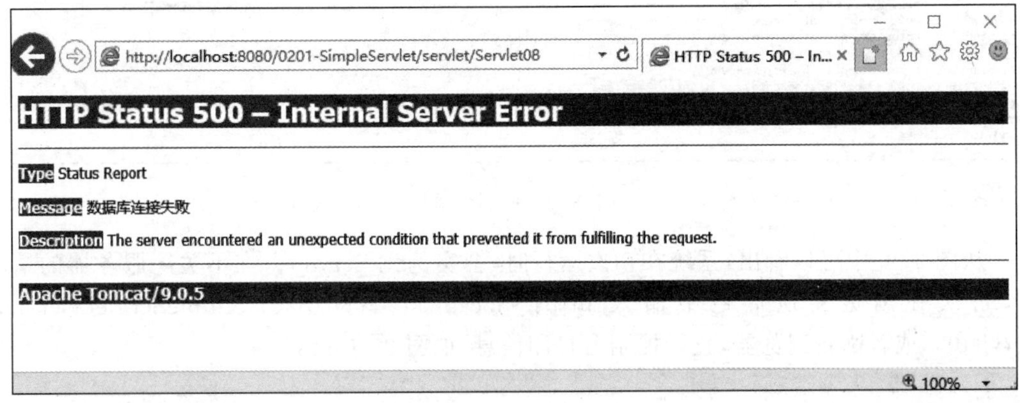

图 2-29　运行结果

2.4　Servlet 的线程安全问题

在学习 Servlet 的线程安全问题之前，先来看一下 Servlet 的运行机制。

2.4.1　Servlet 运行机制

在项目 0201-SimpleServlet 中新建一个 Servlet 类，类名是 Servlet09，并重写 doGet() 方法，并在 Servlet09 的构造函数和 doGet()函数中添加一行打印，代码如下。

```
package servlets;
import java.io.IOException;
import javax.servlet.ServletException;
import javax.servlet.http.HttpServlet;
import javax.servlet.http.HttpServletRequest;
import javax.servlet.http.HttpServletResponse;

public class Servlet09 extends HttpServlet {
    public Servlet09() {
        System.out.println("Servlet09 构造函数");
    }
        protected void doGet (HttpServletRequest request, HttpServletResponse response)
throws ServletException, IOException {
```

```
            System.out.println("Servlet09.doGet()函数");
        }
    }
```


配置 web. xml 文件，并部署 Servlet09，重新启动 Tomcat 服务器，在浏览器地址栏中输入 http://localhost:8080/0201-SimpleServlet/servlet/Servlet09，查看控制台，打印信息如图 2-30 所示。

```
Markers  Properties  Servers  Data Source Explorer  Snippets  Console
Tomcat v9.0 Server at localhost [Apache Tomcat] C:\Program Files\Java\jre1.8.0_172\bin\javaw.exe (2019年1月22日 下午2:38:47)
信息: At least one JAR was scanned for TLDs yet contained no TLDs. Enable debug logging for this logger for a complete list of JARs that wer
一月 22, 2019 2:39:03 下午org.apache.coyote.AbstractProtocol start
信息: Starting ProtocolHandler ["http-nio-8080"]
一月 22, 2019 2:39:03 下午org.apache.coyote.AbstractProtocol start
信息: Starting ProtocolHandler ["ajp-nio-8009"]
一月 22, 2019 2:39:03 下午org.apache.catalina.startup.Catalina start
信息: Server startup in 13588 ms
Servlet09构造函数
Servlet09. doGet函数
```

图 2-30　控制台输出

从图 2-30 中可以看出，系统在初次运行时，会实例化 Servlet。在不关闭服务器的情况下，再次在浏览器地址栏中输入 http://localhost: 8080/0201-SimpleServlet/servlet/Servlet09，或者刷新浏览器，查看控制台打印信息，如图 2-31 所示。

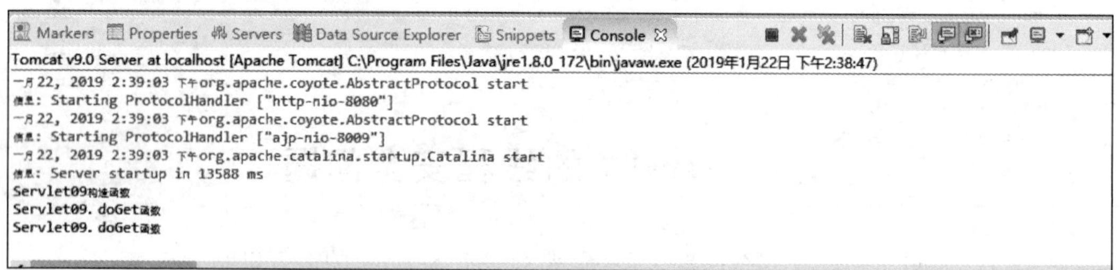

图 2-31　控制台打印

从图 2-31 中可以看出，第二次访问只运行了 doGet()函数，也就是说，两次访问 Servlet 只创建了一个实例。那么就存在一个问题，如果多个用户同时访问，会不会造成等待？答案是不会的，因为 Servlet 采用的是多线程机制，也就是说，客户端每请求一次，Servlet 就会分配一个线程来运行 doGet()函数，这样，如果两个或多个线程同时访问同一个 Servlet，就有可能带来安全问题。

2.4.2　Servlet 线程安全问题

从 2.4.1 节内容可以看到，当客户端第一次请求 Servlet 时，Web 容器会根据 web. xml 文件的配置来实例化这个 Servlet 类。当有多个客户端请求该 Servlet 时，Web 容器一般不会再实例化该 Servlet 类，而是分配一个线程给其他客户端使用，如图 2-32 所示。

这样，当两个或多个线程同时访问同一个 Servlet 时，可能会发生多个线程同时访问同一资源的情况，数据可能会变得不一致，从而出现 Servlet 线程安全问题。

现在以一个实例来说明。

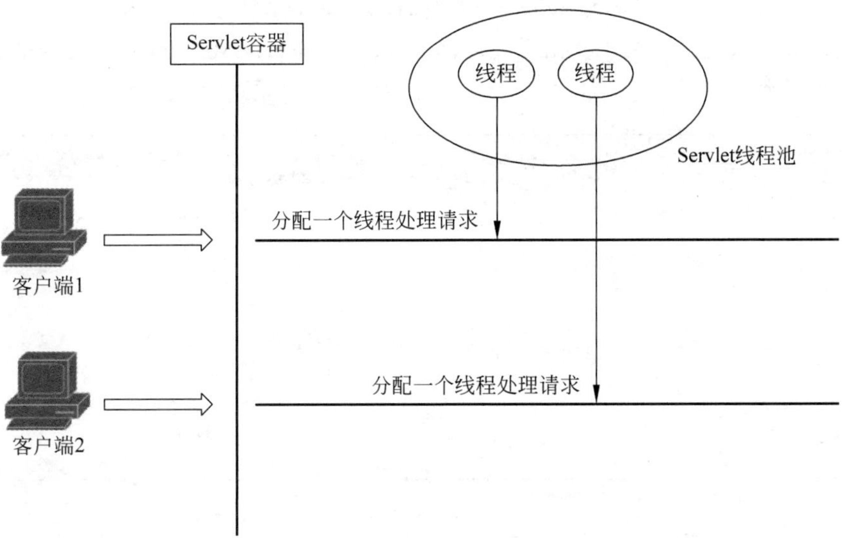

图 2-32　Servlet 运行机制

在项目 0201-SimpleServlet 中新建一个 Servlet 类，类名是 Servlet10，并定义一个私有变量 username，且 doGet()函数中将用户名 username 输出，具体代码如下。

```
package servlets;

import java.io.IOException;
import java.io.PrintWriter;
import javax.servlet.ServletException;
import javax.servlet.annotation.WebServlet;
import javax.servlet.http.HttpServlet;
import javax.servlet.http.HttpServletRequest;
import javax.servlet.http.HttpServletResponse;

public class Servlet10 extends HttpServlet {
  private static final long serialVersionUID = 1L;
  private String username;

  protected void doGet(HttpServletRequest request, HttpServletResponse response) throws
ServletException, IOException {
                response.setContentType("text/html;charset = utf - 8");
                username = request.getParameter("username");
                PrintWriter output = response.getWriter();
                try {
                    //为了突出并发问题,在这里设置一个延时
                    Thread.sleep(5000);
                    output.println("用户名:" + username + "<BR>");
                } catch (Exception e) {
                    e.printStackTrace();
                }
  }
}
```

配置 web.xml 文件，部署 Servlet10，重新启动 Tomcat 服务器，并在浏览器地址栏中输入 http://localhost:8080/0201-SimpleServlet/servlet/Servlet10? username=aaa，运行效果如图 2-33 所示。

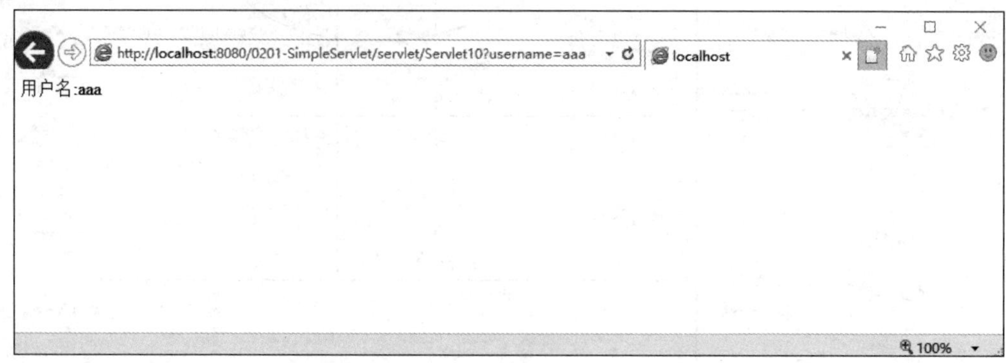

图 2-33　运行效果

从图 2-33 中可以看到，当用户 aaa 访问该 Servlet 时，程序会正常运行，但当多个用户同时访问该 Servlet 时，会出现什么问题呢？为了便于测试，在代码中加入一个延时操作。现假设有两个用户 aaaa 和 bbb 同时访问该 Servlet(可以启动两个 IE 浏览器)，并同时在两个浏览器中输入：

```
http://localhost:8080/0201 - SimpleServlet/servlet/Servlet10?username = aaa
http://localhost:8080/0201 - SimpleServlet/servlet/Servlet10?username = bbb
```

如果用户 bbb 比用户 aaa 回车的时间稍慢一点儿，不断刷新浏览器，可能会出现一种错误输出，如图 2-34 所示。

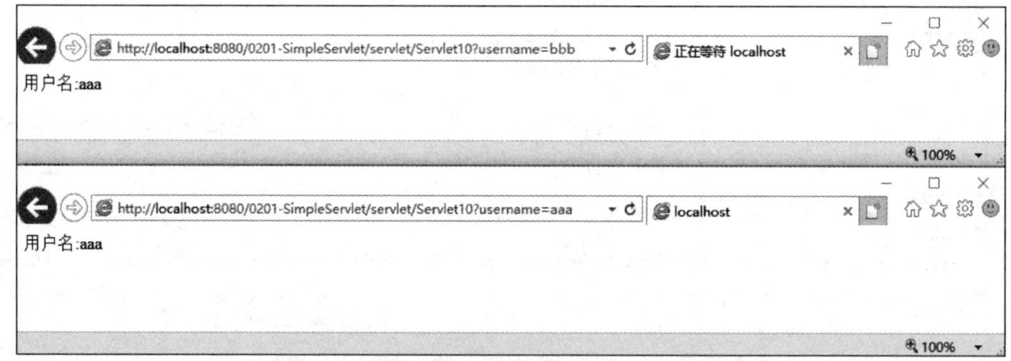

图 2-34　运行效果

从图 2-34 中可以看出，用户 aaa 的信息显示在用户 bbb 的浏览器上，说明该 Servlet 存在线程不安全问题，而且这种错误的偶然性，更加大了程序的潜在风险。那么，如何设计线程安全的 Servlet 呢？一般来说，不要在 Servlet 内定义成员变量，除非这些变量是所有用户共享的。

可以将上述代码进行修改，比如将变量 username 本地化，也就是将变量 username 改为局部变量，具体修改如下。

```java
package servlets;

import java.io.IOException;
import java.io.PrintWriter;
import javax.servlet.ServletException;
import javax.servlet.annotation.WebServlet;
import javax.servlet.http.HttpServlet;
import javax.servlet.http.HttpServletRequest;
import javax.servlet.http.HttpServletResponse;

public class Servlet10 extends HttpServlet {
        private static final long serialVersionUID = 1L;
        //private String username;
        protected void doGet ( HttpServletRequest  request,  HttpServletResponse  response )
throws ServletException, IOException {
                        String username;
                        response.setContentType("text/html;charset = utf - 8");
                        username = request.getParameter("username");
                        PrintWriter output = response.getWriter();
                        try {
                            //为了突出并发问题,在这里设置一个延时
                            Thread.sleep(5000);
                            output.println("用户名:" + username + "<BR>");
                        } catch (Exception e) {
                            e.printStackTrace();
                        }
        }
}
```

这样，由于 Servlet 多线程是不共享局部变量的，因此 Servlet 线程也就安全了。设计线程安全的 Servlet 有很多方法，这里就不一一列举了，如果读者感兴趣，可以自行查阅资料。

小　结

本章主要介绍了 Servlet 的基本知识，包括 Servlet 的工作原理、Servlet 的结构和生命周期，然后介绍了 Servlet 常用的接口和类的方法，最后介绍了 Servlet 的运行机制，并由此引出了 Servlet 线程安全问题。通过本章的学习，读者可以掌握如何使用 Eclipse 创建 Servlet，以及 web.xml 文件的配置，了解 Servlet 的生命周期，掌握 Servlet 常用接口和类的使用方法，熟悉 Servlet 的运行机制，并了解如何设计线程安全的 Servlet。在 Web 开发中，Servlet 技术十分重要，读者应该牢固掌握并熟练使用。

习　题

1. 简述 Servlet 与 JSP 的区别与联系。
2. 简述 Servlet 的生命周期。
3. 简述 ServletContext 接口的三个主要作用。

4. 简述 Servlet 运行机制。该机制会导致什么问题？如何解决？

5. 编程题，为网站配置欢迎页面 index. html，如果找不到，则为 index. jsp，并进行测试。

6. 编程题，写一个 Servlet，实现统计网站被访问次数的功能。

7. 编程题，用户登录时，需要输入用户名 username 和密码 password，请将 username 和 password 存在 web. xml 文件中，并在 Servlet 中读取该配置信息，并输出到页面上。

第3章 请求与响应

C/S架构的程序，其数据请求和数据处理都在客户端完成，只在数据存取时访问服务器后台，设计过程相对简单；B/S架构的程序，其数据请求在客户端的浏览器实现，该请求要发送到后台Web服务器，数据处理与响应由后台服务器完成，最终的处理结果再发送回客户端浏览器。因此，B/S架构的Web程序设计存在两大技术难点，一个是如何把客户端的请求数据发送到服务器，另一个是服务器将请求所需数据处理完成后如何把结果返回给客户端浏览器。

3.1 请求响应模型

视频讲解

客户端的JSP页面一般是将页面数据和请求信息放置在< form >标签内部向Web服务器完成表单提交，利用< form >标签的action属性指定请求提交的目的处理程序，该程序一般是某个Servlet或另外的JSP页面。

Servlet最主要的功能就是处理客户端请求，并将处理结果返回给客户端，该过程称为响应。客户端浏览器访问Servlet的具体过程如图3-1所示，在该过程中Java Web程序处理请求响应的具体流程描述如下。

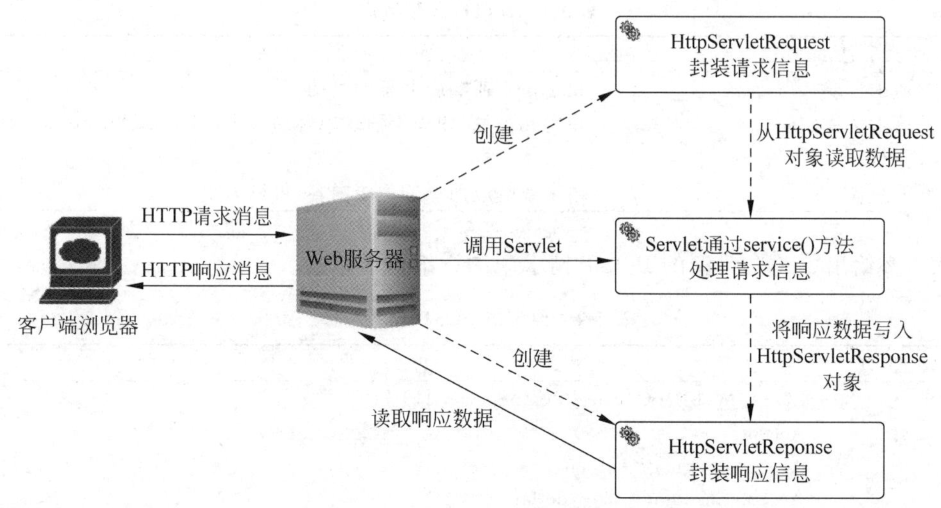

图3-1 浏览器访问Servlet对应的请求响应模型

(1) 客户端的浏览器通过JSP页面中的form表单将数据进行封装，然后向Web服务器发送HTTP请求。

(2) Web服务器接收到客户端发来的HTTP请求，创建HttpServletRequest对象，将form表单中的数据和请求信息拆解并重新封装到HttpServletRequest对象中。

(3) Web 服务器在创建 HttpServletRequest 对象的同时，一并创建 HttpServletResponse 对象，用来接收即将返回的响应信息。

(4) Web 服务器根据 form 表单中 action 属性设定的 Servlet 映射调用对应 Servlet 的 service(HttpServletRequest request, HttpServletResponse response)方法进行请求处理，该方法中的两个参数 request 和 response 对应步骤(2)中的 HttpServletRequest 对象和步骤(3)中的 HttpServletResponse 对象。

(5) service()方法将请求处理完毕后将所需的响应信息封装到 response 参数中，该参数负责将响应信息写入到步骤(3)中创建的 HttpServletResponse 对象。

(6) Web 服务器读取 HttpServletResponse 对象中的响应数据，将响应数据封装到特定的页面中返回给客户端浏览器。

上述过程中产生的 HttpServletRequest 对象用于封装 HTTP 请求信息，简称 request 对象；HttpServletResponse 对象用于封装 HTTP 响应信息，简称 response 对象。这两个对象作为 JSP 九大内置对象在后续章节还会深入讨论。

需要注意的是，在 Web 服务器运行期间，每个 Servlet 类只会创建一个实例对象，该对象负责处理多个 HTTP 请求并做出响应。但对于每次 HTTP 请求，Web 服务器都会调用一次 Servlet 实例对象的 service(HttpServletRequest request, HttpServletResponse response)方法，每调用一次 service 方法就会重新创建一个 request 对象和一个 response 对象。

视频讲解

3.2 HttpServletRequest 对象

HttpServletRequest 是一个继承自 ServletRequest 接口的子接口，主要用于封装 HTTP 的请求信息。HTTP 请求消息分为请求行、请求消息头和请求消息体三部分，如表 3-1 所示。

表 3-1 HTTP 消息结构

消息部分	说明
请求行或状态行	指定请求或响应消息的目的
请求头或响应头	指定元信息，如关于消息内容的大小、类型、编码方式等
空行	
消息体	请求或响应消息的主要内容，可以为空

表 3-2 给出了一个典型的 POST 请求中的详细请求信息。

表 3-2 典型的 POST 请求信息

组成部分	说明
请求行	POST/WebJDBC/CheckLoginServlet HTTP/1.1
请求头	Accept= */* Accept-Language=zh-ch Accept-Encoding=gzip,deflate User-Agent=Mozilla/4.0(compatible; MSIE 9.0; Windows NT 5.1; SV1;.NET CLR 1.1.4322; .NET CLR 2.0.50727) Host=localhost:8080 Connection=Keep-Alive
空行	
消息体	可以为空

HttpServletRequest 接口中主要定义了获取这三部分数据信息的相关函数。

3.2.1 获取请求行

客户端浏览器访问 Servlet 时，会发送相应的请求消息给服务器，该请求消息分为请求行、请求消息头和请求消息体三部分。其中，在请求行部分包含请求方法名、请求资源的 URL 和 HTTP 版本等信息，这三部分由空格隔开。如表 3-2 中第一行数据所示，请求方法为 POST，请求资源的 URI 为/WebJDBC/CheckLoginServlet，使用的协议及其版本为 HTTP/1.1。

HttpServletRequest 接口中定义了获取请求行信息的相关方法，如表 3-3 所示。

表 3-3 获取请求行信息的方法

方　法	说　明
String getMethod()	获取 HTTP 请求的请求方式(如 GET、POST 等)
String getRequestURI()	获取请求行中资源名称部分，即位于 URL 的主机和端口之后、参数之前的部分
String getQueryString()	获取请求行中的参数部分，即资源路径后面问号以后的所有内容
String getProtocol()	获取请求行中的协议名及版本，如 HTTP/1.0 或 HTTP/1.1
String getContextPath()	获取 URL 中 Web 应用程序的路径
String getServletPath()	获取 Servlet 的名称或 Servlet 所映射的路径
String getRemoteAddr(0)	获取客户端的 IP 地址
String getRemoteHost()	获取客户端的完整主机名
int getRemotePort()	获取客户端的访问端口号
String getLocalAddr()	获取服务器 IP 地址
String getLocalName()	获取服务器主机名
int getLocalPort()	获取服务器端口号
String getServerName()	获取当前请求所指向的主机名，即 HTTP 请求消息中 Host 头字段所对应的主机名部分
int getServerPort()	获取当前请求所连接的服务器端口号
String getScheme()	获取请求的协议名，如 http、https 或 ftp 等
StringBuffer getRequestURL()	获取客户端发送请求的完整 URL(不含参数部分)

【例 3-1】 测试 HttpServletRequest 对象获取请求行相关函数。

(1) 在 Eclipse 中新建一个名为“0301-RequestLineInfo”的项目。

(2) 新建一个名为“GetRequestLineInfoServlet”的 Servlet，放置在 cn. pju. servlets 包下，详细代码如下。

```
package cn.pju.servlets;

import java.io.IOException;
import javax.servlet.ServletException;
import javax.servlet.annotation.WebServlet;
import javax.servlet.http.HttpServlet;
import javax.servlet.http.HttpServletRequest;
import javax.servlet.http.HttpServletResponse;
```

```
@WebServlet("/GetRequestLineInfoServlet")
public class GetRequestLineInfoServlet extends HttpServlet {
  private static final long serialVersionUID = 1L;
   public GetRequestLineInfoServlet() {
        super();
    }
   protected void doGet (HttpServletRequest request, HttpServletResponse response) throws
ServletException, IOException {
      System.out.println("getMethod(): " + request.getMethod());
      System.out.println("getRequestURI(): " + request.getRequestURI());
      System.out.println("getRequestURL(): " + request.getRequestURL());
      System.out.println("getQueryString(): " + request.getQueryString());
      System.out.println("getProtocol(): " + request.getProtocol());
      System.out.println("getContextPath(): " + request.getContextPath());
      System.out.println("getServletPath(): " + request.getServletPath());
      System.out.println("getRemoteAddr(): " + request.getRemoteAddr());
      System.out.println("getRemoteHost():" + request.getRemoteHost());
      System.out.println("getRemotePort():" + request.getRemotePort());
      System.out.println("getLocalAddr():" + request.getLocalAddr());
      System.out.println("getLocalName():" + request.getLocalName());
      System.out.println("getLocalPort():" + request.getLocalPort());
      System.out.println("getServerName():" + request.getServerName());
      System.out.println("getServerPort():" + request.getServerPort());
      System.out.println("getScheme():" + request.getScheme());
      System.out.println("getRequestURL():" + request.getRequestURL());
  }

  protected void doPost(HttpServletRequest request, HttpServletResponse response) throws
  ServletException, IOException {
    doGet(request, response);
  }

}
```

(3) 将该项目配置到 Tomcat 服务器,然后运行 GetRequestLineInfoServlet,在浏览器中输入 http://localhost:8080/0301-RequestLineInfo/GetRequestLineInfoServlet? info=justatest,查看 Console 控制台的输出信息,如图 3-2 所示。

由于在访问过程中使用的是本机主机名 localhost,所以 getRemoteAddr()、getRemoteHost()、getLocalAddr()和 getLocalName()函数返回的结果都是"0:0:0:0:0:0:0:1",即 IPv6 中的本机地址[::1]。用户可以将 localhost 修改为本机的外部访问 IP 地址或局域网 IP 地址(在命令提示符下输入"ipconfig/all"进行查看),如作者当前计算机的局域网 IP 地址为 192.168.0.111,所以在浏览器中输入如下 URL 地址 http://192.168.0.111:8080/0301-RequestLineInfo/GetRequestLineInfoServlet? info=justatest,则对应的测试结果如图 3-3 所示。

```
Markers  Properties  Servers  Data Source Explorer  Snippets  Problems  Console
Tomcat v9.0 Server at localhost [Apache Tomcat] C:\Program Files\Java\jre1.8.0_192\bin\javaw.exe (2019年1月28日 下午9:01:08)
getMethod(): GET
getRequestURI(): /0301-RequestLineInfo/GetRequestLineInfoServlet
getRequestURL(): http://localhost:8080/0301-RequestLineInfo/GetRequestLineInfoServlet
getQueryString(): info=justatest
getProtocol(): HTTP/1.1
getContextPath(): /0301-RequestLineInfo
getServletPath(): /GetRequestLineInfoServlet
getRemoteAddr(): 0:0:0:0:0:0:0:1
getRemoteHost():0:0:0:0:0:0:0:1
getRemotePort():51591
getLocalAddr():0:0:0:0:0:0:0:1
getLocalName():0:0:0:0:0:0:0:1
getLocalPort():8080
getServerName():localhost
getServerPort():8080
getScheme():http
getRequestURL():http://localhost:8080/0301-RequestLineInfo/GetRequestLineInfoServlet
```

图 3-2　HttpServletRequest 函数运行结果

```
Markers  Properties  Servers  Data Source Explorer  Snippets  Problems  Console
Tomcat v9.0 Server at localhost [Apache Tomcat] C:\Program Files\Java\jre1.8.0_192\bin\javaw.exe (2019年1月28日 下午9:01:08)
getMethod(): GET
getRequestURI(): /0301-RequestLineInfo/GetRequestLineInfoServlet
getRequestURL(): http://192.168.0.111:8080/0301-RequestLineInfo/GetRequestLineInfoServlet
getQueryString(): info=justatest
getProtocol(): HTTP/1.1
getContextPath(): /0301-RequestLineInfo
getServletPath(): /GetRequestLineInfoServlet
getRemoteAddr(): 192.168.0.111
getRemoteHost():192.168.0.111
getRemotePort():52486
getLocalAddr():192.168.0.111
getLocalName():EverStar
getLocalPort():8080
getServerName():192.168.0.111
getServerPort():8080
getScheme():http
getRequestURL():http://192.168.0.111:8080/0301-RequestLineInfo/GetRequestLineInfoServlet
```

图 3-3　使用局域网 IP 地址测试 HttpServletRequest 函数运行结果

3.2.2　获取请求消息头

HTTP 请求消息中的请求消息头主要用来向服务器传递附加信息，例如，字符集编码、语言、压缩类型等。HttpServletRequest 接口定义了常用的获取 HTTP 请求头字段信息的方法，见表 3-4。

表 3-4　获取请求头信息的方法

方　法	说　明
String getHeader(String name)	获取 HTTP 请求中指定头字段的值，若不存在返回 NULL；存在多个时返回首个
Enumeration getHeaders(String name)	返回名为 name 的所有头字段值所组成的 Enumeration 集合对象
Enumeration getHeaderNames()	获取所有请求头字段组成的 Enumeration 对象
int getIntHeader(String name)	获取 HTTP 请求中名为 name 的头字段的值，并转换为 int 类型

续表

方法	说明
long getDateHeader(String name)	获取 HTTP 请求中名为 name 的头字段的值,并转换为 GMT 时间格式的长整型
String getContentType()	获取头字段 Content-Type(内容类型,即文件的类型和网页的编码)的值
int getContentLength()	该方法用于获取 Content-Length 头字段的值
String getCharacterEncoding()	返回请求消息实体部分的字符集编码

【例 3-2】 测试 HttpServletRequest 对象获取请求头相关函数。

(1) 在项目 0301-RequestLineInfo 中新建一个名为 GetRequestHeaderInfoServlet 的 Servlet,放置在 cn.pju.servlets 包下,详细代码如下。

```
package cn.pju.servlets;

import java.io.IOException;
import java.util.Enumeration;
import javax.servlet.ServletException;
import javax.servlet.annotation.WebServlet;
import javax.servlet.http.HttpServlet;
import javax.servlet.http.HttpServletRequest;
import javax.servlet.http.HttpServletResponse;

@WebServlet("/GetRequestHeaderInfoServlet")
public class GetRequestHeaderInfoServlet extends HttpServlet {
  private static final long serialVersionUID = 1L;

    public GetRequestHeaderInfoServlet() {
        super();
    }

   protected void doGet(HttpServletRequest request, HttpServletResponse response) throws
ServletException, IOException {
    request.setCharacterEncoding("UTF-8");
    //循环遍历所有的请求头,并输出请求信息
    Enumeration hs = request.getHeaderNames();
    while(hs.hasMoreElements()) {
        String hName = (String) hs.nextElement();
        System.out.println(hName + " : " + request.getHeader(hName));
    }
    System.out.println(request.getCharacterEncoding());
  }

   protected void doPost(HttpServletRequest request, HttpServletResponse response) throws
ServletException, IOException {
    doGet(request, response);
  }
}
```

(2) 在浏览器中输入网址 http://localhost:8080/0301-RequestLineInfo/GetRequest-LineInfoServlet? info=justatest,运行 GetRequestHeaderInfoServlet,查看 Console 控制台的输出信息,如图 3-4 所示。

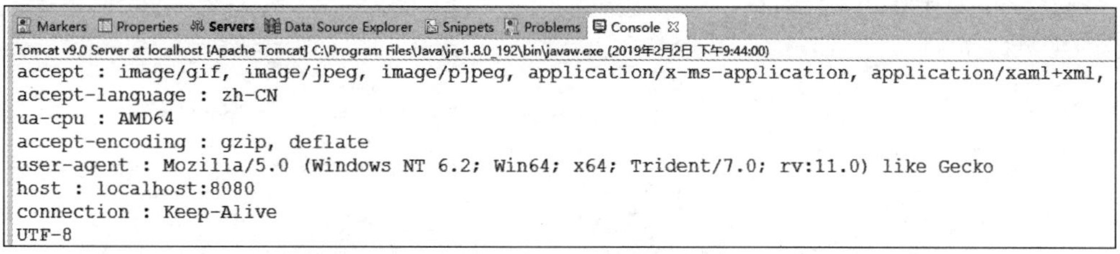

```
Markers  Properties  Servers  Data Source Explorer  Snippets  Problems  Console
Tomcat v9.0 Server at localhost [Apache Tomcat] C:\Program Files\Java\jre1.8.0_192\bin\javaw.exe (2019年2月2日 下午9:44:00)
accept : image/gif, image/jpeg, image/pjpeg, application/x-ms-application, application/xaml+xml,
accept-language : zh-CN
ua-cpu : AMD64
accept-encoding : gzip, deflate
user-agent : Mozilla/5.0 (Windows NT 6.2; Win64; x64; Trident/7.0; rv:11.0) like Gecko
host : localhost:8080
connection : Keep-Alive
UTF-8
```

图 3-4 HttpServletRequest 请求头信息结果

3.2.3 相关应用

1. 获取请求参数

在 Web 项目开发中,通常需要通过前端页面中的 form 表单向后台服务器传递数据,例如登录界面中的用户名、密码、随机验证码等。这些参数传递到后台之后,可以被 HttpServletRequest 接口及其父类 ServletRequest 对应的一系列方法进行获取。获取请求参数的方法如表 3-5 所示。

表 3-5 获取请求参数的方法

方法	说明
String getParameter(String name)	获取 HTTP 请求中指定名称为 name 的参数值,若不存在返回 NULL;如存在但未设置值,则返回空串;如果存在多个时返回首个
String[] getParameterValues(String name)	若传递的 HTTP 请求中存在多个名为 name 的参数值,使用该函数读取所有的参数值,放入一个字符串数组后返回
Enumeration getParameterNames()	返回 HTTP 请求中由所有参数名所组成的 Enumeration 集合对象,利用本函数及以上两个函数可以实现对请求消息中所有参数的遍历操作
Map getParameterMap()	将请求消息中所有的参数名和对应的参数值封装进一个 Map 对象并返回

【例 3-3】 利用 HttpServletRequest 对象获取客户端传入的指定名称参数值。

(1) 新建名为 0303-RequestApp 的动态 Web 项目。

(2) 在 WebContent 目录下新建 regist.jsp 页面,代码如下。

```
<%@taglib uri="http://java.sun.com/jsp/jstl/core" prefix="c" %>
<%@taglib uri="http://java.sun.com/jsp/jstl/fmt" prefix="fmt" %>
<%@taglib uri="http://java.sun.com/jsp/jstl/sql" prefix="sql" %>
<%@taglib uri="http://java.sun.com/jsp/jstl/xml" prefix="x" %>
<%@taglib uri="http://java.sun.com/jsp/jstl/functions" prefix="fn" %>

<%@ page language="java" contentType="text/html; charset=UTF-8" pageEncoding="UTF-8" %>
```

```
<!DOCTYPE html>
<html>
<head>
<meta http-equiv="Content-Type" content="text/html; charset=UTF-8">
<title>用户注册</title>
</head>
<body>
    <form action="/0303-RequestApp/RequestParamsServlet" method="post">
        账号:<input type="text" name="username"><br>
        密码:<input type="password" name="password"><br>
        研究方向:
        <input type="checkbox" name="researcharea" value="hardware">计算机硬件
        <input type="checkbox" name="researcharea" value="software">软件工程
        <input type="checkbox" name="researcharea" value="bigdata">大数据<br>
        <input type="submit" value="提交">
    </form>
</body>
</html>
```

（3）新建 cn.pju.requestapp.svlt 包，在该包下新建名为 RequestParamsServlet 的 Servlet 类，代码如下。

```
package cn.pju.requestapp.svlt;

import java.io.IOException;
import javax.servlet.ServletException;
import javax.servlet.annotation.WebServlet;
import javax.servlet.http.HttpServlet;
import javax.servlet.http.HttpServletRequest;
import javax.servlet.http.HttpServletResponse;

@WebServlet("/RequestParamsServlet")
public class RequestParamsServlet extends HttpServlet {
    protected void doGet(HttpServletRequest request, HttpServletResponse response) throws
ServletException, IOException {
        String username = request.getParameter("username");
        String password = request.getParameter("password");
        String[] researcharea = request.getParameterValues("researcharea");
        System.out.println("用户名: " + username);
        System.out.println("密码: " + password);
        System.out.println("研究领域: ");
        for (String ra : researcharea) {
            System.out.println(ra);
        }
    }

    protected void doPost(HttpServletRequest request, HttpServletResponse response) throws
ServletException, IOException {
        doGet(request, response);
    }
}
```

(4) 将项目配置到 Tomcat 容器上，启动服务器，在浏览器中输入访问地址 http://localhost:8080/0303-RequestApp/regist.jsp，打开如图 3-5 所示的用户注册界面。

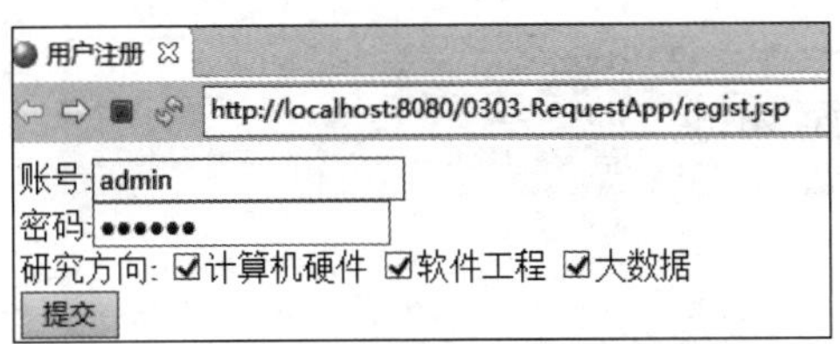

图 3-5　用户注册界面

(5) 在账号栏和密码栏中分别输入 admin 和 sysman，全选三个研究方向复选框，单击“提交”按钮，观察后台 Console 窗口数据显示，如图 3-6 所示。

```
Console  Markers  Properties  Servers  Data Source Explorer  Snippets  Problems  JUnit
Tomcat v9.0 Server at localhost [Apache Tomcat] C:\Program Files\Java\jre1.8.0_192\bin\javaw.exe (2019年3月24日 下午5:16:11)
用户名：admin
密码：sysman
研究领域：
hardware
software
bigdata
```

图 3-6　运行结果

2. 解决请求参数的中文乱码问题

如果在如图 3-5 所示的用户注册界面输入中文字符的账号(比如“张俊”)，再次单击“提交”按钮发送至后台的 Servlet 程序处理，则解析结果为乱码，如图 3-7 所示。

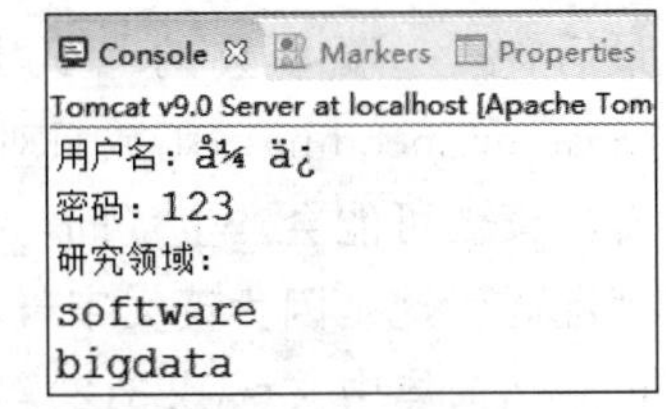

图 3-7　中文参数值解析出现乱码

在此分析一下，客户端浏览器向后台服务器传递中文参数值，出现中文乱码现象的原因。

首先，当客户端浏览器表单中输入了中英文参数值并通过表单提交按钮向后台服务器提交时，浏览器会根据默认设置的编码格式对参数值进行封装，不同浏览器的默认字符编码不尽相同，而且用户可以根据自身需要进行调整设置。以 IE 浏览器为例，在客户端输入中文账号，在浏览器空白区域右击，展开“编码”菜单，可见浏览器当前使用的默认编码方式为 Unicode(UTF-8)，如图 3-8 所示，也可根据需要切换简体中文(GB2312)字符编码格式。浏览器设置的字符编码不同，输入框中的数据传递给 form 表单的实际二进制编码内容也不同。

其次，客户端封装后的数据传递到后台服务器，由 HttpServletRequest 对象进行数据解析，解码时也会用到字符编码，如果解码时所使用的字符编码与封装时使用的字符编码不一致，就会出现中文乱码现象。在 Servlet 中可以使用函数 setCharacterEncoding(String encoding) 来设置 Request 对象编码格式，如 request.setCharacterEncoding("UTF-8")，需要注意的是该语句必须写在 doGet()函数的首行，这是因为 doGet()函数在执行函数代码之前首先检测是否有字符编码设置函数语句进行了编码设置，如果未发现则默认采用 ISO-8859-1 编码格式作为首选，然后继续执行函数体内其他语句，当再次遇到 setCharacterEncoding()函数

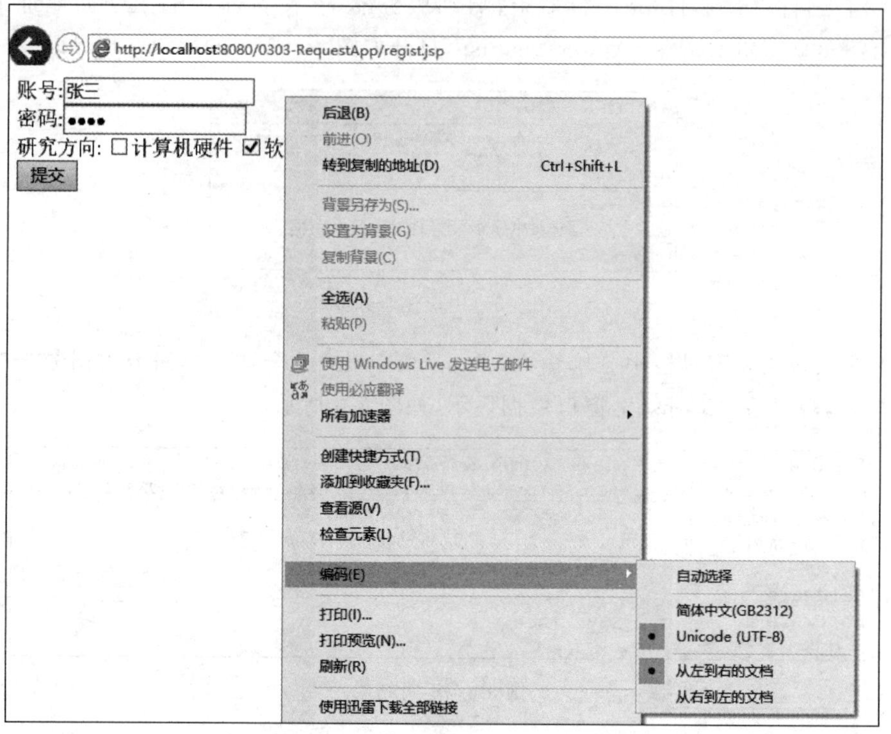

图 3-8　浏览器编码格式

设置不同代码时,将忽略该语句。

最后,客户端参数的编码封装格式还与 form 表单的提交方式有关,这是因为 setCharacterEncoding()函数只对 post 方式提交的表单有效,对 get 方式提交的表单无效。

有的读者可能会产生疑问,为什么英文字母和阿拉伯数字不存在乱码问题,而唯独中文会出现乱码?这是因为英文字母和阿拉伯数字数量相对较少,所以在 ISO-8859-1、Unicode(UTF-8)和简体中文(GB2312)等常用编码中,这些符号的编码都与其 ASCII 码值保持一致,也就是说在这些编码机制中,其编码都是相同的,所以无论使用何种编码进行封装和解析,都不会出现乱码现象。而中文具有其特殊性,在不同的编码格式中,同一个汉字对应的编码是不同的。比如在 A 编码格式中,汉字"中"存储在 x 行 y 列,我们将其编码设定为 xy,而在 B 编码格式中,xy 编码对应的 x 行 y 列存储的可能是另一个汉字或者是某个汉字的一部分,此时就会出现乱码或前后解析不符的现象。其实不光中文数据在客户端与服务器端编码不一致时会产生乱码现象,常见的 CJK 编码都会出现类似现象,这是由这些语言的特殊编码格式所决定的。

总结以上分析可见,客户端浏览器将表单数据进行封装然后向后台服务器传递中文参数值,服务器端由 Request 对象再进行数据解析,出现乱码现象与客户端浏览器编码格式、表单提交方式和服务器端 Request 对象进行解析时使用的 CharacterEncoding 编码格式三个因素有关。在实际使用过程中,只要三者设置保持同一种编码或相互兼容的编码格式,就可避免中文解析出现乱码现象。修改后的源程序文件 RequestParamsServlet. java 代码如下。

```
package cn.pju.requestapp.svlt;

import java.io.IOException;
import javax.servlet.ServletException;
import javax.servlet.annotation.WebServlet;
import javax.servlet.http.HttpServlet;
import javax.servlet.http.HttpServletRequest;
import javax.servlet.http.HttpServletResponse;

@WebServlet("/RequestParamsServlet")
public class RequestParamsServlet extends HttpServlet {

    protected void doGet (HttpServletRequest request, HttpServletResponse response) throws
ServletException, IOException {
        request.setCharacterEncoding("UTF-8");
        String username = request.getParameter("username");
        String password = request.getParameter("password");
        String[] researcharea = request.getParameterValues("researcharea");
        System.out.println("用户名: " + username);
        System.out.println("密码: " + password);
        System.out.println("研究领域: ");
        for (String ra : researcharea) {
            System.out.println(ra);
        }
    }

    protected void doPost (HttpServletRequest request, HttpServletResponse response) throws
ServletException, IOException {
        doGet(request, response);
    }
}
```

3. 通过 Request 对象传递数据

在客户端的浏览器通过表单中的控件向后台 Servlet 传递的数据一般被当作 Parameter 参数保存，如果想向 Request 对象中插入其他非参数变量，则可使用 setAttibute()方法设置参数，使用 getAttribute()函数进行参数值的读取。Request 对象常用的属性操作函数如表 3-6 所示。

表 3-6　Request 对象常用的属性操作函数

方　法	说　明
void setAttribute(String name, Object obj)	向 ServletRequest 对象中写入名为 name 的属性并设置其值为 obj；若已存在 name 属性，则覆盖；若 obj 值为 null，则删除指定属性，效果等同于 removeAttribute()
Object getAttribute(String name)	获取 ServletRequest 对象中名为 name 的属性值
removeAttribute(String name)	在 ServletRequest 对象中删除名为 name 的属性
Enumeration getAttributeNames()	返回一个包含 ServletRequest 对象中所有属性的 Enumeration 对象

修改源程序文件 RequestParamsServlet. java，将注册结果写入 ServletRequest 对象的 registOK 属性，代码如下。

```
package cn.pju.requestapp.svlt;

import java.io.IOException;
import javax.servlet.ServletException;
import javax.servlet.annotation.WebServlet;
import javax.servlet.http.HttpServlet;
import javax.servlet.http.HttpServletRequest;
import javax.servlet.http.HttpServletResponse;

import com.sun.org.apache.xpath.internal.operations.And;
@WebServlet("/RequestParamsServlet")
public class RequestParamsServlet extends HttpServlet {
  protected void doGet (HttpServletRequest request, HttpServletResponse response) throws
ServletException, IOException {
     response.setCharacterEncoding("UTF - 8");
     request.setCharacterEncoding("UTF - 8");
     String username = request.getParameter("username");
     String password = request.getParameter("password");
     String[] researcharea = request.getParameterValues("researcharea");
     System.out.println("用户名: " + username);
     System.out.println("密码: " + password);
     System.out.println("研究领域: ");
     for (String ra : researcharea) {
         System.out.println(ra);
     }
     //注册结果判断
     if(username != null && !username.isEmpty() && password != null && !password.isEmpty() &&
researcharea != null && researcharea.length > 0 ) {
         request.setAttribute("registOk", true);
     } else {
         request.setAttribute("registOk", false);
     }
     if((Boolean)request.getAttribute("registOk")) {
         response.getWriter().println("注册成功");
     } else {
         response.getWriter().println("注册失败");
     }
  }
  protected void doPost (HttpServletRequest request, HttpServletResponse response) throws
ServletException, IOException {
     doGet(request, response);
  }
}
```

输入合法的用户名、密码，选择对应的研究领域选项，单击“提交”按钮，客户端浏览器反馈结果如图 3-9 所示。

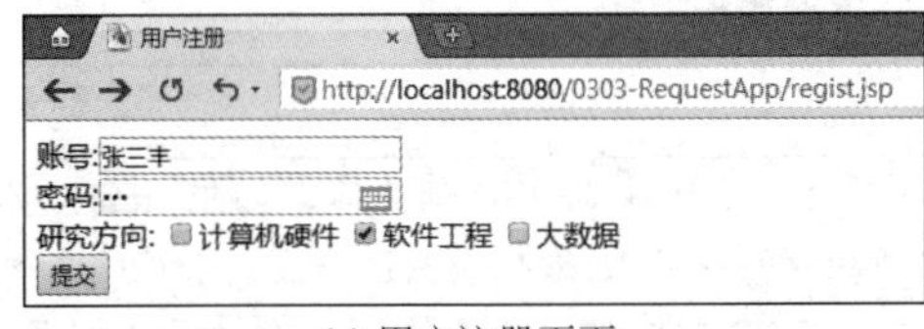

(a) 用户注册页面

(b) 注册成功提示页面

图 3-9 注册成功提示

3.3 HttpServletResponse 对象

视频讲解

HTTP 应答与 HTTP 请求相似，也由 3 个部分构成，分别是状态行、响应头（Response Header）和响应正文。在 Servlet API 中，一般通过 HttpServletResponse 接口将服务器端的信息传递给客户端，HttpServletResponse 接口专门用来封装 HTTP 响应消息，它是 ServletResponse 接口的子接口。与 HTTP 响应消息分为状态行、响应消息头、消息体三部分相对应，HttpServletResponse 接口中定义了向客户端发送响应状态码、响应消息头、响应消息体的三类方法。

3.3.1 常用方法

1. 发送状态码相关的方法

Servlet 向客户端浏览器回送 Response 响应消息时，需要在消息中设置一个状态码。HttpServlet Response 接口定义了两个常用发送状态码的方法。

1）setStatus(int status)方法

设置 HTTP 响应消息状态码的值。Response 响应状态行中的状态描述信息直接与状态码相关，如 404 状态码表示找不到客户端所请求的资源。正常情况下，Web 服务器会默认产生一个状态码为 200 的状态行。状态行由协议版本、数字形式的状态代码，及相应的状态描述组成，各元素之间以空格分隔。而 HTTP 版本由服务器确定，因此只要通过 setStatus(int status)方法设置了状态码，即可实现状态行的发送。

2）sendError(int code)方法

当需要向客户端发送错误状态码时可使用此方法，比如 sendError(404) 表示找不到客户端请求的资源。该方法提供了以下两个重载格式。

```
public void sendError(int code) throws java.io.IOException
public void sendError(int code, String message) throws java.io.IOException
```

其中，sendError(int code)方法只是发送错误信息的状态码，sendError(int code, String message)方法在发送错误状态码 code 的同时还增加了一条用于提示说明的文本信息 message，该文本信息将会显示在发送给客户端的正文内容中。

2. 发送响应消息头相关的方法

由于 HTTP 有多种响应头字段，所以在 HttpServletResponse 接口中对应定义了一系列设置 HTTP 响应头字段的方法，如表 3-7 所示。

表 3-7 设置响应消息头字段的相关方法

方 法	说 明
void addHeader(String name, String value)	添加响应头的名字,以及与响应头名字对应的值。如果 name 对应的响应头不存在,则新增一个;如果响应头已存在,则增加一个同名的 name 响应头,HTTP 响应消息中允许同一名称的头字段出现多次
void setHeader(String name, String value)	设置与响应头名字对应的值。如果 name 对应的响应头不存在,则新增一个;如果响应头已存在,则将用新的设置值取代原来的设置值
void addIntHeader(String name, int value)	添加响应头的名字,以及与响应头名字对应的整型值。函数用法与 addHeader(String name, String value)类似,仅用于设置响应头对应值为整型时的情况
void setIntHeader(String name, int value)	设置与响应头名字对应的整型值。函数用法与 setHeader(String name,String value)类似,仅用于设置响应头对应值为整型时的情况
void setContentLength(int len)	设置响应消息中实体内容的长度,单位是字节。对于 HTTP 来说,该方法等价于设置 Content-Length 响应头字段的值
void setContentType(String type)	设置 Servlet 输出内容的 MIME 类型,对于 HTTP 而言,就是设置 Content-Type 响应头字段的值。例如,如果发送到客户端的内容是 jpeg 图像数据时,就需要将响应头字段的类型设置为"image/jpeg";如果响应的内容为文本,需要使用 setContentType()方法设置字符编码,如 text/html;charset=UTF-8
void setLocale(Locale loc)	设置响应消息的本地化信息。即设置 Content-Language 响应头字段和 Content-Type 头字段中的字符集编码。如果 HTTP 消息没有设置 Content-Type 头字段,setLocale()方法设置的字符集编码就不会出现在任何 HTTP 消息的响应头中,如果调用 setCharacterEncoding)或 setContentType()方法指定了响应内容的字符集编码,setLocale()方法将不再具有指定字符集编码的功能
void setCharacterEncoding(String charset)	设置输出内容使用的字符编码,即设置 Content-Type 头字段中的字符集编码部分。如果没有设置 Content-Type 头字段,setCharacterEncoding 方法设置的字符集编码不会出现在 HTTP 消息的响应头中。SetCharacterEncoding()方法比 setContentType()和 setLocale()方法的优先权高,它的设置结果将覆盖 setContentType()和 setLocale()方法所设置的字符码表

3. 发送响应消息体的相关方法

设置响应消息体的相关方法如表 3-8 所示。

表 3-8 设置响应消息体的相关方法

方 法	说 明
ServletOutputStream getOutputStream()	获取 ServletOutputStream 类型的字节输出流。该函数可以直接输出字节数组中的二进制数据,常用于输出二进制格式的响应正文
PrintWriter getWriter()	获取 PrintWriter 类型的字符输出流对象,该对象可以直接输出字符文本内容

【例 3-4】 测试 HttpServletResponse 对象发送消息体相关函数。

(1) 在 Eclipse 中新建一个名为 0304-MyResponse 的项目,并将整个项目的编码格式设置为 UTF-8。

(2) 新建一个名为 MyPrintServlet 的 Servlet,放置在 cn. pju. response 包下,详细代码如下。

```
package cn.pju.response;

import java.io.IOException;
import java.io.OutputStream;
import javax.servlet.ServletException;
import javax.servlet.annotation.WebServlet;
import javax.servlet.http.HttpServlet;
import javax.servlet.http.HttpServletRequest;
import javax.servlet.http.HttpServletResponse;

@WebServlet("/MyPrintServlet")
public class MyPrintServlet extends HttpServlet {
  private static final long serialVersionUID = 1L;

    public MyPrintServlet() {
    }

   protected void doGet (HttpServletRequest request, HttpServletResponse response) throws
ServletException, IOException {
    response.setCharacterEncoding("UTF-8");                       //第一句,设置服务器端编码
    response.setHeader("Content-Type","text/html;charset=UTF-8"); //第二句,设置浏览器端解码
    String data = "Java Web 程序设计";
    OutputStream out = response.getOutputStream();
    out.write(data.getBytes());
  }

   protected void doPost (HttpServletRequest request, HttpServletResponse response) throws
ServletException, IOException {
    doGet(request, response);
  }

}
```

(3) 将项目配置到 Tomcat 容器上,启动服务器,在浏览器中输入访问地址 http://localhost:8080/0304-MyResponse/MyPrintServlet,运行结果如图 3-10 所示。

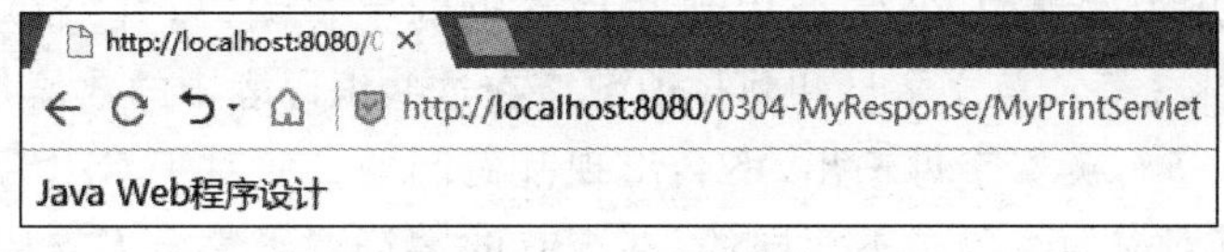

图 3-10 运行结果

(4) 修改程序代码，改用 response 对象的 getWriter()方法获取 PrintWriter 对象，然后调用该对象的 write(String data)方法直接输出字符型数据，代码如下。

```
package cn.pju.response;

import java.io.IOException;
import java.io.OutputStream;
import java.io.PrintWriter;

import javax.servlet.ServletException;
import javax.servlet.annotation.WebServlet;
import javax.servlet.http.HttpServlet;
import javax.servlet.http.HttpServletRequest;
import javax.servlet.http.HttpServletResponse;

@WebServlet("/MyPrintServlet")
public class MyPrintServlet extends HttpServlet {
  private static final long serialVersionUID = 1L;

    public MyPrintServlet() {
    }

  protected void doGet(HttpServletRequest request, HttpServletResponse response) throws
ServletException, IOException {
    response.setContentType("text/html;charset = UTF - 8");
    String data = "Java Web 程序设计";
    PrintWriter writer = response.getWriter();
    writer.write(data);
  }

  protected void doPost(HttpServletRequest request, HttpServletResponse response) throws
ServletException, IOException {
    doGet(request, response);
  }
}
```

程序运行效果同图 3-10。

需要注意的是，response 对象的 getOutputStream()、getWriter()函数不可同时使用，否则会发生 IllegalStateException 异常。

3.3.2 相关应用

1. 解决中文输出乱码问题

在 Web 项目开发过程中，经常会用到几种常见的字符编码，有 ISO-8859-1、UTF-8、GBK、GBK2312、Big5 等。英文字母和阿拉伯数字在这些编码表中的数值是一致的，所以采用不同的编码方式进行英文字母输出，不会出现乱码问题。而对于 CJK 字符集，在不同的字符编码集合中其对应的编码是不相同的，甚至有的字符编码集合不支持 CJK 字符，所以 Java Web 项目输出中文字符时，有可能出现乱码，其主要原因就是后台程序与前端浏览器所使用的字符编码不一致。

1）Java Web 项目整个项目的编码格式

在 Eclipse 中选中当前项目，选择右击弹出菜单中的 Properties，打开项目属性对话框，弹出如图 3-11 所示的属性设置窗口，选择左侧列表中的 Resource，在右侧的 Text file encoding 属性中选择对应的编码格式。

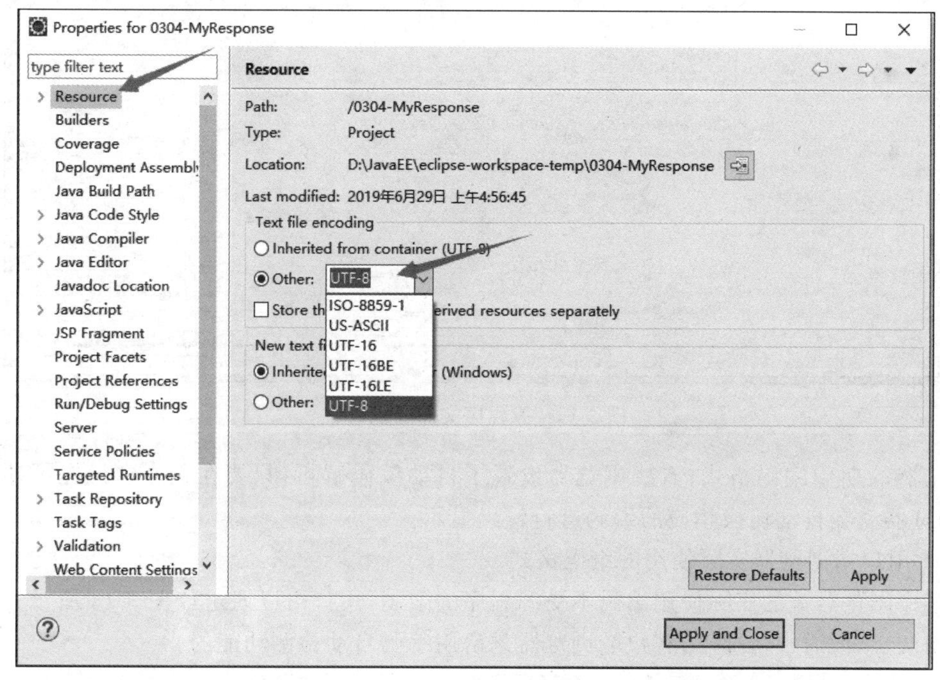

图 3-11　项目编码设置

2）后台源程序文件的编码格式

如果在项目开发过程中先设置了整个项目的编码格式，则后续新建的源代码文件都将继承项目的编码格式以保持项目本身的整体一致性。如新建项目之后立刻设置了项目的编码格式为 UTF-8，然后再创建源代码文件，则源代码文件的默认编码格式也会是 UTF-8。但也有读者是先创建了项目，然后创建了几个源程序文件之后才想起要设置项目的编码格式，但此时设置了项目编码格式之后，源程序文件的编码格式不会随着项目编码格式的改变而自动改变，这就需要手动设置源程序文件的编码格式，以保持与项目编码格式的一致。

在 Project Explorer 窗口选中需要设置的源代码文件，在右击弹出菜单中选择 Properties，在如图 3-12 所示的源程序文件属性设置窗口中设置其编码格式。

3）程序运行时后台服务器对应的编码格式

前端用户浏览器接收到的数据都是由后台服务器发送而来的，Web 服务器需要将后台的数据封装打包发送，所以后台程序也有自己的编码格式，该编码格式使用 response.setCharacterEncoding("UTF-8")语句进行设置。

4）前端页面输出时的编码格式

前端客户浏览器接收到数据之后，应按照服务器预期的编码格式进行解码，然后输出显示。在程序中通过 response.setHeader("Content-Type","text/html;charset=UTF-8")设

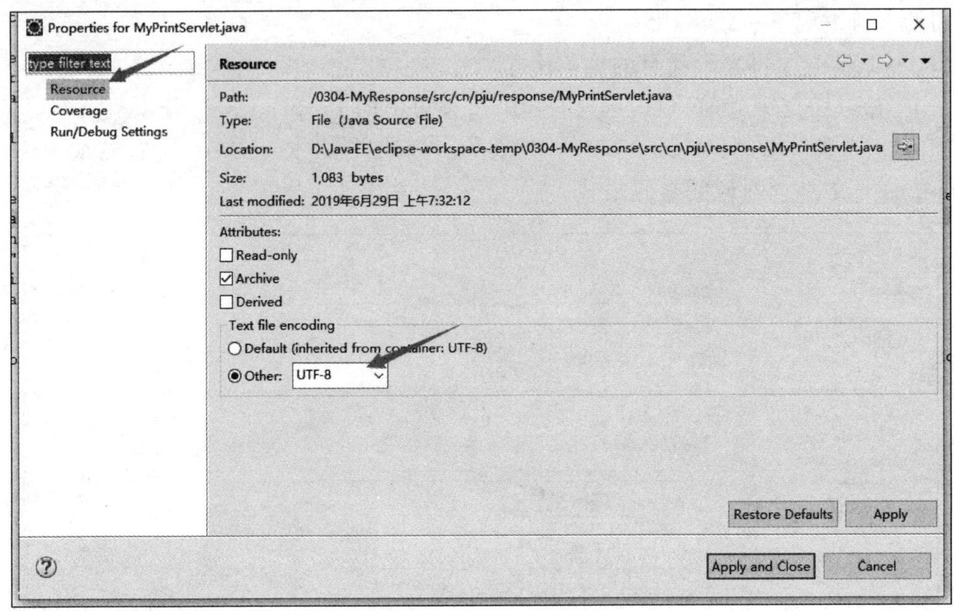

图 3-12 源程序文件属性设置

置浏览器的期望编码格式，有些浏览器设置了自动编码解析，只要在程序中设置了期望编码，浏览器就会自动切换相应的编码进行输出显示。

5）用户端浏览器实际使用的编码格式

客户浏览器端的实际使用编码不受源程序的限制，用户可以通过如图 3-13 所示方法自行强制调整，但通常情况下，客户端浏览器是启用编码自动检测功能的。

图 3-13 浏览器端的编码设置

如果想避免中文字符编码乱码现象出现，建议以上五种编码方式尽量全部统一。在Servlet 源程序代码中，一般使用以下两种方法进行编码设置，以确保避免乱码现象出现。

（1）分别设置服务器端和客户端的编码方式。

```
response.setCharacterEncoding("UTF-8");   //设置服务器端 HttpServletResponse 使用 UTF-8 编码
response.setHeader("Content-Type","text/html;charset=UTF-8"); //通知浏览器使用 UTF-8 编码
```

（2）使用 setContentType()函数一次性设置，该函数包含以上两行代码的相同功能而且简洁明了，所以一般经常使用。

```
response.setContentType("text/html;charset=UTF-8");
```

在例 3-4 的两种写法中，其实就分别使用了上述两种方法进行编码设置，读者可仔细阅读比较一下。

2. 解决中文输出乱码问题

在 HTTP 中定义了一个 Refresh 头字段，用来设置指定时间内自动刷新和到期后的页面跳转。

【例 3-5】 测试 HttpServletResponse 对象的定时刷新功能。

在项目 0304-MyResponse 的源程序文件夹中新建一个名为 RefreshServlet 的 Servlet 类，代码如下。

```
package cn.pju.response;

import java.io.IOException;
import javax.servlet.ServletException;
import javax.servlet.annotation.WebServlet;
import javax.servlet.http.HttpServlet;
import javax.servlet.http.HttpServletRequest;
import javax.servlet.http.HttpServletResponse;

@WebServlet("/RefreshServlet")
public class RefreshServlet extends HttpServlet {
  private static final long serialVersionUID = 1L;

    public RefreshServlet() {
        super();
    }

   protected void doGet(HttpServletRequest request, HttpServletResponse response) throws
ServletException, IOException {
    response.setHeader("Refresh", "5;URL=http://www.163.com");
  }

   protected void doPost(HttpServletRequest request, HttpServletResponse response) throws
ServletException, IOException {
    doGet(request, response);
  }

}
```

其中，response. setHeader("Refresh", "5;URL=http://www.163.com")语句表示设置页面 5s 之后跳转到 http://www.163.com 页面。分号前的 5 代表 5s 后进行刷新，如果在分号后添加了 URL 属性，则跳转到对应的页面。如果不设置 URL 属性，则只对当前页面进行刷新，不进行页面跳转。

例如，将以上程序修改为如下源代码，即可实现系统时间的每秒输出。

```
package cn.pju.response;

import java.io.IOException;
import javax.servlet.ServletException;
import javax.servlet.annotation.WebServlet;
import javax.servlet.http.HttpServlet;
import javax.servlet.http.HttpServletRequest;
import javax.servlet.http.HttpServletResponse;

@WebServlet("/RefreshServlet")
public class RefreshServlet extends HttpServlet {
  private static final long serialVersionUID = 1L;
    public RefreshServlet() {
        super();
    }

  protected void doGet (HttpServletRequest request, HttpServletResponse response) throws
ServletException, IOException {
    //设置每隔 2s 定期刷新
    response.setHeader("Refresh", "2");
    //输出服务器当前时间
    SimpleDateFormat sdf = new SimpleDateFormat("yyyy-MM-dd HH:mm:ss");
    response.getWriter().println(sdf.format(new java.util.Date()));
  }

  protected void doPost (HttpServletRequest request, HttpServletResponse response) throws
ServletException, IOException {
    doGet(request, response);
  }
}
```

小　　结

本章主要介绍了 HttpServletResponse 对象和 HttpServletRequest 对象的使用，其中，HttpServletResponse 对象封装了 HTTP 响应消息，并且提供了发送状态码、发送响应消息头、发送响应消息体的方法。使用这些方法可以解决中文输出乱码问题，实现网页的定时刷新跳转、请求重定向等。HttpServletRequest 对象封装了 HTTP 请求消息，也提供了获取请求行、获取请求消息头、获取请求参数的方法。使用这些方法可以解决请求参数的中文乱码问题，并且使用 request 域对象传递数据的方法，还可以实现请求转发和请求包含。HttpServletResponse 和 HttpServletRequest 在 Web 开发中至关重要，要认真学习，牢固掌握。

习　　题

1. 简述请求转发与重定向的异同(至少写 3 点)。

2. 请编写一个类，该类能够实现访问完 App 应用下的 Servlet 后，5s 后跳转到 index. jsp 页面。

3. 编写一个系统登录界面，登录成功跳转到 welcome. jsp，否则提示错误并跳转到 login. jsp 页面。

第4章　JSP 技术

Servlet 是纯 Java 语言，擅长处理流程和业务逻辑，但是它的页面展示效果很差。为此 1999 年，Sun 公司推出了 JSP 技术。JSP（Java Server Pages），中文名叫 Java 服务器页面，是一种服务器端的脚本语言，现在已经成为 Web 开发的一项重要技术。接下来，本章将围绕 JSP 技术进行详细的讲解。

4.1　JSP 概述

视频讲解

JSP 本质上就是把 Java 代码嵌套到 HTML 中，然后经过 Web 容器编译执行，从而在客户端的浏览器中正常显示。

4.1.1　JSP 简介

JSP 是建立在 Servlet 规范之上的动态网页开发技术。在 JSP 文件中，HTML 代码与 Java 代码共同存在，其中，HTML 代码实现网页中的静态内容，Java 代码实现网页中的动态内容。为了与静态 HTML 进行区分，JSP 文件的扩展名为.jsp。

在实际的 Web 开发中，有很多动态页面的语言技术，例如 PHP，ASP，JSP 等，在这些动态页面语言中，JSP 凭借其自身的优点成为开发人员最喜欢的语言之一。JSP 的优点具体如下。

(1) 跨平台性。即一次编写，到处运行。由于 JSP/Servlet 都是基于 Java 的，所以它们也有 Java 语言的最大优点——平台无关性，也就是所谓的“一次编写，到处运行（Write Once，Run Anywhere，WORA）”。

(2) 支持多种网页格式。目前，JSP 技术支持的网页格式还没有一个明确的标准。一般来说，JSP 技术既可以支持 HTML/DHTML 的传统浏览器文件格式，又可以支持应用于无线通信设备，如移动电话、PDA 等设备进行网页预览的 WML 文件格式，还可以支持其他一些 B2B 电子商务网站应用的 XML 格式。

(3) JSP 标签可扩充性。尽管 ASP 和 JSP 都使用标签与脚本技术来制作动态 Web 网页，JSP 技术允许开发者扩展 JSP 标签，定制 JSP 标签库，所以网页制作者充分利用与 XML 兼容的标签技术强大的功能，大大减少对脚本语言的依赖。由于定制标签技术，使网页制作者降低了制作网页的复杂度。

(4) 系统的多平台支持。基本上可以在所有平台上的任意环境中开发，在任意环境中进行系统部署，在任意环境中扩展。相比 ASP/PHP 的局限性是显而易见的。

（5）健壮性与安全性。由于 JSP 页面使用的脚本语言是 Java 语言，因此，它就具有 Java 技术的所有好处，包括健壮的存储管理和安全性。

（6）预编译。预编译就是在用户第一次通过浏览器访问 JSP 页面时，服务器将对 JSP 页面代码进行编译，编译好的代码将被保存，在用户下一次访问时，会直接执行编译好的代码，这样不仅节约了服务器的 CPU 资源，还大大地提升了客户端的访问速度。

4.1.2 第一个 JSP 页面

本节将介绍使用集成开发工具 Eclipse 创建一个简单的 JSP 动态网页，并在浏览器中输出"Hello,This is My First JSP Page."，让读者对 JSP 开发有一个基本的认识。

（1）在 Eclipse 中新建一个项目，名称是 0401-SimpleJSP。然后选择 WebContent 右击，选择 New→JSP File，如图 4-1 所示。

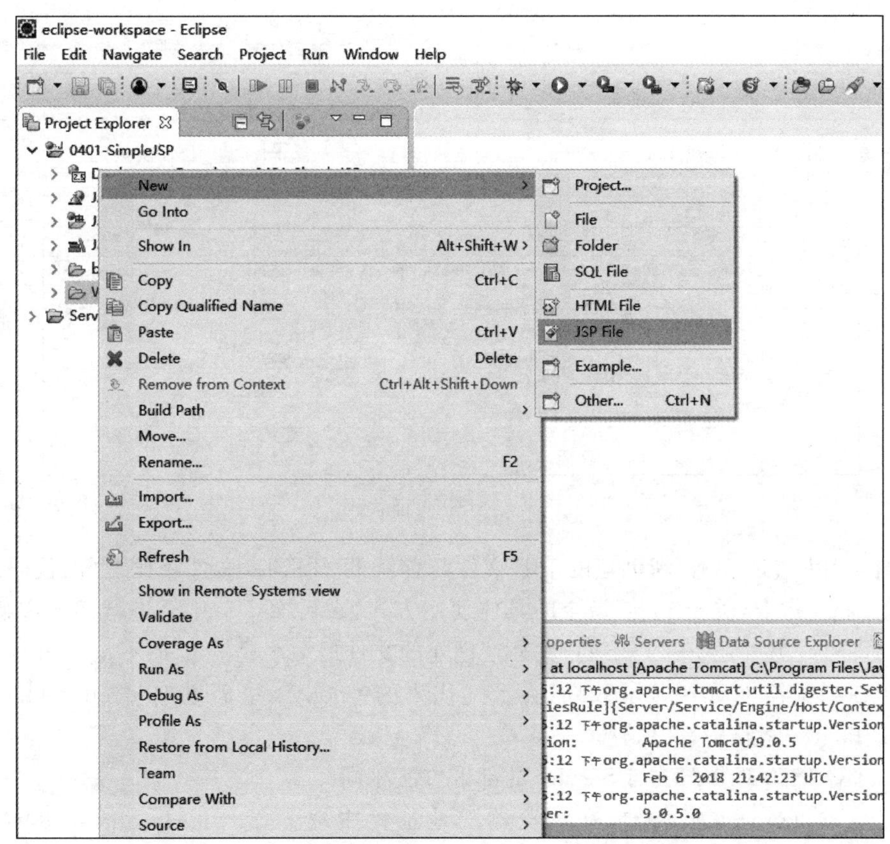

图 4-1　创建 JSP 页面

进入创建 JSP 页面的窗口，如图 4-2 所示。在 File name 文本框中输入 JSP 页面的名字"FirstJsp"。

单击 Next 按钮进入 JSP 模板选择窗口，如图 4-3 所示。

这里选择 JSP 默认模板，单击 Finish 按钮完成 JSP 页面的创建。创建之后，可以看到 JSP 代码如图 4-4 所示。

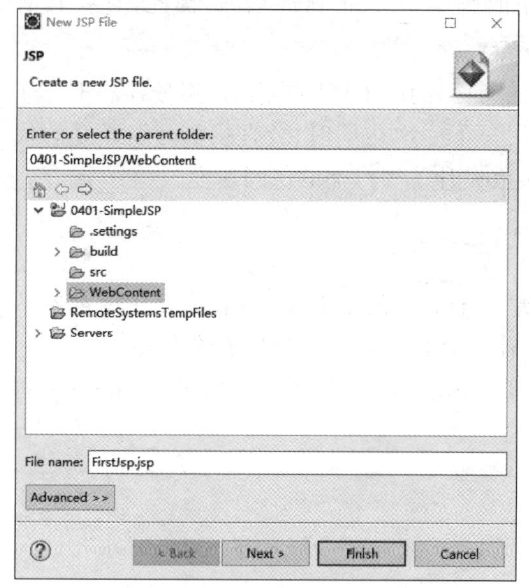

图 4-2　新建 JSP

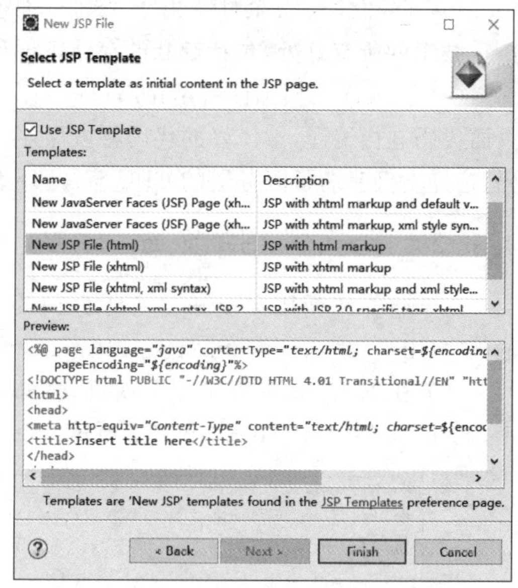

图 4-3　JSP 模板选择

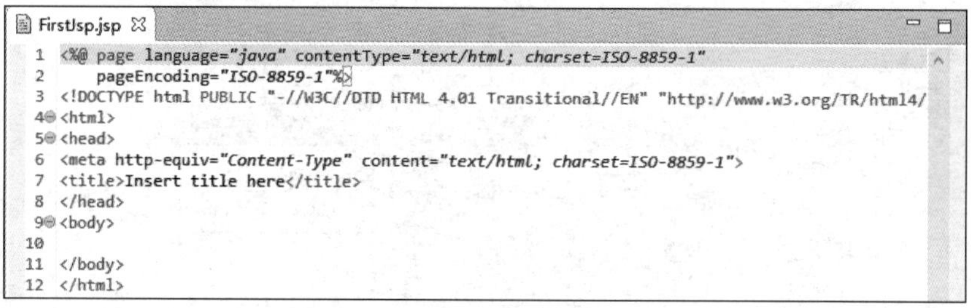

```
FirstJsp.jsp
<%@ page language="java" contentType="text/html; charset=ISO-8859-1"
    pageEncoding="ISO-8859-1"%>
<!DOCTYPE html PUBLIC "-//W3C//DTD HTML 4.01 Transitional//EN" "http://www.w3.org/TR/html4/
<html>
<head>
<meta http-equiv="Content-Type" content="text/html; charset=ISO-8859-1">
<title>Insert title here</title>
</head>
<body>

</body>
</html>
```

图 4-4　JSP 页面代码

从图 4-4 中可以看出，新创建的 JSP 文件与传统的 HTML 文件相比，页面代码最上方多了一条 page 指令，关于 page 指令的具体使用方式，在后面章节中会进行详细讲解，这里只做了解即可。另外还有一点不同，就是新创建的文件后缀名是.jsp，而不是.html。

为了在浏览器上看到显示效果，在上述代码的< body >里面添加"Hello，This is My First JSP Page."字符串，并保存。

（2）部署 JSP，部署方法与 Servlet 的部署方法相同。

（3）启动 Tomcat 服务器，在浏览器的地址栏中输入 http://localhost:8080/0401-SimpleJSP/FirstJsp.jsp，页面的运行效果如图 4-5 所示。

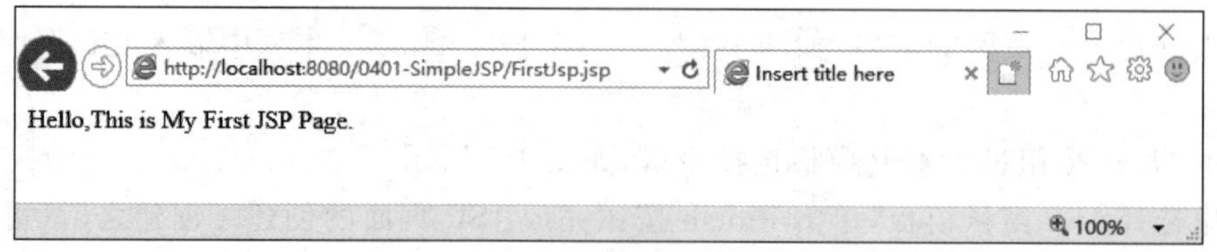

图 4-5　页面的运行效果

从图 4-5 中可以看出，<body>中添加的内容已被显示出来，这说明 HTML 代码可以被 JSP 容器解析。本质上，JSP 就是 HTML 代码和 Java 代码的融合。

4.1.3 JSP 原理

JSP 程序的结构可以分为两大部分：一部分是静态的 HTML 代码，另一部分是动态的 Java 代码和 JSP 自身的标签和指令。当 JSP 页面第一次被请求的时候，服务器的 JSP 容器会把 JSP 页面编译成对应的 Java 文件进行处理。JSP 的运行原理如图 4-6 所示。

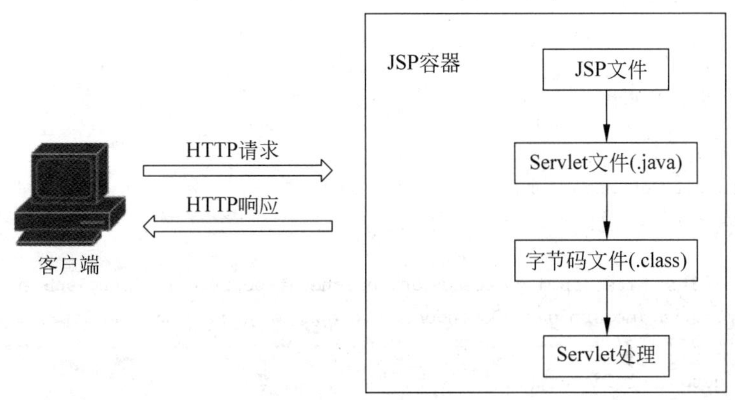

图 4-6　JSP 的运行原理

JSP 的运行过程具体如下。

(1) 客户端发出 HTTP 请求，请求访问 JSP 页面。

(2) JSP 页面在第一次被访问时，JSP 容器会把 JSP 转换成一个 Java 源文件(.java)，在转换过程中，如果发现 JSP 文件存在语法错误，则会中断转换过程，并将错误信息反馈给服务端和客户端。

(3) 如果转换成功，JSP 容器会将转换好的 Java 源文件编译成相应的字节码文件 *.class，这个 class 文件本质上就是一个 Servlet。

(4) Servlet 容器加载转换后的 class 文件，并创建一个 Servlet 实例，执行 jspInit() 方法。

(5) 然后执行 jspService()方法，来处理客户端的请求。

由于 JSP 第一次访问时会转换成 Servlet，所以第一次访问通常会比较慢，但第二次访问时，JSP 容器如果发现 JSP 没有变化，就不会再转换，而是直接调用，这时执行效率会很高。

本节以 FirstJsp.jsp 为例，来简单分析一下 JSP 所生成的 Servlet 代码。

当 FirstJsp.jsp 页面被请求的时候，Web 服务器中的 JSP 容器会将 JSP 文件转换为一个名为 FirstJsp_jsp 的源文件，然后将该源文件编译成一个名为 FirstJsp_jsp 的.class 文件。如果项目发布在 Tomcat 的 webapps 目录中，那么可以在 D:\Program Files\Apache Software Foundation\Tomcat 9.0\work\Catalina\localhost\0401-SimpleJSP\org\apache\jsp 这个目录下找到 JSP 所对应的 Java 文件和编译出来的 class 文件，如图 4-7 所示。注意，只有先在浏览器中访问 FirstJsp.jsp 页面，这两个文件才会在该目录下产生。

在图 4-7 中，地址栏的路径多出了 org\apache\jsp，这是由于 JSP 文件转换为 class 文件

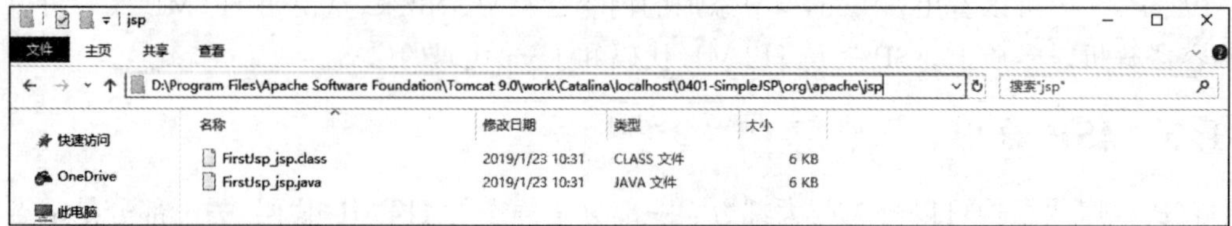

图 4-7　JSP 文件编译后的文件

时自带了包名，该包名为 org.apache.jsp。打开 FirstJsp_jsp.java 文件，可以看到转换后的源代码如下。

```
package org.apache.jsp;

import javax.servlet.*;
import javax.servlet.http.*;
import javax.servlet.jsp.*;

public final class FirstJsp_jsp extends org.apache.jasper.runtime.HttpJspBase implements org.
apache.jasper.runtime.JspSourceDependent, org.apache.jasper.runtime.JspSourceImports {
private static final javax.servlet.jsp.JspFactory _jspxFactory = javax.servlet.jsp.
JspFactory.getDefaultFactory();
private static java.util.Map<java.lang.String,java.lang.Long> _jspx_dependants;
private static final java.util.Set<java.lang.String> _jspx_imports_packages;
private static final java.util.Set<java.lang.String> _jspx_imports_classes;

static {
    _jspx_imports_packages = new java.util.HashSet<>();
    _jspx_imports_packages.add("javax.servlet");
    _jspx_imports_packages.add("javax.servlet.http");
    _jspx_imports_packages.add("javax.servlet.jsp");
    _jspx_imports_classes = null;
  }

  private volatile javax.el.ExpressionFactory _el_expressionfactory;
  private volatile org.apache.tomcat.InstanceManager _jsp_instancemanager;

  public java.util.Map<java.lang.String,java.lang.Long> getDependants() {
    return _jspx_dependants;
  }

  public java.util.Set<java.lang.String> getPackageImports() {
    return _jspx_imports_packages;
  }

  public java.util.Set<java.lang.String> getClassImports() {
    return _jspx_imports_classes;
  }

  public javax.el.ExpressionFactory _jsp_getExpressionFactory() {
    if (_el_expressionfactory == null) {
```

```
        synchronized (this) {
          if (_el_expressionfactory == null) {
            _el_expressionfactory = _jspxFactory.getJspApplicationContext(getServletConfig().
getServletContext()).getExpressionFactory();
          }
        }
      }
      return _el_expressionfactory;
    }

    public org.apache.tomcat.InstanceManager _jsp_getInstanceManager() {
      if (_jsp_instancemanager == null) {
        synchronized (this) {
          if (_jsp_instancemanager == null) {
            _jsp_instancemanager = org.apache.jasper.runtime.InstanceManagerFactory.
getInstanceManager(getServletConfig());
          }
        }
      }
      return _jsp_instancemanager;
    }

    public void _jspInit() {
    }

    public void _jspDestroy() {
    }

    public void _jspService(final javax.servlet.http.HttpServletRequest request, final javax.
servlet.http.HttpServletResponse response)
        throws java.io.IOException, javax.servlet.ServletException {

      if (!javax.servlet.DispatcherType.ERROR.equals(request.getDispatcherType())) {
        final java.lang.String _jspx_method = request.getMethod();
        if ("OPTIONS".equals(_jspx_method)) {
          response.setHeader("Allow","GET, HEAD, POST, OPTIONS");
          return;
        }
        if (!"GET".equals(_jspx_method) && !"POST".equals(_jspx_method) && !"HEAD".equals(_
jspx_method)) {
          response.setHeader("Allow","GET, HEAD, POST, OPTIONS");
          response.sendError(HttpServletResponse.SC_METHOD_NOT_ALLOWED, "JSPs only permit
GET, POST or HEAD. Jasper also permits OPTIONS");
          return;
        }
      }

      final javax.servlet.jsp.PageContext pageContext;
      javax.servlet.http.HttpSession session = null;
      final javax.servlet.ServletContext application;
      final javax.servlet.ServletConfig config;
```

```
        javax.servlet.jsp.JspWriter out = null;
        final java.lang.Object page = this;
        javax.servlet.jsp.JspWriter _jspx_out = null;
        javax.servlet.jsp.PageContext _jspx_page_context = null;
        try {
          response.setContentType("text/html; charset = ISO - 8859 - 1");
          pageContext = _jspxFactory.getPageContext(this, request, response,
                    null, true, 8192, true);
          _jspx_page_context = pageContext;
          application = pageContext.getServletContext();
          config = pageContext.getServletConfig();
          session = pageContext.getSession();
          out = pageContext.getOut();
          _jspx_out = out;

          out.write("\r\n");
          out.write("<!DOCTYPE html PUBLIC \" - //W3C//DTD HTML 4.01 Transitional//EN\" \"http://
    www.w3.org/TR/html4/loose.dtd\">\r\n");
          out.write("<html>\r\n");
          out.write("<head>\r\n");
          out.write("<meta http - equiv = \"Content - Type\" content = \"text/html; charset = ISO -
    8859 - 1\">\r\n");
          out.write("<title> Insert title here</title>\r\n");
          out.write("</head>\r\n");
          out.write("<body>\r\n");
          out.write("Hello,This is My First JSP Page.\r\n");
          out.write("</body>\r\n");
          out.write("</html>");
        } catch (java.lang.Throwable t) {
          if (!(t instanceof javax.servlet.jsp.SkipPageException)){
            out = _jspx_out;
            if (out != null && out.getBufferSize() != 0)
              try {
                if (response.isCommitted()) {
                  out.flush();
                } else {
                  out.clearBuffer();
                }
              } catch (java.io.IOException e) {}
            if (_jspx_page_context != null) _jspx_page_context.handlePageException(t);
            else throw new ServletException(t);
          }
        } finally {
          _jspxFactory.releasePageContext(_jspx_page_context);
        }
      }
    }
```

从上面的代码可以看出，FirstJsp.jsp 文件转换后的 Java 源文件并没有实现 Servlet 接口，但是继承了 org.apache.jasper.runtime.HttpJspBase 类。HttpJspBase 类是 HTTP

Servlet 的一个子类,因此,FirstJsp_jsp 类就是一个 Servlet。

可以不必深究这段代码的具体语法,这项工作是由服务器中的 JSP 容器来完成的,这个过程是自动完成的,无须手动干预。

注意:只有被请求过的页面才能生成对应的 Java 文件。

4.2 JSP 基本语法

视频讲解

JSP 文件中嵌套了 HTML 代码和 Java 代码,这些内容都要遵守 JSP 的编码规范。本节将着重讲解 JSP 基本语法。

4.2.1 JSP 脚本元素

JSP 脚本元素是指包含在<%和%>之间的 Java 程序代码,包含一个或多个有效而完整的语句。当 Web 服务器接受客户端请求时,这段 Java 程序代码会被执行并向客户端产生输出。其语法格式为:

```
<% java 代码 %>
```

JSP 脚本元素主要包含 3 种类型,接下来将分别进行详细讲解。

1. JSP 表达式

JSP 表达式的作用是定义 JSP 的一些输出,用于将数据输出到客户端。其语法格式如下。

```
<% = 变量/返回值/表达式 %>
```

JSP 表达式可以是任何 Java 语言的完整表达式。该表达式的最终运算结果将被转换为字符串。

下面以一个实例来介绍 JSP 表达式的使用方法。在项目 0401-SimpleJSP 中新建一个 JSP 页面 Page01.jsp,具体代码如下。

Page01.jsp

```
<% @ page language = "java" contentType = "text/html; charset = UTF - 8"
    pageEncoding = "UTF - 8" %>
<! DOCTYPE html PUBLIC " - //W3C//DTD HTML 4.01 Transitional//EN" "http://www.w3.org/TR/html4/
loose.dtd">
< html >
< head >
< meta http - equiv = "Content - Type" content = "text/html; charset = ISO - 8859 - 1">
< title > JSP 表达式</title >
</head >
< body >
        <% String username = "Jack"; %>< br >
         username: <% = username %>< br >
         <% = "用户名: " + username %>< br >
         <% = 1 + 1 %>< br >
</body >
</html >
```

部署项目并启动 Tomcat 服务器，在浏览器地址栏里输入地址 http://localhost:8080/0401-SimpleJSP/Page01.jsp，得到页面的运行效果如图 4-8 所示。

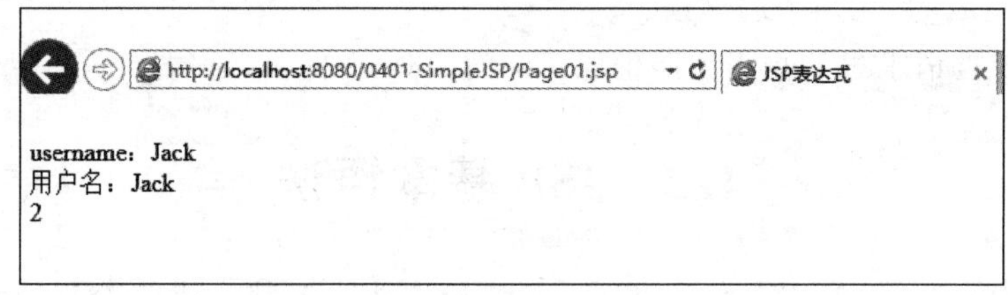

图 4-8 页面的运行效果

从图 4-8 中可以看出，浏览器输出了相应的结果。需要注意的是，“<%”与“=”之间不能有空格，但是“=”与其后面的表达式之间可以有空格。

2. JSP 声明

JSP 声明用于在 JSP 页面中定义全局变量或方法。JSP 声明的语法格式如下。

```
<%!声明变量或方法的代码 %>
```

在上面的语法格式中，<%与!之间不可以有空格，但是!与其后面的代码之间可以有空格。另外，<%!与%>可以不在同一行。通过 JSP 声明定义的变量和方法可以被整个 JSP 页面访问。但是，方法内的变量只在该方法中有效。当 JSP 声明的方法被调用时，会为方法内定义的变量分配内存，调用结束后会立刻释放变量所占的内存。

下面以一个实例来介绍 JSP 声明的使用方法。在项目 0401-SimpleJSP 中新建一个 JSP 页面 Page02.jsp，具体代码如下。

Page02.jsp

```
<%@ page language = "java" contentType = "text/html; charset = UTF - 8"
    pageEncoding = "UTF - 8" %>
<!DOCTYPE html PUBLIC " - //W3C//DTD HTML 4.01 Transitional//EN" "http://www.w3.org/TR/html4/
loose.dtd">
<html>
<head>
<meta http - equiv = "Content - Type" content = "text/html; charset = ISO - 8859 - 1">
<title>JSP 声明</title>
</head>
<%!
    int a = 123, b = 456;              //定义两个变量 a,b
%>
<%!
   public String print() {             //定义 print 方法
          String str = "Java Web";     //方法内定义的变量 str
        return str;
     }
%>
<body>
<%
        out.println(a + b);            //输出两个变量的和
    %>
```

```
<br/>
<%
    out.println(print());           //调用 print()方法,输出其返回值
 %>
<br/>
</body>
```

部署项目并启动 Tomcat 服务器,在浏览器地址栏中输入 http://localhost:8080/0401-SimpleJSP/Page02.jsp,页面的运行效果如图 4-9 所示。

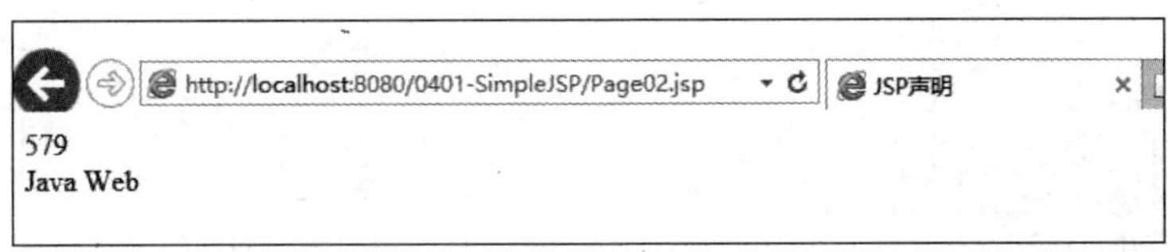

图 4-9　页面的运行效果

从图 4-9 中可以看出,浏览器输出了相应的结果。需要注意的是,"<%!"和"%>"里面定义的是成员属性,相当于类的属性,方法是全局的方法,但是它不能进行输出,因为它只是定义了方法和属性。

"<%"和"%>"可以定义属性,也可以输出内容,但是它不能定义方法。因为这对标签里面的内容是在 JSP 被编译成 Servlet 的时候,放在_jspService()方法里面的,它本身就是一个方法,所以如果在它里面定义方法的话,就相当于在类的方法里面嵌套定义了方法,这在 Java 里面是不允许的。但是可以在里面定义自己的私有变量。

3. JSP 代码段

JSP 代码段是一段 Java 代码,在 JSP 代码段中声明的变量是局部变量,调用 JSP 代码段时,会为局部变量分配内存空间,调用结束后,会释放局部变量占用的内存空间。

下面以一个实例来介绍 JSP 代码段的使用方法。在项目 0401-SimpleJSP 中新建一个 JSP 页面 Page03.jsp。使用 for 循环向客户端输出 10 个欢迎信息,具体代码如下。

```
<%@ page language="java" contentType="text/html; charset=UTF-8"
    pageEncoding="UTF-8"%>
<!DOCTYPE html PUBLIC "-//W3C//DTD HTML 4.01 Transitional//EN" "http://www.w3.org/TR/html4/
loose.dtd">
<html>
<head>
<meta http-equiv="Content-Type" content="text/html; charset=ISO-8859-1">
<title>JSP 代码段</title>
</head>
<body>
<%
            for (int i = 1; i <= 10; i++) {
      %>
                <% = i %>:欢迎来到 JavaWeb <br>
      <%
            }
      %>
</body>
```

```
</html>
```

该代码中既有 HTML 标签，又有 JSP 代码段和 JSP 表达式，它们可以灵活地运用。部署项目并启动 Tomcat 服务器，在浏览器的地址栏中输入 http://localhost:8080/0401-SimpleJSP/Page03.jsp，得到页面的运行效果如图 4-10 所示。

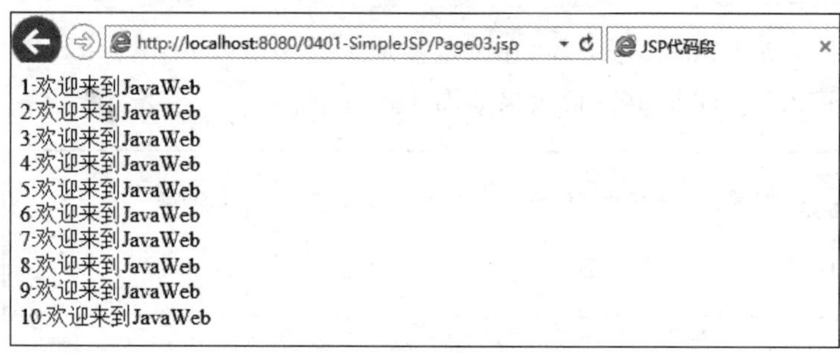

图 4-10　页面的运行效果

从图 4-10 中可以看出，浏览器输出了相应的结果。需要注意的是，不能在 JSP 代码段中定义方法。

4.2.2　JSP 注释

注释是代码中不可或缺的重要组成部分，注释能够让人们更加轻松地了解代码，提高代码的可阅读性。JSP 注释分为以下两大类。

一类是能够发送给客户端，可以在源代码文件中显示出其内容。主要是以 HTML 注释语法出现。其语法格式如下。

```
<!-- HTML 注释,它会发送到客户端 -->
```

另一类是不能发送给客户端的，也就是说不会在客户端的源代码文件中显示其内容。这种注释又分为以下两种。

(1) JSP 注释语法。其语法格式如下。

```
<%-- JSP 注释,它不会发送到客户端 --%>
```

在<% %>之间的内容不会被编译，更不会被执行，所以这部分内容不会被发送到客户端。

(2) Java 代码注释。其语法格式如下。

```
//Java 注释,它不会发送到客户端
/* Java 注释,它不会发送到客户端 */
```

下面通过两个实例来观察两类 JSP 注释的区别。在项目 0401-SimpleJSP 中新建一个 JSP 页面 Page04.jsp，代码如下。

Page04.jsp

```
<%@ page language="java" contentType="text/html; charset=UTF-8"
    pageEncoding="UTF-8"%>
<!DOCTYPE html PUBLIC "-//W3C//DTD HTML 4.01 Transitional//EN" "http://www.w3.org/TR/html4/
```

```
loose.dtd">
<html>
<head>
<meta http-equiv="Content-Type" content="text/html; charset=ISO-8859-1">
<title>Insert title here</title>
</head>
<body>
        <%
              out.print("欢迎来到 JavaWeb!");
         %>
         <br>
         <!-- HTML 注释,它会发送到客户端 -->
</body>
</html>
```

部署项目并启动 Tomcat 服务器,在浏览器地址栏中输入 http://localhost:8080/0401-SimpleJSP/Page04.jsp,运行后,在浏览器中单击"查看"→"源",查看其源文件,内容如图 4-11 所示。可以看到,HTML 注释内容会被发送到客户端。

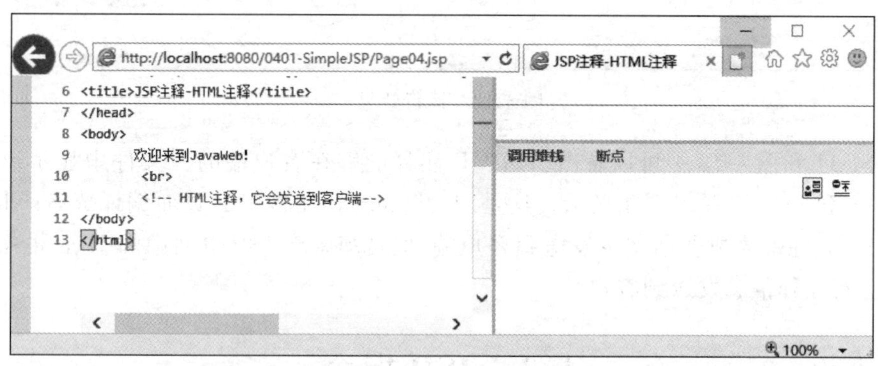

图 4-11　运行效果

接着看 JSP 注释语法的实例。在项目 0401-SimpleJSP 中新建一个 JSP 页面 Page05.jsp,代码如下。

Page05.jsp

```
<%@ page language="java" contentType="text/html; charset=UTF-8"
    pageEncoding="UTF-8"%>
<!DOCTYPE html PUBLIC "-//W3C//DTD HTML 4.01 Transitional//EN" "http://www.w3.org/TR/html4/
loose.dtd">
<html>
<head>
<meta http-equiv="Content-Type" content="text/html; charset=ISO-8859-1">
<title>JSP 注释,Java 注释</title>
</head>
<body>
        <%
              out.print("欢迎来到 JavaWeb!");
              //Java 注释,它不会发送到客户端
              /* Java 注释,它不会发送到客户端 */
```

```
            %>
            <br>
            <%-- JSP注释,它不会发送到客户端 --%>
    </body>
    </html>
```


部署项目并启动 Tomcat 服务器,在浏览器地址栏中输入 http://localhost:8080/0401-SimpleJSP/Page05.jsp,运行后,查看其源文件,内容如图 4-12 所示。可以看到,JSP 注释内容和 Java 注释内容不会被发送到客户端。

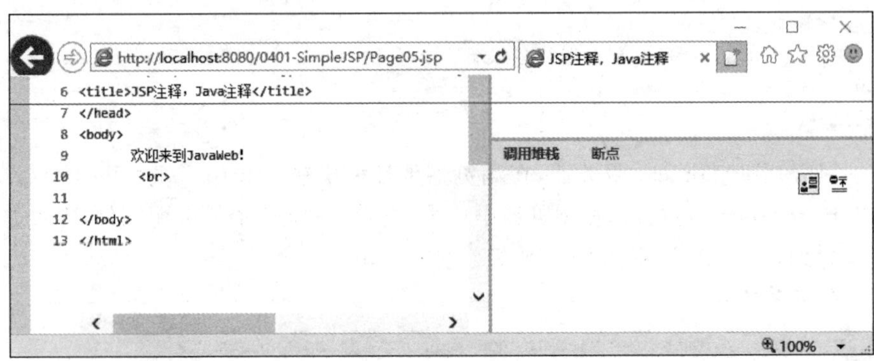

图 4-12　运行效果

从图 4-11 和图 4-12 中可以看出,HTML 注释能够在客户端的源文件中显示出来;但是 JSP 注释和 Java 注释却不能显示。这是因为 Tomcat 在将 JSP 页面编译成 Servlet 程序时,将 HTML 注释当成普通文本发送到客户端,但是却忽略 JSP 页面中的 Java 注释和 JSP 注释,不会将注释信息发送到客户端。

视频讲解

4.3　JSP 指令

JSP 指令是为 JSP 容器设计的,它们并不直接产生任何可见输出,而只是告诉容器如何处理 JSP 页面中的其余部分。JSP 2.0 规范中定义了 3 个指令:page 指令,include 指令,taglib 指令。其语法如下。

```
<%@指令 属性名="值" %>
```

比如新建 JSP 页面头部的 page 指令:

```
<%@ page language="java" import="java.util.*" pageEncoding="UTF-8" %>
```

接下来,本节将对 page 指令、include 指令、taglib 指令进行详细的讲解。

4.3.1　page 指令

page 指令可以用来定义 JSP 页面的全局属性。例如,页面的编码方式、页面采用的语言、错误页面等。page 指令虽然可以放在 JSP 文件的任意位置,但是一般放在文件顶部。语法格式如下。

```
<%@ page 属性名 1 = " value1" 属性名 2 = " value2" … %>
```

在上面的语法格式中,page 指令的属性用来指定 JSP 页面的一些属性特性,page 指令的属性有很多,接下来将进行详细介绍。

1. language 属性

language 属性用于设置所使用的脚本语言,目前只有 Java 一种,所以可以不声明。例如:

```
<%@ page language = "java" %>
```

2. extends 属性

extends 属性用于设置 JSP 页面继承的 Java 类,所有 JSP 页面在执行之前都会被服务器解析成 Servlet,而 Servlet 是由 Java 类定义的,所以 JSP 和 Servlet 都可以继承指定的父类。例如:

```
<%@ page language = "java" extends = "com.manongsushe.JSPDemo" %>
```

翻译后的 Servlet 程序将继承 com.manongsushe 包下的 JSPDemo 类,可以在 Tomcat 的 work 目录中找到 Servlet 的源码。

注意:尽量少使用 extend 属性来指定超类,这样会把 JSP 代码与 Java 代码进行绑定,而且有可能影响服务器的性能优化。

3. import 属性

import 属性用来引用外部类文件,与 Java 中的 import 语句功能相同。import 属性引用的类文件包括:

(1) 系统环境变量中所指定目录下的类文件。

(2) Tomcat 容器的 $CATALINA_HOME\lib 目录下的零散类文件或者打包后的 jar 文件。

(3) WEB-INF\classes 目录下的类文件以及 WEB-INF\lib 目录下的 jar 文件。

例如:

```
<%@ page import = "java.util.*" %>
```

注意:使用 import 属性引用类文件必须写全名(即带上包名)。如果需要引用多个类文件,可以用逗号隔开。

4. pageEncoding 属性

pageEncoding 属性用于定义 JSP 页面的编码格式,也就是指定文件编码。JSP 页面中的所有代码都使用该属性指定的字符集,如果该属性值设置为 ISO-8859-1,那么这个 JSP 页面就不支持中文字符。通常设置编码格式为 GBK 或者 UTF-8,因为它可以显示中文字符。例如:

```
<%@ page pageEncoding = "UTF-8" %>
```

5. contentType 属性

contentType 属性用来设置页面的 MIME 类型和编码方式,浏览器会据此显示网页内容。常见的 MIME 类型有 text/plain、text/html(默认)、text/xml、image/gif、image/jpeg,常见的字符集有 UTF-8 和 GBK,一般使用 UTF-8,它支持的字符比 GBK 多很多。例如:

```
<%@ page contentType = "text/html; charset = UTF-8" %>
```

6. session 属性

session 属性和上面介绍的属性有所不同，上面介绍的属性是在 JSP 页面处于编译阶段执行的，而 session 属性是在容器处于请求阶段执行的。

session 是 JSP 内置对象(后续将会介绍)。该属性指定 JSP 页面是否使用 HTTP 的 session 会话对象。“true” 表示有效，“false”表示无效。session 属性默认为 true，一般不设置。例如：

```
<%@ page session = "false" %>
```

7. buffer 属性

buffer 属性用来设置输出缓冲区的大小，默认为 8KB(一般默认即可)。当遇到特殊情况时，才将它设置成 8KB 以上或者 none(表示不使用输出缓冲区)。建议程序开发人员使用 8 的倍数 16、32、64、128 等作为该属性的属性值。例如，设置 out 输出对象(JSP 内置对象之一)使用的缓冲区大小：

```
<%@ page buffer = "128kb" %>
```

8. autoFlush 属性

autoFlush 属性用来设置是否自动刷新输出缓冲区(将缓冲区中的内容输出到页面显示)，可以和 buffer 一起使用，默认值为 true，表示自动刷新。如果设置为 false，就需要编写代码手动刷新。例如，取消页面缓存的自动刷新：

```
<%@ page autoFlush = "false" %>
```

9. isErrorPage 属性

isErrorPage 属性用来设置当前页面是否是用来作为其他页面的错误处理页面。当需要统一处理 JSP 错误时，就可以使用 isErrorPage 和下面即将介绍的 errorPage 属性，来设置错误处理页面。isErrorPage 属性的值可以是“true”或“false”，默认为“false”。为 true 时，可以使用隐式的 exception 内置对象(后续将会介绍)来处理请求异常。

例如，将当前页面设置成错误处理页面：

```
<%@ page isErrorPage = "true" %>
```

10. errorPage 属性

errorPage 属性一般和 isErrorPage 属性结合使用，errorPage 属性用来设置能够处理异常的页面，它是一个 URL，即某个 isErrorPage 属性值为 true 的页面。

在实际项目开发中，一般指定少数几个页面统一处理异常，其他页面通过 errorPage 属性来指定处理异常的页面。

11. isThreadSafe 属性

isThreadSafe 属性表示是否是线程安全的，用来设置当前 JSP 页面是否能够同时响应超过一个以上的用户请求。

12. info 属性

info 属性非常简单，它并不对 JSP 页面进行设置，只是定义了一个字符串，作为页面的说明性文本，可以使用 servlet. getServletInfo() 获得它所定义的信息。例如：

```
<%@ page info = "JSP 演示页面" %>
<%
    out.println(getServletInfo());                    //输出 info 属性所定义的字符串
%>
```

13. isELIgnored 属性

EL 是 Expression Language 的缩写，即表达式语言(后续将会介绍)。isELIgnored 属性用来设置 JSP 页面中的 EL 是否可用，"true"表示忽略，不可用；"false" 表示不忽略，可用。

例如，对于 EL 表达式 ${2000%20}，当 isELIgnored 设置为 true 时，在 JSP 中会显示字符串 ${2000%20}；设置为 false 时，则显示 100。

isELIgnored 属性默认值为 false，即 EL 可用。

4.3.2 include 指令

include 指令用于在当前的 JSP 页面中包含一个文件，这种包含仅仅是静态包含。其语法格式如下。

```
<%@ include file = "被包含文件的地址" %>
```

从上面的语法格式可以看出，include 指令只有 file 一种属性，该属性用来指定要包含的文件，这个文件可以是 HTML 文件，也可以是文本文件。需要注意的是，被包含文件的路径一般不用"/"开头，而是使用相对路径。

下面以一个实例来介绍 include 指令的具体使用方法。在项目 0401-SimpleJSP 中新建两个 JSP 页面：include. jsp，date. jsp，其中，在 include. jsp 页面中使用 include 指令包含 date. jsp。两个 JSP 页面的代码如下。

date. jsp

```
<%@ page language = "java" contentType = "text/html; charset = UTF - 8"
    pageEncoding = "UTF - 8" %>
<!DOCTYPE html PUBLIC " - //W3C//DTD HTML 4.01 Transitional//EN" "http://www.w3.org/TR/html4/
loose.dtd">
<html>
<head>
<meta http - equiv = "Content - Type" content = "text/html; charset = ISO - 8859 - 1">
<title>显示时间</title>
</head>
<body>
<%
        out.println(new java.util.Date().toLocaleString());
%>
</body>
</html>
```

include. jsp

```
<%@ page language = "java" contentType = "text/html; charset = UTF - 8"
    pageEncoding = "UTF - 8" %>
<!DOCTYPE html PUBLIC " - //W3C//DTD HTML 4.01 Transitional//EN" "http://www.w3.org/TR/html4/
```

```
loose.dtd">
<html>
<head>
<meta http-equiv="Content-Type" content="text/html; charset=ISO-8859-1">
<title>include 指令</title>
</head>
<body>
        你好,现在时间:
    <%@ include file="date.jsp" %>
</body>
</html>
```

部署项目,启动 Tomcat,在浏览器地址栏中输入地址 http://localhost:8080/0401-SimpleJSP/include.jsp,得到页面的运行效果,如图 4-13 所示。

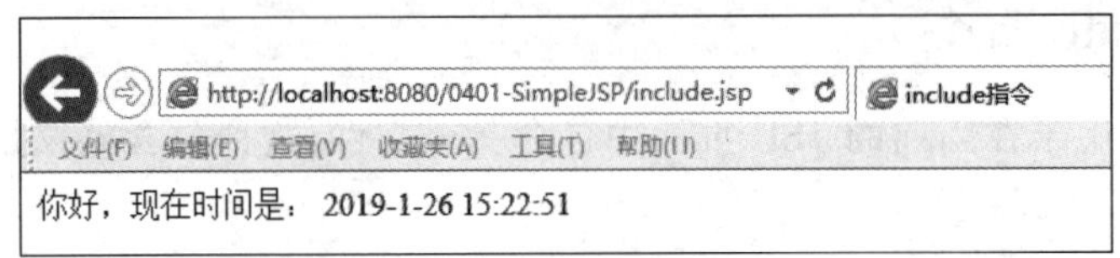

图 4-13 页面的运行效果

从图 4-13 中可以看出,date.jsp 文件中用于输出当前日期的语句在 include.jsp 中显示出来了,这说明 include 指令成功地将 date.jsp 文件包含到了 include.jsp 文件中。

需要注意的是,被包含的文件必须遵守 JSP 语法规范;另外,file 属性的路径不能使用“/”开头,必须使用相对路径。

4.3.3 taglib 指令

taglib 指令用于标签的使用,其语法格式如下。

```
<% taglib uri="taglibURI" prefix="tabPrefix" %>
```

在上面的语法格式中,uri 属性指定了标签描述符,该描述符是对标签描述文件(*.tld)的映射。

prefix 属性指定一个在页面中使用 uri 属性指定的标签库的前缀。开发者可通过前缀来引用标签库中的标签。例如,使用核心标签库,语法格式如下。

```
<%@ taglib uri="http://java.sun.com/jsp/jstl/core" prefix="c" %>
```

具体的标签使用方法,会在后续章节中进行详细讲解,这里读者了解 taglib 指令语法格式即可。

视频讲解

4.4 JSP 动作

JSP 动作指令用来控制 JSP 的行为,向 JSP 页面中添加动态信息,它替代了一部分 Java 脚本可以实现的页面效果,如包含文件等。动作指令与编译指令不同,编译指令是通知 Servlet 容器处理消息,而动作指令只是运行时的脚本动作。

JSP 一共有以下 7 个动作指令。

(1) jsp:forward：执行页面转向，将请求的处理转发到下一个页面。

(2) jsp:param：用于传递参数，必须与其他支持参数的标签一起使用。

(3) jsp:include：用于动态引入一个 JSP 页面。

(4) jsp:plugin：用于下载 JavaBean 或 Applet 到客户端执行。

(5) jsp:useBean：使用 JavaBean。

(6) jsp:setProperty：修改 JavaBean 实例的属性值。

(7) jsp:getProperty：获取 JavaBean 实例的属性值。

本节将对这 7 大动作指令进行详细讲解，读者可以在实例中认真体会每个动作指令，在实践中掌握这些动作指令的基本用法。

4.4.1 <jsp:forward>动作指令

forward 动作指令可以用来控制网页的重定向，表示将当前请求重定向到其他 Web 资源，如 HTML 页面、JSP 页面、Servlet 程序等。forward 动作指令的使用方法非常简单，具体语法格式如下。

```
<jsp:forward page = "文件名"></jsp:forward>
```

在上面的语法格式中，只要指明 page 的值，当 JSP 执行到这行代码的时候就可以直接跳转到对应的页面。下面以一个实例来介绍 forward 的具体使用方法。在项目 0401-SimpleJSP 中新建一个 JSP 页面 forward.jsp，在 forward.jsp 中添加 forward 动作指令，使其跳转到 date.jsp，显示当前时间。

forward.jsp

```
<%@ page language = "java" contentType = "text/html; charset = UTF-8"
    pageEncoding = "UTF-8" %>
<!DOCTYPE html PUBLIC "-//W3C//DTD HTML 4.01 Transitional//EN" "http://www.w3.org/TR/html4/
loose.dtd">
<html>
<head>
<meta http-equiv = "Content-Type" content = "text/html; charset = ISO-8859-1">
<title>forward 动作指令</title>
</head>
<body>
<jsp:forward page = "date.jsp" />
</body>
</html>
```

部署项目并启动 Tomcat 服务器，在浏览器地址栏输入 http://localhost:8080/0401-SimpleJSP/forward.jsp，可以得到页面的运行效果，如图 4-14 所示。

从图 4-14 中可以看出，虽然地址栏中显示的还是 forward.jsp，但是结果却显示了 date.jsp 的内容。说明 forward 动作指令确实可以实现页面的跳转。读者可能要问，为什么地址栏中没有变但是内容却变了？这是因为 forward 动作指令请求的转发动作是服务器端的操作，客户端并不知道请求的页面，所以浏览器地址栏中不会发生变化。

需要注意的是，forward 动作指令和 HTML 中的<a></a>超链接标签是不同的，在

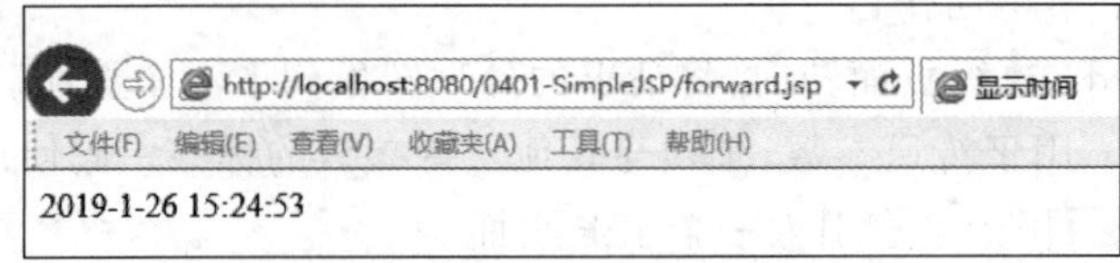

图 4-14　页面的运行效果

<a></a>超链接标签中只有单击链接才能实现页面跳转，但是 forward 动作指令可以直接在程序中决定页面跳转的方向和时机。

4.4.2　<jsp:param>动作指令

4.4.1 节所讲解的 forward 动作指令可以实现页面的跳转，但是如果需要在跳转时同时传递参数，这时就需要用到 param 动作指令。param 指令用于设定参数，这个指令不能单独使用，可以与下面三个指令结合使用。

jsp:include：用于将参数值传入被导入页面。

jsp:forword：用于将参数值传入被转向页面。

jsp:plugin：用于将参数值传入页面中 JavaBean 的实例。

下面以一个实例来介绍 forward 动作指令的具体使用方法。在项目 0401-SimpleJSP 中新建两个 JSP 页面：param.jsp 和 GetParam.jsp。在 param.jsp 页面中实现跳转到 GetParam.jsp，同时向 GetParam.jsp 这个页面传递了一个名称为 ClassName 的参数，这个参数的值为 JavaWeb。在 GetParam.jsp 中接收从 param.jsp 这个页面传递过来的参数，并且把参数的值打印在页面上。具体代码如下。

param.jsp

```
<%@ page language="java" contentType="text/html; charset=UTF-8"
    pageEncoding="UTF-8"%>
<!DOCTYPE html PUBLIC "-//W3C//DTD HTML 4.01 Transitional//EN" "http://www.w3.org/TR/html4/loose.dtd">
<html>
<head>
<meta http-equiv="Content-Type" content="text/html; charset=ISO-8859-1">
<title>页面跳转并且传递参数</title>
</head>
<body>
从这个页面传递参数:
<jsp:forward page="GetParam.jsp">
<jsp:param name="ClassName" value="JavaWeb"/>
</jsp:forward>

</body>
</html>
```

GetParam.jsp

```
<%@ page language="java" contentType="text/html; charset=UTF-8"
    pageEncoding="UTF-8"%>
<!DOCTYPE html PUBLIC "-//W3C//DTD HTML 4.01 Transitional//EN" "http://www.w3.org/TR/html4/loose.dtd">
```

```
<html>
<head>
<meta http-equiv="Content-Type" content="text/html; charset=ISO-8859-1">
<title>接收参数</title>
</head>
<body>
<font size="2">
这个页面接收传递过来的参数,参数为: <% out.print(request.getParameter("ClassName")); %>
</font>
</body>
</html>
```

部署项目并启动 Tomcat 服务器，在浏览器地址栏中输入地址 http://localhost:8080/0401-SimpleJSP/param.jsp，得到页面的运行效果，如图 4-15 所示。

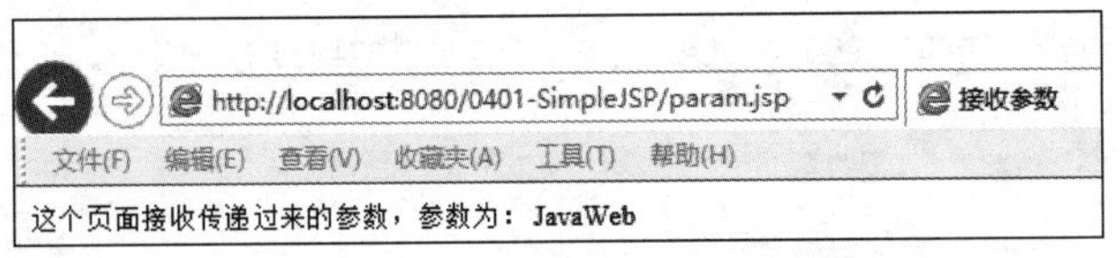

图 4-15 页面的运行效果

从图 4-15 中可以看出，页面不仅进行了跳转，而且实现了参数的传递。说明 param 动作指令可以实现参数的传递。需要注意的是，在 forward 跳转并且使用 param 传递参数的过程中，浏览器地址栏中的地址始终是不变的，传递的参数也不会在浏览器的地址栏中显示，这也是 forward 动作指令与 HTML 中<a></a>超链接标签的另一个区别。

4.4.3 <jsp:include>动作指令

include 动作指令可以在 JSP 页面中动态地插入一个文件，与 4.3.2 节学习的 include 指令不同，include 动作可以动态插入一个文件，文件的内容可以是静态的也可以是动态的，而且当插入的动态文件被修改的时候，JSP 容器可以动态地对其进行编译更新。而 4.3.2 节介绍的 include 指令仅仅是把一个文件简单地插入到一个 JSP 页面中，从而组合成一个文件，是简单的组合作用，其功能没有 include 动作指令强大。include 动作指令语法格式具体如下。

```
<jsp:include flush="true|false page="文件名"></jsp:include>
```

在上面的语法格式中，page 属性用于指定插入文件的相对路径；flush 属性用于指定是否将当前页面的内容刷新输出到客户端，默认情况下，flush 的值为 false。

include 动作指令的原理是将被包含的页面编译处理后，将结果包含在页面中。当客户端第一次请求一个页面(a.jsp)时，如果该页面使用 include 动作包含一个页面(b.jsp)，那么 Web 容器首先编译被包含的页面(b.jsp)，然后将编译结果包含在被请求的页面(a.jsp)中，之后编译被请求页面(a.jsp)，最后将两个页面组合的结果反馈给客户端。

下面以一个实例来介绍 include 动作指令的具体使用方法。

在项目 0401-SimpleJSP 中新建两个 JSP 页面：includeAction.jsp 和 aaa.jsp，代码如下。其中，includeAction.jsp 页面使用 include 动作包含动态的 JSP 文件 aaa.jsp，且 flush

的值为 true。

includeAction.jsp

```
<%@ page language = "java" contentType = "text/html; charset = UTF - 8"
    pageEncoding = "UTF - 8" %>
<!DOCTYPE html PUBLIC " - //W3C//DTD HTML 4.01 Transitional//EN" "http://www.w3.org/TR/html4/
loose.dtd">
<html>
<head>
<meta http - equiv = "Content - Type" content = "text/html; charset = ISO - 8859 - 1">
<title> include 动作指令</title>
</head>
<body>
include 动作指令包含 1 个文件,如下:<br>
<font size = "2">
<jsp:include flush = "true" page = "aaa.jsp"></jsp:include>
</font>

</body>
</html>
```

aaa.jsp

```
<%@ page language = "java" contentType = "text/html; charset = UTF - 8"
    pageEncoding = "UTF - 8" %>
<!DOCTYPE html PUBLIC " - //W3C//DTD HTML 4.01 Transitional//EN" "http://www.w3.org/TR/html4/
loose.dtd">
<html>
<head>
<meta http - equiv = "Content - Type" content = "text/html; charset = ISO - 8859 - 1">
<title> Insert title here </title>
</head>
<body>
<%
Thread.sleep(5000);
out.print("这是一个动态的 JSP 页面!");
%>

</body>
</html>
```

部署项目并启动 Tomcat 服务器,在浏览地址栏中输入 http://localhost:8080/0401-SimpleJSP/ includeAction.jsp,得到页面的运行结果,如图 4-16 所示。

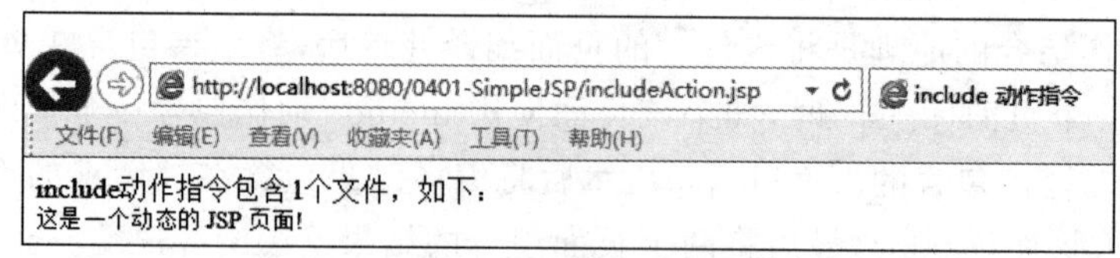

图 4-16 页面的运行效果

在页面运行过程中可以发现,浏览器先是显示当前页面的内容,然后等待了 5s,才会显示 aaa.jsp 动态页面的内容。这说明插入的文件 aaa.jsp 在当前页面输出后才调用。

现在修改 includeAction.jsp 的代码，将 include 动作指令的 flush 属性改为 false。再次访问地址 http://localhost:8080/0401-SimpleJSP/includeAction.jsp 进行刷新，发现浏览器等待了 5s，才一起将页面内容和 bbb.jsp 动态页面的内容显示了出来。也就是说，当 Web 容器处理插入的文件资源时，并没有将当前页面的内容刷新输出到客户端。

4.4.4 <jsp:plugin>动作指令

<jsp:plugin>动作指令用于在浏览器中插入 Java 插件，比如 Applet 和 Bean。当 JSP 文件被编译送往浏览器时，<jsp:plugin>动作指令会根据浏览器的版本替换成<object>或者<embed>元素。具体语法格式如下。

```
<jsp:plugin  type = "bean | applet"  name = "Applet 名称"  code = "java 类名"  codebase =
"Java 类所在目录" align = "对齐方式"  height = "高度"  width = "宽度"  hspace = "水平间距"
vspace = "垂直间距"  archive = "预先加载的类列表"  jreversion = "JRE 版本"  iepluginurl = "URL"
nspluginurl = "URL"> </jsp:plugin>
```

在上面的语法格式中，可以看到<jsp:plugin>动作指令有很多属性，各属性及属性的作用如表 4-1 所示。

表 4-1 <jsp:plugin>动作指令的属性及作用

属　　性	属性作用
type	用来指定插件类型，可以是 Bean 和 Applet
code	用来指定所执行的 Java 类名，必须以 class 结尾
codebase	用来指定所执行的 Java 类所在的目录
name	用来指定 Applet 或 Bean 的名称
archive	用来指定 Applet 或 Bean 执行前预先加载的类的列表
align	用来指定 Applet 或 Bean 显示时的对齐方式
height	用来指定 Applet 或 Bean 显示时的高度
width	用来指定 Applet 或 Bean 显示时的宽度
hspace	用来指定 Applet 或 Bean 显示时距离屏幕左右的距离，单位是 px
vspace	用来指定 Applet 或 Bean 显示时距离屏幕上下的距离，单位是 px
nspluginurl	用来指定 Netscape Navigator 用户能够使用的 JRE 下载地址
iepluginurl	用来指定 IE 用户能够使用的 JRE 下载地址

由于现在很少使用 Applet，而且就算要使用 Applet，也完全可以使用支持 Applet 的 HTML 标签，所以<jsp:plugin>动作指令的使用场景并不多，因此这里就不多做介绍了，读者了解即可。

4.4.5 <jsp:useBean>动作指令

<jsp:useBean>动作指令用于在 JSP 中引用 JavaBean，这个动作指令在实际开发过程中经常会用到。具体语法格式如下。

```
< jsp:useBean id = "name " scope = "page | request | session | application" typeSpec ></jsp:useBean >
typeSpec : : = class = "className" |type = "typeName"
| class = "className" type = "typeName"
```

```
| beanName = "beanName" type = "typeName"
```

在上面的语法格式中，id 为所用到的 JavaBean 的实例对象名称，scope 是这个 JavaBean 的有效范围，共有 page、request、session、application 四个值可以选择，class 是 JavaBean 对应类的包路径，包括包名和类名。需要注意的是，必须使用 class 或 type，而不能同时使用 class 和 beanName，beanName 表示 Bean 的名字。

在后续章节中会对这个动作指令做详细的介绍。在这里仅知道其基本用法即可。

4.4.6 <jsp:setProperty>动作指令

<jsp:setProperty>是用来设置 JavaBean 的属性值的，其基本方法主要有以下两种。

第一种方法是：

```
<jsp:setProperty name = "JavaBean 的实例名称" property = "属性名" value = "属性值"/>
```

这种方法是 setProperty 动作指令最基本的用法，用来给 JavaBean 实例对象的某一个属性赋值。

第二种方法是：

```
<jsp:setProperty name = "JavaBean 的实例名称" property = " * " />
```

这种 JavaBean 的赋值方法也是经常用到的，这个方法可以给 JavaBean 实例对象的所有属性进行赋值，其中，在 JSP 的页面请求中有对应于所有属性的输入，这些输入的名称与 JavaBean 的属性名一一对应，所以 JSP 容器可以根据名称给对应的属性进行赋值。

setProperty 这个动作指令的具体使用方法将在后续章节中详细介绍，在这里仅知道基本的使用形式即可。

4.4.7 <jsp:getProperty>动作指令

<jsp:getProperty>是用来获取 JavaBean 的属性值的，其基本使用方法如下。

```
<jsp:getProperty name = "JavaBean 的实例名称" property = "属性名" value = "属性值"/>
```

上面这个语句就可以取出 JavaBean 实例对象的一个属性值，至于 getProperty 这个动作指令更详细的使用方法，在后续章节中将进行详细讲解。

最后的三个 JSP 动作指令，主要用于 JavaBean 组件中，在讲解 JavaBean 时会进行详细讲解。这里读者只需了解即可。

视频讲解

4.5 JSP 内置对象

JSP 内置对象，是指无须用户声明和创建就可以在 JSP 文件中使用的成员变量。JSP 内置对象在 JSP 技术中非常重要，这些内置对象是由 Web 容器创建出来的，在运行过程中由系统自动加载，所以用户不用自己创建。

JSP 技术中一共有 9 大内置对象，分别为：out、request、response、session、application、pageContext、config、page 和 exception，如表 4-2 所示。

表 4-2　JSP 的 9 大内置对象

对象名称	类　　型	作　　用
out	javax. servlet. jsp. JspWriter	用于页面输出
request	javax. servlet. http. HttpServletRequest	用于用户请求信息
response	javax. servlet. http. HttpServletResponse	服务器向客户端的响应信息
session	javax. servlet. http. HttpSession	用来保存用户的信息
application	javax. servlet. ServletContext	所有用户的共享信息
pageContext	javax. servlet. jsp. PageContext	JSP 的页面容器
config	javax. servlet. ServletConfig	服务器配置信息
page	java. lang. Object	当前页面转换后的 Servlet 类的实例
exception	java. lang. Throwable	用来获取异常信息

表 4-2 中列出了 JSP 技术中的 9 大内置对象及其类型和作用。在前面章节中，已经学习了 request 对象、response 对象、config 对象，因此接下来将重点讲解其他 6 个对象。

4.5.1　out 对象

out 对象是一个输出流，主要用来向客户端输出数据，可用于各种数据的输出，还可以用来管理应用服务器上的输出缓冲区。out 对象是 javax. servlet. jsp. JspWriter 类的实例化对象，通过调用 pageContext. getOut()方法获取 out 对象。在使用 out 对象输出数据时，可以对数据缓冲区进行操作，及时清除缓冲区中的残余数据，为其他的输出让出缓冲空间。需要注意的是，数据输出完毕后，要及时关闭输出流。

输出数据的方法有以下两个。

(1) void print()。

(2) void println()。

两者的区别是：out. print()函数在输出完毕后并不换行，out. println()函数在输出完毕后会结束当前行，下一个输出语句将会在下一行开始输出。不过需要注意的是在输出中换行，并不是在网页上换行。如果需要在网页上换行，还是要用< br >标签进行换行。

out 对象还可以实现对应用服务器上的输出缓冲区进行管理。缓冲区默认值一般是 8KB，可以通过页面指令 page 来改变默认值。out 对象用于管理响应缓冲区的方法如下。

(1) void clear()，清除缓冲区中的内容，不将数据发送至客户端。

(2) void clearBuffer()，将数据发送至客户端后，清除缓冲区中的内容。

(3) void close()，关闭输出流。

(4) void flush()，输出缓冲区中的数据。

(5) boolean isAutoFlush()，获取用<%@ page is AutoFlush="true/false"%>设置的 AutoFlush 值。

(6) void newLine()，输出一个换行字符，换一行。

(7) int getBufferSize()，获取缓冲区的大小。缓冲区的大小可用<%@ page buffer="size" %>设置。

(8) int getRemainning()，获取缓冲区剩余空间的大小。

out 对象的使用方法非常简单，下面以一个实例来讲解 out 对象的具体使用方法。在

0401-SimpleJSP 中新建一个 JSP 页面 out. jsp,代码如下。

out. jsp

```
<%@ page language="java" contentType="text/html; charset=UTF-8"
    pageEncoding="UTF-8"%>
<!DOCTYPE html PUBLIC "-//W3C//DTD HTML 4.01 Transitional//EN" "http://www.w3.org/TR/html4/
loose.dtd">
<html>
<head>
<meta http-equiv="Content-Type" content="text/html; charset=ISO-8859-1">
<title>out对象</title>
</head>
<body>
<%
      String str = "out输出: Welcome To JavaWeb";
      out.println(str);
      %><br/>
      <%
         int buffer = out.getBufferSize();
         int avaliable = out.getRemaining();
         int used = buffer - avaliable;
      %>
      out设置缓冲区: <br/>
      缓冲区总大小: <%= buffer%><br/>
      缓冲区已用: <%= used%><br/>
      缓冲区剩余: <%= avaliable%><br/>
 </body>
</html>
```

部署项目并启动 Tomcat 服务器,在浏览器地址栏输入 http://localhost:8080/0401-SimpleJSP/out.jsp,得到页面的显示效果,如图 4-17 所示。

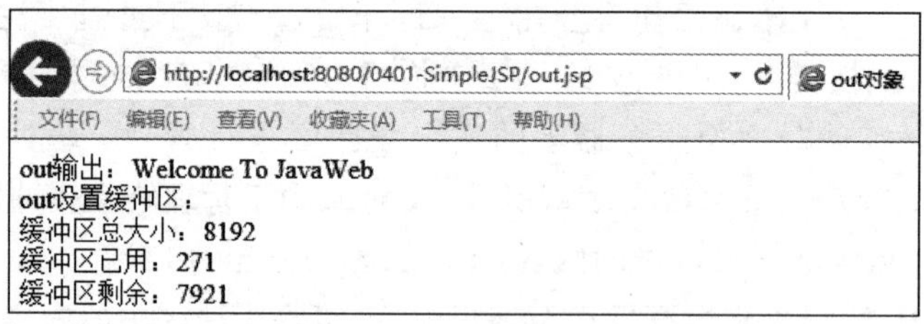

图 4-17　页面的显示效果

从图 4-17 中可以看出,out 对象可以输出数据,也可以设置缓冲区的大小。

4.5.2　session 对象

session 对象是用来记录每个用户的访问状态的,它是 javax. servlet. http. HttpSession 类的实例对象。服务器为每个用户都生成一个 session 对象,用于保存该用户的信息,跟踪用户的操作状态。当一个用户访问服务器时,可能会在服务器的多个页面之间不断访问,比如用户进行网上购物时,可能会浏览不同的页面,那么有了 session 对象,服务器就可以知道这是否是同一个用户的操作,不会把其他用户购物车中的内容放到自己的购物车中。

实际上,对于每一个 session,服务器端都有一个 sessionId 来标记它。当一个用户第一次访问服务器的某一个页面时,Web 容器会产生一个 session 对象,同时分配一个 sessionId 给用户,这样 session 对象就和用户之间建立起一一对应的关系。

session 对象的常用方法如表 4-3 所示。

表 4-3　session 对象的常用方法

方法名称	功能描述
void setAttribute(String name,Object obj)	将信息保存在 session 范围内,其中,属性 name 用于指定作用域在 session 范围内的变量名,属性 obj 保存在 session 范围内的对象
Object getAttribute(String name)	获取保存在 session 范围内的信息,name 是保存在 session 范围内的属性名称
void removeAttribute(String name)	从 session 会话中删除属性名称为 name 的对象
void invalidate()	销毁 session
String getId()	获取当前 session 在服务器端的 ID

需要注意的是,在调用 setAttribut()方法的时候,如果是两次调用,且两次调用的 name 相同,则第二次放进去的内容会覆盖第一次放进去的内容。

现在以一个实例来讲解 session 对象的使用方法。在项目 0401-SimpleJSP 中新建两个 JSP 页面：books.jsp 和 showcart.jsp。其中,books.jsp 用来显示商品名称,showcart.jsp 用于显示购物车内容,代码如下。

books.jsp

```
<%@ page language="java" contentType="text/html; charset=UTF-8"
    pageEncoding="UTF-8"%>
<%@page import="java.util.*" %>
<!DOCTYPE html PUBLIC "-//W3C//DTD HTML 4.01 Transitional//EN" "http://www.w3.org/TR/html4/
loose.dtd">
<html>
<head>
<meta http-equiv="Content-Type" content="text/html; charset=ISO-8859-1">
<title>session 对象,添加购物车</title>
</head>
<body>
计算机图书:<br>
JavaWeb <a href="books.jsp?name=JavaWeb">购买</a><br>
Oracle  <a href="books.jsp?name=Oracle">购买</a><br>
Java    <a href="books.jsp?name=Java">购买</a><br>
Linux   <a href="books.jsp?name=Linux">购买</a><br>
<a href="showcart.jsp">查看购物车</a>

<%
String name=request.getParameter("name");
if(name!=null)
{
    //从 session 中读取集合属性
    ArrayList books = (ArrayList)session.getAttribute("books");
    if(books==null)
```

```
        {
            books = new ArrayList();
            books.add(name);
            //保存到 session
            session.setAttribute("books", books);
        }else
        {
            //如果已经购买过书了,则检查是否购买过这本书,如果第一次
            //购买,则将商品添加到集合中,集合再放入 session 中
            if(!books.contains(name))
            {
                books.add(name);
                session.setAttribute("books",books);
            }
        }
    }

%>
</body>
</html>
```

在 books.jsp 页面中,购物车是通过一个 ArrayList 集合来存放商品的,然后统一将其存放在 session 对象的属性 books 中,作为不同页面之间传递参数的桥梁。

```
                                    showcart.jsp
<%@ page language = "java" contentType = "text/html; charset = UTF-8"
    pageEncoding = "UTF-8" %>
<%@page import = "java.util.*" %>
<!DOCTYPE html PUBLIC "-//W3C//DTD HTML 4.01 Transitional//EN" "http://www.w3.org/TR/html4/
loose.dtd">
<html>
<head>
<meta http-equiv = "Content-Type" content = "text/html; charset = ISO-8859-1">
<title>显示购物车</title>
</head>
<body>
<%
ArrayList books = (ArrayList)session.getAttribute("books");
if(books!= null)
        for(int i = 0;i < books.size();i++)
            out.println("<h4>你已经购买了: " + books.get(i) + "</h4>");
%>
</body>
</html>
```

在页面中,程序先从 session 对象的 books 属性中取出 books.jsp 中购买的商品,然后通过集合遍历输出购物车的内容。需要注意的是,代码中需要使用 page 指令的 import 属性添加 java.util.* 类,因为集合 ArrayList 继承自 java.util.* 类。

部署项目并启动 Tomcat 服务器,在浏览器地址栏中输入 http://localhost:8080/0401-SimpleJSP/books.jsp,得到页面的显示效果如图 4-18 所示。

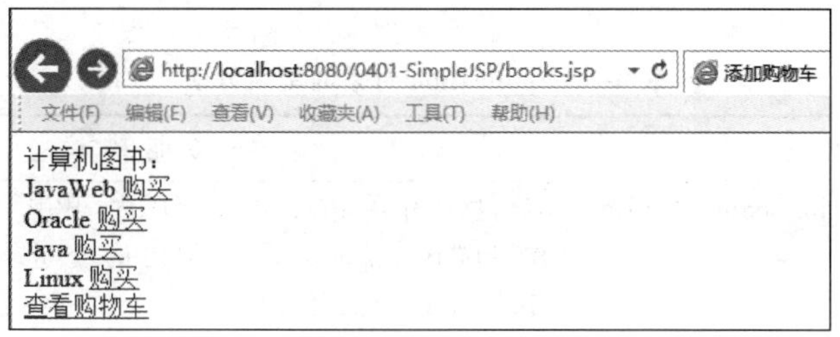

图 4-18　页面的显示效果

选中图书 JavaWeb，单击“购买”，然后单击“查看购物车”，得到页面的显示效果如图 4-19 所示。

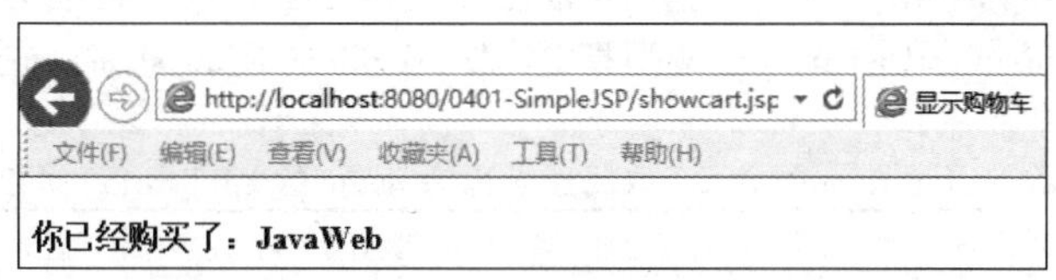

图 4-19　页面的显示效果

从图 4-18 和图 4-19 中可以看出，session 对象不仅可以保存用户的会话信息，还可以获取 session 范围内的会话信息。

特别说明一点，session 对象默认在服务器上的存储时间为 30min，当客户端停止操作 30min 后，session 对象中存储的信息会自动失效，此时调用 getAttribute()等方法，将出现异常。因此在实际 Web 项目开发中，需要考虑到用户访问网站时可能发生的各种情况，如果用户登录网站后在 session 的有效期外进行操作，则需要提醒用户重新登录或者给出提示信息等。为了避免这种情况的发生，session 对象还提供了设置会话有效期的方法，如表 4-4 所示。

表 4-4　session 对象的有效期设置方法

方 法 名 称	功 能 描 述
getLastAccessedTime()	返回客户端最后一次与会话相关联的请求时间
getMaxInactiveInterval()	以 s 为单位返回一个会话内两个请求的最大时间间隔
setMaxInactiveInterval(int arg)	设置 session 的有效时间，单位是 s

比如设置 session 的有效期为 5000s，超出这个范围 session 会话将失效，则可以调用 setMaxInactiveInterval()方法，具体如下。

```
session.setMaxInactiveInterval(5000);
```

4.5.3　application 对象

application 对象用来为所有用户提供共享资源。服务器启动后，会自动创建一个 application 对象，所有的用户都共同使用一个 application 对象，这个对象会一直存在，直到服务器关闭为止。与 session 对象相比，application 对象的生命周期更长，类似于系统的全局变量。application 对象是 javax.servlet.ServletContext 类的实例对象，它的常用方法如

表 4-5 所示。

表 4-5 application 对象的常用方法

方法名称	功能描述
void setAttribute(String name, Object obj)	将信息保存在 application 范围内，其中，属性 name 用于指定作用域在 application 范围内的变量名，属性 obj 保存在 application 范围内的对象
Object getAttribute(String name)	获取保存在 application 范围内的信息，name 是属性名称
Object getAttributeNames	获得所有 application 对象使用的属性名
void removeAttribute(String name)	从 application 范围中删除属性名称为 name 的对象
String getRealPath(String path)	返回虚拟路径的真实路径
URL getResource(String path)	返回指定资源(文件及目录)的 URL 路径
RequestDispatcher getRequestDispatcher (String uripath)	返回指定资源 uripath 的 RequestDispatcher 对象
String getInitParameter(String name)	获取属性名称为 name 的 application 对象的初始值

现在以一个实例来讲解 application 对象的使用方法。在项目 0401-SimpleJSP 中新建一个 JSP 页面 count.jsp，用来统计某网站被访问的次数，这个次数所有用户都可见，因此可以使用 application 对象实现，代码如下。

count.jsp

```
<%@ page language = "java" contentType = "text/html; charset = UTF - 8" pageEncoding = "UTF - 8" %>
<!DOCTYPE html PUBLIC " - //W3C//DTD HTML 4.01 Transitional//EN" "http://www.w3.org/TR/html4/loose.dtd">
<html>
<head>
<meta http - equiv = "Content - Type" content = "text/html; charset = ISO - 8859 - 1">
<title>application 对象</title>
</head>
<body>
<%
//第一次访问，实例化 count
Integer count = (Integer)application.getAttribute("count");
if(count == null)
{
        count = new Integer(0);
}
count++;
application.setAttribute("count", count);     //设置 count 属性
%>
截止到现在，该网站被访问的次数为：<% = count %>
</body>
</html>
```

部署项目并启动 Tomcat 服务器，在浏览器地址栏中输入 http://localhost:8080/0401-SimpleJSP/count.jsp，得到页面的显示效果如图 4-20 所示。

从图 4-20 中可以看出，application 对象可以实现信息的保存和读取。在不关闭

图 4-20 页面的显示效果

Tomcat 服务器的情况下，在其他浏览器(如谷歌、搜狐等)中访问该页面，可以看到次数是叠加累积的，说明 application 对象对所有用户都是开放的，且数据都是共享的。

4.5.4 pageContext 对象

pageContxt 对象用来访问除本身以外的其他 8 个 JSP 内置对象，它是 javax. servlet. jsp. PageContext 类的实例对象，代表当前 JSP 页面的运行环境，并提供了访问其他 8 个内置对象及命名空间的方法，如表 4-6 所示。

表 4-6 pageContxt 对象获取其他对象的方法

方法名称	功能描述
JspWriter getOut( )	获取 out 对象
Object getPage( )	获取 page 对象
ServletRequest getRequest( )	获取 request 对象
ServletResponse getResponse( )	获取 response 对象
HttpSession getSession( )	获取 session 对象
ServletContext getServletContext( )	获取 application 对象
ServletConfig getServletConfig( )	获取 config 对象
Exception getException( )	获取 exception 对象

另外，pageContext 对象自身还是一个域对象，可以用来保存数据，该功能是通过操作属性来实现的，常用方法如表 4-7 所示。

表 4-7 pageContext 对象操作属性的方法

方法名称	功能描述
void setAttribute(String name, Object value, int scope)	用于设置 pageContxt 对象的属性，属性名称为 name，值为 value，范围为 scope
Object getAttribute(String name, int scope)	用于获取 pageContxt 对象的属性，返回 name 属性，范围为 scope
void removeAttribute(String name, int scope)	用于删除范围为 scope 的、属性名称为 name 的属性对象
void removeAttribute(String name)	用于删除所有范围内属性名称为 name 的属性对象
Object findAttribute(String name)	用于在所有范围中寻找属性名称为 name 的属性对象

其中，scope 是 pageContxt 对象的作用范围，主要有 4 种，具体如下。

(1) page：表示当前页面。

(2) request：表示请求范围。

(3) session：表示会话范围。

(4) application：表示所有用户。

需要注意的是，当使用 findAttribute(String name)方法寻找属性名称为 name 的属性对象时，会按照 page、request、session、application 的顺序依次查找，如果找到则返回属性的名称 name，如果找不到，则返回空值 NULL。

现在以一个实例来讲解 pageContext 对象的使用方法。在项目 0401-SimpleJSP 中新建一个 JSP 页面 pageContext.jsp，代码如下。

pageContext.jsp

```
<%@ page language = "java" contentType = "text/html; charset = UTF - 8"
    pageEncoding = "UTF - 8" %>
<!DOCTYPE html PUBLIC " - //W3C//DTD HTML 4.01 Transitional//EN" "http://www.w3.org/TR/html4/
loose.dtd">
<html>
<head>
<meta http - equiv = "Content - Type" content = "text/html; charset = ISO - 8859 - 1">
<title>paqeContxt 对象</title>
</head>
<body>
<%
        //获取 request 对象
        HttpServletRequest req = (HttpServletRequest) pageContext.getRequest();
        //设置 page 范围内属性
        pageContext.setAttribute("str", "Java",pageContext.PAGE_SCOPE);
        //设置 request 范围内属性
        req.setAttribute("str", "Java Web");
        //获得的 page 范围属性
        String str1 = (String)pageContext.getAttribute("str",pageContext.PAGE_SCOPE);
        //获得的 request 范围属性
        String str2 = (String)pageContext.getAttribute("str",pageContext.REQUEST_SCOPE);
   %>
   <% = "page 范围的属性名称: " + str1 %><br />
   <% = "request 范围的属性名称: " + str2 %><br />
</body>
</html>
```

上述代码中，首先用 pageContext 获取了 request 对象，然后设置了 page 范围内的属性名称为 Java；接下来设置了 request 范围内的属性名称为“Java Web”，最后使用 pageContext 获取了 page 范围内的属性名称和 request 范围内的属性名称。

部署项目并启动 Tomcat 服务器，在浏览器地址栏中输入 http://localhost:8080/0401-SimpleJSP/pageContext.jsp，得到页面的显示效果如图 4-21 所示。

图 4-21 页面的显示效果

从图 4-21 中可以看出，pageContext 可以获取 request 对象，也可以设置不同范围的属性。

4.5.5 page 对象

page 对象指向当前 JSP 程序本身，类似于 this 变量，只有在 JSP 页面内才是合法的。它是 java. lang. Object 类的实例对象，本质上包含当前 Servlet 接口引用的变量。该对象可以使用 Object 类的方法，对于开发 JSP 页面非常有用。page 对象的常用方法如表 4-8 所示。

表 4-8 page 对象的常用方法

方法名称	功能描述
class getClass()	返回当前 Object 类
int hashCode()	返回当前 Object 类的 hash 码
boolean equals(Object obj)	比较 obj 对象与指定对象是否相等
String ToString()	将 Object 对象转换成 String 对象
void copy(Object obj)	把 obj 复制到指定的对象中
Object clone()	对此对象进行克隆

现在以一个实例来讲解 page 对象的使用方法。在项目 0401-SimpleJSP 中新建一个 JSP 页面 page. jsp，查看当前 JSP 页面的类名和 hash 码，代码如下。

page. jsp

```
<%@ page language = "java" contentType = "text/html; charset = UTF - 8"
    pageEncoding = "UTF - 8" %>
<!DOCTYPE html PUBLIC " - //W3C//DTD HTML 4.01 Transitional//EN" "http://www.w3.org/TR/html4/
loose.dtd">
<html>
<head>
<meta http - equiv = "Content - Type" content = "text/html; charset = ISO - 8859 - 1">
<title>page 对象</title>
</head>
<body>
page 对象的类名和 hash 码：<% = page.toString() %><br>
</body>
</html>
```

部署项目并启动 Tomcat 服务器，在浏览器地址栏中输入 http://localhost:8080/0401-SimpleJSP/page. jsp，得到页面的显示效果如图 4-22 所示。

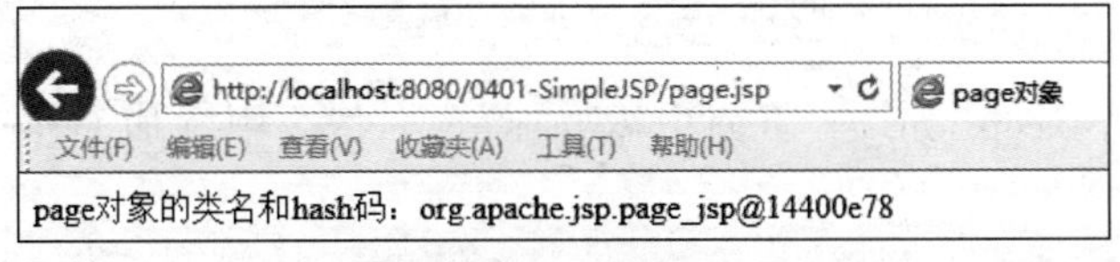

图 4-22 页面的显示效果

从图 4-22 中可以看出，当前 JSP 页面所生成的 Servlet 类，包名是 org. apache. jsp，类名是 page_jsp，hash 码是 14400e78。

4.5.6 exception 对象

由于用户的输入或者一些不可预见的原因，页面在运行过程中总是有一些没有发现或者是无法避免的异常现象出现。这时就可以通过 exception 对象来获取页面抛出的异常信息。exception 对象是 java.lang.Exception 类的实例对象。

exception 有很多，这里列举几种常见的 exception，具体如下。

NullPointerException：空指针引用异常。

ClassCastException：类型强制转换异常。

IllegalArgumentException：传递非法参数异常。

ArithmeticException：算术运算异常。

ArrayStoreException：向数组中存放与声明类型不兼容对象异常。

IndexOutOfBoundsException：下标越界异常。

需要注意的是，exception 对象只能用在错误页面。在学习 4.3.1 节时，我们知道 page 指令有两个属性 isErrorPage 和 errorPage，这两个属性就是用来设置错误页面和处理异常信息的。

现在以一个实例来讲解 exception 对象的使用方法。在项目 0401-SimpleJSP 中新建两个 JSP 页面：exception.jsp 和 error.jsp。其中，exception.jsp 用来编写错误代码，error.jsp 用来处理 exception.jsp 页面抛出的异常。代码如下。

exception.jsp

```
<%@ page language = "java" contentType = "text/html; charset = UTF - 8"
    pageEncoding = "UTF - 8" errorPage = "error.jsp" %>
<!DOCTYPE html PUBLIC " - //W3C//DTD HTML 4.01 Transitional//EN" "http://www.w3.org/TR/html4/
loose.dtd">
<html>
<head>
<meta http - equiv = "Content - Type" content = "text/html; charset = ISO - 8859 - 1">
<title>exception 对象</title>
</head>
<body>
<%
        int a = 9;
        int b = 0;
    %>
    输出结果为: <% = (a / b) %><! -- 此处会产生异常 -->
</body>
</html>
```

需要注意的是，exception.jsp 页面中需要在 page 指令中添加 errorPage 属性，指向能够处理异常的页面。

error.jsp

```
<%@ page language = "java" contentType = "text/html; charset = UTF - 8"
    pageEncoding = "UTF - 8" isErrorPage = "true" %>
<!DOCTYPE html PUBLIC " - //W3C//DTD HTML 4.01 Transitional//EN" "http://www.w3.org/TR/html4/
loose.dtd">
```

```
<html>
<head>
<meta http-equiv="Content-Type" content="text/html; charset=ISO-8859-1">
<title>错误页面</title>
</head>
<body>
<!-- 显示异常信息 -->
网页出现运算异常:
<%=exception.getMessage() %><br />
</body>
</html>
```

上述代码中，需要注意，要在 page 指令中添加 isErrorPage 属性，且属性值必须设为 true。

部署项目并启动 Tomcat 服务器，在浏览器地址栏中输入 http://localhost:8080/0401-SimpleJSP/exception.jsp，得到页面的运行效果如图 4-23 所示。

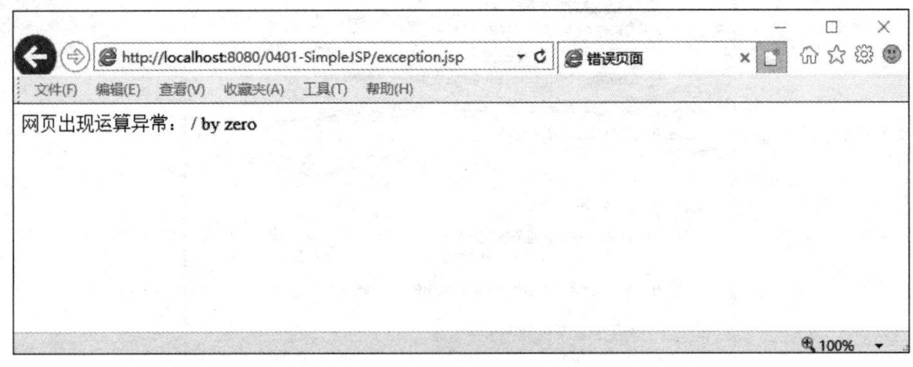

图 4-23 页面的运行效果

从图 4-23 中可以看出，浏览器将错误信息显示了出来。说明当页面发生异常时，会自动调用设定好的页面进行异常处理。

不过，有的读者可能在浏览器地址栏中输入地址后显示的不是上述错误信息，而是 IE 浏览器定义的 500 错误信息，如图 4-24 所示。

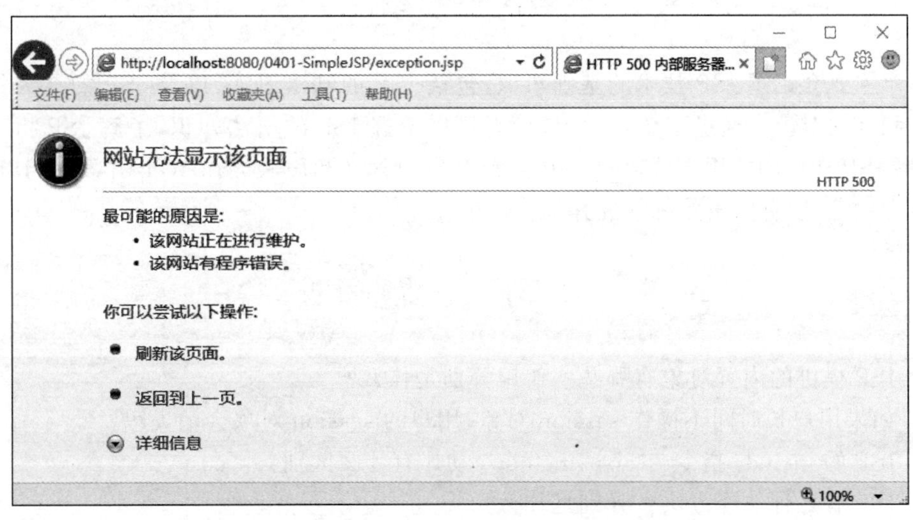

图 4-24 IE 自定义的错误信息

这是浏览器的设置导致的。可以单击浏览器菜单栏中的“工具”→“Internet 选项”→“高级”,将“显示友好 HTTP 错误信息”复选框中的“√”去掉,然后单击“应用”或者“确定”按钮即可,如图 4-25 所示。

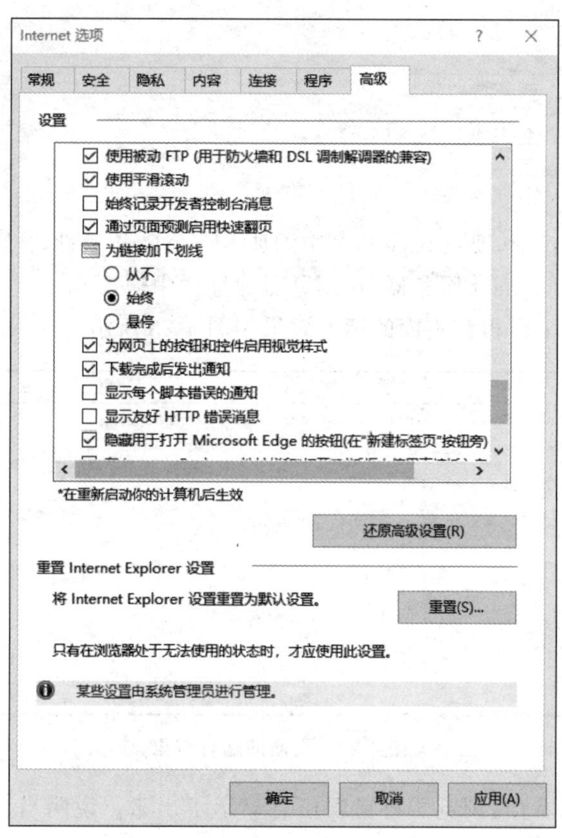

图 4-25　IE 选型设置

小　　结

本章主要介绍了 JSP 技术的基础知识,包括 JSP 的基本语法,以及 JSP 的 3 大指令,7 大动作和 9 大对象。通过本章的学习,读者可以掌握 JSP 的语法知识,了解 JSP 指令的作用,熟悉 JSP 动作的使用方法以及 JSP 内置对象的含义和用法。在 Web 开发中,JSP 技术使用非常广泛,读者应该熟练掌握并学会使用。

习　　题

1. JSP 提供的内置对象有哪些?作用分别是什么?
2. 如果用户长时间不操作 session 对象,用户的 session 对象会消失吗?
3. JSP 的 include 指令与<jsp:include>动作有什么区别?
4. JSP 有几种注释方法?分别是什么?

5. 简述 JSP 运行原理。

6. 编写一个简易购物车，实现向购物车内添加商品、删除商品以及查看购物车、清空购物车的功能。

7. 编写一个简单程序，在第一个页面中显示数字 10 的平方，然后跳转到第二个页面，在第二个页面显示数字 10 的立方。

第5章　EL表达式与JSTL标签库

B/S架构的Web程序开发与C/S模式不同，需要解决两大难题。其一是如何把客户端浏览器发送过来的请求提交给服务器，对此一般使用网页中的Form表单、框架中的数据封装或参数绑定等；其二则是如何把服务器端处理所得的结果数据显示到客户端的浏览器上，对此一般采用JSP的内置对象、JSP表达式或表达式语言来实现。

在Web应用程序中，视图层的开发技术除了HTML、CSS、JavaScript和JSP之外，还有EL(表达式语言)、JSTL(JSP标准标签库)和Ajax技术等。

视频讲解

5.1　EL表达式

表达式语言(Expression Language,EL)是JSP标准的一部分，是JSP 2.0新增加的特性之一。EL原本是JSTL 1.0为方便存取数据所自定义的语言，当时EL只能在JSTL标签中使用，后来成了JSP标准的一部分，如今EL已经成为一项成熟、标准的技术。EL在JSP中的引入可以大幅度地减少Java代码的编写。由于EL是JSP 2.0新增的功能，所以只有支持Servlet 2.4/JSP 2.0的容器，才能在JSP网页中直接使用EL，Tomcat 9.0中可以直接使用EL。

5.1.1　EL的语法

EL并不是一种通用的编程语言，它只是一种数据访问语言。网页作者通过它可以很方便地在JSP页面中访问应用程序数据，无须使用小脚本(<%…%>)或JSP请求时表达式(<%=…%>)。作为一种数据访问语言，EL具有自己的标识符、运算符、语法和保留字等。

1. 语法形式

在JSP 2.0的页面中，表达式语言的使用形式为：${expression}。

表达式以$开头，后面跟一对大括号{}，括号中的expression是一个合法的EL表达式。该结构可以出现在JSP页面的body区文本中，也可以出现在JSP标签的属性值里，只要属性允许常规的表达式即可。下面通过一个例子，来直观感受一下EL表达式的优越性。

【例5-1】 使用EL表达式读取域对象中的数据。

(1) 在Eclipse中新建一个名为0501-SimpleEL的项目。

(2) 新建一个User类，放置在cn.pju.entity包下，详细代码如下。

```
package cn.pju.entity;

public class User {
```

```
    private String uName;
    private String uGender;

    public User() {
        super();
    }
    public User(String uName, String uGender) {
        super();
        this.uName = uName;
        this.uGender = uGender;
    }
    public String getuName() {
        return uName;
    }
    public void setuName(String uName) {
        this.uName = uName;
    }
    public String getuGender() {
        return uGender;
    }
    public void setuGender(String uGender) {
        this.uGender = uGender;
    }
}
```

(3) 新建一个名为 SimpleELServlet 的 Servlet，继承自 HttpServlet 父类，放置在 cn.pju.servlet 包下，代码如下。

```
package cn.pju.servlet;

import java.io.IOException;
import javax.servlet.ServletException;
import javax.servlet.annotation.WebServlet;
import javax.servlet.http.HttpServlet;
import javax.servlet.http.HttpServletRequest;
import javax.servlet.http.HttpServletResponse;
import cn.pju.entity.User;

@WebServlet("/SimpleELServlet")
public class SimpleELServlet extends HttpServlet {
    private static final long serialVersionUID = 1L;

    public SimpleELServlet() {
        super();
    }

    protected void doGet(HttpServletRequest request, HttpServletResponse response) throws
ServletException, IOException {
        User user = new User();
        user.setuName("张慧");
        user.setuGender("女");
```

```
            request.setAttribute("user", user);
            request.getSession().setAttribute("password", "123456");
            request.getRequestDispatcher("/index.jsp").forward(request, response);
        }

        protected void doPost(HttpServletRequest request, HttpServletResponse response) throws
    ServletException, IOException {
            doGet(request, response);
        }

    }
```

(4) 在 WebContent 目录下,新建 index.jsp 文件,代码如下。

```
<%@ page language = "java" contentType = "text/html; charset = UTF - 8"
    pageEncoding = "UTF - 8" import = "cn.pju.entity.User" %>
<!DOCTYPE html PUBLIC " - //W3C//DTD HTML 4.01 Transitional//EN" "http://www.w3.org/TR/html4/
loose.dtd">
<html>
<head>
<meta http - equiv = "Content - Type" content = "text/html; charset = UTF - 8">
<title>EL 的基本用法</title>
</head>
<body>
    使用 Java 代码读取 Request 域中的对象<br>
    <% = ((User)request.getAttribute("user")).getuName() %><br>
    <% = ((User)request.getAttribute("user")).getuGender() %><br>
    <% = session.getAttribute("password").toString().trim() %><br>
    <hr>
    使用 EL 表达式读取<br>
    ${requestScope.user.uName}<br>
    ${requestScope.user.uGender}
    ${sessionScope.password}
</body>
</html>
```

以上程序的主要工作是在名为 SimpleELServlet 的 Servlet 中定义了一个 User 类的实例对象 user,并对 user 进行了初始化,写入了姓名和性别两个属性。然后将 user 对象写入 request 域对象,向 session 域中写入名为 password 的一个字符串值,然后转发到 index.jsp 页面。

在客户端视图层的 index.jsp 文件中,使用两种方式分别读取 request 域中的 user 对象和 session 域中的 password 字符串,普通的 Java 代码为:

```
<% = ((User)request.getAttribute("user")).getuName() %>
<% = ((User)request.getAttribute("user")).getuGender() %>
```

而使用 EL 表达式则十分简洁:

```
${requestScope.user.uName}<br>
${requestScope.user.uGender}<br>
${sessionScope.password}
```

其中的 requestScope 和 sessionScope 是可以省略的，如果不指定搜索范围，则依次在 page、request、session、application 范围中查找，所以上述代码还可以简化为

```
${user.uName}<br>
${user.uGender}<br>
${password}
```

显然，使用 EL 编写输出域对象数据代码时，代码量明显减少，条理清晰，工作效率高。

(5) 将项目 0501-SimpleEL 部署到 Tomcat 服务器上，启动服务器，在浏览器地址栏中输入网址 http://localhost:8080/0501-SimpleEL/SimpleELServlet 进行测试，结果如图 5-1 所示。

图 5-1　使用 EL 表达式读取域对象中数据

下面的代码是在 JSP 模板文本中使用 EL 表达式读取客户姓名和性别的例子。

```
<ul>
    <li>客户姓名: ${customer.cName}</li>
    <li>客户性别: ${customer.cGender}</li>
</ul>
```

下面的代码是在 JSP 标准动作的属性中使用 EL 表达式的例子。

```
<jsp:include page="${expression1}" />
<c:out value="${expression2}" />
```

2. EL 中的标识符

在 EL 表达式中，经常需要使用一些符号来标记一些对象的名称，如变量名、自定义函数名等，这些符号称作标识符。EL 表达式中标识符的命名规则如下。

(1) 由数字、字母(大小写均可)和下画线组成。

(2) 数字不能作为开头。

(3) 不能是 EL 中的保留字或隐式对象。

3. EL 中的保留字

保留字，就是编程语言自己使用的一些标识符，具有特定的含义，不能被定义为用户级的标识符。EL 中常见的保留字有 and、div、empty、eq、false、ge、gt、instanceof、le、lt、mod、ne、not、null、or、true 等。

4. EL 的功能

引入 EL 的目的就是要简化页面的表示逻辑，其主要功能如下。

(1) 简化运算。表达式语言提供了一组简单有效的运算符，通过这些运算符可以快速

完成算术、关系、逻辑、条件或空值检验等运算。

(2) 便捷访问作用域变量。在 Web 程序开发中，可以使用 setAttribute()函数将变量写入到 PageContext、HttpServletRequest、HTTPSession 或 ServletContext 作用域中，使用 EL 可以简单快捷地进行读取。

(3) 便捷访问 JavaBeans 对象。在 JSP 页面中要访问一个 JavaBean 对象 user 的 userName 属性，需要使用语句<jsp:getProperty name="user" property="userName">，而使用 EL 表达式，可以简化表示为 ${user.userName}。

(4) 简化访问集合元素。集合主要包括数组 Array、List 对象和 Map 对象等，对这些对象的元素进行访问可以使用 ${var[indexOrKey]}直接完成。

(5) 对请求参数、Cookie 和其他请求数据进行简单访问。例如，要访问 Accept 请求头，可以使用 header 隐含变量来实现，代码如下。

```
${header.Accept}或${header["Accept"]}
```

(6) 调用 Java 外部函数。EL 中不能定义和使用变量，也不能调用对象的方法，但可以通过标签的形式使用 Java 语言定义的函数。

5. EL 与 JSP 表达式的区别

(1) 使用 EL 表达式和 JSP 表达式都可以向表示层页面输出数据，但二者表示形式不同。JSP 表达式的使用格式为<%=expression%>，其中，expression 为合法的 Java 表达式，它属于脚本语言代码；EL 表达式的格式为 ${expression}，这里的 expression 为符合 EL 规范的表达式，并且不需要包含在标签里。

(2) JSP 表达式中可以使用由 Java 脚本声明的变量，在 EL 表达式中却不能使用由脚本语句声明的变量。例如，有以下 JSP 脚本：

```
<%! int x = 18; %>
x的值为：<% = x %>
```

则运行该脚本后的显示结果为 18。如果把以上代码修改为：

```
<%! int x = 18; %>
x的值为： ${x}
```

则运行结果为空值(EL 的 empty 运算符测试结果为 true)。

在 EL 中不能定义变量，也不能使用脚本中声明的变量，但可以通过 EL 访问请求参数、作用域变量、JavaBeans 以及 EL 隐含变量等。

(3) EL 中不允许调用对象的方法，但是 JSP 表达式可以。比如 ${pageContext.request.getMethod()}的用法是错误的，但是可以使用脚本表达式<%=request.getMethod()%>来正常调用。

5.1.2 EL 的运算符

EL 表达式是由标识符和运算符构成的式子，EL 本身定义了一些用来存取、处理或比较的操作运算符。

1. 存取运算符

在 EL 中，对数据的存取通过“.”或“[]”来实现，有时也把二者称作属性运算符和集合元素运算符。其格式为：

```
${objName.property}  或  ${objName["property"]  或  ${objName[property]}
```

说明：

(1)“.”运算符主要用于访问对象的属性。

(2)“[]”运算符主要用来访问数组、列表或其他集合对象的属性。

(3)“.”和“[]”在访问对象属性时可以通用,但也有如下区别。

① 当存取的属性名包含特殊字符(如.或-等非数字和字母符号)时,就必须使用“[]”运算符,如 ${customer["c-name"]}。

② “[]”中可以是变量,“.”后只能是常量,如 ${user[gender]}、${user.gender}、${user["gender"]},其中后两者等价。

2. 算术运算符

算术运算符如表 5-1 所示。

表 5-1 算术运算符

算术运算符	功　能	举　例	结果	备　注
+	加	${3+2}	5	
−	减或负号	${3−2}	1	
*	乘	${1.5e2 * 2}	300	$1.5\times10^{2}\times2$
/(或 div)	除	${10/4}或${10 div 4}	2.5	除法运算的商为小数
%(或 mod)	取余(取模)	${10%4}或${10 mod 4}	2	两个操作数必须是整数

3. 关系运算符

关系运算符(比较运算符)如表 5-2 所示。

表 5-2 关系运算符(比例运算符)

关系运算符	功　能	举　例	结果	备　注
>(或 gt)	大于	${10>4}或${10 gt 4}	true	greater than
>=(或 ge)	大于等于	${10>=4}或${10 ge 4}	true	greater than or equal
<(或 lt)	小于	${10<4}或${10 lt 4}	false	less than
<=(或 le)	小于等于	${10<=4}或${10 le 4}	false	less than or equal
==(或 eq)	等于	${10==4}或${10 eq 4}	false	equal
!=(或 ne)	不等于	${"a"!="xy"}或${"a" ne "xy"}	true	not equal

4. 逻辑运算符

逻辑运算符如表 5-3 所示。

表 5-3 逻辑运算符

逻辑运算符	功　能	举　例	结果	备　注
!(或 not)	逻辑非	${!true}或${not true}	false	
&&(或 and)	逻辑与	${true&&false}或${true and false}	false	注意逻辑与短路
||(或 or)	逻辑或	${true\|\|false}或${true or false}	true	注意逻辑或短路

5. 条件运算符

EL 的条件运算符类似于 C 语言中的问号表达式，其语法是：booleanExp? ex1:ex2。

系统首先计算 booleanExp 表达式的值，如果结果为 true，则将表达式 ex1 的值作为整个条件表达式的值返回；若 booleanExp 表达式的结果为 false，则返回表达式 ex2 的结果。

6. empty 运算符

EL 表达式中的 empty 运算符用于判断某个对象是否为 null 或空字符串，结果为布尔类，其语法格式为：${empty var}。说明如下。

(1) 若 var 变量不存在(即没有定义)，例如表达式 ${empty name}，如果不存在 name 变量则返回 true。

(2) 若 var 变量的值为 null，例如表达式 ${empty customer.name}，如果 customer.name 没有赋值，则其值为 null，就返回 true。

(3) 若 var 变量引用集合(Set、Map 和 List)类型对象，并且在集合对象中不包含任何元素时，则返回值为 true。例如，如果表达式 ${empty list} 中 list 集合中没有任何元素，就返回 true。

empty 运算符的返回值如表 5-4 所示。

表 5-4 empty 运算符的返回值

var 值	${empty var}返回值	var 值	${empty var}返回值
null	true	空 Map	true
""(空 String)	true	空 Collection	true
空 Array	true	其他	false

7. ()运算符

在 EL 表达式中可以通过括号()来调整运算符的先后执行顺序。表 5-5 给出了 EL 表达式中常见运算符的优先级顺序。

表 5-5 运算符的优先级

优先级	运 算 符	优先级	运 算 符
1	[]	6	< > <= >= lt gt le ge
2	()	7	== != eq ne
3	- not ! empty	8	&& and
4	* / div % mod	9	|| or
5	+ -	10	?:

8. EL 中的自动类型转换

EL 提供自动类型转换功能，能够按照一定规则将操作数或结果转换成指定的类型，表 5-6 列举的是自动类型转换的实例。

表 5-6　EL 自动类型转换的实例

EL 表达式	结　　果	说　　明
${true}	"true"	boolean 转 String
${false}	"false"	boolean 转 String
${null}	""	null 转 String(空串)
${null + 0}	0	null 转 Number
${"123.5" + 0}	123.5	String 转 Number
${"1.2E3" + 0.5}	1200.5	String 转 Number

5.1.3　EL 的隐含对象

在学习 JSP 技术时，共提到了 JSP 的 9 大隐含对象(Implicit Object)，而 EL 本身也有自己的隐含对象。EL 隐含对象总共有 11 个，如表 5-7 所示。

表 5-7　EL 中的隐含对象

隐 含 对 象	类　　型	说　　明
pageContext	javax.servlet.ServletContext	对应于 JSP 页面中的 pageContext 对象
pageScope	java.util.Map	取得 page 域中保存属性的 Map 对象
requestScope	java.util.Map	取得 request 域中保存属性的 Map 对象
sessionScope	java.util.Map	取得 session 域中保存属性的 Map 对象
applicationScope	java.util.Map	取得 application 域中保存属性的 Map 对象
param	java.util.Map	表示一个保存了所有请求参数的 Map 对象
paramValues	java.util.Map	表示一个保存了请求参数字符串数组的 Map 对象
header	java.util.Map	表示一个保存了所有 HTTP 请求头字段的 Map 对象
headerValues	java.util.Map	包含请求头字符串数组的 Map 对象
cookie	java.util.Map	取得使用者的 cookie 值，cookie 的类型为 Map
initParam	java.util.Map	一个保存了所有 Web 应用初始化参数的 Map 对象

(1) ${pageContext}获取到 pageContext 对象，它不是在四个域里面去找，而是先在自己定义的对象中找，如果找到了就取出来。

(2) ${pageScope}得到的是 page 域(pageContext)中保存数据的 Map 集合。也就是指定在 page 域中查找。

(3) ${requestScope}、${sessionScope}、${applicationScope} 和上面的 pageScope 一样，都是在特定的域中检索数据。

(4) ${param} 获取存在 request 中请求参数的 Map，常用在数据回显上。

(5) ${paramValues}获取存在 request 中请求参数名相同的值的 String[]数组。

(6) ${header}获取 HTTP 请求头的 Map 对象。

(7) ${headValues}获取 HTTP 请求头值中的 Map 对象。

(8) ${cookie}获取所有 cookie 的 Map 对象。

(9) ${initParam}获取保存所有 Web 应用初始化参数的 Map 对象。

下面对这 11 种对象做详细讲解。

1. pageContext 对象

pageContext 是一个特殊的对象，可以获取整个页面的上下文环境，通过 pageContext 可以获取其他 10 个隐式对象。尤其是使用EL 表达式中的 pageContext 对象可以轻松地获取到 request、response、session、out、servletContext 和 servletConfig 对象中的属性。需要注意的是，不要将 EL 表达式中的隐式对象与 JSP 中的隐式对象混淆。只有 pageContext 对象是二者所共有的，其他隐式对象则毫不相关。pageContext 对象常用表达式如表 5-8 所示。

表 5-8　pageContext 对象常用表达式

表 达 式	说　明
${pageContext.request.queryString}	取得请求的参数字符串
${pageContext.request.requestURL}	取得请求的 URL，但不包括请求的参数字符串
${pageContext.request.contextPath}	服务的 Web Application 的名称
${pageContext.request.method}	取得 HTTP 的方法(GET、POST)
${pageContext.request.protocol}	取得使用的协议(HTTP/1.1、HTTP/1.0)
${pageContext.request.remoteUser}	取得用户名称
${pageContext.request.remoteAddr}	取得用户的 IP 地址
${pageContext.session.new}	判断 session 是否为新的，即刚由 Server 产生而 Client 尚未使用
${pageContext.session.id}	取得 session 的 ID
${pageContext.servletContext.serverInfo}	取得主机端的服务信息
${pageContext.response.contentType}	获取 content-type 响应头
${pageContext.servletConfig.servletName}	获取 Servlet 的注册名你

上述 EL 是通过成员访问运算符访问对象的属性。在 EL 表达式中不允许调用对象的方法，所以下面的使用是错误的。

```
${pageContext.request.getMethod()}
```

但是，在 Java 代码中却可以正常使用函数，如下面的语句。

```
<% = request.getMethod() %>
```

2. Web 域相关对象

pageScope、requestScope、sessionScope 和 applicationScope 是用于获取指定域中数据的隐式对象。EL 中的 4 大域对象与 JSP 中域对象的对应关系如表 5-9 所示。

表 5-9　EL 域对象与 JSP 域对象的对应关系

EL 隐含对象	JSP 对应域对象	说　明
pageScope	pageContext	页面作用域对象，只在当前页面内有效
requestScope	request	在用户的请求和转发的请求内有效
sessionScope	session	在一个用户的会话范围内有效
applicationScope	application	在整个 Web 应用程序内都有效

在 Web 开发中，PageContext、HttpServletRequest、HttpSession 和 ServletContext 这 4 个对象之所以可以存储数据，是因为它们内部都定义了一个 Map 集合，人们习惯把这些

Map集合称为域，这些Map集合所在的对象称为域对象。这些Map集合是有一定作用范围的。例如，HttpServletRequest对象存储的数据只在当前请求中才可以获取到。在EL表达式中，为了获取指定域中的数据，系统提供了pageScope、requestScope、sessionScope和applicationScope 4个隐含对象。需要注意的是，EL表达式只能在这4个作用域中获取数据。

```
${pageScope.userAddress}
${requestScope.userAddress}
${sessionScope.userAddress}
${applicationScope.userAddress}
```

为了更好地理解EL读取域对象中的数据，下面通过两个例子来加深理解。

【例5-2】 使用EL表达式读取4种域对象中的数据(通过JSP写入)。

(1) 在Eclipse中新建一个名为0502-FieldsData的项目。

(2) 在WebContent目录下新建两个JSP文件。

① inData.jsp代码如下。

```
<%@ page language = "java" contentType = "text/html; charset = UTF-8"
    pageEncoding = "UTF-8" %>
<!DOCTYPE html PUBLIC "-//W3C//DTD HTML 4.01 Transitional//EN" "http://www.w3.org/TR/html4/
loose.dtd">
<html>
<head>
<meta http-equiv = "Content-Type" content = "text/html; charset = UTF-8">
<title>向域对象写入数据</title>
</head>
<body>
  <%
    pageContext.setAttribute("pageData", "OOP");
    request.setAttribute("requestData", "Java Web");
    session.setAttribute("sessionData", "Java EE");
    application.setAttribute("appData", "SSM");
    request.getRequestDispatcher("outData.jsp").forward(request, response);
  %>
</body>
</html>
```

② outData.jsp代码如下。

```
<%@ page language = "java" contentType = "text/html; charset = UTF-8"
    pageEncoding = "UTF-8" %>
<!DOCTYPE html PUBLIC "-//W3C//DTD HTML 4.01 Transitional//EN" "http://www.w3.org/TR/html4/
loose.dtd">
<html>
<head>
<meta http-equiv = "Content-Type" content = "text/html; charset = UTF-8">
<title>读取域对象中的数据</title>
</head>
<body>
```

```
    ${pageScope.pageData}<br>
    ${requestScope.requestData}<br>
    ${sessionScope.sessionData}<br>
    ${applicationScope.appData}
</body>
</html>
```

在 Tomcat 服务器中部署项目，运行 inData.jsp，测试结果如图 5-2 所示。

图 5-2　读取域对象数据结果

由图 5-2 所示结果可知，requestScope、sessionScope 和 applicationScope 域对象中的数据都能正常读取，但 pageScope 中的数据无法显示。分析 inData.jsp 页面的代码发现，内含一个页面跳转语句 request.getRequestDispatcher("outData.jsp").forward(request,response)，很显然，在访问 inData.jsp 时，系统先向 4 个域对象写入数据，然后再跳转到一个新的页面 outData.jsp。pageScope 对应的范围是单个页面，由于写入数据是在 inData.jsp 页面完成的，而跳转到 outData.jsp 页面后，由于页面发生了变化，原先写入 pageScope 中的数据 pageData 也会随之消失，所以跳转到 outData.jsp 之后无法正常显示。可以修改 outData.jsp 的代码，重新写入 pageScope 范围内的数据后再进行读取，代码如下。

③ 修改后的 outData.jsp 代码如下。

```
<%@ page language="java" contentType="text/html; charset=UTF-8"
    pageEncoding="UTF-8"%>
<!DOCTYPE html PUBLIC "-//W3C//DTD HTML 4.01 Transitional//EN" "http://www.w3.org/TR/html4/loose.dtd">
<html>
<head>
<meta http-equiv="Content-Type" content="text/html; charset=UTF-8">
<title>读取域对象中的数据</title>
</head>
<body>
  <%
      pageContext.setAttribute("pageData", "面向对象程序设计");
  %>
  ${pageScope.pageData }<br>
  ${requestScope.requestData}<br>
  ${sessionScope.sessionData}<br>
  ${applicationScope.appData}
</body>
</html>
```

代码修改后，重新运行 inData.jsp，显示结果如图 5-3 所示。需要说明的是，使用 EL 表达式获取某个域对象中的属性时，也可以不使用这些隐式对象来指定查找域，而是直接引用域中的属性名称即可，系统会依次在 page、request、session、application 4 个域范围内搜索对应的属性变量。例如，表达式 ${userAddress}就是按顺序依次在 page、request、session、application 这 4 个作用域内查找名为 userAddress 的属性变量，获取其值。采用此种方式访问域对象中的数据时，应避免在不同域范围内放入同名变量。

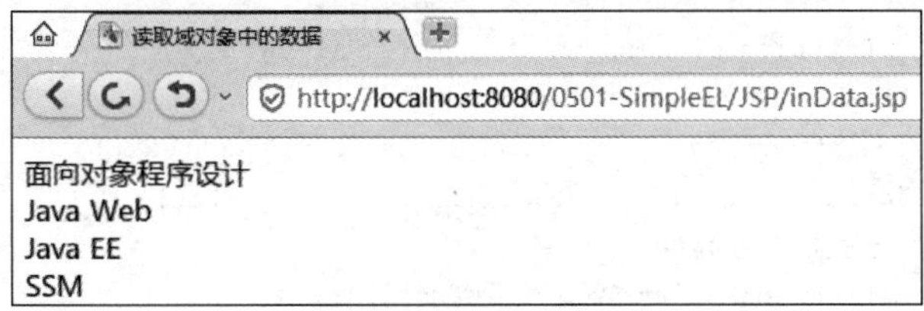

图 5-3　修改后的显示结果

除了使用 JSP 向域中写入数据，还可以在 Servlet 中调用 setAttribute()函数将变量的值存储到某个作用域对象（HttpServletRequest、HttpSession 或 ServletContext）上，然后使用 RequestDispatcher 对象的 forward()将请求转发到 JSP 页面，在 JSP 页面中调用隐含变量的 getAttribute()函数或 EL 语句返回作用域变量的值。

【例 5-3】 使用 EL 表达式读取 4 种域对象中的数据（通过 Servlet 写入）。

（1）在 Eclipse 中新建一个名为 0503-FieldsDataServlet 的项目。

（2）新建 cn.pju.servlet 包并在包内新建一个名为 VarIOServlet 的 Servlet 类。

（3）在 WebContent 目录下新建 vars.jsp 文件。

① VarIOServlet.java 源程序。

```
package cn.pju.servlet;

import java.io.IOException;
import java.util.Date;

import javax.servlet.RequestDispatcher;
import javax.servlet.ServletContext;
import javax.servlet.ServletException;
import javax.servlet.annotation.WebServlet;
import javax.servlet.http.HttpServlet;
import javax.servlet.http.HttpServletRequest;
import javax.servlet.http.HttpServletResponse;
import javax.servlet.http.HttpSession;

@WebServlet("/VarIOServlet")
public class VarIOServlet extends HttpServlet {
    private static final long serialVersionUID = 1L;

    public VarIOServlet() {
        super();
    }

    protected void doGet(HttpServletRequest request, HttpServletResponse response) throws
ServletException, IOException {
```

```
            response.setCharacterEncoding("UTF-8");
            //向域中写入数据
            //向 request 域写入字符串数据
            request.setAttribute("requestVar", "请求域数据");
            //向 session 域写入整型数据
            HttpSession session = request.getSession();
            session.setAttribute("sessionVar", new Integer(88));
            //向 application 域写入日期型数据
            ServletContext application = request.getServletContext();
            application.setAttribute("applicationVar", new Date());
            //向 3 个域写入同名数据
            request.setAttribute("varTest", "请求作用域");
            session.setAttribute("varTest", "会话作用域");
            application.setAttribute("varTest", "应用作用域");
            //请求转发到 JSP 页面,在 JSP 页面通过 EL 读取写入的域对象数据
            RequestDispatcher rd = request.getRequestDispatcher("/vars.jsp");
            rd.forward(request, response);
    }

    protected void doPost(HttpServletRequest request, HttpServletResponse response) throws
ServletException, IOException {
            doGet(request, response);
    }

}
```

② vars.jsp 源代码。

```
<%@ page language="java" contentType="text/html; charset=UTF-8"
    pageEncoding="UTF-8"%>
<!DOCTYPE html PUBLIC "-//W3C//DTD HTML 4.01 Transitional//EN" "http://www.w3.org/TR/html4/
loose.dtd">
<html>
<head>
<meta http-equiv="Content-Type" content="text/html; charset=UTF-8">
<title>访问域对象数据</title>
</head>
<body>
    <h2>通过 EL 访问域中数据</h2>
    request 请求域中数据: ${requestScope.requestVar}<br>
    session 会话域中数据: ${sessionScope.sessionVar}<br>
    application 域中数据: ${applicationScope.applicationVar}<br>
    访问域中同名变量: ${varTest}
</body>
</html>
```

在 Eclipse 中右击选中 VarIOServlet.java 文件,选择 Run as→Run on Server 弹出式菜单,调试运行该 Servlet,得到如图 5-4 所示的运行结果。

3. param 和 paramValues 对象

param 和 parmValues 是用于获取请求参数的隐式对象。

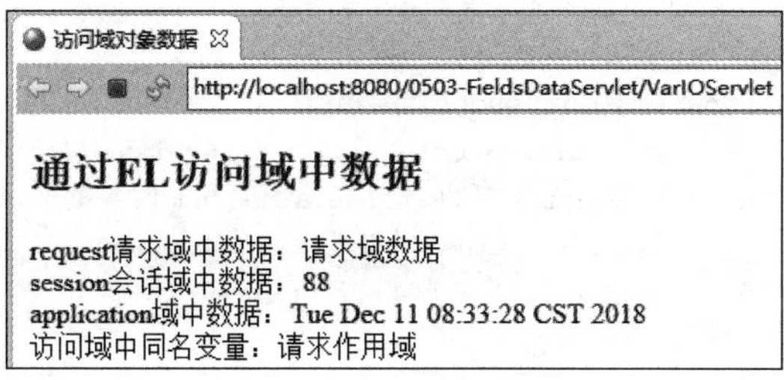

图 5-4　访问域对象数据

在 JSP 页面中，经常需要获取客户端传递的请求参数，例如，在超链接< a href="test.jsp? m=5&n=8">测试</a >中使用 GET 方式传递的参数 m 和 n。EL 表达式提供了 param 和 paraValues 两个隐式对象，专门用于从 ServletRequest 对象中获取客户端访问 JSP 页面时传递的请求参数。

param 对象用于获取请求参数的某个值，它是 Map 类型，与 JSP 中 request. getParameter (String name)方法相同，在使用 EL 获取参数时，如果参数不存在，则返回空字符串，而不是 null。param 对象的语法格式为：

```
${param.var}
```

param 适用于仅获取一个参数值的情况，如果一个请求参数有多个值，可以使用 paramValues 对象来进行获取，该对象获取到的值列表会存储到一个数组中(数组下标默认从 0 开始)，然后再通过迭代方法获取数组中的每一个值。例如，要获取某个请求参数对应数组中的第一个值，可以使用如下 3 种代码中的任意一个。

```
${paramValues.name[0]}
${paramValues.name["0"]}
${paramValues.name['0']}
```

下面通过一个例子来理解一下 param 和 paramValues 对象。

【例 5-4】 param 和 paramValues 对象的使用。

(1) 在 Eclipse 中新建一个名为 0504-ParamsTest 的项目。

(2) 在 WebContent 目录下新建名为 params.jsp 的 JSP 文件。

```
<%@ page language="java" contentType="text/html; charset=UTF-8"
    pageEncoding="UTF-8"%>
<!DOCTYPE html PUBLIC "-//W3C//DTD HTML 4.01 Transitional//EN" "http://www.w3.org/TR/html4/loose.dtd">
<html>
<head>
<meta http-equiv="Content-Type" content="text/html; charset=UTF-8">
<title>param、paramValues 测试</title>
</head>
<body>
    <center>
        <form action="${pageContext.request.contextPath}/params.jsp" method="post">
            加数 1: <input type="text" name="num" value="${paramValues.num[0]}"><br>
            加数 2: <input type="text" name="num" value="${paramValues.num[1]}"><br>
```

```
            加数 3: < input type = "text" name = "addnum" value = " ${param.addnum }">< br >
            num[0]: ${paramValues.num[0] }< br >
            num[1]: ${paramValues.num[1] }< br >
            addnum: ${param.addnum }< br >
            sum: ${paramValues.num[0] + paramValues.num[1] + param.addnum}< br >
            < input type = "submit" value = "提交" />   
            < input type = "reset" value = "重置" />
        </form >
    </center >
</body >
</html >
```

在 Tomcat 服务器上部署 Web 项目后直接运行测试 params.jsp，输入三个加数值单击“提交”按钮，在下方会显示通过 param 和 paramValues 对象读取的数据，结果如图 5-5 所示。

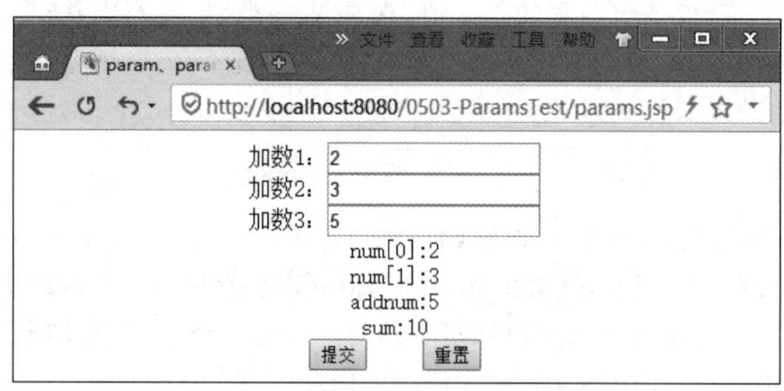

图 5-5　param、paramValues 对象测试

分析网页代码，加数 1 和加数 2 对应的文本输入框 name 属性相同，都是 num，所以通过 EL 进行获取的时候使用的是 paramValues 对象，分别使用下标 0、1 对应读取；加数 3 对应的文本框 name 值为 addnum，在网页中的属性值唯一，可以直接使用 param 对象进行读取。

需要注意的是，如果使用 ${param.num}去读取数据，由于加数 1 和加数 2 对应的文本框 name 都是 num，返回的只有第一个值，读者可自行测试。

4. cookie 对象

cookie 是用于获取 Cookie 信息的隐含对象。

在 Web 项目开发中，经常需要获取客户端浏览器的 Cookie 信息。在 EL 表达式中，提供了 Cookie 隐含对象，该对象是一个代表所有 Cookie 信息的 Map(name-value 值对)集合，Map 集合中元素的键为各个 Cookie 的名称 name，值则为对应的 Cookie 对象 value，具体示例如下。

【例 5-5】 使用 EL 表达式读取 cookie 中的数据。

(1) 在 Eclipse 中新建一个名为 0505-CookieDataServlet 的项目。

(2) 新建 cn.pju.servlet 包并在包内新建一个名为 CookieVarServlet 的 Servlet 类。

(3) 在 WebContent 目录下新建 CookieVars.jsp 文件。

① CookieVarServlet.java 源代码。

```
package cn.pju.servlet;

import java.io.IOException;
import javax.servlet.ServletException;
import javax.servlet.annotation.WebServlet;
import javax.servlet.http.Cookie;
import javax.servlet.http.HttpServlet;
import javax.servlet.http.HttpServletRequest;
import javax.servlet.http.HttpServletResponse;

@WebServlet("/CookieVarServlet")
public class CookieVarServlet extends HttpServlet {
    private static final long serialVersionUID = 1L;

    public CookieVarServlet() {
        super();
    }

    protected void doGet(HttpServletRequest request, HttpServletResponse response) throws
ServletException, IOException {
        response.setContentType("text/html;charset=utf-8");
        //在 Servlet 中向客户端发送一个 Cookie,该 cookie 的 name 是"userType",value 是"admin"
        Cookie cookie = new Cookie("userType", "admin");
        response.addCookie(cookie);
        request.getRequestDispatcher("/CookieVars.jsp").forward(request, response);
    }

    protected void doPost(HttpServletRequest request, HttpServletResponse response) throws
ServletException, IOException {
        doGet(request, response);
    }

}
```

② CookieVars.jsp 源代码。

```
<%@ page language="java" contentType="text/html; charset=UTF-8"
    pageEncoding="UTF-8"%>
<!DOCTYPE html PUBLIC "-//W3C//DTD HTML 4.01 Transitional//EN" "http://www.w3.org/TR/html4/
loose.dtd">
<html>
<head>
<meta http-equiv="Content-Type" content="text/html; charset=UTF-8">
<title>读取 Cookie 中的数据</title>
</head>
<body>
    <h2>使用 Java 代码读取</h2>
    <%
        Cookie[] cookies = request.getCookies();
```

```
            for(int i = 0; i < cookies.length; i++){
                out.println(cookies[i].getName() + " === ");
                out.println(cookies[i].getValue() + "<br>");
            }
        %>
        <hr>
        <h2>使用 EL 读取</h2>
        ${cookie.userType.name } === ${cookie.userType.value }<br>
        ${cookie["userType"].name } === ${cookie["userType"].value }
</body>
</html>
```

输入网址 http://localhost：8080/0503-FieldsDataServlet/CookieVarServlet 运行 CookieVarServlet，首次运行可能会出现 java.lang.NullPointerException 空指针异常，这是因为 cookie 的写入略有延迟，只需重新刷新浏览器，即可得到预期结果，如图 5-6 所示。

图 5-6　读取 cookie 数据

EL 中代码 ${cookie.userType.name} 表示输出 cookie 中名字为 userType 变量的 name 属性值，其实还是 userType；${cookie.userType.value} 则是输出名为 userType 的变量的值，此处为 admin。使用 cookie 变量还可以访问当前会话 cookie 的 ID 值，例如：

```
${cookie.JSESSIONID.value}
```

5. header 和 headerValues 对象

header 和 headerValues 是用于获取 HTTP 请求消息头的隐式对象。当客户端浏览器发送一个请求时，header 和 headerValues 变量从 HTTP 请求头中检索值，它们的运行机制与 param 和 paramValues 类似。可以使用 ${header.name} 或 ${header["name"]} 从 header 对象中读取名字为 name 的变量值；使用 ${headerValues.name[0]}、${headerValues.name["0"]} 或 ${headerValues.name['0']} 来访问 header 中名为 name 的数组首元素。例如，下列代码返回请求头的 host 值。

```
${header.host}或${header["host"]}
${headerValues.host[0]}、${headerValues.host["0"]}或${headerValues.host['0']}
```

6. initParam 对象

initParam 是用于获取 Web 应用初始化信息的隐式对象，这些参数称作 Web 工程初始参数。这些初始化参数存储在整个项目 WebContent\WEB-INF 目录下的 web. xml 配置文件中，在 JSP 中是通过 ServletContext 对象的 getInitParameter(String name)函数获取参数值，EL 则是通过 ${initParam. name}表达式获取。

【例 5-6】 使用 EL 表达式获取 Web 项目初始化参数。

(1) 在 Eclipse 中新建一个名为 0506-initParamTest 的项目，注意创建相应的 web. xml 配置文件。

(2) 编辑 web. xml 配置文件，加入测试参数。

(3) 新建 initParamTest. jsp 页面，使用 JSP 代码和 EL 表达式两种方式获取初始化参数的值。

① web. xml 文件内容。

```
<?xml version = "1.0" encoding = "UTF - 8"?>
< web - app xmlns:xsi = "http://www.w3.org/2001/XMLSchema - instance"
    xmlns = "http://xmlns.jcp.org/xml/ns/javaee"
    xsi:schemaLocation = "http://xmlns.jcp.org/xml/ns/javaee
http://xmlns.jcp.org/xml/ns/javaee/web - app_3_1.xsd"
    version = "3.1">
    < display - name > 0503 - FieldsDataServlet </display - name >
    < welcome - file - list >
        < welcome - file > index.html </welcome - file >
        < welcome - file > index.htm </welcome - file >
        < welcome - file > index.jsp </welcome - file >
        < welcome - file > default.html </welcome - file >
        < welcome - file > default.htm </welcome - file >
        < welcome - file > default.jsp </welcome - file >
    </welcome - file - list >

    < context - param >
        < param - name > SysCnName </param - name >
        < param - value >南京工业大学资产管理系统</param - value >
    </context - param >
    < context - param >
        < param - name > SysVer </param - name >
        < param - value > 1.2.8 </param - value >
    </context - param >

</web - app >
```

在配置文件中，加入了 SysCnName 和 SysVer 两个初始化参数，值分别为“南京工业大学资产管理系统”和“1. 2. 8”。

② initParms. jsp 页面源代码。

```
< % @ page language = "java" contentType = "text/html; charset = UTF - 8"
    pageEncoding = "UTF - 8" % >
<! DOCTYPE html PUBLIC " - //W3C//DTD HTML 4.01 Transitional//EN" "http://www.w3.org/TR/html4/
loose.dtd">
< html >
< head >
```

```
<meta http-equiv="Content-Type" content="text/html; charset=UTF-8">
<title>测试 Web 项目初始化参数</title>
</head>
<body>
  <h2>使用 JSP 代码获取</h2>
  <%
      out.println(request.getServletContext().getInitParameter("SysCnName"));
      out.println("<br>");
      out.println(request.getServletContext().getInitParameter("SysVer"));
  %>
  <hr>
  <h2>使用 EL 表达式获取</h2>
  ${initParam.SysCnName}<br>
  ${initParam.SysVer}<br>

</body>
</html>
```

测试结果如图 5-7 所示。

图 5-7　获取 initParam 初始化参数值

5.1.4　EL 的数据访问

使用 EL 除了可以方便地访问隐式对象中的数据之外，还可以轻松读取作用域变量、JavaBeans 的属性以及集合的元素值。其中部分内容在 5.1.3 节已经涉及，此处进行总结和梳理。

1. 访问作用域变量

Web 程序中的作用域按范围由小到大的顺序依次为 page 页面、request 请求、session 会话和 application 应用。访问这些作用域中变量数据的一般做法是：在 Servlet 或 JSP 中使用 Java 代码调用特定域对象的 setAttribute("var",varValue)函数写入数据到对应的作用域；然后使用 RequestDispatcher 对象的 forward()函数将请求转发到另一个 JSP 页面；在转发到的 JSP 页面中使用脚本表达式调用域对象的 getAtrribute("var")函数或 EL 表达式的 ${var}读取变量值，如表 5-10 所示。

表 5-10　访问作用域变量

作用域	写　　入	JSP 读取	EL 读取
page 页面	PageContext. setAttribute("var", varValue)	<%=var%>	${var}
request 请求	HttpServletRequest. setAttribute("var", varValue)		
session 会话	HttpSession. setAttribute("var", varValue)		
application 应用	ServletContext. setAttribute("var", varValue)		

使用表 5-10 中的 ${var}表达式读取域范围的变量值时,Web 容器会依次在页面作用域、请求作用域、会话作用域和应用作用域查找名为 var 的属性。如果找到该属性,则调用其 toString()方法返回对应的属性值,如果找不到则返回空字符串而不是 null,所以使用 EL 表达式读取作用域中的属性值,其返回值必定为字符串型。

在上述 4 个作用域写入变量时,应避免变量同名,否则 EL 读取时先搜索到哪一个变量,就返回相应的值。若确有需要在不同作用域中写入同名变量,那么在读取时则应添加对应的作用域修饰语 ${pageScope. var}、${requestScope. var}、${sessionScope. var}或 ${applicationScope. var}加以区分。

2. 访问 JavaBean 属性

在实际的应用开发中,通常把项目的业务逻辑放在 Servlet 中进行处理,由 Servlet 实例化 JavaBean 对象,再通过指定的 JSP 程序显示 JavaBean 中的内容。

【例 5-7】 使用 EL 表达式访问 JavaBean。

(1) 新建 Java Web 项目 0507-JavaBeanDemo。

(2) 新建两个 JavaBean 类 Address 和 Teacher。

(3) 新建 teacherDemo. jsp 用来显示 JavaBean 的对象内容。

(4) 新建 Servlet 类 TeacherServlet,在 doGet()方法中初始化 Teacher 类对象,并转发到 teacherDemo. jsp 页面。

详细的代码文件如下。

① Address. java 源码。

```
package cn.pju.beans;

public class Address {
  private String city;
  private String zipCode;

  public Address() {
      super();
  }
  public Address(String city, String zipCode) {
      super();
      this.city = city;
      this.zipCode = zipCode;
  }

  public String getCity() {
      return city;
```

```
    }
    public void setCity(String city) {
        this.city = city;
    }
    public String getZipCode() {
        return zipCode;
    }
    public void setZipCode(String zipCode) {
        this.zipCode = zipCode;
    }
}
```

② Teacher.java 源码。

```
package cn.pju.beans;

public class Teacher {
    private String tName;
    private Address address;

    public Teacher() {
        super();
    }
    public Teacher(String tName, Address address) {
        super();
        this.tName = tName;
        this.address = address;
    }

    public String gettName() {
        return tName;
    }
    public void settName(String tName) {
        this.tName = tName;
    }
    public Address getAddress() {
        return address;
    }
    public void setAddress(Address address) {
        this.address = address;
    }
}
```

③ TeacherServlet.java 源码。

```
package cn.pju.servlets;

import java.io.IOException;
import javax.servlet.ServletException;
import javax.servlet.annotation.WebServlet;
import javax.servlet.http.HttpServlet;
import javax.servlet.http.HttpServletRequest;
```

```java
import javax.servlet.http.HttpServletResponse;

import cn.pju.beans.Address;
import cn.pju.beans.Teacher;

@WebServlet("/TeacherServlet")
public class TeacherServlet extends HttpServlet {
  private static final long serialVersionUID = 1L;

    public TeacherServlet() {
        super();
    }

  protected void doGet(HttpServletRequest request, HttpServletResponse response) throws
ServletException, IOException {
      response.setCharacterEncoding("UTF-8");
      Address address = new Address("南京市", "210088");
      Teacher lina = new Teacher("李娜", address);
      request.setAttribute("teacher", lina);
      request.getRequestDispatcher("/teacherDemo.jsp").forward(request, response);
  }

  protected void doPost(HttpServletRequest request, HttpServletResponse response) throws
ServletException, IOException {
      doGet(request, response);
  }

}
```

④ teacherDemo.jsp 页面文件源码。

```jsp
<%@page import="cn.pju.beans.Teacher" %>
<%@ page language="java" contentType="text/html; charset=UTF-8"
    pageEncoding="UTF-8" %>
<!DOCTYPE html PUBLIC "-//W3C//DTD HTML 4.01 Transitional//EN" "http://www.w3.org/TR/html4/
loose.dtd">
<html>
<head>
<meta http-equiv="Content-Type" content="text/html; charset=UTF-8">
<title>EL 访问 JavaBean</title>
</head>
<body>
  <h2>使用 Java 代码</h2>
  <%  Teacher ln = (Teacher)request.getAttribute("teacher");  %>
  <%=ln %><br>
  <%=ln.gettName() %><br>
  <%=ln.getAddress().getCity() %><br>
  <%=ln.getAddress().getZipCode() %>
  <% ln.settName("林娜"); %><br>
  <%=ln.gettName() %><br>
```

```
    <h2>使用 JSP 标准动作</h2>
    <jsp:useBean id = "teacher" class = "cn.pju.beans.Teacher" scope = "request"></jsp:useBean>
    <jsp:getProperty property = "tName" name = "teacher"/><br>
    <% = teacher.gettName() %><br>
    <% = teacher.getAddress().getCity() %><br>
    <% = teacher.getAddress().getZipCode() %><br>
    <jsp:setProperty property = "tName" name = "teacher" value = "琳娜"/>

    <h2>使用 EL</h2>
    ${teacher }<br>
    ${teacher.tName }<br>
    ${teacher.address }<br>
    ${teacher.address.city }<br>
    ${teacher.address.zipCode }<br>

</body>
</html>
```

3. 访问集合元素

EL 可以访问 Array 数组、List 序列、Vector 向量和 Map 对象等集合元素中的数据，存储在集合中的元素可以是普通类型变量，也可以是对象型数据。EL 访问集合元素时需要使用集合元素访问运算符“[]”，其语法格式为：${collection [index]}。

(1) 获取数组中的元素。

```
<%
    String[] arr =  {"Java","Python","R"};
    pageContext.setAttribute("arr", arr);
%>
```

获取数组中的元素可以有以下 3 种写法。

```
${arr[0]}
${arr["1"]}
${arr['2']}
```

(2) 输出 List 中指定索引位置的元素。

```
<%
    List list = new ArrayList<String>();
    list.add("红楼梦");
    list.add("西游记");
    list.add("水浒传");
    list.add("三国演义");
    request.setAttribute("list", list);
%>
${list[0] }<br>
${list["1"] }<br>
${list['2'] }<br>
${list[3] }<br>
```

(3) 输出 Map 中指定键对应的值。

由于 Map 是典型的键值对(key-value)序列,读取对应数据时需要指定要访问的 key 值,而不是对应的索引值 index,所以有 ${collection.key}和 ${collection["key"]}两种写法。

```
<%
  Map stu = new HashMap();
  stu.put("sno","00002");
  stu.put("sname","郑炫君");
  session.setAttribute("stu",stu);
%>
${stu.sno}<br>
${stu["sname"]}<br>
```

(4) 读取 Vector 向量中的元素。

集合元素中不仅可以存放普通型变量,也可以存放对象型数据,为此我们定义一个学生类 Student,代码如下。

```
package cn.pju.pojo;

public class Student {
  private String sno;
  private String sname;

  public Student() {
      super();
  }
  public Student(String sno, String sname) {
      super();
      this.sno = sno;
      this.sname = sname;
  }

  public String getSno() {
      return sno;
  }
  public void setSno(String sno) {
      this.sno = sno;
  }
  public String getSname() {
      return sname;
  }
  public void setSname(String sname) {
      this.sname = sname;
  }
}
```

下面是在 JSP 中读取向量中数据的代码。

```
<%
  Vector<Student> vtr = new Vector<Student>();
  Student ll = new Student("001", "李雷");
  Student ksh = new Student("002", "柯世怀");
  vtr.addElement(ll);
  vtr.addElement(ksh);
  application.setAttribute("vtr",vtr);
%>
${vtr[0].sno}<br>
${vtr[0].sname}<br>
${vtr["1"].sno}<br>
${vtr['1'].sname}<br>
```

4. 访问EL的隐含对象

EL 访问对应 11 个隐含对象中属性的知识在 5.1.3 节中已经做了详细讲解，此处不再重复。

视频讲解

5.2 JSTL 标准标签库

JSTL 的全称是 Java Server Pages Standard Tag Library(JSP 标准标签库)，是一个不断完善的开放源代码的 JSP 标准标签库，由 Apache 的 Jakarta 小组负责维护，主要是给 Java Web 开发人员提供一个标准的通用标签库。JSTL 可以应用于各种领域，如基本输入输出、流程控制、循环、XML 文件解析、数据库查询及国际化和文字格式标准化等应用。JSTL 的引入可以取代传统 JSP 程序中嵌入 Java 代码的做法，大大提高了程序的可维护性。

1. JSTL的逻辑组成

JSTL 包含四个标签库和一组 EL 函数。为方便用户使用，JSP 规范中描述了 JSTL 的各个标签库的 URI 地址和建议使用的前缀名，如表 5-11 所示。本章中在使用 JSTL 标签时，使用的都是这些建议的前缀。要在 JSP 页面中使用 JSTL，必须添加 taglib 指令，其作用是引入需要使用的标签库，并在该 JSP 文件中进行声明(与变量的声明和引用类似，只有声明后的标签库才可以使用)，同时指定标签的前缀(类似于别名，可以简化编程脚本)。表 5-11 中的 URI(Universal Resource Identifier，统一资源标识符)表示标签的网络资源位置，前缀由 prefix 关键字引出，表中给出的均为默认前缀，类似于简写别名，用户可以自主修改。

表 5-11 JSTL 标签函数库

标签库	前缀	JRL	库 功 能	示 例
core 核心标签库	c	http://java.sun.com/jsp/jstl/core	操作范围变量、流程控制、URL 操作	<c:out>
I18N 国际化标签库	fmt	http://java.sun.com/jsp/jstl/fmt	操作通过 XML 表示的数据	<fmt:formatDate>
SQL 标签库	sql	http://java.sun.com/jsp/jstl/sql	数字及日期数据格式化、页面国际化	<sql:query>
XML 标签库	x	http://java.sun.com/jsp/jstl/xml	操作关系数据库	<x:forEach>
函数标签库	fn	http://java.sun.com/jsp/jstl/functions	字符串处理	<fn:split>

以声明 core 核心标签库为例，其基本语法如下。

```
<%@ taglib prefix = "c" uri = http://java.sun.com/jsp/jstl/core %>
```

上述代码表示在当前 JSP 页面中引入 JSTL 的核心标签库，并且以“c”作为访问用前缀别名。需要说明的是，在 JSP 页面中引入 taglib 指令，一般位于 page 指令之后。

2. JSTL 的物理组成

完整的 JSTL 应包含 Sun 公司提供的 jstl.jar 包和 Web 容器生产商提供的 JSTL 实现包，以 Apache Jakarta 小组提供的 JSTL 实现包为例，完整的 JSTL 包含 jstl.jar、standard.jar 和 xalan.jar 三个 jar 包。Sun 公司提供的 jstl.jar 包封装了 JSTL 所要求的一些 API 和类，Apache Jakarta 小组编写的 JSTL API 实现类封装在 standard.jar 包中。standard.jar 包中包括核心标签库、国际化/格式化标签库、数据库标签库中的标签和标准的 EL 自定义函数的实现类，xalan.jar 包中包括 JSTL 解析 XPath 的相关 API 类。

3. JSTL 的使用

在 Eclipse 下创建 JSP 页面，使用 JSTL 标签的详细步骤如下。

(1) 上网下载 JSTL 的 jar 包，需要同时下载 jstl.jar 和 standard.jar，具体下载地址如下。

jstl-1.2 版本下载地址为：http://central.maven.org/maven2/jstl/jstl/1.2/jstl-1.2.jar。

standard-1.1.2 版本下载地址为：http://central.maven.org/maven2/taglibs/standard/1.1.2/standard-1.1.2.jar。

以上资源笔者都是下载于 Maven 仓库官方网址 https://mvnrepository.com/tags/maven，读者可进入该网址免费搜索下载所需版本的相关 jar 包，也可以进入 Apache 官网搜索下载。

(2) 在 Eclipse 中新建一个 Dynamic Web Project，将下载好的 jstl-1.2.jar 和 standard-1.1.2.jar 两个文件复制到项目中 WebContent/WEB-INF/lib 目录下。

(3) 新建 JSP 页面，在页面的 page 指令后添加 taglib 指令，引入 JSTL 库，prefix 和 uri 的属性值参见表 5-11。例如，引入核心标签库的 taglib 指令为：

```
<%@ taglib uri = "http://java.sun.com/jsp/jstl/core" prefix = "c" %>
```

(4) 在 JSP 页面中直接使用标签，例如：

```
<c:out value = "${5 + 3}"></c:out>
```

扩展阅读

小　结

表达式语言(EL)是JSP 2.0之后增加的新特征,其目标是使动态网页的设计、开发和维护更加简单容易。EL只是一种数据访问语言,通过它可以很方便地在JSP页面中访问应用程序数据,无须使用小脚本和请求时表达式,程序员甚至可以不用学习Java语言就可以使用表达式语言。

表达式语言最重要的目的是创建无脚本的JSP页面,为了实现这个目的,EL定义了自己的运算符和语法等,它完全能够取代传统JSP中的声明、表达式和小脚本。

习　题

1. 简述表达式语言的主要功能。
2. 属性与集合访问运算符中的点(.)运算符和方括号([])运算符有什么区别?
3. 在EL中,都可以访问哪些类型的数据?

第6章 会话技术及其应用

当用户通过浏览器访问 Web 应用时，通常情况下，服务器需要对用户的请求状态进行跟踪。例如，用户登录；统计用户浏览过的商品信息；购物车的实现等都可以通过会话技术来实现。本章会针对会话的概念、HttpSession、Cookie、URL 重写和隐藏表单来对会话技术及其应用来进行详细讲解。

6.1 会话概述

视频讲解

Web 服务器跟踪用户的状态通常有以下 4 种方法。

(1) 使用 Servlet API 的 Session 机制。

(2) 使用持久的 Cookie 对象机制。

(3) 使用 URL 重写机制。

(4) 使用隐藏的表单域。

前两种方法是目前最常用的实现会话技术的方法，每种方法都有各自的优缺点。

6.1.1 理解状态与会话

使用协议来记住用户及其请求的能力称为状态(state)。按照这个观点，协议分为两种类型：有状态和无状态。

1. HTTP 的无状态特性

HTTP 是一种无状态的传输协议，对用户的每次请求和服务器的响应都是作为一个分离的事务处理。HTTP 服务器无法确定多个请求是来自相同的用户还是不同的用户，这就意味着服务器不能在多个请求中维护客户的状态。

在某些 Web 应用中，用户请求需要与服务器保持一种状态。一个典型的例子是在线商城的购物车应用，一个用户可以多次向购物车中添加商品，也可以移除商品，可以实时地统计并显示购物车中商品的结账总金额，不同的用户可以同时购买相同的商品，可以同时结账，但服务器可以区分出是不同用户的不同购物车。为了实现这个目标，服务器就必须要跟踪所有的用户请求，并把相关的请求和具体的用户相关联。

2. 会话的概念

会话(session)是一个用户与服务器之间不中断的请求响应序列。对于用户的每个请求，服务器都能识别出来自于具体的某一个用户，当一个未知的用户向服务器发送第一个请求时就开始一个会话。当用户明确结束会话或服务器在一个预定义的时间范围内没有从用户那里接收到任何请求时，会话就结束了。在日常生活中，从拨通电话到挂断电话之间的一连串的你问我答的过程就是一个会话。Web应用中的会话过程类似于生活中的打电话过程,它指的是一个客户端(浏览器)与Web服务器之间连续发生的一系列请求和响应过程,例如,一个用户在某个网站上的整个购物过程就是一个会话。

用户向Web应用服务器发送的首次请求(First Request),可能不是用户和服务器的第一次交互。首次请求指的是需要创建会话的请求。称之为首次请求是因为该请求是对多个请求计数的开始(逻辑上)同时服务器开始记住用户的请求。例如,当用户登录或向购物车中添加一件商品时,就必须开始一个会话。

6.1.2 会话管理机制

容器通过javax.servlet.http.HttpSession接口抽象会话的概念。该接口由容器实现并提供了一个简单的管理用户会话的方法。

容器使用HttpSession对象管理会话的过程如图6-1所示。

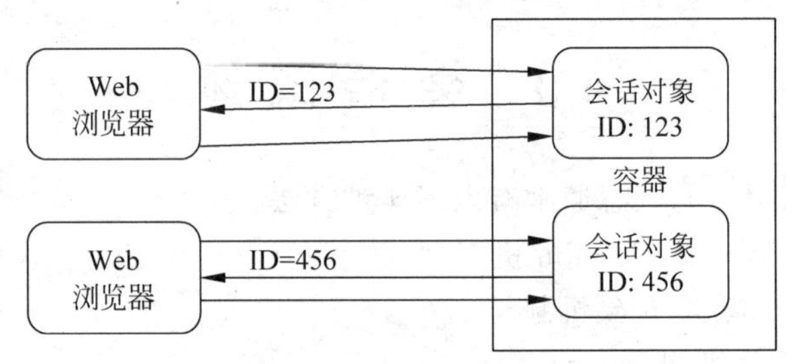

图6-1 会话管理示意图

具体过程如下。

(1) 当客户向服务器发送第一个请求时,由于不包含任何会话ID,服务器就可以为该客户创建一个HttpSession对象,并指定一个唯一的会话ID,它是32位的十六进制数。此时,该会话被称为处于新建状态,可以使用HttpSession接口的isNew()方法来确定会话是否属于该状态。

(2) 当服务器向客户发送响应时,服务器将该会话ID与响应一起发送给客户,这是通过Set-Cookie响应头实现的,响应消息格式为:

```
HTTP/1.1  200  OK
Set-Cookie:JSESSIONID=61C4F3524521390E80993E5120263C7
Content-Type:text/html
⋮
```

(3) 客户在接收到响应后将会话ID存储在内存中。当客户再次向服务器发送另一个请求时,它将通过Cookie请求头把会话ID与请求一起发送给服务器。这时请求消息格式为:

```
POST  /bookstore/selectBook  HTTP/1.1
Host:www.mydomain.com
Cookie: JSESSIONID=61C4F3524521390E80993E5120263C7
⋮
```

(4) 服务器接收到请求并看到会话ID,它将查找之前创建的会话对象,并将该请求与会话ID相同的会话对象关联起来。此时,客户被称为加入了会话,这表示会话不再是新建状态,因此对HttpSession的isNew()方法的调用将返回false。

上述过程的第(2)~(4)步一直保持重复。如果客户在指定时间没有发送任何请求,服务器将使会话对象失效。一旦会话对象失效,即使客户再发送同一个会话ID,会话对象也不能恢复。对于服务器,客户的下一个请求被认为是首次请求(如第(1)步),它不与某个存在的会话关联。服务器将为客户创建一个新的会话对象并为其指定一个新的会话ID。

为了清楚说明这个问题,还是看一个购物车的例子。当用户登录时,容器就为客户创建一个HttpSession对象。实现购物车的Servlet使用该对象维护用户选择的商品列表。当客户向购物车中添加商品或移除商品时,Servlet就更新该列表。当客户要结账时,Servlet就从会话中检索商品列表并计算总金额。一旦付款,容器就会关闭会话,如果用户再发送另一个请求,就会创建一个新的会话。显然,有多少个会话,服务器就会创建多少个HttpSession对象。换句话说,对每个会话(用户)都有一个对应的HttpSession对象,然而无须担心HttpSession对象与客户的关联,容器会为我们做这一点,一旦接收到请求,它会自动返回合适的会话对象。

6.2 HttpSession对象及其应用

6.2.1 什么是HttpSession

HttpSession是javax.servlet.http包下定义的一个接口类,是基于HTTP的一种在服务器端保持会话的技术。其实现原理与管理机制如6.1.2节所述。现实中当人们去银行办理业务的时候,会带上银行卡,银行卡上有唯一的一个银行账号,银行工作人员可以通过用户的银行账号来查询到用户的相关交易信息。HttpSession技术就好比银行发给人们的银行卡和银行为每个客户保留的档案及所有的交易信息的过程。当用户通过浏览器访问Web服务器时,Servlet容器就会创建一个HttpSession对象和ID属性,其中,HttpSession对象就相当于银行保存的用户及交易记录信息,ID相当于银行账号。当客户端后续访问Web服务器时,只要将类似于银行卡的ID号传递给服务器,服务器就能辨别出该请求是哪一个客户端发送过来的,从而选择与之对应的HttpSession对象及其服务。

6.2.2 HttpSession API

HttpSession是和当前会话用户的每个请求息息相关的,为此,HttpServletRequest接口中定义了用户获取HttpSession对象的getSession()方法,该方法有如下两种重载形式,具体如下:

```
public HttpSession getSession()
public HttpSession getSession(Boolean create)
```

上面两个重载方法用于返回和当前用户请求相关联的HttpSession会话对象。第一个不带参数的getSession()方法,表示无论当前是否开启会话都会返回一个和当前请求绑定的会话对象,如果当前请求还没有开启一个会话,则返回一个新的会话HttpSession对象,如果当前请求已经绑定了一个会话，则返回一个之前创建的旧的会话 HttpSession 对象。第二个带 boolean 类型参数的 getSession(boolean create)方法，如果参数是 false，则表示返回一个之前创建的旧的 HttpSession 会话对象，如果之前用户请求还没有绑定一个 HttpSession 会话对象的话，则返回一个 null。如果参数为 true，其作用和第一个不带参数的 getSession()方法相同。也就是如果当前用户请求没有绑定会话对象，则返回一个新的 HttpSession 会话对象，如果当前用户请求已经开启了会话，则返回一个之前创建的旧的 HttpSession 会话对象。

要想使用 HttpSession 对象管理会话范围内的数据，不仅需要获取 HttpSession 会话对象，还需要掌握 HttpSession 会话对象的相关方法。HttpSession 接口定义了以下常用的方法，如表 6-1 所示。

表 6-1　HttpSession 接口中常用的方法

方法声明	功能描述
public String getId()	返回一个与当前 HttpSession 对象关联的会话标识，该标识是一个 32 位的十六进制数，是一个唯一的标识符
public long getCreateTime()	返回 HttpSession 会话创建的时间，该时间是从 1970 年 1 月 1 日 00:00:00 到现在的毫秒数
public long getLastAccessedTime()	返回客户端最后一次发送 HttpSession 请求的时间，该时间是从 1970 年 1 月 1 日 00:00:00 到最后一次请求时间的毫秒数
public void setMaxInactiveInterval(int interval)	用户设置当前 HttpSession 对象可空闲的最长时间，以 s 为单位，也就是修改当前会话的默认超时时间
public Boolean isNew()	判断当前的 HttpSession 对象是否和客户相关联，也就是判断当前 HttpSession 对象是否是新建的，如果是则返回 true，否则返回 false
public void invalidate()	用于强制让当前的 HttpSession 会话对象失效
public ServletContext getServletContext()	返回和当前 HttpSession 对象所属的上下文对象，也就是代表当前 Web 应用程序的 ServletContext 对象
publi void setAttribute(String name, Object value)	将一个指定名称和值的键值对绑定并存储到当前会话 HttpSession 对象中
public Object getAttribute(String name)	返回绑定存储到当前会话 HttpSession 对象上的指定名称的值，如果没有指定名称的值，则返回 null
public Enumeration getAttributeNames()	返回所有绑定到当前会话 HttpSession 对象上的所有属性名称，其值是一个枚举 Enumeration 集合对象
public void removeAttribue(String name)	从当前会话 HttpSession 中删除绑定的指定名称属性，其对应的值也会一并从当前会话范围内移除

通过以上 HttpSession 接口中定义的方法，来实现对 HttpSession 会话对象的相关操作。

6.2.3　HttpSession 的会话应用

应用一：使用 HttpSession 实现学生登录

任务描述：学生通过浏览器访问学生管理系统首页(login.jsp)，填写登录相关信息后，单击“登录”按钮，由 Servlet 来处理学生的登录请求，并进行合法性校验，如果校验成功，则把合法的用户信息保存到 HttpSession 会话域中，并跳转到学生管理系统主页面(main.jsp)；如果校验失败，则重定向到登录页面，并给出错误提示。

开发步骤如下。

1. 创建封装学生信息的实体类 Student

在 chapter06 项目的 src 目录下创建一个名称为 cn.sjxy.chapter06.session.example01.domain 的包，并在该包下创建一个名称为 Student 的类，该类中包含 stuId(学号)、stuName(姓名)和 loginPwd(登录密码)三个属性，提供对应的 setter 和 getter 方法，并提供无参数和有参数的构造方法，其代码实现如文件 6-1 所示。

文件 6-1　Student.java：

```
package cn.sjxy.chapter06.session.example01.domain;
public class Student {
    private String stuId;             //学生学号
    private String stuName;           //学生姓名
    private String loginPwd;          //登录密码
    public String getStuId() {
        return stuId;
    }
    public void setStuId(String stuId) {
        this.stuId = stuId;
    }
    public String getStuName() {
        return stuName;
    }
    public void setStuName(String stuName) {
        this.stuName = stuName;
    }
    public String getLoginPwd() {
        return loginPwd;
    }
    public void setLoginPwd(String loginPwd) {
        this.loginPwd = loginPwd;
    }
    //提供无参数的构造方法
    public Student() {

    }
    //提供带参数的构造方法
    public Student(String stuId, String stuName, String loginPwd) {
        this.stuId = stuId;
        this.stuName = stuName;
        this.loginPwd = loginPwd;
    }
}
```

2. 创建处理学生登录的 Servlet 类 StudentLoginServlet

在 cn.sjxy.chapter06.session.example01 包下再创建一个子包 web.session，并在该包

下创建一个名称为 StudentLoginServlet 的类，该类用来处理用户登录请求。首先通过 HttpServletRequest 对象获取表单中的值，然后对表单中的值进行非空校验，为了提高代码的灵活性与可重用性，这里抽取出一个校验的方法 validateFormField()，其参数为 HttpServletRequest 对象类型，在该方法中完成对表单中各个参数的非空校验，对于为空的字段给予错误提示消息，并把错误的消息保存到一个 Map < String, String >集合中并最终返回。在 doPost 方法中调用该参数完成对表单字段的非空校验，如果返回的 Map 集合长度大于 0，则表示校验失败，然后把保存错误消息的 Map 集合设置到 request 请求域中，然后请求转发到登录页面，并在页面中使用 EL 表达式显示字段的校验错误消息，本次登录请求处理响应结束。如果校验成功，则把表单的数据封装到实体对象 Student 中，接着调用 checkStudentLoginInfo()方法来模拟查询该学生信息是否在信息库中（这里的学生信息库是用 List < Student >集合来模拟的，并在实例代码块中对集合中的数据进行初始化），如果在信息库中，则请求转发到/WEB-INF/stu/目录下的 main.jsp 页面；如果查询失败，则把错误的登录消息设置到 HttpSession 会话域中，并请求重定向到登录页面 login.jsp，在该页面中使用 EL 表达式把登录的错误消息予以显示。其代码如文件 6-2 所示。

文件 6-2　StudentLoginServlet.java：

```
package cn.sjxy.chapter06.session.example01.web.session;
import java.io.IOException;
import java.util.*;
import javax.servlet.ServletException;
import javax.servlet.annotation.WebServlet;
import javax.servlet.http.*;
import cn.sjxy.chapter06.session.example01.domain.Student;
@WebServlet(value = "/student/login")
public class StudentLoginServlet extends HttpServlet {
    //使用集合来模拟存放学生信息的数据库
    private List < Student > stusList = new ArrayList < Student >();
    {
        //实例代码块用来初始化集合,用来向集合中添加一些供登录测试的学生数据
        stusList.add(new Student("10001","张三","333333"));
        stusList.add(new Student("10002","李四","444444"));
        stusList.add(new Student("10003","王五","555555"));
        stusList.add(new Student("10004","赵六","666666"));
    }
    @Override
    protected void doPost(HttpServletRequest request, HttpServletResponse response) throws
ServletException, IOException {
        request.setCharacterEncoding("utf-8");
        response.setContentType("text/html;charset = utf-8");
        //获取表单的数据
        String stuId = request.getParameter("stuId");
        String stuName = request.getParameter("stuName");
        String loginPassword = request.getParameter("loginPwd");
        //对表单的数据进行简单的 null 或空格字符串的校验(必须填写)
        Map < String, String > errorFields = validateFormField(request);
        if(errorFields!= null&&errorFields.size()> 0) {//表示校验失败
```

```
            //把错误消息保存到 request 请求域中,并请求转发到登录页面
            request.setAttribute("errorFields", errorFields);
            request.getRequestDispatcher("/login.jsp").forward(request, response);
            return;
        }
        //把数据封装到学生对象中
        Student loginStu = new Student(stuId,stuName,loginPassword);
        //调用登录校验方法进行校验
        boolean result = checkStudentLoginInfo(loginStu);
        if(result == true) {//表示登录成功
            //把合法的学生信息保存到 HttpSession 会话域中
            request.getSession().setAttribute("student", loginStu);
            //请求转发到 WEB-INF/stu 目录下的学生主页面
            request.getRequestDispatcher("/WEB-INF/stu/main.jsp").forward(request, response);
            return;
        }else {//表示登录失败
            //把错误的消息设置到 HttpSession 会话域中
            request.getSession().setAttribute("loginError", "登录信息不正确,请重新登录!");
            //请求重定向到登录页面
            response.sendRedirect(request.getContextPath() + "/login.jsp");
        }
    }
    /**
     * 功能:对学生的合法性数据进行校验,模拟对数据库中的合法学生信息进行校验,如果返回
true 表明登录成功,如果返回 false 则表示校验失败
     * @param stu 参数为 Student 类型,对该参数进行合法性校验
     * @return
     */
    private boolean checkStudentLoginInfo(Student stu) {
        boolean result = false;
        for(Student s:stusList) {
            if(s.getStuId().equals(stu.getStuId())) {
                if(s.getStuName().equals(stu.getStuName())) {
                    if(s.getLoginPwd().equals(stu.getLoginPwd())) {
                        result = true;    //表明登录数据合法
                        break;
                    }
                }

            }
        }
        return result;
    }
    /**
     * 功能:实现对表单中字段的值进行校验,并把校验错误的消息存储到 map 集合中,key 为字
段的名称,value 为校验错误的值
     * @param request 通过 request 对象的 getParameterNames 或 getParameterMap 来获取字段的名称
     * @return 返回一个存放字段错误消息的 map 集合
     */
    private Map<String,String> validateFormField(HttpServletRequest request){
        //用来保存字段校验的错误消息
```

```
        Map<String,String> errorField = new HashMap<String,String>();
        //通过 request 对象获取表单中所有的字段名称
        Enumeration<String> fieldNames = request.getParameterNames();
        //遍历所有的表单字段名称
        while(fieldNames.hasMoreElements()) {
            //获取表单的字段名称
            String fieldName = fieldNames.nextElement();
            //获取字段对应的值,这里没有考虑一个名称对应多值的问题,有兴趣的读者可以
            //考虑实现的方法
            String fieldValue = request.getParameter(fieldName);
            //对字段的值进行为空或空格字符串进行校验
            if(fieldValue == null ||"".contentEquals(fieldValue.trim())) {
                errorField.put(fieldName, fieldName +"字段值不能为空!");
            }
        }
        return errorField;
    }
    @Override
    protected void doGet(HttpServletRequest request, HttpServletResponse response) throws
ServletException, IOException {
        doPost(request,response);
    }
}
```

3. 创建学生登录页面 login.jsp

在 chapter06 项目的 WebContent 目录下创建一个名称为 login.jsp 的页面,该页面的作用主要是用来显示学生的登录表单,以及把对表单的为空错误消息及登录的错误消息使用 EL 表达式进行显示。其代码如文件 6-3 所示。

文件 6-3 login.jsp:

```
<%@ page language="java" contentType="text/html; charset=UTF-8"
  pageEncoding="UTF-8"%>
<%@taglib prefix="c" uri="http://java.sun.com/jstl/core" %>
<!DOCTYPE html>
<html>
<head>
<meta charset="UTF-8">
<title>三江学院学生管理系统</title>
<style type="text/css">
 h1,h2{ text-align: center;}
 table{width:500px;border:1px; margin:10px auto;}
</style>
</head>
<body>
 <h1>三江学院学生管理系统——学生登录页面</h1>
 <hr><br>
  <!-- 使用 EL 表达式从 sessinon 域中获取登录的错误消息 -->
  <h2><font color="red">${sessionScope.loginError }</font></h2>
 <form action="${pageContext.request.contextPath }/student/login" method="POST">
 <table border="1">
```

```
<!-- ${requestScope.errorFeilds.stuId}表示从请求域中获取对应字段的验证错误消息 -->
  <tr><td>学号:</td>
  <td><input type="text" name="stuId"><font color="red">${requestScope.errorFields.
stuId }</font></td>
 </tr>
 <tr><td>姓名:</td>
  <td><input type="text" name="stuName"><font color="red">${errorFields.stuName }
</font></td>
 </tr>
 <tr><td>登录密码:</td>
  <td><input type="password" name="loginPwd"><font color="red">${errorFields.
loginPwd }</font></td>
 </tr>
  <tr>
   <td colspan="2" align="center"><input type="submit" value="学生登录"></td>
  </tr>
 </table>
 </form>
    <%
        //从 session 会话范围判断登录的错误消息是否存在,如果存在每次显示了之后立即删除
        if(session.getAttribute("loginError")!= null){
        //从会话域中把某个名称及其对应的值从 session 域中移除
        session.removeAttribute("loginError");
        }
    %>
    <!-- 显示单击"退出"按钮后的页面响应提示信息(从上下文域中获取信息) -->
    <h2><font color="green">${applicationScope.info }</font></h2>
    <%
        if(application.getAttribute("info")!= null){
         //把上下文中的已经显示过的信息给移除掉
         application.removeAttribute("info");
         }
        %>
</body>
</html>
```

4. 创建学生管理系统主页面 main.jsp

在 chapter06 目录的 WebContent/WEB-INF/目录下创建一个文件夹 stu,并在该文件夹下创建一个名称为 main.jsp 的页面,该页面的主要作用是作为学生登录系统的主页面,把经过合法登录的学生信息显示在该页面中,并提供"退出"按钮操作(这里采用超链接实现),同时请注意,放在 WEB-INF 目录下的文件是不可以直接通过浏览器来访问的,必须通过 Servlet 来请求转发访问,进而对 JSP 或静态页面起到安全保护作用。在真实的开发中,通常是把页面都保存到 WEB-INF 目录下的。其代码如文件 6-4 所示。

文件 6-4　main.jsp:

```
<%@ page language="java" contentType="text/html; charset=UTF-8" pageEncoding="UTF-8"%>
<!DOCTYPE html>
<html>
<head>
```

```
<meta charset="UTF-8">
<title>Insert title here</title>
<style type="text/css">
h1,div{ text-align: center;}
</style>
</head>
<body>
   <h1>三江学院学生管理系统——主页面</h1>
  <hr><br>
  <div>
   学号: ${student.stuId},姓名: ${student.stuName},登录密码: ${student.loginPwd}
  <!-- 当单击"退出"超链接时,请求转给一个 Servlet 类 StudentLoginOutServlet 来处理 -->
  [<a href="${pageContext.request.contextPath}/stu/loginOut">退出</a>]
  </div>
</body>
</html>
```


5. 创建处理学生退出操作的 Servlet 类 StudentLoginOutServlet

在 chapter06 项目的 src 目录下,在 cn.sjxy.chapter06.session.example01.web.session 包中创建一个名称为 StudentLoginOutServlet 的 Servlet 类,该类的作用是用来处理登录学生的退出系统操作的,当学生单击"退出"按钮时,则程序执行该 Servlet 类,在该 Servlet 类中通过调用 HttpSession 对象的 invalidate()方法来强制让该 HttpSession 会话对象失效,保存在该会话对象中的所有名称及其数据都会随之消失。其代码如文件 6-5 所示。

文件 6-5　StudentLoginOutServlet.java。

```
package cn.sjxy.chapter06.session.example01.web.session;
import java.io.IOException;
import javax.servlet.ServletException;
import javax.servlet.annotation.WebServlet;
import javax.servlet.http.HttpServlet;
import javax.servlet.http.HttpServletRequest;
import javax.servlet.http.HttpServletResponse;
//@WebServlet 注解的作用是用来映射该 Servlet 类对外的访问路径,作用和基于 XML 配置的方式
//相同
@WebServlet(value="/stu/loginOut")
public class StudentLoginOutServlet extends HttpServlet {
    @Override
    protected void doGet(HttpServletRequest request, HttpServletResponse response) throws
ServletException, IOException {
        response.setContentType("text/html;charset=utf-8");
        //在 HttpSession 会话对象失效之前,获取学生的姓名,用于页面显示提示使用
        Student stu=(Student)request.getSession().getAttribute("student");
        //强制让 HttpSession 会话对象失效,保存在 HttpSession 会话范围内的所有键值对数据
        //都将失效
        request.getSession().invalidate();
        //把欢迎 XXX 下次光临的提示信息存储到上下文域中
        request.getServletContext().setAttribute("info", "欢迎同学 ["+stu.getStuName()+"]您
下次光临!");
       //请求重定向到登录页面(系统首页)
```

```
            response.sendRedirect(request.getContextPath() + "/login.jsp");
        }
        @Override
        protected void doPost ( HttpServletRequest req, HttpServletResponse resp ) throws
    ServletException, IOException {
            doGet(req, resp);
        }
    }
```

6. 运行与测试

启动 Tomcat 服务器，在浏览器的地址栏中输入 http://localhost:8080/chapter06/login.jsp 来访问学生登录页面 login.jsp，浏览器显示的结果如图 6-2 所示。

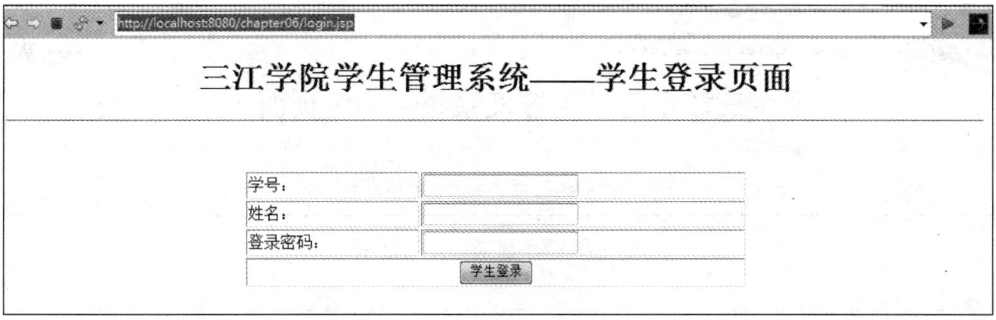

图 6-2　运行结果

在图 6-2 的表单中什么也不填写，直接单击“学生登录”按钮，或填写部分字段的值，然后单击“学生登录”按钮，将会进行表单非空校验，并把为空的字段信息在页面 login.jsp 中进行显示，其页面的运行结果如图 6-3 所示。

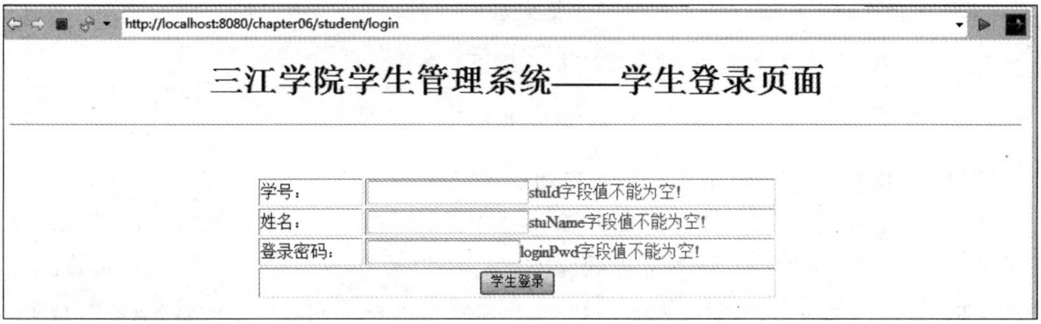

图 6-3　字段为空的校验运行结果

当在表单的各个字段中都填写了数据，但该数据在模拟的数据库中（List < Student > stusList）没有合法的记录时，其显示的结果如图 6-4 所示。

当学生填写的数据经过合法性校验（也就是在模拟的数据库中）后，则显示的运行结果如图 6-5 所示。

当学生单击“退出”按钮后，请求会到达 StuentLoginOutServlet 类，并执行 doGet 方法让当前的 HttpSessoin 失效，运行结果如图 6-6 所示。

至此，使用 HttpSession 会话技术的学生登录功能已经成功实现。

http://localhost:8080/chapter06/login.jsp
三江学院学生管理系统——学生登录页面
登录信息不正确，请重新登录！
学号：
10006
姓名：
李晓明
登录密码：
学生登录

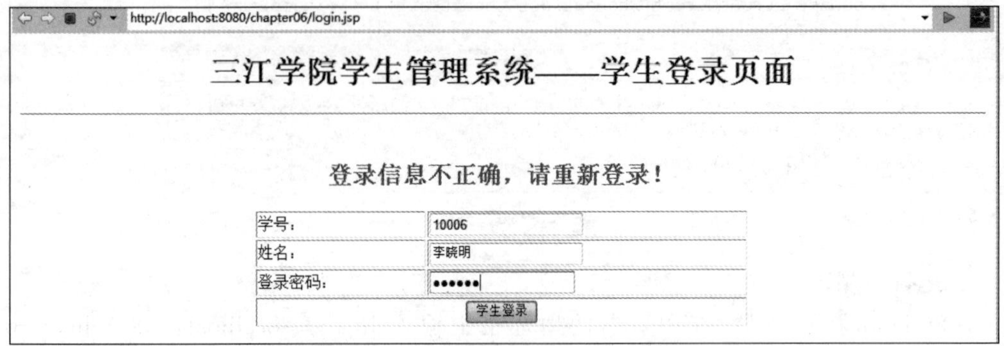

图 6-4　登录失败的运行结果

http://localhost:8080/chapter06/student/login
三江学院学生管理系统——主页面
学号：10001,姓名：张三,登录密码：333333 [退出]

图 6-5　登录成功的运行结果

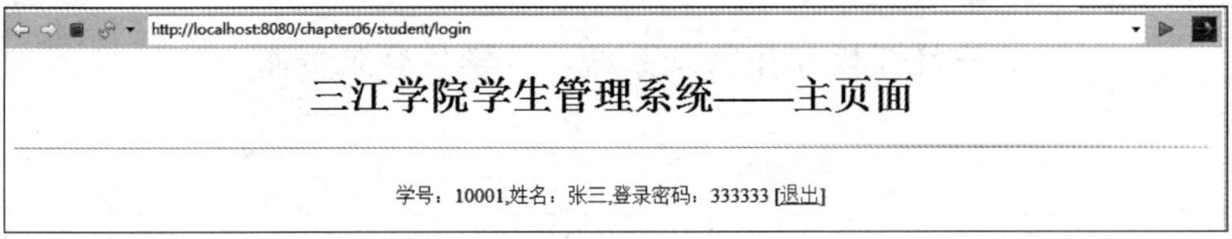

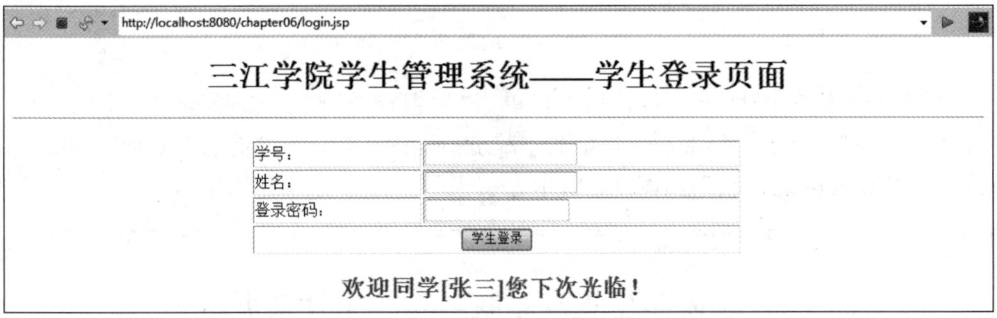

http://localhost:8080/chapter06/login.jsp
三江学院学生管理系统——学生登录页面
学号：
姓名：
登录密码：
学生登录
欢迎同学[张三]您下次光临！

图 6-6　单击“退出”按钮后的运行结果

应用二：使用 HttpSession 实现购物车功能

任务描述：通过所学的 HttpSession 会话技术，来实现一个用户在线购物过程，用户通过浏览器访问 http://localhost:8080/chapter06/product/shows，会显示所有的商品信息，用户通过单击“把商品添加到购物车”按钮，实现把该商品添加到自己的购物车，该购物车的实现是采用 session 技术来实现的。当用户添加过商品到购物车后，就会在页面显示购物车链接，通过单击“查看购物车”链接，可以进入到购物车商品的显示页面，该页面负责把当前的购物车中所有商品的条目信息显示在页面上，用户可以选择移除某个条目对应的商品信息。

开发步骤如下。

1. 创建封装商品信息的实体类 Product

在 chapter06 项目下创建一个名称为 cn.sjxy.chapter06.session.example02.domain.Product 的商品类，该类中封装了商品的编号属性 pid、商品的名称属性 panme、商品的价格

属性 price、商品的描述属性 pdesc、商品的图片名称属性 imageName 等。其实现代码如文件 6-6 所示。

文件 6-6　Product.java：

```
package cn.sjxy.chapter06.session.example02.domain;
public class Product {
    private String pid;                //商品编号
    private String pname;              //商品名称
    private double price;              //商品价格
    private String imageName;          //商品图片的名称,默认存放在 images 目录下
    private String pdesc;              //商品的描述
    //提供对应的 getter/setter 方法
    public String getPid() {
      return pid;
    }
    public void setPid(String pid) {
      this.pid = pid;
    }
    public String getPname() {
      return pname;
    }
    public void setPname(String pname) {
      this.pname = pname;
    }
    public double getPrice() {
      return price;
    }
    public void setPrice(double price) {
      this.price = price;
    }
    public String getImageName() {
      return imageName;
    }
    public void setImageName(String imageName) {
      this.imageName = imageName;
    }
    public String getPdesc() {
      return pdesc;
    }
    public void setPdesc(String pdesc) {
      this.pdesc = pdesc;
    }
    //提供有参数的构造方法
    public Product(String pid, String pname, double price, String imageName, String pdesc) {
      this.pid = pid;
      this.pname = pname;
      this.price = price;
      this.imageName = imageName;
      this.pdesc = pdesc;
    }
```

```
    //提供无参数的构造方法
    public Product() {
      super();
    }
}
```

2. 创建封装购物车中条目信息的实体类 Item

当我们在商场购物结账后，拿到的收银小票清单上面有所购买的商品条目信息，或在淘宝、京东等在线购物网站购物时，当我们把商品添加到虚拟的购物车中并查询购物车中商品信息时，会看到与商品关联的条目信息，其中会显示当前购买商品的名称、数量、价格和总金额等信息。这里也是用程序来模拟以上的清单信息。在 chapter06 项目下创建一个名称为 cn. sjxy. chapter06. session. example02. domain. Item 的类，该类中封装了每个条目的编号（自动增长，从 1 开始）属性 itemId、管理的商品属性 product（类型为 Product）、条目中商品的数量属性 number（默认为 1 件）、该条目的总金额属性 itemMoney（该属性的值为商品的数量 number 乘以商品的价格实时计算获得）等。其实现代码如文件 6-7 所示。

文件 6-7　Item. java：

```
package cn.sjxy.chapter06.session.example02.domain;
public class Item {
        private int itemId;              //条目编号,默认从 1 开始
        private Product product;         //条目中的关联商品
        private int number = 1;          //该条目的数量,默认为 1 件商品
        private double itemMoney;        //该条目的总金额,是 number * 商品价格
        //提供对应的 getter/setter 方法,但 sumMoney 只提供 getter 方法
        public int getItemId() {
          return itemId;
        }
        public void setItemId(int itemId) {
          this.itemId  =  itemId;
        }
        public Product getProduct() {
          return product;
        }
        public void setProduct(Product product) {
          this.product  =  product;
        }
        public int getNumber() {
          return number;
        }
        public void setNumber(int number) {
          this.number  =  number;
        }
        //注意: 这里只提供了获取 get 的方法,没有提供 set 设置的方法
        public double getItemMoney() {
          //该条目的总金额是经过实时计算出来的
          return this.number * product.getPrice();
        }
}
```

3. 创建封装购物车信息的实体类 ShoppingCart

在淘宝或京东等一些电商平台在线购物时，当我们想要购买某件商品时，会单击一个添加商品到购物车的按钮，系统就会把我们心仪的商品添加到购物车中了。可以选择查看购物车，就可以查看一个当前购物清单，里面包含总金额等信息及相关的操作，如要把某个商品从购物车中移除等。这里把上面的购物车抽取出一个实体类来进行处理。在 chapter06 目录下创建一个名称为 cn. sjxy. chapter06. session. example02. domain. ShoppingCart 的类，该类中封装了一个存放条目 Item 类型的集合属性 items(List < Item >)和一个保存当前购物车中所有商品的总金额属性 sumMoney。同时在类中定义了两个方法，一个名称是 addProduct，用来实现添加商品到购物车操作，在操作中要判断该商品是否已经在购物车中了，如果已经在购物车中了，则需要把关联该商品的条目商品数据进行加 1 操作；如果该商品不在购物车中，需要创建一个新的条目，并将该商品和当前条目进行关联，然后把新创建的条目添加到购物车中。其代码实现如文件 6-8 所示。

文件 6-8　ShoppingCart. java：

```
package cn.sjxy.chapter06.session.example02.domain;
import java.util.ArrayList;
import java.util.List;
public class ShoppingCart {
    //表示购物车中存放 item 条目信息(也是商品信息,因为条目中关联了商品)
        private List < Item > items = new ArrayList < Item >();
        private double sumMoney;         //购物车中所有条目的总金额
        //提供对应的 getter/setter 方法,但 sumMoney 只提供 getter 方法
        public List < Item > getItems() {
          return items;
        }
        public void setItems(List < Item > items) {
          this.items  =  items;
        }
        public double getSumMoney() {
          //首先把当前属性 sumMoney 的值清空
          this.sumMoney = 0;
          //通过遍历 items 条目集合来实时计算购物车中所购买商品的总金额
          for(Item item:this.items) {
                this.sumMoney += item.getItemMoney();
          }
          return this.sumMoney;
        }
        /**
          * 功能：向购物车中添加商品
          * @param product
          */
        public void addProduct(Product product) {
          //从条目集合中查询该商品之前是否购买过,如果购买过则把该条目的 number 数量属性
//加 1,如果没有购买过则生成一个新的条目,并添加到购物车中
          boolean flag = false;  //用来标识该商品是否购买过,默认为 false 表示没有没有购买过
          for(Item item:items) {
                //只要商品编号相同就认为是相同的商品,因为商品编号通常是唯一的
```

```
                if(item.getProduct().getPid().equals(product.getPid())) {
                    //把该条目的 number 数量属性值加 1
                    item.setNumber(item.getNumber() + 1);
                    //把 flag 属性值改变为 true,表明该商品之前已经单击购买过了
                    flag = true;
                    break;
                }
            }
            if(!flag) {                    //表示之前没有购买过,要产生一个新的条目
                Item item = new Item();
                //设置条目的编号属性,默认是自动增长的,也就是等于当前 items 集合中的数量加 1
                item.setItemId(this.items.size() + 1);
                //把该商品设置关联到当前条目 item 上
                item.setProduct(product);
                //把该条目添加要购物车中的条目集合中
                this.items.add(item);
            }
        }
        /**
         * 功能: 从购物车中移除商品
         * @param product
         */
        public void removeProduct(Product product) {
            //从当前的购物车中的 items 条目集合中查找该商品是否存在,如果存在则移除,并需要
//更新后续的条目编号
            //声明该局部变量的作用是用来标识待移除的商品是否在购物车中,值 true 表示在购物车中
            boolean flag = false;
            for(Item item:this.items) {
                //默认如果商品的编号相同就认为是同一个商品,因为商品编号是唯一的
                if(item.getProduct().getPid().equals(product.getPid())) {
                    //从条目集合中移除该商品
                    this.items.remove(item);
                    flag = true;       //把 flag 的值修改为 true 表示在购物车中,并移除
                    break;
                }
            }
            //做更新各个条目编号的处理
            if(flag) {                     //需要重新更新条目的编号
                int n = 1;                 //默认条目编号从 1 开始
                for(Item item:this.getItems()) {
                    item.setItemId(n++);
                }
            }
        }
}
```

4. 创建用于模拟操作数据库中商品的增删改查操作的持久化业务类 ProductDao

当我们访问电商平台时,会看到页面显示很多商品信息,这些商品信息被保存在电商平台的数据库服务器上,当我们通过浏览器来访问这些商品时,需要调用服务器上对应的业务操作,从对应的数据库服务器上把商品都查询出来,然后返回给客户端浏览器解释执行并显

示。这里用一个静态的集合来模拟存储商品的数据库。在 chapter06 目录下创建一个名称为 cn.sjxy.chapter06.session.example02.dao.ProductDao 的类，该类中定义了一个静态的 List 集合 productsDB，并提供一个 static 静态代码块，在该静态代码块中实施对集合 productsDB 的初始化，在 WebContent 目录下创建一个名称为 images 的文件夹，在文件夹中先下载并处理好对应的商品图片文件，这里采用 *n*.jpg 来命名（*n* 从 1 开始）。在 ProductDao 类中提供以下两个业务操作方法：findAll()方法用来查询并返回数据库中（集合 productsDB）所有的商品信息；findById(String pid)方法用来查询指定编号的商品信息，其返回值类型为 Product。其具体的代码实现如文件 6-9 所示。

文件 6-9　ProductDao.java：

```
package cn.sjxy.chapter06.session.example02.dao;
import java.util.*;
import cn.sjxy.chapter06.session.example02.domain.Product;
public class ProductDao {
    //用该 List 集合来模拟数据库(存放商品信息的仓库)
      private static List<Product> productsDB = new ArrayList<Product>();
      //使用静态代码块来初始化存放商品的库(向数据库中添加一定的商品)
      static{
        productsDB.add(new Product("10001","华为荣耀 8X",1399,"1.jpg","2019 最新款!"));
        productsDB.add(new Product("10002","红米 Note7",1099,"2.jpg","2019 最新款!"));
        productsDB.add(new Product("10003","魅族 Note9",1398,"3.jpg","2019 最新款!"));
        productsDB.add(new Product("10004","荣耀畅玩 8C",999,"4.jpg","2019 最新款!"));
        productsDB.add(new Product("10005","VIVO Z3",1498,"5.jpg","2019 最新款!"));
        productsDB.add(new Product("10006","JavaWeb 开发",45.2,"6.jpg","2019 最新出版!"));
        productsDB.add(new Product("10007","Java 编程思想",86.4,"7.jpg","2019 最新出版!"));
        productsDB.add(new Product("10008","SpringMVC",49.8,"8.jpg","2019 最新出版!"));
        productsDB.add(new Product("10009","Spring",48.2,"9.jpg","2019 最新出版!"));
        productsDB.add(new Product("10010","MyBatis",34.5,"10.jpg","2019 最新出版!"));
      }
      /**
        * 功能：获取所有的商品信息
        * @return
        */
      public List<Product> findAll(){
        return productsDB;
      }
      /**
        * 功能：通过商品编号来查询一个商品
        * @param pid
        * @return
        */
      public Product findById(String pid) {
        Product p = null;
        for(Product pro:productsDB) {
              if(pro.getPid().equals(pid)) {
                  p = pro;
                  break;
              }
```

```
            }
            return p;
        }
}
```


5. 创建用于显示所有商品信息的 Servlet 类 ShowProductsServlet

当用户通过浏览器访问 http://localhost:8080/chapter06/product/shows 时，系统会把所有的商品用一个页面展现给客户，那该如何实现该操作请求呢？我们通过编写一个 Servlet 类，该 Servlet 类映射的请求通过在该类上添加注解@WebServlet 来实现，并映射为/product/shows。在该类的 service 方法中，首先调用 ProductDao 类中的 findAll 方法，来获取数据库中所有的商品信息，然后把返回存放查询出来的商品信息的 List 集合对象保存到请求域中，并进行请求转发操作，其转发的页面为/WEB-INF/product/目录下的 shows.jsp。其具体的代码实现如文件 6-10 所示。

文件 6-10　ShowProductsServlet：

```
package cn.sjxy.chapter06.session.example02.web.servlet;
import java.io.IOException;
import java.util.List;
import javax.servlet.ServletException;
import javax.servlet.annotation.WebServlet;
import javax.servlet.http.HttpServlet;
import javax.servlet.http.HttpServletRequest;
import javax.servlet.http.HttpServletResponse;
import cn.sjxy.chapter06.session.example02.dao.ProductDao;
import cn.sjxy.chapter06.session.example02.domain.Product;
@WebServlet(urlPatterns = {"/product/shows"})
public class ShowProductsServlet extends HttpServlet {
        @Override
        protected void service(HttpServletRequest request, HttpServletResponse response)
throws ServletException, IOException {
            response.setContentType("text/html;charset = utf - 8");
            //调用 DAO 层的 ProductDao 类中的 findAll 方法来获取数据库中的所有商品
            ProductDao pdao = new ProductDao();
            List < Product > products = pdao.findAll();
            //把该集合存储到请求域中
            request.setAttribute("products", products);
            //请求转发到 WEB - INF/product/目录下的 shows.jsp 页面,把库中商品都显示出来,
//并展现给客户
            request.getRequestDispatcher("/WEB - INF/product/shows.jsp").forward(request, response);
        }
}
```

6. 创建用于显示所有商品的页面 shows.jsp

```
<%@ page language = "java" contentType = "text/html; charset = UTF - 8"
    pageEncoding = "UTF - 8" %>
<%@taglib prefix = "c" uri = "http://java.sun.com/jsp/jstl/core" %>
<%@taglib prefix = "fn" uri = "http://java.sun.com/jsp/jstl/functions" %>
<!DOCTYPE html>
```

```
<html>
<head>
<meta charset="UTF-8">
<title>Insert title here</title>
<style type="text/css">
.top{text-align: center;}
 .outer{width:1170px;margin:15px auto;}
 .inner{float: left;width:230px;}
</style>
</head>
<body>
<!-- 该 div 用于显示用户的购物车超链接,只有当用户进行过把商品添加到购物车操作后,该链接
才会在页面上显示,所以需要添加一个 if 判断 -->
 <div class="top">
  <!-- 从会话 HttpSession 域中查询名称为 cart 的购物车对象是否存在,如果存在则显示,并使用
jstl 的 fn 提供的核心函数 length 来把当前购物车中的条目数量进行显示 -->
     <c:if test="${sessionScope.cart!= null }">
        <a href="${pageContext.request.contextPath }/product/show">查看我的购物车
              [<font color='red'>${fn:length(cart.items)}</font>]
        </a>
     </c:if>
 </div>
<div class="outer">
  <!-- 使用 jstl 库中 forEach 循环标签来把保存在请求域中的每个商品信息在页面列表中进行显
示 -->
   <c:forEach items="${products }" var="p">
        <div class="inner">
              <table>
               <tr><td><img
src="${pageContext.request.contextPath }/images/${p.imageName}"></td></tr>
               <tr><td>商品编号: ${p.pid }</td></tr>
               <tr><td>商品名称: ${p.pname }</td></tr>
               <tr><td>商品价格: ${p.price }</td></tr>
               <tr><td>商品描述: ${p.pdesc }</td></tr>
               <tr><td><a href="${pageContext.request.contextPath }/product/add?pid=
${p.pid}">
                 <img alt="购买" src="${pageContext.request.contextPath }/images/cart.jpg"/>
                 </a></td></tr>
              </table>
        </div>
   </c:forEach>
</div>
</body>
</html>
```

7. 创建把商品添加到购物车的 Servlet 类 AddProductToShoppingCartServlet

当我们单击加入购物车的按钮(图片)时,会触发一个路径为 http://localhost:8080/chapter06/product/add 的请求,该请求对应的处理 Servlet 类名称为 AddProductToShopingCartServlet。该 Servlet 类也是通过在类上添加@WebServlet 来进行路径映射的,且映射的路径通过注解属性 value 来配置,值为/product/add。在该 Servlet

类的 doGet 方法处理中，首先通过 request 对象来获取传递过来的商品 ID，如果商品 ID 为空，会给出一个页面提示，并使用 response 对象的 setHeader 方法来设置一个名称为 Refresh，值为“2；URL＝http://localhost:8080/chapter06/product/shows”的头信息，目的是经过 2s 后自动跳转到购物页面。当传递过来的商品 ID 不为空，通过调用 ProductDao 类中的 findById 方法，查询出对应的商品。然后使用 request 对象获取到和当前用户绑定的 HttpSession 会话对象，并从会话对象中获取名称为 cart 的一个 ShoppingCart 类型的对象，如果是首次进行把商品添加到购物车操作时，该对象是空的，需要创建该类的对象，并调用该类的 addProduct 方法来把该商品添加到购物车中，然后重新把该对象设置到 HttpSession 会话范围中，并使用 response 对象的 sendRedirect 方法把请求重定向到购物页面，也就是商品显示的页面。其具体的代码实现如文件 6-11 所示。

文件 6-11　AddProductToShoppingCartServlet. java：

```
package cn.sjxy.chapter06.session.example02.web.servlet;
import java.io.IOException;
import java.io.PrintWriter;
import javax.servlet.ServletException;
import javax.servlet.annotation.WebServlet;
import javax.servlet.http.HttpServlet;
import javax.servlet.http.HttpServletRequest;
import javax.servlet.http.HttpServletResponse;
import javax.servlet.http.HttpSession;
import cn.sjxy.chapter06.session.example02.dao.ProductDao;
import cn.sjxy.chapter06.session.example02.domain.Product;
import cn.sjxy.chapter06.session.example02.domain.ShoppingCart;
@WebServlet(value = "/product/add")
public class AddProductToShoppingCartServlet extends HttpServlet {
       @Override
       protected void doGet(HttpServletRequest request, HttpServletResponse response) throws
ServletException, IOException {
          request.setCharacterEncoding("utf-8");
          response.setContentType("text/html;charset = utf-8");
          PrintWriter out = response.getWriter();
          //获取传递过来的商品编号
          String pid = request.getParameter("pid");
          if(pid == null||"".equals(pid.trim())) {
              out.println("<h1>没有传递你要购买的商品编号参数过来,2 秒后自动调整到购物
页面!</h1>");
              response.setHeader("Refresh", "2;URL = http://localhost:8080/chapter06/product/
shows");
              return;
          }
          //对传递过来的商品编号进行校验
          ProductDao pdao = new ProductDao();
          Product p = pdao.findById(pid);
          //获取和当前用户绑定的会话对象 HttpSession,如果当前用户还没有开启会话,则开启
//一个新的会话
          HttpSession session = request.getSession();
          if(p!= null) {
```

```java
            //从会话中获取名称为 cart 的购物车对象
            ShoppingCart  cart = (ShoppingCart) session.getAttribute("cart");
            //第一次添加商品到购物车时,会话域 HttpSession 中的名称为 cart 的对应一定是空的
            if(cart == null) {//表示第一次单击购买商品
                //创建一个购物车对象
                cart = new ShoppingCart();
            }
            //把商品添加到购物车中,通过调用 ShoppingCart 类中的 addProduct 方法实现
            cart.addProduct(p);
            //把该购物车对象设置到会话域 HttpSession 中
            session.setAttribute("cart", cart);
        }
        //请求重定向到购物页面
        response.sendRedirect(request.getContextPath() + "/product/shows");
    }
    @Override
    protected void doPost(HttpServletRequest request, HttpServletResponse response) throws
ServletException, IOException {
        //TODO Auto - generated method stub
        super.doGet(request, response);
    }
}
```

8. 创建用于显示购物车功能的 Servlet 类 ShowMyShoppingCarServlet

当我们单击"查看我的购物车"按钮时(超链接),触发 http://localhost:8080/chapter06/product/show 路径的请求,该请求对应一个 Servlet 类,在 chapter06 项目的 src 目录下创建一个名称为 cn. sjxy. chapter06. session. example02. web. servlet. ShowMyShoppingCartServlet 的 Servlet 类,在该 Servlet 中获取 HttpSession 会话域中名称为 cart 的 ShoppingCart 类型的类对象,并把该对象设置到请求域中,且名称为 mycart,然后请求转发到 WEB-INF/product/目录下的 cart. jsp 页面,该类使用注解@WebServlet 的默认 value 属性来映射路径/product/show。其具体的功能代码实现如文件 6-12 所示。

文件 6-12 ShowMyShoppingCartServlet. java:

```java
package cn.sjxy.chapter06.session.example02.web.servlet;
import java.io.IOException;
import javax.servlet.ServletException;
import javax.servlet.annotation.WebServlet;
import javax.servlet.http.HttpServlet;
import javax.servlet.http.HttpServletRequest;
import javax.servlet.http.HttpServletResponse;
import javax.servlet.http.HttpSession;
import cn.sjxy.chapter06.session.example02.domain.ShoppingCart;
@WebServlet("/product/show")
public class ShowMyShoppingCartServlet extends HttpServlet {
    @Override
    protected void doGet(HttpServletRequest request, HttpServletResponse response) throws
ServletException, IOException {
        //获取会话 HttpSession 对象
        HttpSession session = request.getSession();
```

```
            //从 session 会话域中获取购物车对象
            ShoppingCart cart = (ShoppingCart) session.getAttribute("cart");
            //把该对象设置到请求域 request 中
            request.setAttribute("mycart", cart);
            //请求转发到显示购物车的页面,该页面在 WEB - INF/product/cart.jsp
            request.getRequestDispatcher("/WEB - INF/product/cart.jsp").forward(request, response);
        }
        @Override
        protected void doPost(HttpServletRequest request, HttpServletResponse response) throws
ServletException, IOException {
            doGet(request,response);
        }
}
```

9. 创建用于显示购物车的页面 cart.jsp

在 chapter06 项目下的 WebContent/WEB-INF/product 目录下创建一个名称为 cart 的 JSP 页面,在该页面中使用 JSTL 标签及 EL 表达式来遍历请求域中保存的 ShoppingCart 类型的购物车对象,并显示其相关的属性内容。其中,在显示列表的最后一项提供一个把当前商品条目移除的超链接操作,在页面的最下面提供继续购物和结账的超链接操作,这里只实现了继续购物的超链接操作实现,对于结账功能这里没有提供其代码实现。其功能代码的实现如文件 6-13 所示。

文件 6-13　cart.jsp。

```
<%@ page language = "java" contentType = "text/html; charset = UTF - 8 pageEncoding = "UTF - 8" %>
 <%@taglib prefix = "c" uri = "http://java.sun.com/jsp/jstl/core" %>
 <%@taglib prefix = "fn" uri = "http://java.sun.com/jsp/jstl/functions" %>
<!DOCTYPE html>
<html>
<head>
<meta charset = "UTF - 8">
<title> Insert title here </title>
<style type = "text/css">
 div{margin: 10px auto;text - align: center;}
 table{margin:10px auto;}
</style>
</head>
<body>
<div>
   <h1>我的购物车</h1>
      <table border = "1" width = "60 %">
        <tr><th>条目编号</th><th>商品编号</th><th>商品名称</th><th>商品价格</th><th>
商品数量</th><th>条目金额</th><th>操作</th></tr>
      <c:choose>
      <c:when test = "${mycart == null||fn:length(mycart.items) == 0}">
        <tr>
          <td colspan = "7">对不起,你当前的购物车中商品数量为 0!</td>
        </tr>
      </c:when>
      <c:otherwise>
```

```
    <!-- 使用jstl中的forEach循环便签来遍历请求域中名称为mycart的ShoppingCart对象,
该对象的items属性是一个保存条目item的集合 -->
     <c:forEach items="${mycart.items}" var="item">
     <tr>
      <td>${item.itemId }</td>
      <td>${item.product.pid }</td>
      <td>${item.product.pname }</td>
      <td>${item.product.price }</td>
      <td>${item.number }</td>
      <td>${item.itemMoney }</td>
      <td><a href="${pageContext.request.contextPath }/product/remove?pid=${item.
product.pid}">移除</a></td>
     </tr>
     </c:forEach>
     <tr><td colspan="7" align="right">总金额:[${mycart.sumMoney }]</td></tr>
    </c:otherwise>
  </c:choose>
   </table>
   <h1><a href="${pageContext.request.contextPath }/product/shows">继续购物</a>|<a
href="">结账</a></h1>
</div>
</body>
</html>
```

10. 创建用户移除购物车中某个商品的Servlet类RemoveProductShoppingCartServlet

当我们单击cart.jsp页面中的"移除"按钮时,会触发对请求http://localhost:8080/chapter06/product/remove路径的操作,该操作通过一个Servlet类实现,在chapter06项目下的src目录下,创建一个名称为cn.sjxy.chapter06.session.example02.web.servlet.RemoveProductShoppingCartServlet的类,并使用注解@WebServlet来映射对外访问路径/product/remove。在该类中首先通过request对象获取要移除的商品ID,然后调用ProductDao类中的findById方法来查询该ID对应的商品类对象。接着从HttpSession会话域中获取名称为cart的类型为ShoppingCart的对象,如果该对象不为空,则调用其remveProduct方法,把该商品从购物车条目中移除。其具体的代码实现如文件6-14所示。

文件6-14 RemoveProductShoppingCartServlet.java:

```
package cn.sjxy.chapter06.session.example02.web.servlet;
import java.io.IOException;
import javax.servlet.ServletException;
import javax.servlet.annotation.WebServlet;
import javax.servlet.http.HttpServlet;
import javax.servlet.http.HttpServletRequest;
import javax.servlet.http.HttpServletResponse;
import javax.servlet.http.HttpSession;
import cn.sjxy.chapter06.session.example02.dao.ProductDao;
import cn.sjxy.chapter06.session.example02.domain.Product;
import cn.sjxy.chapter06.session.example02.domain.ShoppingCart;
@WebServlet("/product/remove")
public class RemoveProductShoppingCartServlet extends HttpServlet {
```

```
        @Override
        protected void doGet(HttpServletRequest request, HttpServletResponse response) throws
ServletException, IOException {
            //获取传递过来的待移除的商品编号
            String pid = request.getParameter("pid");
            //获取 HttpSession 会话对象
            HttpSession session = request.getSession();
            if(pid!= null&&!"".equals(pid.trim())) {
                //调用 ProductDao 中的通过商品 Id 来查询商品的方法 findById,来获取商品对象
                Product p = new ProductDao().findById(pid);
                //从会话 HttpSession 域中获取 ShoppingCart 购物车对象
                ShoppingCart cart = (ShoppingCart) session.getAttribute("cart");
                if(cart!= null) {
                    //调用 ShoppingCart 对象的 removeProduct 方法
                    cart.removeProduct(p);
                }
            }
            //请求重定向到购物车显示页面的处理 Servlet 类 ShowMyShoppingCartServlet
            response.sendRedirect(request.getContextPath() + "/product/show");
        }
        @Override
        protected void doPost ( HttpServletRequest req, HttpServletResponse resp ) throws
ServletException, IOException {
            //TODO Auto - generated method stub
            doGet(req, resp);
        }
}
```

11. 运行与测试

把 chapter06 项目部署到 Tomcat 服务器,并启动服务器,在浏览器地址中输入地址 http://localhost:8080/chapter06/product/shows,该路径对应的处理类为 cn.sjxy.chapter06.session.example02.web.servlet 包下名称为 ShowProductsServlet 的类,该 Servlet 类把获取得到的所有商品信息保存到一个集合中,并把该集合保存到请求域中,然后请求转发到 WEB-INF/product/目录下的 shows.jsp 页面,该页面负责显示所有的商品信息。最终浏览器显示的运行结果如图 6-7 所示。

图 6-7 商品显示页面

当单击页面中的“加入购物车”按钮后，其对应的处理请求路径为 http://localhost:8080/chapter06/product/add，对应该路径的处理类为 cn. sjxy. chapter06. session. example02. web. servlet 包下名称为 AddProductToShoppingCartServlet 的类，该类把商品添加到购物车对象 ShoppingCart 中，并把该对象设置到 HttpSession 会话域中，最后请求重定向到商品显示的 ShowProductsServlet 类对应的请求路径/product/shows 上。此时页面除了显示商品信息外，还会在页面的最前面显示“查看我的购物车”超链接。其浏览器显示的运行结果如图 6-8 所示。

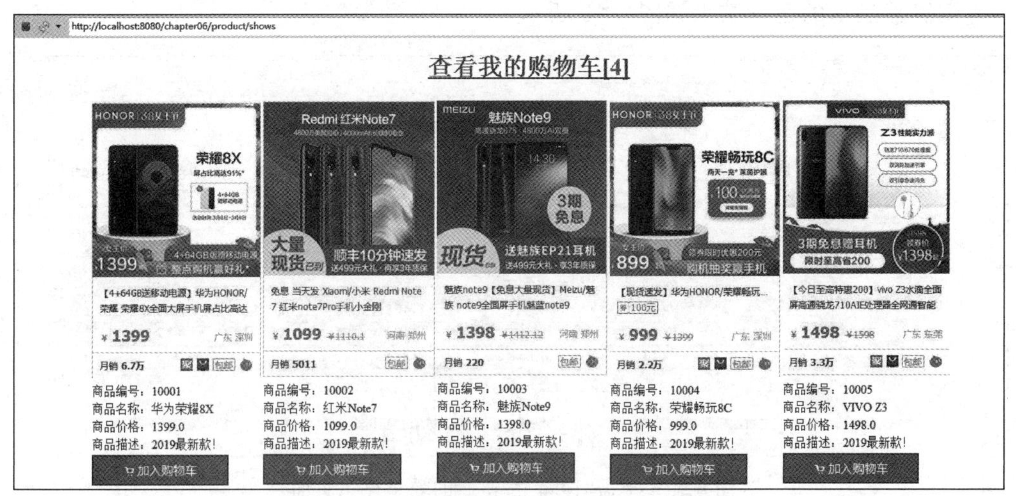

图 6-8　单击“加入购物车”按钮后的效果显示页面

当我们单击“查看我的购物车”超链接操作后，对应的请求路径为 http://localhost:8080/chapter06/product/show，对应该路径的处理类为 cn. sjxy. chapter06. session. example02. web. servlet 包下名称为 ShowMyShoppingCartServlet 的类，该类负责把保存在 HttpSession 会话域中的购物车 ShoppingCart 对象取出，并设置到名称为 mycart 的请求域中，然后请求转发到 WEB-INF/product/目录下的 cart. jsp 页面，该页面负责把购物车中的所有商品条目信息在页面上显示。其浏览器显示的运行结果如图 6-9 所示。

http://localhost:8080/chapter06/product/show

我的购物车

条目编号	商品编号	商品名称	商品价格	商品数量	条目金额	操作
1	10002	红米Note7	1099.0	1	1099.0	移除
2	10004	荣耀畅玩8C	999.0	1	999.0	移除
3	10005	VIVO Z3	1498.0	1	1498.0	移除
4	10003	魅族Note9	1398.0	1	1398.0	移除
5	10006	JavaWeb开发	45.2	2	90.4	移除
6	10007	Java编程思想	86.4	1	86.4	移除
7	10008	SpringMVC	49.8	1	49.8	移除
8	10009	Spring	48.2	1	48.2	移除
9	10010	MyBatis	34.5	1	34.5	移除
总金额：[5,303.3]						

继续购物|结账

图 6-9　单击“查看我的购物车”超链接后的效果显示页面

当单击购物车页面中的“移除”按钮后，对应的请求路径为 http://localhost:8080/chapter06/product/remove，对应该路径的处理类为 sjxy. chapter06. session. example02. web. servlet 包下名称为 RemoveProductShoppingCartServlet 的类，该类首先调用 request 对象的 getParameter 方法获取传递过来的将要移除的商品 ID 的值，然后调用 ProductDao 类中的 findById 方法，把该 ID 对应的商品对象查询出来，接着把保存在 HttpSession 会话域中的购物车 ShoppingCart 对象取出，并调用 ShoppingCart 类中的 removeProduct 方法把该 ID 对应的商品条目对象从购物车中移除，最终再把请求重定向到路径/product/show 上。其浏览器显示的运行结果如图 6-10 所示。

http://localhost:8080/chapter06/product/show

我的购物车

条目编号	商品编号	商品名称	商品价格	商品数量	条目金额	操作
1	10002	红米Note7	1099.0	1	1099.0	移除
2	10004	荣耀畅玩8C	999.0	1	999.0	移除
3	10005	VIVO Z3	1498.0	1	1498.0	移除
4	10003	魅族Note9	1398.0	1	1398.0	移除
5	10006	JavaWeb开发	45.2	2	90.4	移除
6	10008	SpringMVC	49.8	1	49.8	移除
7	10009	Spring	48.2	1	48.2	移除
8	10010	MyBatis	34.5	1	34.5	移除
						总金额：[5,216.9]

继续购物|结账

图 6-10　单击“移除”按钮后的效果显示页面

至此，使用 HttpSession 会话技术的购物车功能已经成功实现。

6.2.4　会话超时与失效

当客户端第一次访问某个能开启会话功能的资源时，Web 服务器就会创建一个与该客户端对应的 HttpSession 会话对象，在 HTTP 中没有提供任何机制来管理与维护 HttpSession 的生命周期，Web 服务器无法判断当前的客户端浏览器是否还会继续访问，也无法检测客户端浏览器是否关闭。所以，即使客户端已经离开或关闭了浏览器，Web 服务器还是会保留与之对应的 HttpSession 会话对象。随着时间的推移，这些不再使用的 HttpSession 对象会在 Web 服务器中积累的越来越多，从而使 Web 服务器内存耗尽。

为了解决以上的问题，Web 服务器采用了“会话超时(Session Timeout)”的办法来判断客户端是否还在与服务器继续进行访问。在一定时间内，如果某个客户端一直没有请求访问，那么，Web 服务器就会认为该客户端已经结束请求，并且将与该客户端会话所对应的 HttpSession 对象变成垃圾对象，等待垃圾回收器将其从内存中彻底清除。反之，如果浏览器超时后，再次向服务器发送请求访问，那么 Web 服务器则会创建一个新的 HttpSession 会话对象，并为其分配一个新的 ID 属性。

在会话过程中，会话的有效时间可以在 web. xml 文件中进行设置，其默认值由 Servlet 容器定义。在< Tomcat 安装目录>\conf\web. xml 文件中，可以找到如下一段配置代码。

```
<session-config>
        <session-timeout>30</session-timeout>
```

```
</session-config>
```

在以上配置代码中,设置的时间值是以分钟为单位的,即 Tomcat 服务器的默认会话超时间隔为 30min。如果将< session-timeout >标签中的时间值设置为 0 或一个负数时,则表示会话永不超时。由于< Tomcat 安装目录>\conf\web. xml 文件对站点内的所有 Web 应用程序都起作用,因此,如果想单独设置某个 Web 应用程序的会话超时间隔,则需要在自己应用的 web. xml 文件中进行配置。其具体的配置方式和< Tomcat 安装目录>\conf\web. xml 相同。只需要添加如下的配置代码。

```
<web-app>
⋮
<session-config>
        <session-timeout>10</session-timeout>
</session-config>
⋮
</web-app>
```

需要注意的是,要想管理 HttpSession 会话的超时限制及失效,除了可以等待在 web. xml 配置的会话超时间隔时间外,还可以通过使用 HttpSession 接口提供的如下方法来加以管理与实现。

public void setMaxInactiveInterval(int interval):设置在容器中使该会话失效前客户的两个请求之间的最大间隔,以秒为单位(注意在 web. xml 配置中是以分钟为单位的),如果参数为 0 或负数表示会话永不失效。需要注意,该方法仅对调用它的会话有影响,其他会话的超时间隔仍然是在< Tomcat 安装目录>\conf\web. xml 文件中配置的值。

public int getMaxInactiveInterval():返回以秒为单位的最大间隔时间,在这段时间内,容器将在客户请求之间保持该会话打开状态。

在某些情况下,可能希望通过编程的方式结束会话。例如,在购物车的应用中,我们希望在付款处理完成后结束会话。这样,当用户再次发送添加商品到购物车请求时,就会创建一个新的购物车。HttpSession 接口中提供了使一个会话失效的方法,格式如下。

public void invalidate():使会话失效并解除绑定到其上的所有对象。

6.3 Cookie 对象及其应用

视频讲解

6.3.1 什么是 Cookie

Cookie 的英文意思是"点心",它是客户端访问 Web 服务器时,服务器在客户端硬盘上存放的信息,好像服务器发送给客户端的"点心"。Cookie 是一种在客户端保持 HTTP 会话状态信息的技术,它会把会话过程中的数据保存到客户端的浏览器或用户本地硬盘上,从而实现用户和服务器之间的会话。接下来,本节将针对 Cookie 技术实现会话过程来进行讲解。

在现实生活中,当人们在商城、超市、健身房等场所进行消费时,商家通常会推荐大家办理可积分和参加优惠活动的会员卡,卡上会记录用户的姓名、联系电话、家庭住址等个人信息。当用户选择办理会员后,会在以后每次消费中使用该会员卡,商家也会将用户的消费记录及积分优惠情况及时地给予记录与兑现。在 Web 应用中,Cookie 的功能类似于现实生活中的这张会员卡,当用户通过浏览器访问 Web 服务器时,服务器会向客户发送一些信息,该消息会被保存到 Cookie 中,并由 response 对象携带连同响应数据一同发送给客户端,客户端会把该 Cookie 对象及数据保存至浏览器或客户机硬盘上。这样,当该浏览器再次访问服务器时,就会在请求头中自动将 Cookie 上保持的数据发送给服务器,服务器对发送过来的 Cookie 进行比对分析,就可以区分各个不同用户,从而达到客户端与服务器的有状态会话数据交互过程。

服务器向客户端发送 Cookie 时,会在 HTTP 响应头字段中增加 Set-Cookie 响应头字段。Set-Cookie 头字段中设置的 Cookie 遵循一定的语法格式,具体示例如下。

```
Set-Cookie:userName=lixiaoming;  Max-Age=3600;  Path=/;
```

在上述示例中,userName 表示 Cookie 的名称,lixiaoming 表示 Cookie 的值,Path 表示 Cookie 的属性。需要注意的是,Cookie 必须以键值对的形式存在,其属性可以有多个,但这些属性之间必须使用分号和空格加以分隔。

了解了 Cookie 信息的发送方式后,接下来通过一幅图来描述 Cookie 在浏览器和服务器之间的传递过程,具体如图 6-11 所示。

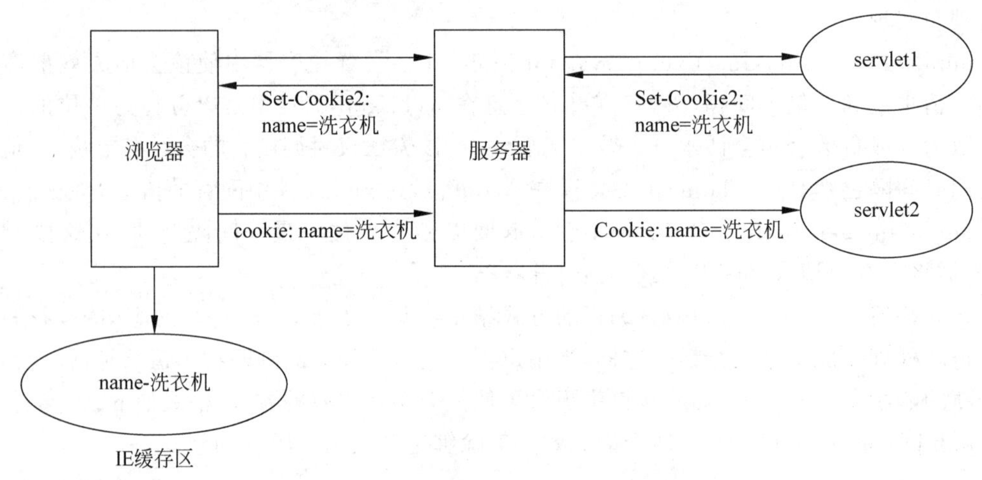

图 6-11　Cookie 在浏览器和服务器之间传输的过程

图 6-11 描述了 Cookie 在浏览器和服务器之间的传输过程。当用户第一次访问服务器时,服务器会在响应消息中增加一个名称为 Set-Cookie 的头字段,并将用户信息以 Cookie 的形式发送给浏览器,一旦用户浏览器选择接受服务器端发送过来的 Cookie 数据,就会将它保存在浏览器的缓冲区中。这样,该用户的浏览器在后续的访问中都会在请求消息中将用户信息以 Cookie 的形式发送给 Web 服务器,Web 服务器就可以通过传递过来的 Cookie 信息很容易地辨别出当前请求来自于哪一个用户的浏览器,从而在客户端保持了基于 HTTP 的有状态会话过程。

6.3.2 Cookie API

在 Servlet API 中提供了一个名称为 javax. servlet. http. Cookie 的类,该类用于封装

Cookie 的相关信息，在 Cookie 类中提供了生成和设置 Cookie 信息的相关属性与方法。其常用方法如表 6-2 所示。

表 6-2 Cookie 类的常用方法

方法声明	功能描述
public Cookie(String name,String value)	创建 Cookie 对象时，必须指定名称和值，且类型都为 String 字符串类型
public String getName()	返回 Cookie 的名称，名称一旦创建就不可改变
public String getValue()	返回一个类型为 String 的 Cookie 值
public void setValue(String newValue)	为 Cookie 对象设置一个新的值
public void setMaxAge(int expiry)	设置 Cookie 在浏览器中的最长存活时间，单位为 s
public int getMaxAge()	返回 Cookie 在浏览器上的最长有效时间
public void setDomain(String pattern)	设置 Cookie 所在的域，域名以点号“.”开头
public String getDomain()	返回该 Cookie 设置的域名
public void setPath(String url)	设置 Cookie 的有效访问路径
public String getPath()	返回 Cookie 的有效访问路径
public void setVersion(int v)	设置该 Cookie 所采用的协议版本
public int getVersion()	返回 Cookie 所采用的协议版本
public void setSecure(Boolean flag)	设置该 Cookie 是否只能使用安全的协议传送
public Boolean getSecure()	返回该 Cookie 是否只能使用安全的协议传送

表 6-2 中列举了 Cookie 类的常用方法，大部分都是比较简单的。下面对表中比较难以理解的方法进行讲解，具体如下。

1. public Cookie(String name,String value)构造方法

Cookie 类中仅定义了这一个构造方法，参数 name 用于指定 Cookie 的名称，参数 value 用于指定 Cookie 的值。需要注意的是，Cookie 的名称一旦指定就不可以再被更改了，而 Cookie 的值是可以被修改的，且值必须是字符串类型。

2. public void setMaxAge(int expiry)和 public int getMaxAge()方法

以上两个方法分别用来设置和获取该 Cookie 对象在浏览器中的有效保存时间，且时间单位为秒。如果设置的值为一个正整数，表示浏览器会将该 Cookie 信息保存到本地硬盘中，且最大的有效保存时间为指定的正整数值时间，且同一台机器上的不同浏览器或多个运行的浏览器都可以读取到该 Cookie 的信息。如果设置的值为一个负整数，浏览器会将该 Cookie 信息保存在缓存中，当浏览器关闭时，Cookie 信息就会被删除。如果设置的值为 0，则表示通知浏览器立即删除该 Cookie 信息。默认情况下，Max-Age 属性的值为−1。

3. public void setPath(String path)和 public String getPath()方法

以上两个方法分别用来设置和获取该 Cookie 对象信息的有效访问路径，如果创建的某个 Cookie 对象没有调用 setPath 方法来设置 path 属性值，那么该 Cookie 对象只对当前访问路径所属的目录及其子目录路径有效。如果想让某个 Cookie 对象对该站点中的所有目录下的访问路径都有效，可以调用该 Cookie 对象的 setPath 方法将参数 path 的值设置为“/”。

4. public void setDomain(String pattern)和 public String getDomain()方法

以上两个方法分别用来设置和获取 Cookie 对象属性 domain 的值。domain 属性用来指定浏览器访问的域,且域名要以"."开头。例如,三江学院的域为 sju. edu. cn,那么当设置 domain 属性时,其值必须以"."开头,如 domain=. sju. edu. cn。如果想让 cas. sju. edu. cn 可以访问 my. sju. edu. cn 设置的 Cookie,可以把 domain 属性值设置为. sju. edu. cn,并把 path 属性设置为"/"。默认情况下,domain 属性的值为当前主机名,浏览器在访问当前主机下的资源时,都会将 Cookie 信息回送给服务器。需要注意的是,domain 属性的值是不区分大小写的。

6.3.3 Cookie 的会话应用

通过使用 Cookie 技术,让服务器读取它原先保存到客户端硬盘上的数据信息,网站或应用系统能够为用户提供一系列的方便。例如,在线交易过程中标识用户的身份、统计用户的访问日志、自动提取用户登录信息、免密码登录、记录用户浏览过的商品、购物车本地化实现、门户网站的主页定制、有针对性地投放广告。等等,都可以通过 Cookie 技术实现。下面通过几个简单示例来讲解 Cookie 技术在实际开发中的应用。

应用一:使用 Cookie 记录并显示用户上一次的访问时间

任务描述:当用户在访问某些 Web 应用时,经常会显示出该用户的上一次访问时间。例如,PC 端的微信或 QQ 登录成功后,会显示用户最近一次的登录时间。登录某些论坛或邮箱系统也会显示上一次的访问时间。本应用就是通过使用 Cookie 技术来实现用户最近一次访问系统时间的统计与显示,让读者对 Cookie 技术应用有个直观的认识,并掌握 Cookie 技术开发的简单流程。

开发步骤如下。

1. 创建 Servlet 类 LastAccessTimeServlet

在 Eclipse 中新建一个工程名为 chapter06 的动态 Web 项目,并在 chapter06 项目的 src 目录下创建一个名称为 cn. sjxy. chapter06. cookie. example01. web. servlet. LastAccessTimeServlet 的类,在该类中首先调用 request 对象的 getCookies 方法来获取一个存放 Cookie 的数组,然后遍历数组查找一个名称为 lastAccessTime 的 Cookie 对象,首次访问该 Cookie 时一定是空的,所以可通过判断该名称对应的 Cookie 对象来确定用户是否是首次访问该 Servlet。如果不是首次则把对应的值在页面上输出,该值就是保存最后一次访问该 Servlet 的日期的字符串。在逻辑判断处理代码的后面,编写创建 Cookie 的相关代码,开发 Cookie 程序,需要遵循三个步骤:①通过 Cookie(String name,String value)构造方法来创建一个 Cookie 对象;②调用 Cookie 的相关属性方法来设置相关的属性值,如设置 Cookie 对象的有效时间、设置 Cookie 的有效访问路径等;③最重要的一步,要调用 response 的 addCookie 方法把 Cookie 对象添加到 response 的头字段中,连同响应一起发送给客户端保存。该具体的代码实现如文件 6-15 所示。

文件 6-15 LastAccessTimeServlet. java。

```
package cn.sjxy.chapter06.cookie.example01.web.servlet;
import java.io.IOException;
import java.io.PrintWriter;
import java.text.SimpleDateFormat;
import java.util.Date;
import javax.servlet.ServletException;
```

```java
import javax.servlet.annotation.WebServlet;
import javax.servlet.http.Cookie;
import javax.servlet.http.HttpServlet;
import javax.servlet.http.HttpServletRequest;
import javax.servlet.http.HttpServletResponse;
@WebServlet(value = "/cookie/lastAccessTime")
public class LastAccessTimeServlet extends HttpServlet {
	@Override
	protected void doGet(HttpServletRequest request, HttpServletResponse response) throws 
ServletException, IOException {
		//设置响应内容的类型及所采用的编码
		response.setContentType("text/html;charset = utf - 8");
		//获取向客户端输出的流对象
		PrintWriter out = response.getWriter();
		//获取客户端发送过来的所有 Cookie 对象
		Cookie[] cookies = request.getCookies();
		//定义一个字符串变量用来存放对应的 Cookie 对象的值
		String lastAccessTime = null;
		//遍历 Cookie 数组,注意对于空对象的逻辑判断顺序
		for(int i = 0;cookies!= null&&i < cookies.length;i++){
		 //通过名称来查找所需要的那个 Cookie,默认名称为 lastAccessTime
		 if("lastAccessTime".equals(cookies[i].getName())){
			//通过 Cookie 对象的 getValue 方法来获取 Cookie 的值,并赋值给变量 lastAccessTime
			lastAccessTime = cookies[i].getValue();
				break;				//跳出当前所在的循环遍历
			}
		}
		if(lastAccessTime == null||"".equals(lastAccessTime.trim())){//表示是首次登录
			//向页面输出首次登录的提示信息
			out.println("< h1 >您是第一次登录本网站!</h1 >");
		}else{//表示以前登录过,并把上一次(最后一次)的登录时间给显示出来
			out.println("< h1 >您上次访问本网站的时间是: [" + lastAccessTime + "]</h1 >");
		}
		//使用 SimpleDateFormat 类来对日期对象进行格式化,其格式为 4 位年份 - 月份 - 日/时:分:秒
//注意: 在字符串中不能包含空格字符,否则如果在 Tomcat 9 上会报 java.lang.IllegalArgumentException:
An invalid character [32]异常
		SimpleDateFormat sdf = new SimpleDateFormat("yyyy - MM - dd/hh:mm:ss");
		//把当前的系统时间按照 SimpleDateFormat 所指定的样式进行格式化成字符串
		lastAccessTime = sdf.format(new Date());
		System.out.println("[" + lastAccessTime + "]");
		//Cookie 开发的步骤: ①创建对象;②设置相关属性(有效期,访问路径或域等);
//③添加到 response 返回给客户端(重要,不要忘记)
		//1.创建一个 Cookie 对象
		Cookie c = new Cookie("lastAccessTime",lastAccessTime);
		//2.设置 Cookie 对象可以存储的时间,如果不设置的话,默认是 0
		c.setMaxAge(60 * 10);		//设置 Cookie 的有效期是 10min
		//c.setPath("/"); //设置 Cookie 的有效访问路径,"/"表示对当前项目下的所有资源都可见
		//3.要把创建的 Cookie 对象添加到 response 对象中,随同响应一同发到客户端
		response.addCookie(c);
	}
	@Override
```

```
        protected void doPost(HttpServletRequest request, HttpServletResponse response) throws
ServletException, IOException {
            doGet(request, response);
        }
}
```

需要注意的是,Cookie 对象的值如果包含空格字符,哪怕是在字符串中间包含空格字符,在 Tomcat 9 下运行会报 java.lang.IllegalArgumentException: An invalid character [32]异常。

2. 运行与测试

启动 Tomcat 服务器,在浏览器的地址栏中输入 http://localhost:8080/chapter06/cookie/lastAccessTime 访问 LastAccessTimeServlet,由于是第一次访问 LastAccessTimeServlet,会在浏览器中看到"您是第一次登录本网站!"的提示信息,其运行结果如图 6-12 所示。

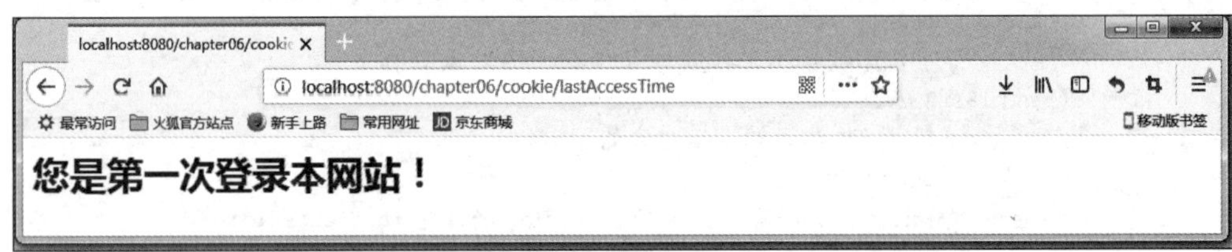

图 6-12　首次访问 LastAccessTimeServlet 的运行结果

重新访问地址 http://localhost:8080/chapter06/cookie/lastAccessTime,浏览器的显示结果如图 6-13 所示。

图 6-13　重新访问 LastAccessTimeServlet 的运行结果

因为在程序中通过 setMaxAge 方法设置了当前的 Cookie 有效期是 10min(60×10s),10min 后再次在浏览器地址栏中输入 http://localhost:8080/chapter06/cookie/lastAccessTime,此时浏览器的运行结果如图 6-14 所示。

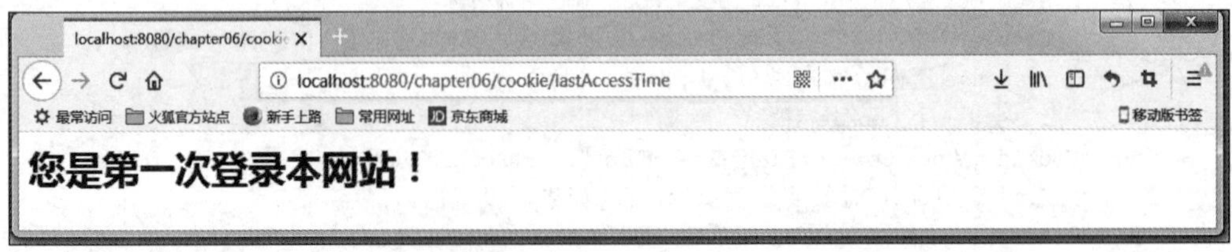

图 6-14　10min 后再次访问 LastAccessTimeServlet 的运行结果

至此,使用 Cookie 技术实现记录用户最近一次访问某个系统的时间程序完成了。需要注意的是,Cookie 只提供了一个 Cookie(String name,String value)的构造方法来创建

Cookie 对象。通过调用 setMaxAge 方法来设置 Cookie 对象的有效期，其参数为 int 类型，表示秒。通过调用 setPath 方法来设置 Cookie 的有效访问路径。一定不要忘记最后一步需要调用 response 对象的 addCookie 方法才能把 Cookie 对象发送给客户端保存。还有需要注意的是，浏览器的 Internet 选项的“隐私”选项卡中的 Cookie 选项设置要开启支持 Cookie，如果选择“阻止所有 Cookie”，则上面的操作将失败，如图 6-15 所示。

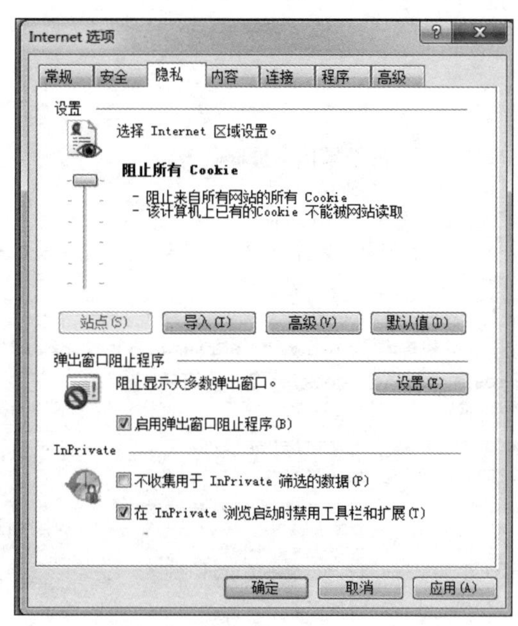

图 6-15 设置浏览器阻止所有 Cookie

应用二：使用 Cookie 实现用户自动登录

任务描述：当我们进入一些在线购物平台、论坛、邮箱、QQ 等应用系统或网站时，通常会提示用户登录，可以选择记住用户名或密码操作，下次再进入该系统时，会免密码自动登录或把登录的信息自动提取到登录框中，这样的系统功能在网络平台上应用非常广泛。下面就来使用 Cookie 技术实现一个把登录信息自动提取到登录框中，从而实现自动登录功能。

开发步骤如下。

1. 创建一个用户登录页面 userLogin.jsp

在 Eclipse 中新建一个工程名为 chapter06 的动态 Web 项目，在 WebContent 目录下创建一个 cookie 文件夹，并在文件夹中新建一个名称为 userLogin 的 JSP 页面，在 JSP 中提供一个用户登录表单，并使用 Java 脚本来获取请求发送过来的 Cookie 数组，并在遍历 Cookie 数组的同时分析过滤出想要的用户名称和密码信息。其具体的程序代码实现如文件 6-16 所示。

文件 6-16　userLogin.jsp：

```
<%@ page language = "java" contentType = "text/html; charset = UTF - 8" pageEncoding = "UTF - 8" %>
<!DOCTYPE html>
<html>
<head>
```

```
<meta charset="UTF-8">
<title>Insert title here</title>
<style type="text/css">
h1{ text-align:center;}
table{width:500px;margin:10px auto;}
table .leftTd{text-align: right;}
table .right{text-align:left;}
</style>
</head>
<body>
<%
    //采用脚本的方式来处理用户的登录信息提取
    //获取客户端发送过来的所有 Cookie 数组
    Cookie[] cookies = request.getCookies();
    //定义两个字符串变量,分别用来保存名称为 username 和 password 的 Cookie 对象的值
     String userName = "";
     String password = "";
    //遍历 Cookie 数组,来查找名称为 username 和 password 的 Cookie 对象
    for(int i = 0;cookies!= null&&i < cookies.length;i++){
    //给 userName 局部变量赋值
    if("username".equals(cookies[i].getName())){
         userName = cookies[i].getValue();
    }
    //给 password 局部变量赋值
    if("password".equals(cookies[i].getName())){
         password = cookies[i].getValue();
    }
    }
%>
<!-- 如果采用 EL 表达式来获取 Cookie 的值会更简洁 -->
<!--
   <form action = "/javaweb_day04/servlet/UserLoginCookieServlet" method = "post">
   <table  border = "1">
   <tr><td class = "leftTd">会员账户:</td><td class = "rightTd" ><input type = "text" name =
"username" value = "${cookie.username.value}"></td></tr>
   <tr><td class = "leftTd">登录密码:</td><td class = "rightTd" ><input type = "password"
name = "password"   value = "${cookie.password.value}"></td></tr>
   <tr><td class = "leftTd"></td>
   <td class = "rightTd"><input type = "checkbox" name = "remembers" value = "remembers">记住
用户名和密码</td></tr>
   <tr><td colspan = "2" align = "center"><input type = "submit" value = "登录"></td></tr>
   </table>
   </form>
  -->
<h1>淘宝会员登录页面</h1>
<hr>
 <form action = "${pageContext.request.contextPath}/cookie/userLogin" method = "post">
    <table  border = "1">
    <tr><td class = "leftTd">会员账户:</td><td class = "rightTd" ><input type = "text" name =
"username" value = "<% = userName %>"></td></tr>
    <tr><td class = "leftTd">登录密码:</td><td class = "rightTd" ><input type = "password"
```

```
name = "password"    value = "<% = password %>"></td></tr>
    <tr><td class = "leftTd"></td>
    <td class = "rightTd"><input type = "checkbox" name = "remembers" value = "true">记住用户
名和密码</td></tr>
    <tr><td colspan = "2" align = "center"><input type = "submit" value = "登录"></td></tr>
    </table>
    </form>
 </body>
</html>
```

这里在JSP页面中采用的是基于Java脚本的方式来提取Cookie信息到对应的用户名和密码框的，目的是让大家对Cookie的处理代码及过程能更熟悉一些，在正式的开发中，推荐读者采用EL表达式的方式来处理Cookie，这样会让页面代码更加简洁与规范。可以利用EL表达式中提供的隐式对象cookie来进行处理，该隐式对象cookie是一个保存了所有Cookie对象的Map集合。在该页面中，如果要想提取username名称的Cookie值，就可以使用表达式${cookie.username.value}来实现，同理可以使用表达式${cookie.password.value}来提取名称为password的Cookie值。

2. 创建一个用于处理用户登录的Servlet类UserLoginCookieServlet

在chapter06项目的src目录下创建一个名称为cn.sjxy.chapter06.cookie.example02.web.servlet的包，并在该包下创建一个名称为UserLoginCookieServlet的Servlet类，并使用注解@WebServlet把该Servlet映射为/cookie/userLogin路径，该路径刚好和useLogin.jsp页面中的表单中的action属性值一致。在该Servlet类中，判断用户是否选择了记住用户名和密码对应的多选框，如果选中了，则进行相应的Cookie代码处理操作，其具体的程序代码实现如文件6-17所示。

文件6-17 UserLoginCookieServlet.java：

```
package cn.sjxy.chapter06.cookie.example02.web.servlet;
import java.io.IOException;
import java.io.PrintWriter;
import javax.servlet.ServletException;
import javax.servlet.annotation.WebServlet;
import javax.servlet.http.Cookie;
import javax.servlet.http.HttpServlet;
import javax.servlet.http.HttpServletRequest;
import javax.servlet.http.HttpServletResponse;
@WebServlet("/cookie/userLogin")
public class UserLoginCookieServlet extends HttpServlet {
    public void doPost(HttpServletRequest request, HttpServletResponse response)
            throws ServletException, IOException {
        //设置响应的内容类型及所采用的编码
        response.setContentType("text/html;charset = utf - 8");
        //设置post方式的请求所采用的编码
        request.setCharacterEncoding("utf - 8");
        PrintWriter out  =  response.getWriter();
        //获取表单中的值
        String username = request.getParameter("username");
        String password = request.getParameter("password");
```

```
        String remember = request.getParameter("remembers");
        if(remember!= null&&"true".equals(remember)){
            //创建 Cookie 对象用来存储用户名称的信息
            Cookie usCookie = new Cookie("username",username);
            usCookie.setMaxAge(60 * 60 * 24 * 14);         //保存两周时间
            usCookie.setPath("/chapter06");                //设置 Cookie 的有效访问路径
            Cookie pwdCookie = new Cookie("password",password);
            pwdCookie.setMaxAge(60 * 60 * 24 * 14);        //保存两周时间
            pwdCookie.setPath("/chapter06");               //设置 Cookie 的有效访问路径
            //将两个 Cookie 对象设置到响应对象 response 中,连同响应信息一起发送给客户端
            response.addCookie(usCookie);
            response.addCookie(pwdCookie);
        }
        out.println("登录成功!");
        System.out.println("登录成功!");

    }
    public void doGet(HttpServletRequest request, HttpServletResponse response)
            throws ServletException, IOException {
        doPost(request,response);
    }
}
```

3. 运行与测试

启动 Tomcat 服务器,在浏览器的地址栏中输入 http://localhost:8080/chapter06/cookie/userLogin.jsp 访问用户登录页面,在登录页面中输入相应的用户名称和密码信息,并选中"记住用户号和密码"复选框,然后单击"登录"按钮。其运行效果如图 6-16 所示。

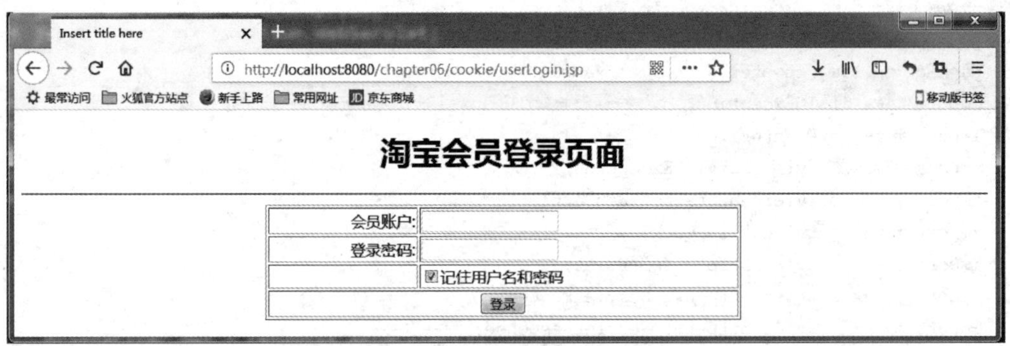

图 6-16　用户登录

单击"登录"按钮后,Web 服务器会查找该请求路径对应的 Servlet 资源处理程序,这里对应执行的是 UserLoginCookieServlet 类,因为用户选中了"记住用户名和密码"复选框,所有程序经过逻辑判断会执行对应的 Cookie 处理代码,会把用户的登录名称和密码信息保存到对应的 Cookie 对象中,并返回给客户端保存到本地计算机的硬盘上,当再次在浏览器的地址栏中输入 http://localhost:8080/chapter06/cookie/userLogin.jsp 路径来访问登录页面时,会发现页面中对应的用户名称和密码文本框中都自动提取了上一次的登录内容,这就是 Cookie 技术的自动登录功能实现。其运行效果如图 6-17 所示。

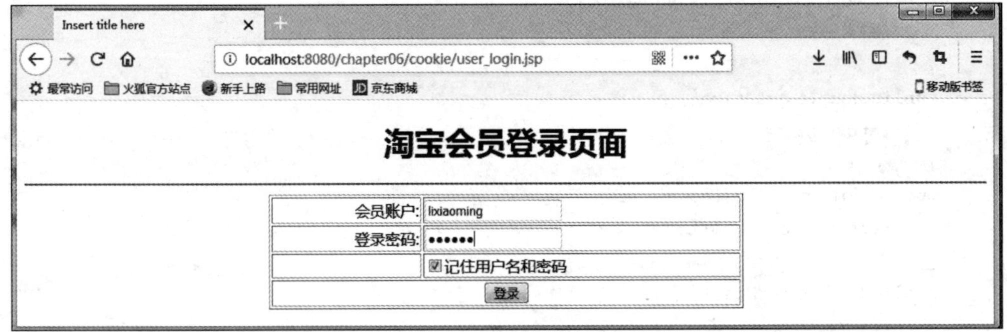

图 6-17　用户登录信息的自动提取

至此,使用 Cookie 技术来实现把用户名称和密码信息自动提取的登录功能程序完成了。读者可以在此基础上,使用 Cookie 技术来实现不经过登录页面而直接进入系统主页面的自动登录功能程序。

应用三:使用 Cookie 实现对浏览过的商品记录

任务描述:当我们上淘宝、京东等一些大型在线购物平台时,会发现我们浏览过的商品信息都会被系统记录下来,本应用就是使用 Cookie 技术来模拟实现在线商品浏览的记录功能,把最近浏览过的商品信息按照先后顺序来在页面上展现。本应用的模拟商品为图书。

开发步骤如下。

1. 创建图书实体类 Book. java

在 chapter06 项目的 src 目录下创建包 cn. sjxy. chapter06. cookie. example03. domain,并在该包下创建实体类 Book. java,该类中包含 String 类型的图书编号属性 bookId、String 类型的图书名称属性 name、double 类型的图书价格属性 price、String 类型的图书描述信息属性 desc、String 类型的图书对应图片名称属性 imageName。并提供对应的 getter/setter 方法及有参和无参构造方法。具体的代码实现如文件 6-18 所示。

文件 6-18　Book. java:

```
package cn.sjxy.chapter06.cookie.example03.domain;
public class Book {
    private String bookId;                    //表示书的编号
    private String name;                      //书的名称
    private double price;                      //书的价格
    private String desc;                      //书的描述
    private String imageName;                 //书图片名称
    //提供对应的 getter/setter 方法
    public String getBookId() {
        return bookId;
    }
    public void setBookId(String bookId) {
        this.bookId = bookId;
    }
    public String getName() {
        return name;
    }
```

```
    public void setName(String name) {
        this.name = name;
    }
    public double getPrice() {
        return price;
    }
    public void setPrice(double price) {
        this.price = price;
    }
    public String getDesc() {
        return desc;
    }
    public void setDesc(String desc) {
        this.desc = desc;
    }

    public String getImageName() {
        return imageName;
    }
    public void setImageName(String imageName) {
        this.imageName = imageName;
    }
    //提供有参数的构造方法
    public Book(String bookId, String name, double price, String desc,String imageName) {
        this.bookId = bookId;
        this.name = name;
        this.price = price;
        this.desc = desc;
        this.imageName = imageName;
    }
    //提供无参数的构造方法
    public Book() {
    }
}
```

2. 创建一个用来模拟数据库及执行对图书 Book 的增删改查类 BookDB.java

在 chapter06 项目的 src 目录下 cn.sjxy.chapter06.cookie.example03.domain 中，创建一个名称为 BookDB 的 Java 类，该类中包含一个静态的 Map<String,Book>类型的成员变量 bookTable，用来存放相应的图书信息，其中，key 代表图书的编号，value 代表对应的图书对象，提供一个 static 静态代码块，用来初始化属性 bookTable，目的是构造模拟一些图书信息；并提供静态方法 findBook，其功能是用来通过图书编号 bookId 来查询一个图书对象；提供静态方法 getAllBooks，其功能是用来查询所有的库中图书对象；提供静态方法 addBook，其功能是用来向数据库 bookTable 中添加一个新的图书。具体的代码实现如文件 6-19 所示。

文件 6-19　BookDB.java：

```
package cn.sjxy.chapter06.cookie.example03.domain;
import java.util.LinkedHashMap;
```

```
import java.util.Map;
public class BookDB {
    //用 Map 来模拟存放书的库(图书是以表的形式存储在图书库中的)
    private static Map < String, Book > bookTable = new LinkedHashMap < String, Book >();
    //静态代码块的作用是用来模拟初始化图书库中的已有图书信息
static{
      bookTable.put("BN - 0001", new Book("BN - 0001","Java Web 开发",68,"是一个学习 Java Web
的好书!","6.jpg"));
      bookTable.put("BN - 0002", new Book("BN - 0002","Java 编程思想",98,"是一个学习 Java 的
好书!","7.jpg"));
      bookTable.put("BN - 0003", new Book("BN - 0003","Spring MVC",68,"是一个学习 Spring MVC
的好书","8.jpg"));
      bookTable.put("BN - 0004", new Book("BN - 0004","MyBatis",56,"是一个学习 MyBatis 的好
书!","10.jpg"));
      bookTable.put("BN - 0005", new Book("BN - 0005","Spring",48,"是一个学习 Spring 的好
书!","9.jpg"));
    bookTable.put("BN - 0006", new Book("BN - 0006","Spring Boot",67.80,"是一个学习 Spring
Boot 的好书!","11.jpg"));
}
    /**
     * 功能:模拟通过图书编号来到图书库中查询该图书信息,并返回图书对象
     * @param bookId
     * @return
     */
    public static Book findBook(String bookId){
        return bookTable.get(bookId);
    }
    /**
     * 功能:模拟查询图书库中的所有图书
     * @return
     */
    public static Map < String, Book > getAllBookes(){
        return bookTable;
    }
    /**
     * 功能:添加图书到图书库中,返回值为布尔类型,表示添加图书操作是否成功
     * @param book
     * @return
     */
    public static  boolean addBook(Book book){
        boolean result = true;
        //查询该图书是否已经在库中,这里仅比较图书的编号,如果编号相同则认为是相同的图书
        for(String key:bookTable.keySet()) {
            if(key.equals(book.getBookId())) {
                result = false;
                break;
            }
        }
        if(result) {//表示该图书没有在库中,可以添加进来
            bookTable.put(book.getBookId(), book);
        }
```

```
            return result;
        }
}
```


3. 创建用来接收用户请求查看所有图书信息的Servlet类ShowBooksServlet.java

在chapter06项目的src目录下创建包cn.sjxy.chapter06.cookie.example03.web.servlet,并在该包下创建一个名称为ShowBooksServlet的类,该类的作用是用来接收用户查看所有图书信息的请求,该类使用注解@WebServlet来映射/cookie/showBooks的对外访问路径,在该类的doGet方法中,调用BookDB类中的getAllBooks方法,并返回一个存放所有图书的Map集合,把该Map集合存放到request请求域中,然后请求转发到WEB-INF/book/目录下的showBooks.jsp页面。具体代码实现如文件6-20所示。

文件6-20　ShowBooksServlet.java:

```
package cn.sjxy.chapter06.cookie.example03.web.servlet;
import java.io.IOException;
import java.util.Map;
import javax.servlet.ServletException;
import javax.servlet.annotation.WebServlet;
import javax.servlet.http.HttpServlet;
import javax.servlet.http.HttpServletRequest;
import javax.servlet.http.HttpServletResponse;
import cn.sjxy.chapter06.cookie.example03.domain.Book;
import cn.sjxy.chapter06.cookie.example03.domain.BookDB;
@WebServlet(urlPatterns = {"/cookie/showBooks"})
public class ShowBooksServlet extends HttpServlet {
    @Override
    protected void doGet(HttpServletRequest request, HttpServletResponse response) throws
ServletException, IOException {
        response.setContentType("text/html;charset = utf - 8");
        request.setCharacterEncoding("utf - 8");
        //调用BookDB类中的getAllBookes()方法,获取所有的图书信息
        Map<String,Book> booksMap = BookDB.getAllBookes();
        //把存放图书信息的map集合保存到请求域中
        request.setAttribute("books", booksMap);
        //请求转发到WEB - INF/book/目录下的showBooks.jsp页面
        request.getRequestDispatcher("/WEB - INF/book/showBooks.jsp").forward(request,
response);
    }
    @Override
    protected void doPost(HttpServletRequest request, HttpServletResponse response) throws
ServletException, IOException {
        doGet(request,response);
    }
}
```

4. 创建一个用来展现用户请求的图书信息显示页面showBooks.jsp

在chapter06项目的WebContent/WEB-INF/目录下创建一个名称为book的子目录,并在该目录下创建showBooks.jsp页面,该页面中使用JSTL和EL表达式来获取

ShowBooksServlet 类中保存在 request 请求域中的名称为 books 的 Map 集合。具体代码实现如文件 6-21 所示。

文件 6-21　showBooks. jsp：

```
<%@ page language="java" contentType="text/html; charset=UTF-8" pageEncoding="UTF-8"%>
<%@taglib prefix="c" uri="http://java.sun.com/jsp/jstl/core" %>
<%@taglib prefix="fn" uri="http://java.sun.com/jsp/jstl/functions" %>
<%@taglib prefix="fmt" uri="http://java.sun.com/jsp/jstl/fmt" %>
<!DOCTYPE html>
<html>
<head>
<meta charset="UTF-8">
<title>Insert title here</title>
<style type="text/css">
.table01{width:1000px;margin:10px auto;}
.table02{width:500px;}
</style>
</head>
<body>
   <table border="1" class="table01">
   <tr><th>图书编号</th><th>图书名称</th><th>图书价格</th><th>图书描述</th><th>
浏览请单击我</th></tr>
    <c:forEach items="${books}" var="entry">
    <tr>
      <td>${entry.key}</td>
      <td>${entry.value.name}</td>
      <td>${entry.value.price}</td>
      <td>${entry.value.desc}</td>
      <td><a href="${pageContext.request.contextPath}/cookie/find?bookId=${entry.
value.bookId}">查看详情</a></td>
    </tr>
    </c:forEach>
    <tr><td colspan="4" align="right"><a href="">添加图书</a></td></tr>
   </table>
   <br><hr><br>
  <!-- 以下内容是处理完第 7 步(创建 ShowCookieBooksServlet)之后再追加的程序代码 -->
   <h2>显示浏览过的图书信息区域:</h2>
   <table border="1" class="table02">
   <c:choose>
     <c:when test="${empty(cookie.bookInfo)}">
       <tr><td colspan="4">目前您还没有浏览过任何商品!</td></tr>
     </c:when>
     <c:otherwise>
       <tr><td colspan="4">${cookie.bookInfo.value}</td></tr>
       <c:forEach items="${list}" var="book">
        <tr>
        <td>${book.bookId}</td>
        <td>${book.name}</td>
        <td>${book.price}</td>
        <td>${book.desc}</td>
```

```
            </tr>
          </c:forEach>
        </c:otherwise>
      </c:choose>
    </table>
</body>
</html>
```

5. 创建一个用来处理用户查看某个图书详细信息的 Servlet 类 FindAndShowBookServlet.java

在 chapter06 项目的 src 目录下的 cn.sjxy.chapter06.cookie.example03.web.servlet 包中，创建一个名称为 FindAndShowBookServlet 的类，该类是用来处理 showBooks.jsp 页面中“查看详情”超链接对应的/cookie/Find 路径请求的，在该类中首先获取传递过来的图书编号 bookId 参数的值，然后调用 BookDB 类中的 findBook 方法，来获取该编号对应的图书对象 Book，并把该对象保存在请求域中，同时要完成最重要的一个步骤，要把本次浏览图书的信息记录到 Cookie 中，该类把添加 Cookie 抽取出一个名称为 addBookId2Cookie 的方法。该方法有三个参数，分别是 request 请求对象、response 响应对象和图书编号 bookId。处理的思路是：通过 request 对象来获取所有的 Cookie 数组，并遍历查找名称为 bookInfo 的 Cookie 对象是否存在，如果不存在，则表示该次请求为用户第一次浏览图书信息，要通过 new Cookie("bookInfo",bookId)构造方法来创建一个新的 Cookie 对象，如果该 bookInfo 名称的 Cookie 对象不为空，则要对其值添加“/”(这里预先设定好不同的 bookId 值之间用/来进行区分，也可以用其他符号来进行分隔)来进行 split 分隔成字符串数组，然后再查看当前的图书 bookId 是否在其数组中，如果在则表示之前浏览过，则会把该数组值设置为第一位，其他的元素依次向后移位；如果该 bookId 图书编号不在该数组中，则表示之前没有浏览过，则会把该 bookId 添加到其 Cookie 值的最前面。这里还要考虑特殊情况的处理，处理完成还要设置 Cookie 的有效期，这里设置为－1，表示在当前浏览器缓存中有效，一旦关闭浏览器则删除。并把该 Cookie 对象通过 response 响应对象的 addCookie 方法添加到响应中(这一步很重要，千万不要忘记)，最后请求转发到 WEB-INF/book/目录下的 book.jsp 页面，来把浏览的图书详情展现给客户。具体的程序代码如文件 6-22 所示。

文件 6-22　FindAndShowBookServlet.java：

```
package cn.sjxy.chapter06.cookie.example03.web.servlet;
import java.io.IOException;
import java.io.PrintWriter;
import javax.servlet.ServletException;
import javax.servlet.annotation.WebServlet;
import javax.servlet.http.Cookie;
import javax.servlet.http.HttpServlet;
import javax.servlet.http.HttpServletRequest;
import javax.servlet.http.HttpServletResponse;
import cn.sjxy.chapter06.cookie.example03.domain.Book;
import cn.sjxy.chapter06.cookie.example03.domain.BookDB;
@WebServlet(value = "/cookie/find")
public class FindAndShowBookServlet extends HttpServlet {
      @Override
      protected void doGet(HttpServletRequest request, HttpServletResponse response) throws
```

```
ServletException, IOException {
        response.setContentType("text/html;charset = utf - 8");
        PrintWriter out = response.getWriter();
        //获取传递过来的要显示图书详细情况的图书编号 bookId
        String bookId = request.getParameter("bookId");
        //当图书编号不为空,我们要去 BookDB 中把该图书对象查询出来,并在页面上显示,
//同时要把浏览该商品的信息记录到 Cookie 中
        if(bookId!= null&&!"".equals(bookId.trim())) {
            //查询出该图书编号对应的图书对象
            Book book = BookDB.findBook(bookId);
            //把浏览该图书的信息记录到 Cookie 中(把抽取出方法,这里直接调用)
            addBookId2Cookie(request,response,bookId);
            //把 book 封装到请求域中
            request.setAttribute("book", book);
            //请求转发到显示图书详细信息的页面,该页面在 WEB - INF/book/目录下
            request.getRequestDispatcher("/WEB - INF/book/book.jsp").forward(request, response);
        }else {//表示不是经过正常的单击"查看详情"链接过来的
            out.println("对不起,你的请求不是通过单击查看图书详情按钮过来的,2 秒后跳转
到图书首页!");
            response.setHeader("Refresh", "2;URL = http://localhost:8080/chapter06/cookie/
showBooks");
        }
    }
    /**
        * 功能:实现把传递过来的图书编号设置到对应名称为 bookInfo 的 Cookie 对象的值中,
并确保浏览的顺序
        * @param request
        * @param response
        * @param bookId
        */
    private void addBookId2Cookie(HttpServletRequest request, HttpServletResponse response,
String bookId) {
        //从请求对象中获取所有的 Cookie 对象
        Cookie[] cookies = request.getCookies();
        boolean flag = false;           //用来标识是否存在对应名称为 bookInfo 的 Cookie 对象
         Cookie myCookie = null;        //用来保存名称为 bookInfo 的 Cookie
        //遍历 Cookie 数组
        for(int i = 0;cookies!= null&&i < cookies.length;i++) {
            if(cookies[i].getName().equals("bookInfo")) {
                //把当前遍历出来的名称为 bookInfo 的 Cookie 设置到 myCookie 变量中
                myCookie = cookies[i];
                //把标记值设置为 true 表示不是首次浏览商品信息了,已有 Cookie 记录
                flag = true;
                break;                  //跳出当前所在的循环遍历
            }
        }
        if(!flag) {//表示本次浏览为用户第一次浏览图书信息
            //创建一个新的名称为 bookInfo 的 Cookie,且值为当前传递过来的商品编号,
//并赋值给 myCookie 变量
            myCookie = new Cookie("bookInfo",bookId);
            System.out.println("第 1 次浏览图书");
```

```
        }else {//表示不是第一次浏览图书信息
            //获取当前名称为bookInfo的Cookie的值,并进行比对分析(检查之前是否浏览过)
            String cookieValue = myCookie.getValue();
            System.out.println("cookieValue = " + cookieValue);
            //把获取到的Cookie值的字符串cookieValue用"/"来分隔
            String[] values = cookieValue.split("/");
            System.out.println((values!= null?values.length:""));
            if(values == null||values.length == 0) {//说明该次浏览图书为用户第二次浏览
//(或重复浏览同一个图书信息)
                System.out.println("第二次浏览图书");
                if(!cookieValue.equals(bookId)) {
                    cookieValue = bookId + "/" + cookieValue;
                }else {
                    cookieValue = bookId;
                }
            }else {//进行查找之前有没有浏览过,如果浏览过要置顶,后面的后移,
                //遍历数组
                boolean result = false; //标识是否找到(统计之前有没有浏览过该图书信息)
                 for(int i = 0;i < values.length;i++) {
                    if(bookId.equals(values[i])) {
                        System.out.println("表示之前浏览过该商品");
                        result = true;
                        //把该数组除了当前的元素不统计外,把其他元素按照从前到后的
//顺序用"/"串成一个字符串
                        cookieValue = "";      //置空
                        for(int j = 0;j < values.length;j++) {
                            if(j!= i) {
                                cookieValue += values[j] + (j < values.length -
1?"/":"");

                            }
                        }
                        //把当前的元素values[i]放到字符串的最前面
                        cookieValue = values[i] + "/" + cookieValue;
                        System.out.println("替换cookieValue = :" + cookieValue);
                        break;      //跳出当前所在的循环
                    }
                }
                if(!result) {
                    //直接添加到最前面
                    cookieValue = bookId + "/" + cookieValue;
                    System.out.println("最前面cookieValue = :" + cookieValue);
                }
            }
            //把myCookie的值进行更新
            myCookie.setValue(cookieValue);
        }
    //把myCookie添加到响应对象中
     myCookie.setMaxAge(-1);
     myCookie.setPath("/");
     response.addCookie(myCookie);
    }
```

```
	@Override
	protected void doPost(HttpServletRequest request, HttpServletResponse response) throws
ServletException, IOException {
		doGet(request,response);
	}
}
```

6. 创建一个用来显示具体查询图书商品详情的页面 book.jsp

在 chapter06 项目的 WebContent/WEB-INF/book 目录下创建一个名称为 book 的 JSP 页面,负责显示用户所查看图书的详细信息,该页面中使用 JSTL 和 EL 表达式来显示在 FindAndShowBookServlet 类中查询并保存到请求域中的名称为 book 的图书信息,并提供一个回到主页面的超链接信息。其具体的程序代码如文件 6-23 所示。

文件 6-23　book.jsp。

```
<%@ page language = "java" contentType = "text/html; charset = UTF - 8" pageEncoding = "UTF - 8" %>
<! DOCTYPE html >
< html >
< head >
< meta charset = "UTF - 8">
< title > Insert title here </title >
< style type = "text/css">
  div,table{margin:100px auto; }
</style >
</head >
< body >
< div >
  < table >
  < tr >< td >图书编号: ${book.bookId }</td ></tr >
  < tr >< td >图书名称: ${book.name }</td ></tr >
  < tr >< td >图书价格: ${book.price}</td ></tr >
  < tr >< td >图书描述: ${book.desc }</td ></tr >
  < tr >< td >< img src = " ${pageContext.request.contextPath }/images/ ${book.imageName }">
</td ></tr >
  < tr >< td >< h1 >< a href = " ${pageContext.request.contextPath }/cookie/showCookieBooks">
返回主页面继续浏览</a ></h1 ></td ></tr >
  </table >
</div >
</body >
</html >
```

7. 创建一个用来实现把 Cookie 值转换成用户浏览过的商品并显示类 ShowCookieBooksServlet.java

在 chapter06 项目的 src 目录下的 cn.sjxy.chapter06.cookie.example03.web.servlet 包中,创建一个名称为 ShowCookieBooksServlet 的类,该类对应的请求路径映射为第 6 步中的 book.jsp 页面的"返回主页面继续浏览"超链接的路径/cookie/showCookieBooks。该类主要是把名称为"bookInfo"的 Cookie 对象的值,进行分隔,并调用 BookDB 类中的 findBook 方法获取到对应的图书对象,并把该对象保存到请求域中,然后请求转发到"/cookie/showBooks"路径,该路径对应的处理类是 ShowBooksServlet,用于处理并最终显示所有的图书信息。其具体的程序代码如文件 6-24 所示。

文件 6-24　ShowCookieBooksServlet. java。

```
package cn.sjxy.chapter06.cookie.example03.web.servlet;
import java.io.IOException;
import java.util.*;
import javax.servlet.ServletException;
import javax.servlet.annotation.WebServlet;
import javax.servlet.http.Cookie;
import javax.servlet.http.HttpServlet;
import javax.servlet.http.HttpServletRequest;
import javax.servlet.http.HttpServletResponse;
import cn.sjxy.chapter06.cookie.example03.domain.Book;
import cn.sjxy.chapter06.cookie.example03.domain.BookDB;
@WebServlet(urlPatterns = {"/cookie/showCookieBooks"})
public class ShowCookieBooksServlet extends HttpServlet {
    @Override
    protected void doGet(HttpServletRequest request, HttpServletResponse response) throws
ServletException, IOException {
        //获取名称为 bookInfo 的 Cookie
        Cookie[] cookies = request.getCookies();
        //创建一个用于存储浏览过的商品集合对象
        List<Book> list = new ArrayList<Book>();
        for(int i = 0;cookies!= null&&i < cookies.length;i++) {
            if(cookies[i].getName().equals("bookInfo")) {
                String[] bookIds = cookies[i].getValue().split("/");
                if(bookIds == null||bookIds.length == 0) {
                    //表示当前只浏览过一个商品图书信息
                    list.add(BookDB.findBook(cookies[i].getValue()));
                }else {
                    for(String bookId:bookIds) {
                        list.add(BookDB.findBook(bookId));
                    }
                }
            }
        }
        //把 list 集合添加到请求域中
        request.setAttribute("list", list);
        //请求转发到/cookie/showBooks
        request.getRequestDispatcher("/cookie/showBooks").forward(request, response);
    }
    @Override
    protected void doPost(HttpServletRequest request, HttpServletResponse response) throws
ServletException, IOException {
        doGet(request,response);
    }
}
```

同时更新在 WEB-INF/book/目录中的 showBooks. jsp 页面内容，在其最后面添加如下内容。

```
<h2>显示浏览过的图书信息区域: </h2>
    <table border = "1" class = "table02" >
    <c:choose>
      <c:when test = " ${empty(cookie.bookInfo) }">
        <tr><td colspan = "4">目前还没有浏览过任何商品!</td></tr>
      </c:when>
      <c:otherwise>
        <tr><td colspan = "4"> ${cookie.bookInfo.value }</td></tr>
        <c:forEach items = " ${list }" var = "book">
          <tr>
          <td> ${book.bookId }</td>
          <td> ${book.name}</td>
          <td> ${book.price }</td>
          <td> ${book.desc }</td>
          </tr>
        </c:forEach>
      </c:otherwise>
    </c:choose>
  </table>
```

用于显示保存在 Cookie 中及通过 ShowCookieBooksServlet 类进行转换的浏览过的商品信息。

8. 运行与测试

打开浏览器并在地址栏中输入 http://localhost:8080/chapter06/cookie/showBooks，其运行效果如图 6-18 所示。

http://localhost:8080/chapter06/cookie/showBooks

图书编号	图书名称	图书价格	图书描述	浏览请点击我
BN-0001	Java Web开发	68.0	是一个学习Java Web的好书!	查看详情
BN-0002	Java编程思想	98.0	是一个学习Java的好书!	查看详情
BN-0003	Spring MVC	68.0	是一个学习Spring MVC的好书	查看详情
BN-0004	MyBatis	56.0	是一个学习MyBatis的好书!	查看详情
BN-0005	Spring	48.0	是一个学习Spring的好书!	查看详情
BN-0006	Spring Boot	67.8	是一个学习Spring Boot的好书!	查看详情
				添加图书

显示浏览过的图书信息区域:

目前您还没有浏览 过任何商品!

图 6-18 显示所有图书信息页面

当单击“查看详情”超链接后，其路径/cookie/find 对应的处理类为 FindAndShowBookServlet 类，该类除了要处理对编号为 bookId 的图书进行查询外，还要把当前所浏览的图书信息记录到 Cookie 中。因为 Cookie 只能保存字符串类型的值，所以这里处理的方式是把所浏览的图书编号 bookId 用“/”来进行分隔作为 Cookie 的值，并要保持浏览的顺序，最后浏览的最先显示。还有考虑之前浏览的商品要进行排序等问题，当单击图书编号为“BN-0006”的“查看详情”超链接后，其图书信息显示的运行效果如图 6-19 所示。

图 6-19　显示图书详情

当多次单击“查询详情”按钮后，包括多次连续单击及间隔单击同一本图书后，回到主页面显示的效果如图 6-20 所示。

http://localhost:8080/chapter06/cookie/showCookieBooks

图书编号	图书名称	图书价格	图书描述	浏览请点击我
BN-0001	Java Web开发	68.0	是一个学习Java Web的好书!	查看详情
BN-0002	Java编程思想	98.0	是一个学习Java的好书!	查看详情
BN-0003	Spring MVC	68.0	是一个学习Spring MVC的好书	查看详情
BN-0004	MyBatis	56.0	是一个学习MyBatis的好书!	查看详情
BN-0005	Spring	48.0	是一个学习Spring的好书!	查看详情
BN-0006	Spring Boot	67.8	是一个学习Spring Boot的好书!	查看详情
				添加图书

显示浏览过的图书信息区域:

BN-0001/BN-0004/BN-0006			
BN-0001	Java Web开发	68.0	是一个学习Java Web的好书!
BN-0004	MyBatis	56.0	是一个学习MyBatis的好书!
BN-0006	Spring Boot	67.8	是一个学习Spring Boot的好书!

图 6-20　采用 Cookie 技术统计所浏览过的商品信息

至此，使用 Cookie 技术实现记录浏览过的商品信息的程序已完成。希望读者能从以上示例中掌握 Cookie 的使用方法，体会 Cookie 在客户端保持会话的原理，并能与 HttpSession 会话技术相区别，同时能够正确地分析与判断在哪些场景与功能的实现上可以采用 Cookie 技术。

6.4 URL 重写与隐藏表单域

6.4.1 URL 重写

当用户的浏览器不支持 Cookie 或阻止了所有的 Cookie 后，之前案例中的把商品添加到购物车操作、用户名和密码自动提取登录操作等就会失败。其原因是浏览器禁用了所有的 Cookie 功能后，服务器无法获取到 HttpSession 会话对象的 ID 属性，也就无法辨别出该用户之前是否开启并保存了会话，服务器会将本次请求当作一个新的会话，从而导致以上的案例功能失效。

以 IE 浏览器为例，在浏览器的工具中单击，选择 Internet 选项，在打开的对话框中选择"隐私"选项卡，将"设置"选项中的 Cookie 权限设置修改为"阻止所有 Cookie"，并单击"确定"按钮，此时浏览器的所有 Cookie 都被禁用了，如图 6-21 所示。

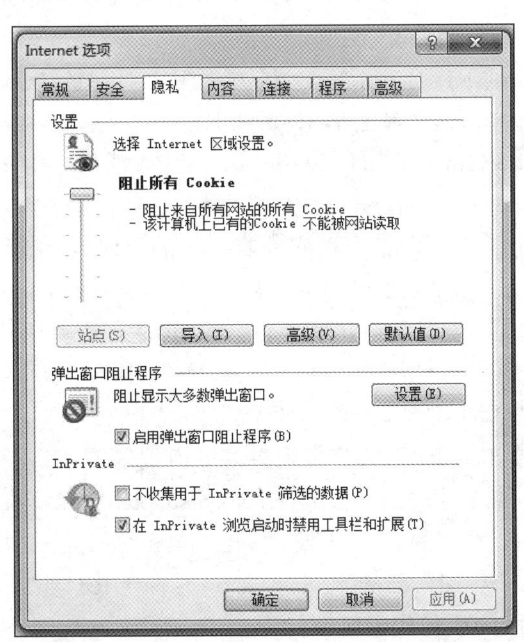

图 6-21 禁止 IE 浏览器的所有 Cookie

当禁用了所有的 Cookie 功能后，再启动 Tomcat 服务器，在 IE 浏览器地址栏中输入 http://localhost:8080/chapter06/product/shows，并单击对应的商品购买操作后，会发现"我的购物车"中的商品始终为 0，如图 6-22 所示。

出现以上的功能失效问题该如何处理呢？在 Servlet 规范中引入了 URL 重写机制来保存用户的会话信息，进而避免以上的功能失效问题。所谓 URL 重写，指的是将 HttpSession 的 JSESSIONID 会话标识号以参数的形式附加到超链接的 URL 地址后面，对于 Tomcat 服务器来说，就是将 JSESSIONID 关键字作为参数名以及会话标识号的值作为参数值附加到 URL 地址后面。这样，当用户单击 URL 时，会话 ID 被自动作为请求行的一部分而不是作为头行发送给服务器。当浏览器不支持 Cookie 或关闭了所用 Cookie 功能

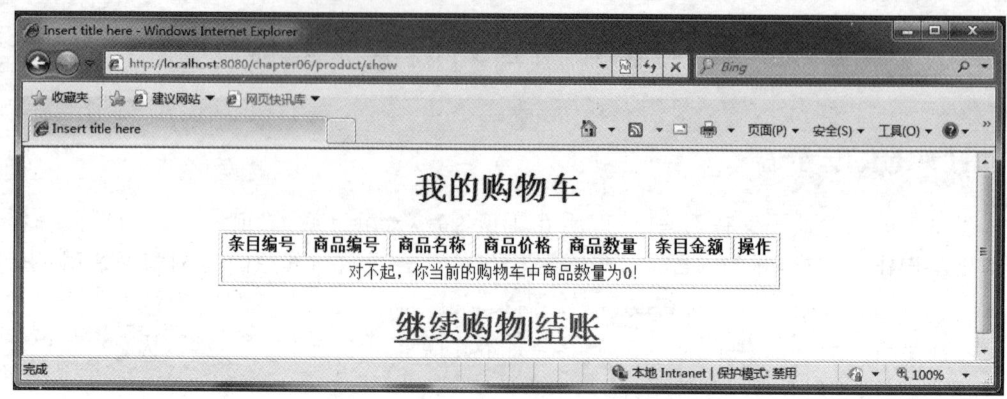

图 6-22　禁用所用 Cookie 功能后的“我的购物车”

后，我们希望该应用的操作过程依然能够维护并保存用户的会话信息，那么就必须要对所有可能被用户访问的请求路径进行 URL 重写。在 HttpServletResponse 接口中，定义了两个用于完成 URL 重写的方法，具体如下。

public String encodeURL(String url)：该方法用于对超链接和 Form 表单的 action 属性中设置的 URL 进行编码，返回带会话 ID 的 URL。

public String encodeRedirectURL(String url)：该方法用于对 HttpServletResponse 对象调用的重定向 sendRedirect(String url)方法的 URL 进行编码，返回带会话 ID 的 URL。

需要说明的是，以上两个方法都会首先检查附加的会话 ID 是否必要。如果请求中包含一个 Cookie 头行，则表示 Cookie 是可用的(表明浏览器支持 Cookie)，就不需要对请求路径进行 URL 重写了，此时返回的 URL 并不会将会话 ID 附加在其 URL 请求路径上。如果请求不包含 Cookie 头行，则表示 Cookie 不可用(表明浏览器不支持 Cookie)，此时调用上述方法将对 URL 重写，并将会话 ID 附加到 URL 请求路径上。

接下来，以前面购物车的例子，来分步骤讲解如何编码 URL。

(1) 对 chapter06 项目 src 目录下包名为 cn. sjxy. shapter06. session. example02. web. servlet 中的 ShowProductsServlet 类中的请求转发语句 request. getRequestDispatcher("/WEB-INF/product/shows. jsp"). forward(request, response)进行 URL 重写，使用 response 对象的 encodeURL 方法，把上面的语句代码修改如下。

```
HttpSession session = request.getSession();
String forwardPath = response.encodeURL("/WEB - INF/product/shows.jsp");
request.getRequestDispatcher(forwardPath).forward(request,response);
```

需要注意的是，在重写 URL 之前，需要通过 request 对象的 getSession()方法来获取 HttpSession 对象。

(2) 对 chapter06 项目 WebContent 目录中的 WEB-INF/product 子目录中的 shows. jsp 中的两个超链接标签对应的路径进行 URL 编码，其中一个是循环标签 c:forEach 中的购买商品对象的超链接<a href=" ${pageContext. request. contextPath}/product/add? pid= ${p. pid}">属性 href 中的路径进行 URL 编码，把该路径修改为如下的代码。

```
<%
```

```
  //默认把每次遍历出来的商品对象放置在页面上下文域 pageContext 中,且名称为 p
Product product = (Product)pageContext.getAttribute("p");
Stringpath = response.encodeURL("http://localhost:8080" + request.getContextPath() + "/
product/add?pid = " + product.getPid());
<a href = "<% = path %>">
%>
```

(3) 重启 Web 服务器,在浏览器地址栏中输入 http://localhost:8080/chapter06/product/shows。

首先访问 ShowProductsServlet 类,在该类中对请求转发路径进行了 URL 编码,最终展现的是 WEB-INF/product/目录下的 shows.jsp 页面,并对添加商品到购物车的超链接进行 URL 重写。在页面中右击,并选择“查看源代码”,发现遍历出来的每个商品的购买超链接路径经过 URL 重写后,转变为:

```
<table>
<tr><td><img src = "/chapter06/images/1.jpg"></td></tr>
<tr><td>商品编号: 10001 </td></tr>
<tr><td>商品名称: 华为荣耀 8X </td></tr>
<tr><td>商品价格: 1399.0 </td></tr>
<tr><td>商品描述: 2019 最新款!</td></tr>
  <tr><td><a href = "http://localhost:8080/chapter06/product/add;jsessionid =
9B75C174B3F0E21B2C0ED16FF7BD5300?pid = 10001"><img alt = "购买" src = "/chapter06/images/
cart.jpg"></a></td></tr>
</table>
```

(4) 对超链接进行 URL 重写后,URL 地址后面跟上了 Session 的标识号 jsessionid,需要注意的是,jsessionid 使用的是分号(;)而不是问号(?)将会话 ID 附加到 URL 上,这是因为 jsessionid 是请求 URI 路径信息的一部分,它不是一个请求参数,因此也不能使用 request 对象的 getParameter("jsessionid")方法检索。

6.4.2 URL 重写的应用

应用:基于 URL 重写的用户登录

任务描述:完成一个用户登录的功能,并把合法的用户信息保存在 HttpSession 会话域中,进入主页面。如果把浏览器的 Cookie 功能禁用,会发现即使用户名和密码是合法的依然会显示登录失败,本案例对登录表单的 action 属性进行 URL 重写,对处理表单提交的 Servlet 中的请求转发及重定向路径也都进行了 URL 重写。

开发步骤如下。

1. 创建用户登录页面 userLogin.jsp

在 chapter06 项目的 WebContent 目录下创建子目录 url,并在该子目录中创建名称为 userLogin 的 JSP 页面。在该页面中对 form 表单的 action 属性的路径值,使用 response 对象的 encodeURL 方法进行重写,同时使用 JSTL 和 EL 把登录的错误消息显示出来,这里是把错误的消息设置到 HttpSession 会话域中。错误消息显示完成后,同时把该错误消息从 HttpSession 会话域中移除。其具体的程序代码如文件 6-25 所示。

文件 6-25　userLogin.jsp：

```
<%@ page language="java" import="java.util.*" pageEncoding="UTF-8"%>
<%@taglib prefix="c" uri="http://java.sun.com/jsp/jstl/core" %>
<!DOCTYPE HTML PUBLIC "-//W3C//DTD HTML 4.01 Transitional//EN">
<html>
  <head>
  </head>
  <body>
    <c:if test="${error!=null }">
      <font color="red" size="25">${sessionScope.error }</font>
      <c:remove var="error" scope="session"/>
    </c:if>
  <%
      String path=response.encodeURL("/chapter06/url/userLoginURLRewritingServlet");
   %>
    <form action="<%=path %>" method="post">
   <table width="80%">
   <tr><td width="20%" align="right">username:</td><td width="80%"><input type=
"text" name="name"></td></tr>
   <tr><td width="20%" align="right">password:</td><td width="80%"><input type=
"password" name="password"></td></tr>
   <tr><td width="20%" align="right"></td>
   <tr><td width="20%" align="right"></td><td width="80%"><input type="submit"
value="登录"></td></tr>
   </table>
   </form>
  </body>
    </html>
```

2. 创建实体类 User.java

在 chapter06 项目的 src 目录下创建包 cn.sjxy.chapter06.url.example01.domain，并在该包下创建名称为 User 的实体类，用来封装表单传递过来的登录用户信息。其具体的程序代码如文件 6-26 所示。

文件 6-26　User.java：

```
package cn.sjxy.chapter06.url.example01.domain;
public class User {
    private String name;                    //用户名称
    private String password;                //用户登录密码
    //提供对应的 getter/setter 方法
    public String getName() {
        return name;
    }
    public void setName(String name) {
        this.name = name;
    }
    public String getPassword() {
        return password;
    }
```

```
    public void setPassword(String password) {
        this.password = password;
    }
    public User() { }
    public User(String name, String password) {
        super();
        this.name = name;
        this.password = password;
    }
}
```

3. 创建处理登录提交的 Servlet 类 UserLoginURLRewritingServlet.java

在 chapter06 项目的 src 目录下创建包 cn.sjxy.chapter06.url.example01.web.servlet，并在该包下创建名称为 UserLoginURLRewritingServlet 的 Servlet 类，该类用来处理用户的登录请求，首先获取表单的数据，然后封装到 User 对象中，并对用户信息进行合法性校验(用集合模拟)，如果登录信息正确则请求转发到 successLogin.jsp 页面，如果登录失败则重定向到 userLogin.jsp 页面，这里需要对请求转发及重定向的路径进行 URL 重写。其具体的程序代码如文件 6-27 所示。

文件 6-27　UserLoginURLRewritingServlet.java：

```
package cn.sjxy.chapter06.url.example01.web.servlet;
import java.io.IOException;
import java.util.*;
import javax.servlet.ServletException;
import javax.servlet.annotation.WebServlet;
import javax.servlet.http.*;
import cn.sjxy.chapter06.url.example01.domain.User;
@WebServlet("/url/userLoginURLRewritingServlet")
public class UserLoginURLRewritingServlet extends HttpServlet {
    //模拟数据库中存放用户信息的集合属性
    private List<User> users = new ArrayList<User>();
      @Override
      public void init() throws ServletException {
            //对用户集合进行初始化,来模拟数据库中的数据
            users.add(new User("sys","sysdba"));
            users.add(new User("system","admin"));
            users.add(new User("scott","tiger"));
            users.add(new User("lixiaoming","123456"));
            System.out.println("init");
      }
      @Override
      protected void doPost (HttpServletRequest request, HttpServletResponse response)
throws ServletException, IOException {
            //设置请求所采用的编码(只对 POST 方式提交起作用,如果是 GET 方法需要硬编码处
//理,后面会用过滤器来实现)
            request.setCharacterEncoding("utf-8");
            //获取表单的参数,并把参数封装到 User 对象中
            String userName = request.getParameter("name");
            String userPwd = request.getParameter("password");
```

```
            //把表单数据封装到User对象中(这里没有进行为空的校验,请读者自己完成)
            User user = new User(userName,userPwd);
            //查询该用户是否合法
            boolean result = false;
            for(User u:users) {
                if(u.getName().equals(user.getName())&&u.getPassword().equals(user.
getPassword())) {
                    //表示该用户合法
                    result = true;
                    break;
                }
            }
            //获取会话HttpSession对象
            HttpSession session = request.getSession();
            if(result) {
                //把该用户信息保存在Session域中
                session.setAttribute("user", user);
                //请求转发到url/目录下的successLogin.jsp页面,在请求转发前对路径进行
//URL重写
                String forwordPath = response.encodeURL("/url/successLogin.jsp");
                request.getRequestDispatcher(forwordPath).forward(request, response);
                System.out.println("success");
                return;
            }else {//表示登录失败
                //把错误消息保存在session域中
                session.setAttribute("error", "用户名或密码错误!");
                //请求重定向到登录页面,在重定向之前对路径进行URL重写
                String redirectPath = response.encodeRedirectURL(request.getContextPath() +
"/url/userLogin.jsp");
                response.sendRedirect(redirectPath);
                return;
            }
        }
        @Override
        protected void doGet(HttpServletRequest request, HttpServletResponse response) throws
ServletException, IOException {
            doPost(request,response);
        }
}
```

4. 创建登录成功后的页面 successLogin.jsp

在 chapter06 项目的 WebContent 目录的子目录 url 中,创建名称为 successLogin 的 JSP 页面。该页面主要负责把合法登录的用户名称显示出来,同时要对没有经过表单合法登录处理的非法登录进行重定向到 userLogin 页面,并对重定向进行 URL 重新编码。其具体的程序代码如文件 6-28 所示。

文件 6-28 successLogin.jsp:

```
<%@ page language="java" import="java.util.*,cn.sjxy.chapter06.url.example01.domain.
*" pageEncoding="UTF-8"%>
<!DOCTYPE HTML PUBLIC "-//W3C//DTD HTML 4.01 Transitional//EN">
```

```
<html>
  <head>
  </head>
  <body>
  <%
        User user = (User)session.getAttribute("user");
        if(user == null){                    //请求重新定向到登录页面
            String path = response.encodeRedirectURL("/chapter06/url/userLogin.jsp");
           response.sendRedirect(path);
        }else{
   %>
  欢迎,${sessionScope.user.name }<br>
  <%} %>
    <a href = "">查询用户</a>|
     <a href = "">修改用户</a>|
      <a href = "">删除用户</a>|
       <a href = "">注册用户</a>
  </body>
</html>
```

5. 运行测试

把浏览器的 Cookie 功能禁用后(不同的浏览器禁用 Cookie 方式不同),在地址栏中输入 http://localhost:8080/chapter06/url/userLogin.jsp,并在表单中填写用户登录信息。其运行结果如图 6-23 所示。

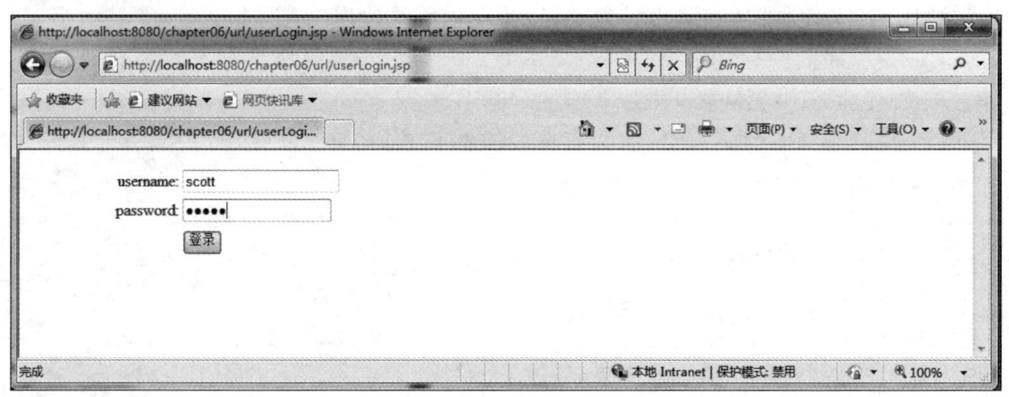

图 6-23　用户登录

当单击"登录"按钮后,由于 Cookie 禁用,所以表单中的 action 属性值会执行重写操作,会在 URL 地址的后面附加 jsessionid,该会话 ID 会作为请求的一部分发送,这里注意前面的是分号(;)而不是问号(?),因为 jsessionid 并不是一个请求参数。其运行结果如图 6-24 所示。

http://localhost:8080/chapter06/url/userLoginURLRewritingServlet;jsessionid=7119DE8E0ADD3C32A2FCD99D9851225F

收藏夹　建议网站　网页快讯库

http://localhost:8080/chapter06/url/userLogi...

欢迎, scott

查询用户| 修改用户| 删除用户| 注册用户

图 6-24　登录成功

如果表单中填写的信息是错误的，则校验失败，请求会重定向到登录页面 userLogin.jsp，其运行结果如图 6-25 所示。

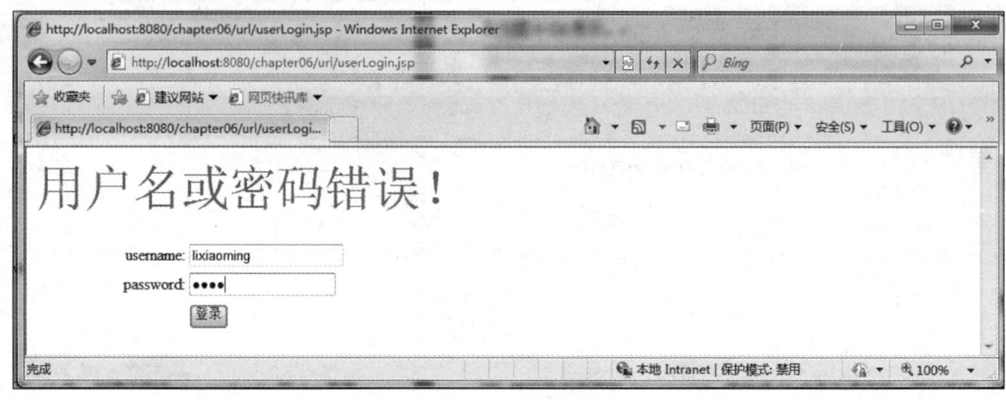

图 6-25　登录信息错误的页面运行结果

至此，使用 URL 重新实现用户登录的程序已完成。一般来说，URL 重写是支持会话的非常健壮的方法。在不能确定浏览器是否会支持 Cookie 的情况下应该使用这种方法。然而，使用 URL 重写应该注意以下几点。

(1) 如果使用 URL 重写，应该在应用程序的所有页面中的所有请求路径，如超链接和表单的 action 属性值，使用 URL 重写。

(2) 对 Servlet 中的所有请求转发路径、重定向路径使用 URL 重写。

(3) 应用程序的所有页面都应该是动态的。因为不同的用户具有不同的会话 ID，因此在静态 HTML 页面中无法在 URL 上附加会话 ID。

(4) 如果必须要有静态页面，那么所有的静态 HTML 页面必须经过 Servlet 运行，在它将页面发送给客户之前使用 URL 进行重写。

6.4.3　隐藏表单域

在 Form 表单中，可以使用下面的代码实现隐藏的表单域。

```
< input type = "hidden" name = "token" value = "12345"/>
```

当表单提交时，浏览器将指定的名称和值包含在 GET 或 POST 请求方式的数据中。这个隐藏域可以存储有关的会话信息。但它的主要缺点是：仅当每个页面都是由表单提交而动态生成时，才可以使用此方法。单击常规的超链接(< a href＝"">)并不产生提交，因此，隐藏的表单域不能支持通常的会话跟踪与管理，只能在某些特定的操作中，例如，为了防止表单重复提交而采用的隐藏表单在令牌机制等场景下使用。

6.4.4　隐藏表单域的应用

应用：防止表单重复提交

任务描述：当客户在淘宝或京东等平台上申请注册或登录个人账户时，通常是先填写表单数据，然后提交注册，如果用 Servlet 来模拟该功能，如何防止表单被重复提交的问题呢？也就是如何防止用户不经过表单直接通过刷新 Servlet 的映射路径来重复提交，以及通过“回退”按钮来重复提交表单，或由于系统反应速度慢，“注册”按钮被连续单击多次等问题。这里采用在注册页面中添加一个 hidden 的隐藏表单域的方法，该域的值为一个随机数（这里为了安全起见，把该随机数进行 MD5 加密，并使用 BASE64 编码转换成明文），称之为令牌 token，并把该 token 设置到 HttpSession 会话域中，同时在页面中增加实现一次性验证码来模拟真实的注册功能。在对应的 Servlet 处理类中，获取传递过来的隐藏 token 字段的值，并从 HttpSession 会话域中获取名称为 token 的值，通过对两个值进行非空及是否相等情况的校验来分析该请求是否来自于真实的表单提交，还是非法的重复提交。

开发步骤如下。

1. 编写对随机数进行 MD5 加密及 BASE64 编码的工具类 TokenProcessor. java

为了让数据更安全，可以对随机数进行 MD5 加密，同时为了让加密后的数据显示为明文，再对 MD5 加密后的数据使用 BASE64 编码进行转换（因为 MD5 加密后的数据会出现不可见字符，不便于显示与存储）。在 chapter06 项目的 src 目录下创建包 cn. sjxy. chapter06. hidden. example01. utils，并在包中创建名称为 TokenProcessor 的类。其具体的程序代码如文件 6-29 所示。

文件 6-29　TokenProcessor. java：

```
package cn.sjxy.chapter06.hidden.example01.utils;
import java.security.MessageDigest;
import java.security.NoSuchAlgorithmException;
import java.util.Random;
import sun.misc.*;
public class TokenProcessor {
    private static TokenProcessor instance = new TokenProcessor();
    //构造方法私有化
    private TokenProcessor(){}
    //单例设计模式(饿汉式)
    public static TokenProcessor  getInstance()
    {
        return instance;
    }
    /**
      * 功能：获取一个对随机数进行 MD5 加密和 BASE64 编码的字符串明文数据
      * @return
      */
    public String makeToken(){
          String token = "";
       try {
          String str = new Random().nextInt(1999999) + System.currentTimeMillis() + "";
          //为了统一数据的长度,可以使用消息摘要进行 MD5 加密
          MessageDigest msgdigest = MessageDigest.getInstance("md5");
          byte[] md5 = msgdigest.digest(str.getBytes());
          //System.out.println(md5.length + " " + new String(md5));
          //为了解决看到的乱码,可以用 BASE64 的算法对 MD5 产生的字符串进行再次加密并转化
//为明文
          BASE64Encoder encoder = new BASE64Encoder();
           token = encoder.encode(md5);
```

```
            //System.out.println(token);
        } catch (NoSuchAlgorithmException e) {
            //TODO Auto - generated catch block
            e.printStackTrace();
        }
        return token;
    }
    //测试
    public static void main(String[ ] args){
        TokenProcessor.instance.makeToken();
    }
}
```

2. 编写实现一次性图片验证码的 Servlet 类 ImageServlet.java

在实际开发中，为了保证用户的信息安全，都会在应用登录的界面添加一次性验证码，从而限制非法用户使用软件来暴力注册或猜测密码，这里通过程序来产生一个验证码图片，并在图片上设置干扰点，同时在图片上显示长度为 4 的 26 个大小写英文字母或 0～9 的数字所组成的字符，并把该类设计为一个 Servlet 类，对外的映射路径为/hidden/imageServlet。在 chapter06 项目的 scr 目录下先创建一个名称为 cn.sjxy.chapter06.hidden.example01.web.servlet 的包，并在包下创建名称为 ImageServlet 的类。其具体的程序代码实现如文件 6-30 所示。

文件 6-30　ImageServlet.java：

```
package cn.sjxy.chapter06.hidden.example01.web.servlet;
//问题：做一个图片验证码，产生一个图片，并在图片上画 4 个字符，并加入干扰点
import java.awt.Color;
import java.awt.Font;
import java.awt.Graphics;
import java.awt.image.BufferedImage;
import java.io.IOException;
import java.io.PrintWriter;
import java.util.Random;
import javax.servlet.ServletException;
import javax.servlet.annotation.WebServlet;
import javax.servlet.http.*;
import javax.imageio.*;
@WebServlet("/hidden/imageServlet")
public class ImageServlet extends HttpServlet {
    public void doPost(HttpServletRequest request, HttpServletResponse response)
            throws ServletException, IOException {
        response.setContentType("text/html;charset = utf - 8");
        request.setCharacterEncoding("utf - 8");
        //构造一个用来在图片上显示的字符
         char[ ] chars = "ABCDEFGHfghijklmnopIJKLMNOWXYZ0123456789abcdeqrstPQRSTUVuvwxyz".
toCharArray();
        //创建一个带缓冲区的 Image 对象，目的是在该对象上画东西，类似于使用 Word 中的画布
        //BufferedImage(80,20,BufferedImage.TYPE_INT_RGB),80 表示创建的画布的宽度,20 是
//高度，单位是像素，第三个参数是图片的类型
        BufferedImage image = new BufferedImage(80,20,BufferedImage.TYPE_INT_RGB);
```

```
            //通过画布来得到一个画图的对象,类似于画笔
            Graphics g = image.getGraphics();
            //先画图片的背景
            //首先选定背景的颜色
            g.setColor(Color.WHITE);
            //然后把选定的背景色填充到画布上
            g.fillRect(0, 0, 80, 20);
            //画边框
            g.setColor(Color.BLACK);
            g.drawRect(0, 0, 79, 19);
            //在往图片上添加字符的时候采用什么样的字体呢?可以设置
            g.setColor(Color.RED);
            g.setFont(new Font("黑体",Font.BOLD,18));
            //产生 4 个随机字符
            Random r = new Random();
            StringBuilder sb = new StringBuilder();
            for(int i = 0;i < 4;i++){
                int n = r.nextInt(chars.length);
                sb.append(chars[n] + " ");
            }
            //把产生的字符串画到画布上
            g.drawString(sb.toString(), 3, 15);
            //产生干扰点
            g.setColor(Color.BLUE);
             for(int i = 0;i < 200;i++){
                   int x = r.nextInt(80);
                   int y = r.nextInt(20);
                   g.drawOval(x, y, 1, 1);
             }
            //把画好的图片发送给客户端的 IE 浏览器
            ImageIO.write(image, "jpeg", response.getOutputStream());
        }
        public void doGet(HttpServletRequest request, HttpServletResponse response)
                throws ServletException, IOException {
            doPost(request,response);
        }
}
```

3. 编写注册页面 register.jsp

在 chapter06 项目的 WebContent 目录下创建一个子目录 hidden,并在该子目录下创建一个名称为 register.jsp 的用户注册页面,在该页面中包含一个隐藏表单域以及一次性验证码图显示及数据输入框区域。在该页面中使用 Java 脚本来调用 TokenProcessor 类中的 makeToken 方法来获取一个加密的随机数作为隐藏表单字段的值,同时把该值设置到 HttpSession 会话域中。其具体的程序代码实现如文件 6-31 所示。

文件 6-31 register.jsp。

```
<%@ page language = "java" import = "java.util.*,cn.sjxy.chapter06.hidden.example01.
utils.*" pageEncoding = "utf-8"%>
<!DOCTYPE HTML PUBLIC "-//W3C//DTD HTML 4.01 Transitional//EN">
```

```
<html>
  <head>
    <script type="text/javascript">
        function onSubmit()
        {
               document.getElementById("loginSubmit").disabled = "disableed";
               return true;
        }
        function onchange()
        {
            var imageObj = document.getElementById("myimage");
            imageObj.src = "/chapter06/hidden/imageServlet";
        }
     </script>
  </head>
  <body>
     <%
          //产生一个随机数,作为令牌
          //long number = new Random().nextInt(1999999) + System.currentTimeMillis();
          //String token = number + "";
          String token = TokenProcessor.getInstance().makeToken();
          System.out.println("token = " + token);
          //同时把这个令牌保存到 session 会话中
          session.setAttribute("token", token);

          //获取错误消息
          String error = (String)session.getAttribute("error");
       %>
  <br><br>
  <font size = "25" color = "red"> taobao.com 会员登录页面</font>
  <hr>
   <form action = "/chapter06/hidden/registerTokenServlet" method = "post" onsubmit = "return
onSubmit()" >

   <table width = "80 % " height = "60 % ">
   <tr><td align = "right" width = "20 % ">会员账号: </td><td colspan = "2"><input type =
"text" name = "username"><font color = "red"> * </font></td></tr>
   <%
          if(error!= null){
               session.removeAttribute("error");
     %>
   <tr><td align = "right">会员密码: </td><td colspan = "2"><input type = "password" name =
"password"><font color = "red"> * </font><% = error %></td></tr>
   <%
       }else{
     %>
     <tr><td align = "right">会员密码: </td><td colspan = "2"><input type = "password" name =
"password"><font color = "red"> * </font></td></tr>
     <% } %>
   <tr><td align = "right" width = "20 % ">确认密码: </td><td colspan = "2"><input type =
"password" name = "password2"><font color = "red"> * </font>
```

```
    <input type="hidden" name="token" value="<% =token %>">
    </td></tr>
    <tr><td align="right" width="20%">图片验证码: </td>
    <td colspan="2"><input type="text" name="checkcode">
     <img src="/chapter06/hidden/imageServlet" id="myimage">看不清?<a href="/chapter06/hidden/register.jsp" onclick="onchange()">重换一张</a>
    </td></tr>
    <tr><td></td><td colspan="2"><input type="submit" value="会员用户登录" id="loginSubmit"></td></tr>
  </table>
   </form>
  </body>
</html>
```

4. 编写一个用来处理提交表单请求的 Servlet 类 RegisterTokenServlet.java

在 chapter06 项目的 scr 目录下创建包 cn.sjxy.chapter06.hidden.example01.web.servlet,并在该包下创建名称为 RegisterTokenServlet 的 Servlet 类,在该类中首先获取传递过来的隐藏表单域字段的值,并获取存储在 HttpSession 会话域中的名称为 token 的令牌值,然后分别对隐藏字段及会话域中的值进行是否为空的判断,进而分析该次用户的请求是否来自于正常的表单提交,还是非法的重复提交,其具体的程序代码实现如文件 6-32 所示。

文件 6-32　RegisterTokenServlet.java:

```
package cn.sjxy.chapter06.hidden.example01.web.servlet;
import java.io.IOException;
import java.io.PrintWriter;
import javax.servlet.ServletException;
import javax.servlet.annotation.WebServlet;
import javax.servlet.http.HttpServlet;
import javax.servlet.http.HttpServletRequest;
import javax.servlet.http.HttpServletResponse;
@WebServlet("/hidden/registerTokenServlet")
public class RegisterTokenServlet extends HttpServlet {
    public void doPost(HttpServletRequest request, HttpServletResponse response)
            throws ServletException, IOException {
        response.setContentType("text/html;charset=utf-8");
        request.setCharacterEncoding("utf-8");
        PrintWriter out = response.getWriter();
        String token = request.getParameter("token");
        String sessionToken = (String)request.getSession().getAttribute("token");
        //System.out.println(sessionToken);
        //System.out.println(token);
        //取得令牌,如果令牌为空,表示不是通过表单提交过来的数据,有可能是刷新 URL 的
        if(token == null){
            out.println("对不起,不可以通过刷新来重复提交,请通过页面提交!");
            return ;
        }
        //如果 session 中的令牌为空的话,也表示非法刷新想重复提交数据
        if(null == sessionToken){
            out.println("对不起,不可以伪造令牌来进行重复提交!");
            return;
        }
```

```
            if(!sessionToken.equals(token)){
                  out.println("令牌值和 session 中的令牌值不相同,是非法提交!");
                  return ;
            }
            String username = request.getParameter("username");
            String password = request.getParameter("password");
            String password2 = request.getParameter("password2");
            if(!password.equals(password2)){
                  //把密码错误的提示放到 session 中,然后请求重定向到登录页面
                  request.getSession().setAttribute("error", "两次输入的密码不相同");
                  //请求重定向
                  response.sendRedirect(request.getContextPath() + "/hidden/register.jsp");
              return;
            }
            //清空 session 中保存的令牌
            request.getSession().removeAttribute("token");
            System.out.println("登录数据正在提交到数据库......");
            try {
                  Thread.sleep(3000);
            } catch (InterruptedException e) {
                  //TODO Auto - generated catch block
                  e.printStackTrace();
            }
            out.println("登录成功!");
            System.out.println("登录成功!");
      }
      public void doGet(HttpServletRequest request, HttpServletResponse response)
                  throws ServletException, IOException {
            doPost(request,response);
      }
}
```

5. 运行测试

启动 Web 服务器,在浏览器地址栏中输入 http://localhost:8080/chapter06/hidden/register.jsp ,访问用户登录页面,其运行效果如图 6-26 所示。

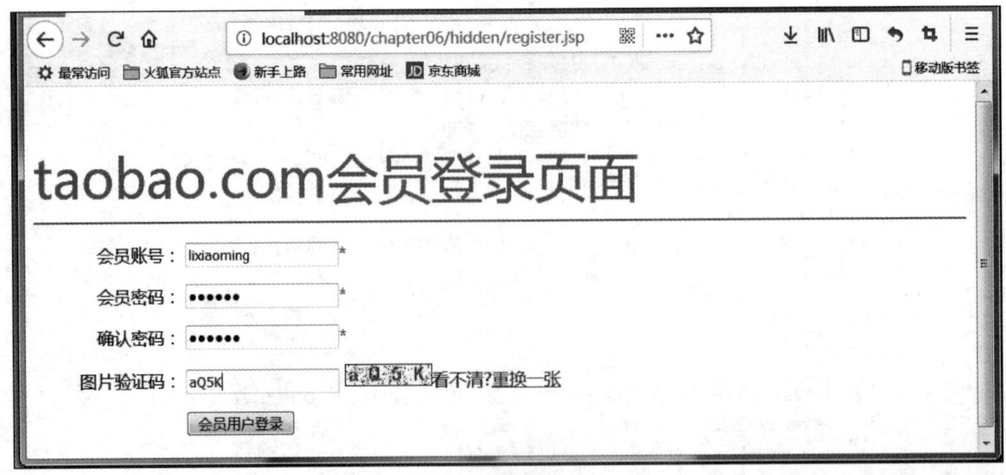

图 6-26　用户登录页面

程序为了模拟服务器响应速度慢的情况，在 RegisterTokenServlet 类中让线程休息了 3s 后执行，在 register. jsp 页面中通过 JavaScript 代码来实现让提交按钮不可重复单击的效果，当正确提交登录表单后的运行效果如图 6-27 所示。

图 6-27　正确提交登录表单后的运行效果

当通过浏览器中的“回退”按钮让同一个表单重复提交后的运行效果如图 6-28 所示。

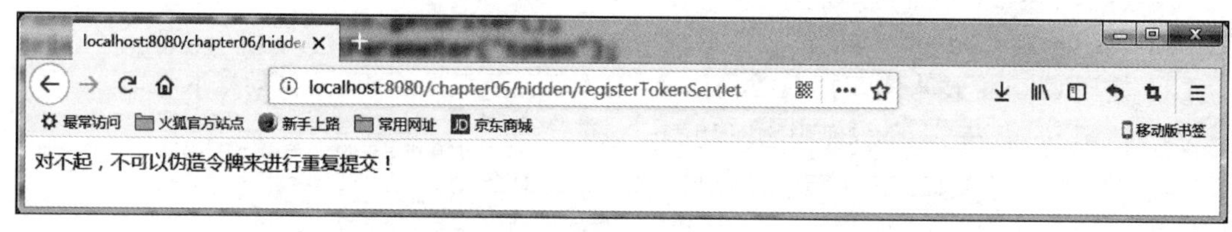

图 6-28　通过回退来重复提交的运行效果

当不经过登录表单而直接通过刷新或在 URL 后伪造随机参数，以及在浏览器中直接输入 http://localhost:8080/chapter06/hidden/registerTokenServlet 来发送请求后，运行效果如图 6-29 所示。

图 6-29　通过刷新或不经过登录表单来提交请求的运行效果

至此，使用隐藏表单域及一次性验证码来实现避免表单重复提交功能的程序已完成。通过以上案例希望读者能理解并掌握各种会话技术在开发中的灵活应用。

小　　结

本章主要讲解会话技术的相关概念及其 4 种不同实现方式。由于 HTTP 的无状态特征，在某些情况下我们要跟踪用户和服务器的交互过程，在 Servlet API 中提供了 HttpSession 的会话管理实现，一个会话是一个完整的客户与服务器的交互序列，在一个会话期间，服务器会记住客户并将所有来自客户的请求与客户的唯一会话对象关联，服务器通过为其指定一个唯一的标识符实现一个会话，也就是会话 ID。通过分析识别不同的会话 ID 来实现各个不同用户的会话过程。

会话的 4 种实现技术分别是 Cookie、Session、URL 重写与隐藏表单域。其中，Cookie

是在客户端保持会话的一种技术，Session 是在服务器端保持会话的一种技术，无论是 Cookie 还是 Session 都需要浏览器对 Cookie 的支持，当用户把浏览器的所有 Cookie 禁用后，我们的应用依然要维护会话过程的话，就需要使用 URL 重写来加以健壮实现。在某些特殊情况下，也可以通过隐藏表单域的方式来实现会话。本章的核心与重点内容是 Cookie 与 Session 会话的技术实现。

习　　题

1. 简述什么是会话技术。

2. 简述 Cookie 与 Session 技术的区别。

3. 简述 URL 重写在超链接路径、Form 表单的提交路径、Servlet 类中的请求转发与重定向路径上的重写实现方式。

4. 使用 Cookie 技术实现用户登录信息(用户名称及登录密码)的自动提取功能。

5. 使用 Sesssion 技术实现购物车功能。

6. 下面哪一个接口或类检索与用户相关的会话对象？(　　)

A. HttpServletRequest　　B. HttpServletResponse

C. ServletContext　　D. ServletConfig

7. 给定一个 HttpServletRequest 类型的对象 request，下面哪两行代码会在不存在会话的情况下创建一个会话？(　　)

A. request. getSession()　　B. request. getSession(true)

C. request. getSession(false)　　D. request. createSession()

8. 关于会话属性，下面哪两个说法是正确的？(　　)

A. HttpSession 的 getAttribute(String name)返回类型为 Object

B. HttpSession 的 getAttribute(String name)返回类型为 String

C. 在一个 HttpSession 上调用 setAttribute("name","lixiaoming")时，如果这个会话中对应的键 name 已经有一个值了，就会导致抛出一个异常

D. 在一个 HttpSession 上调用 setAttribute("name","lixiaoming")时，如果这个会话中对应的键 name 已经有一个值了，则这个属性的原来值会被 lixiaoming 替换

9. 关于 HttpSession 对象，下面哪两个说法是正确的？(　　)

A. 会话的超时时间设置为－1，则会话永远不会到期

B. 一旦用户关闭所有浏览器窗口，会话就会立即失效

C. 在部署描述文件中定义的超时时间之后，会话会失效

D. 可以调用 HttpSession 的 invalidateSession()方法使会话失效

10. 给定一个会话对象 s，有两个属性，属性分别为 myAttr1 和 myAttr2，下面哪一行(段)代码会把这两个属性从会话中删除？(　　)

A. s. removeAllValues()　　B. s. removeAllAttributes();

C. s. removeAttribute("myAttr1")
s. removeAttribute("myAttr2")　　D. s. getAttribute("myAttr1",NULL)
s. getAttribute("myAttr2",NULL)

11. 将下面哪一段代码插入到 doGet()方法中可以正确记录各个用户自己的 GET 请求的数量?(　　)

A.
```
HttpSession session = request.getSession();
int count = session.getAttribute("count");
session.setAttribute("count",count + + );
```
B.
```
HttpSession session = request.getSession();
int count = (int)session.getAttribute("count");
session.setAttribute("count",count + + );
```
C.
```
HttpSession session = request.getSession();
int count = ((Integer)session.getAttribute("count")).intValue();
session.setAttribute("count" ,count + + );
```
D.
```
HttpSession session = request.getSession();
int count = ((Integer)session.getAttribute("count")).intValue();
session.setAttribute("count",new Integer( + + count));
```
12. 关于会话超时,以下哪两个说法是正确的?(　　)

A. 在 web.xml 中会话超时声明是以秒为单位的

B. 在 web.xml 中会话超时声明是以分钟为单位的

C. 通过程序设置会话超时是以秒为单位的

D. 通过程序设置会话超时是以分钟为单位的

E. 通过程序设置会话超时可以是以秒为单位,也可以是以分钟为单位

13. 以下哪一段代码能从请求对象中获取名称为“ORA-UID”的 Cookie 的值?(　　)

A.
```
String value = request.getCookie("ORA-UID");
```
B.
```
String value = request.getHeader("ORA-UID");
```
C.
```
Cookie[] cookies = request.getCookies();
String cName = null;
String cValue = null;
if(cookies! = null){
   for(Cookie c:cookies){
   cName = c.getName();
   if(cName.equalsIgnoreCase("ORA-UID")){
      cValue = c.getValue();
         break;
      }
}
}
```
D.
```
Cookie[] cookies = request.getCookies();
if(cookies.length > 0){
  String cValue = cookies[0].getValue();
}
```
14. 如果客户不接受 Cookie,Web 容器可以采用哪一种会话管理机制?(　　)

A. 使用 Cookie,但不能使用 URL 重写

B. 使用URL重写,但不能使用Cookie

C. Cookie和URL重写都可以使用

D. Cookie和URL重新都不能使用

E. Cookie和URL重写必须一同使用

15. 调用下面哪一个方法将使会话失效?(　　)

A. session.invalidate()　　B. session.close()

C. session.destroy()　　D. session.end()

16. 如何保证与一个Web应用程序相关的所有会话永不超时?(　　)

A. session.setMaxInactiveInterval(－1);

B. 在部署描述文件web.xml中将<session-timeout>设置为－1

C. 在部署描述文件web.xml中将<session-timeout>设置为0或－1

D. 在部署描述文件web.xml中将<session-timeout>设置为65535

17. 下面哪些对象不是线程安全的?(　　)

A. ServletContext作用域属性　　B. 会话作用域属性

C. HttpServletRequest请求作用域属性　　D. Servlet类中的实例变量

E. doGet()或doPost()方法中的局部变量　　F. Servlet中的静态变量

第7章 Servlet 高级应用

在 Servlet 规范中定义了两个高级特性，分别是 Filter 过滤器和 Listener 监听器，但与 Servlet 不同的是，它们不是用来直接处理客户端的请求与响应。其中，Filter 过滤器用来对客户所请求的资源进行过滤与拦截；Listener 监听器用来对 ServletContext 上下文对象、HttpSession 会话对象、HttpServletRequest 请求对象及其事件进行监听处理。活用该 Servlet 高级特性中的 Filter 过滤器与 Listener 监听器技术，可以轻松解决一些特殊与烦琐问题。例如，使用 Filter 过滤器可以解决全站乱码问题、用户访问权限校验问题、静动态资源访问优化问题、对用户发帖内容的监管与处理等问题；使用 Listener 监听器可以解决在线人数的精准统计、定时扫描与服务管理、域对象及其属性变更监听等。接下来，本章将针对 Filter 过滤器和 Listener 监听器技术及其应用进行详细讲解。

7.1 Filter 过滤器应用

视频讲解

7.1.1 什么是 Filter 过滤器

Filter 被称为过滤器，有时也称为拦截器，其作为 Web 服务器上的组件，用来对 Servlet 容器调用 Servlet 的过程进行拦截，从而实现对客户和资源之间的请求和响应进行过滤与处理。这就好比现实中的拦河大坝或捕鱼的渔网，水从上游流到下游，要经过拦河大坝或渔网，上游相当于用户，下游相当于处理用户请求的资源，而拦河大坝或渔网就相当于这里的 Filter 过滤器，拦河大坝既可以选择开闸放水(请求可以到达目标资源)，也可以选择关闭闸门(请求不能到达目标资源)。渔网的作用也是类似的，根据渔网网眼的大小来选择把水中什么样大小的鱼进行捕获与放行。而 Filter 过滤器在 Web 应用中的作用和拦河大坝或渔网的作用是类似的，在请求到达目标资源之前进行拦截并处理，与拦河大坝或渔网不同的是，Filter 过滤器技术还可以对响应结果进行处理(而大坝与渔网通常是单向的，也就是只能从上游到下游，而不能是下游到上游)，因为在 Web 应用中用户发送请求到服务器给出处理与结果响应代表一次用户请求与响应过程。Filter 过滤器在 Web 应用中的拦截过程如图 7-1 所示。

在图 7-1 中，当用户通过浏览器访问服务器中的目标资源时，会被 Filter 过滤器拦截，在 Filter 过滤器中可以对用户请求进行预处理，然后再将请求转发给目标资源。当服务器接收到该请求后对其进行处理并给出响应，在服务器把响应结果返回客户端之前，也

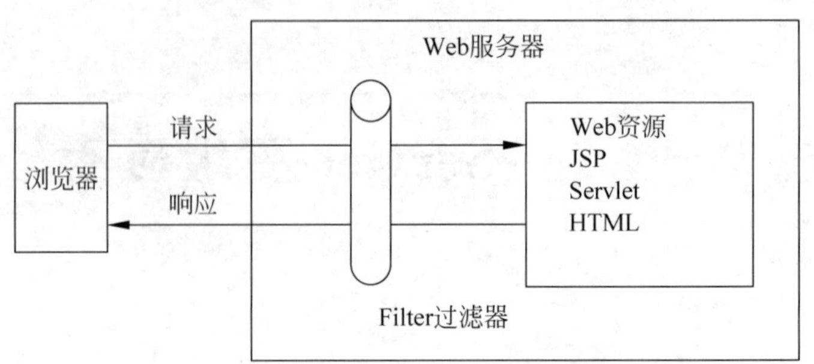

图 7-1 Filter 过滤器在 Web 应用中的拦截过程

必须要经过 Filter 过滤器，在过滤器中也可以对响应结果进行再加工处理，之后再发送给客户端。

7.1.2 过滤器的 API

在 javax.servlet 包中提供了以下三个接口类，分别是：Filter、FilterConfig、FilterChain。其简单描述如表 7-1 所示。

表 7-1 过滤器使用的接口

接　口	说　明
Filter	所有自定义的过滤器都需要实现该接口
FilterConfig	过滤器配置对象，类似于 ServletConfig，为某个过滤器配置的初始化参数可以通过该对象来获取
FilterChain	过滤器链对象

1. Filter 接口

Filter 接口是过滤器 API 的核心，所有的过滤器都必须要实现该接口。该接口中定义了 3 个方法，分别是：init()方法，doFilter()方法和 dostroy()方法，它们是过滤器的生命周期方法。其功能的具体描述如表 7-2 所示。

表 7-2 Filter 接口中的方法

方法声明	功能描述
init(FilterConfig filterConfig)	init()方法用来初始化过滤器，该方法会在 Filter 过滤器对象被创建后紧接着执行，开发人员可以在 init()方法中完成与构造方法类似的初始化功能。如果初始化代码中要使用到 FilterConfig 对象，那么，这些初始化代码就只能在 Filter 的 init()方法中编写，而不能在构造方法中编写，因为 init()方法是在构造方法之后被系统自动调用的，如果在 doFilter()或 destroy()方法中想使用 FilterConfig 的方法，可以在 Filter 类中定义一个 FilterConfig 类型的成员变量，在 init()方法中把参数 filterConfig 的值赋值给该成员变量即可

续表

方法声明	功能描述
doFilter(ServletRequest request,ServletResponse response, FilterChain chain)	doFilter()方法是拦截器实施过滤拦截处理的方法,该方法有3个参数,第一个是请求参数request,第二个是响应参数response,其作用和Servlet类中的service()方法或doGet/doPost相同,且类型一致(可以把request强制转换成HttpServletRequest,把response强制转换成HttpServletResponse类型),在请求到达目标资源之前可以通过request对象来获取请求相关的资源及处理,可以选择是否把请求放行到目标资源,在目标资源执行结束,给客户端响应之前,也可以通过response对象来对响应做再加工与处理;第三个参数chain代表当前Filter链对象,在当前Filter对象中的doFilter()方法内部需要调用FilterChain对象的doFilter()方法,才能把请求传递给Filter链中的下一个Filter或目标资源去处理,也就是做放行处理
destroy()	destroy()方法在Web服务器卸载Filter对象之前被调用,该方法用于释放被Filter对象打开的资源,例如,关闭数据库或IO流,其作用类似于Servlet类中的destroy()方法

表7-2中的三个方法都是Filter的生命周期方法,其中,init()初始化方法是在Web应用程序加载的时候伴随着Filter对象的创建而被调用执行,紧接着会执行doFilter()方法,在该方法中可以实现对请求的拦截处理操作,同时根据处理的结果选择是否将请求放行到后续的拦截器或目标资源。destroy()销毁方法在Web应用程序卸载前被调用,可以把一些资源的释放与回收等操作放在该方法中执行。其中,destroy()方法和init()方法在整个生命周期中只会被执行一次。

2. FilterConfig 接口

FilterConfig接口是用来获取为某个自定义的Filter过滤器配置的初始化参数、过滤器名,以及获取过滤器运行的ServletContext上下文对象,作用和ServletConfig类似。该接口中声明定义了4个方法,分别是:getInitParamter()方法、getInitParamterNames()方法、getServletContext()方法和getFilterName()方法。其功能的具体描述如表7-3所示。

表7-3 FilterConfig接口中的方法

方法声明	功能描述
getFilterName()	返回在web. xml配置文件中的<filter-name>标签指定的过滤器名,或注解@WebFilter中属性filterName所指定的值
getInitParameter()	获取在web. xml配置文件中为某个自定义的过滤器配置的初始化参数名称对应的值或注解@WebFilter中initParams属性所指定的初始化参数名称对应的值
getInitParameterNames()	获取为某个自定义的过滤器配置的所有初始化参数名称,其方法返回值为Enumeration枚举集合类型,为过滤器配置初始化参数有两种方式,一种是基于注解@WebFilter的方式,另一种是基于web. xml配置的方式
getServletContext()	返回与该应用程序相关的ServletContext上下文对象,过滤器可以使用该对象得到和设置应用作用域的属性

容器提供了 FilterConfig 接口的一个具体实现类，容器创建该类的一个实例，使用初始化参数值对它初始化，然后将它作为一个参数传递给过滤器的 init()方法，过滤器名和初始化参数既可以通过在 web. xml 配置文件中指定，也可以通过注解@WebFilter 来进行指定。

3. FilterChain 接口

FilterChain 接口表示过滤器链，在该接口中只定义了一个 doFilter()方法，它将请求控制传递给过滤器链中的下一个过滤器或最终的目标资源。其功能的具体描述如表 7-4 所示。

表 7-4　FilterChain 接口中的方法

方法声明	功能描述
doFilter()	该方法的具体声明格式为 public void doFilter(ServletRequest request，ServletResponse response) throws IOException，ServletException，通过调用该方法以继续过滤器链的执行，继续把请求控制传递给过滤器链中的下一个过滤器或目标资源

容器提供了该接口的一个实现并将它的一个实例作为参数传递给 Filter 过滤器接口的 doFilter()方法。在 doFilter()方法内，可以使用该接口将请求传递给链中的下一个组件，它可能是另一个过滤器或请求的目标资源。在该方法中传递的两个参数将被链中下一个过滤器的 doFilter()方法或目标 Servlet 的 service()方法接收。

7.1.3　实现一个简单的过滤器

为了让读者快速地掌握过滤器的开发过程及运行与过滤原理，接下来通过一个简单示例来进行说明，具体开发步骤如下。

第一步：首先在 Eclipse 中创建一个名为 chapter07 的动态 Web 项目，然后在 src 目录下创建一个名称为 cn. sjxy. chapter07. filter. example01. servlet 的包，并在该包下创建一个名称为 MyTargetServlet 的 Servlet 类，通过注解@SebServlet 将该 Servlet 类映射的对外访问路径为/myTargetServlet。具体代码如文件 7-1 所示。

文件 7-1　MyTargetServlet. java：

```
package cn.sjxy.chapter07.filter.example01.servlet;
import java.io.*;
import javax.servlet.*;
import javax.servlet.annotation.WebServlet;
import javax.servlet.http.*;
@WebServlet(urlPatterns = {"/myTargetServlet"})
public class MyTargetServlet extends HttpServlet {
    @Override
    protected void doGet (HttpServletRequest request, HttpServletResponse response) throws
ServletException, IOException {
        response.setContentType("text/html;charset = utf - 8");
        PrintWriter out = response.getWriter();
        //向页面输出测试数据
        out.println("< h1 >执行目标类 MyTargetServlet 中的代码</h1 >");
        //向控制台输出测试数据
        System.out.println(" -------- 执行目标类 MyTargetServlet -------- ");
    }
```

```
    @Override
    protected void doPost(HttpServletRequest request, HttpServletResponse response) throws
ServletException, IOException {
        doGet(request,response);
    }
}
```

将 chapter07 项目部署到 Tomcat 服务器，并启动 Tomcat 服务器，在浏览器中输入地址 http://localhost:8080/chapter07/myTargetServlet，由于该映射路径对应的目标 Servlet 类为 MyTargetServlet，其程序的运行结果如图 7-2 所示。

图 7-2　执行 MyTargetServlet 类的运行结果

第二步：在 chapter07 项目的 src 目录下创建名称为 cn. sjxy. chapter07. filter. example01. filter 的包，并在该包下创建一个名称为 MyFirstSimpleFilter 的类，让该类实现 javax. servlet. Filter 接口。具体代码如文件 7-2 所示。

文件 7-2　MyFirstSimpleFilter. java：

```
package cn.sjxy.chapter07.filter.example01.filter;
import java.io.*;
import javax.servlet.Filter;
import javax.servlet.FilterChain;
import javax.servlet.FilterConfig;
import javax.servlet.ServletException;
import javax.servlet.ServletRequest;
import javax.servlet.ServletResponse;
public class MyFirstSimpleFilter implements Filter {
    //定义一个类型为 FilterConfig 的成员变量,目的是在 doFilter()方法中使用
    private FilterConfig filterConfig;
    @Override
    public void init(FilterConfig filterConfig) throws ServletException {
         //该方法在过滤器对象被创建后紧接着被调用,来完成一些初始化操作
        //把该局部变量 filterConfig 的值赋值给成员变量 filterConfig
        this.filterConfig = filterConfig;
        System.out.println("MyFirstSimpleFilter.init()初始化方法被调用");
    }
    @Override
    public void doFilter(ServletRequest request, ServletResponse response, FilterChain chain)
            throws IOException, ServletException {
            //获取为该自定义过滤器类 MyFirstSimpleFilter 配置的初始化参数名称为 encoding
//的值
            String encoding = filterConfig.getInitParameter("encoding");
            //设置响应的内容类型及编码
            response.setContentType("text/html;charset = " + encoding);
```

```
                PrintWriter out = response.getWriter();
                out.println("< h2 >执行过滤器: MyFirstSimpleFilter - before </h2 >");
                System.out.println("MyFirstSimpleFilter: ---------- 执行目标 Servlet 资源之
前被执行! ------------ ");
                //放行请求控制到下一个过滤器链或目标资源(这里只有一个过滤器即请求放行到
//目标 MyTargetServlet)
                chain.doFilter(request, response);
                out.println("< h2 >执行过滤器: MyFirstSimpleFilter - after </h2 >");
            System.out.println("MyFirstSimpleFilter: ---------- 在执行目标 Servlet 资源之后
返回客户端之前被执行! ------------ ");
    }
    @Override
    public void destroy() {
        System.out.println("MyFirstSimpleFilter.destroy()销毁方法被调用");
    }
}
```

第三步：在 chapter07 项目的 web.xml 中对自定义的过滤器进行路径拦截及初始化参数的配置。

```
< filter >
        < filter - name > MyFirstSimpleFilter </filter - name >
        < filter - class > cn. sjxy. chapter07. filter. example01. filter. MyFirstSimpleFilter
</filter - class >
        <! -- 给该过滤器配置初始化参数,在过滤器类中可以通过 FilterConfig 对象来获取 -->
        < init - param >
          < param - name > encoding </param - name >
          < param - value > UTF - 8 </param - value >
        </init - param >
</filter >
< filter - mapping >
        < filter - name > MyFirstSimpleFilter </filter - name >
        < url - pattern >/myTargetServlet </url - pattern >
</filter - mapping >
```

上述代码是用来对自定义过滤器类进行注册与实施请求路径拦截过滤而配置的，各标签元素的作用描述如下。

(1) < filter >标签用来注册一个自定义的 Filter 过滤器，是一个根元素。

(2) < filter-name >标签作为< filter >的子标签，用于设置 Filter 的名称，通常会用自定义 Filter 过滤器类的类名作为该标签的值。

(3) < filter-class >标签作为< filter >的子标签，用来指定自定义 Filter 过滤器类的完整路径(包名+类名)，该标签必须要定义在< fitler-name >的后面。

(4) < filter-mapping >标签用来映射自定义 Filter 过滤器类实施请求拦截的路径。

(5) < filter-name >标签作为< filter-mapping >的第一个子标签，该标签的值和前面某个注册< filter >中的子标签< filter-name >值相同。

(6) < url-pattern >标签作为< filter-mapping >的第二个子标签，用于配置实施对请求资源路径 URL 的拦截过滤。例如，/myTargetServlet 表示当用户请求该路径时，首先经过该过滤器处理,该路径也可以使用通配符"*"来表示,例如,"/*"表示拦截过滤所有的用户请求。

其中,url-pattern 标签中的值是用来映射设施拦截过滤的路径的,该标签的值必须要以"/"开头,表示相对于项目的根路径,该路径和前面的 MyTargetServlet 的映射路径相同,当用户请求/myTargetServlet 路径时,由于该路径在 MyFirstSimpleFilter 过滤器的拦截范围,所以请求首先要经过该过滤器。

重启 Tomcat 服务器,在浏览器的地址栏中输入 http://localhost:8080/chapter07/myTargetServlet,访问目标资源 Servlet 类 MyTargetServlet,此时,由于该路径在过滤器 MyFirstSimpleFilter 的拦截范围,首先会执行过滤器中的 doFilter()方法,其程序的运行结果如图 7-3 所示。

图 7-3 经过过滤器拦截的运行结果

两次访问/myTargetServlet 路径,其控制台运行的效果如图 7-4 所示。过滤器对象是单实例的,init()初始化方法在整个生命周期中只会被执行一次,而 doFilter()方法是基于多线程的,用户的每次请求都会被执行(前提是该用户的请求路径在拦截过滤的范围内)。

```
log4j:WARN No appenders could be found for logger (org.springframework.web.context.ContextLoader).
log4j:WARN Please initialize the log4j system properly.
MyFirstSimpleFilter.init()初始化方法被调用
四月 14, 2019 11:00:14 上午 org.apache.coyote.AbstractProtocol start
信息: Starting ProtocolHandler ["http-nio-8080"]
四月 14, 2019 11:00:14 上午 org.apache.coyote.AbstractProtocol start
信息: Starting ProtocolHandler ["ajp-nio-8009"]
四月 14, 2019 11:00:14 上午 org.apache.catalina.startup.Catalina start
信息: Server startup in 3207 ms
MyFirstSimpleFilter:---------执行目标Servlet资源之前被执行!-----------
--------执行目标类MyTargetServlet--------
MyFirstSimpleFilter:---------在执行目标Servlet资源之后返回客户端之前被执行!-----------
MyFirstSimpleFilter:---------执行目标Servlet资源之前被执行!-----------
--------执行目标类MyTargetServlet--------
MyFirstSimpleFilter:---------在执行目标Servlet资源之后返回客户端之前被执行!-----------
```

图 7-4 控制台的运行效果

在 MyFirstSimpleFilter 类中的 doFilter()方法中,如果把 chain.doFilter(request,response)语句注释掉后,则请求就不会放行到目标资源,其运行结果如图 7-5 所示。

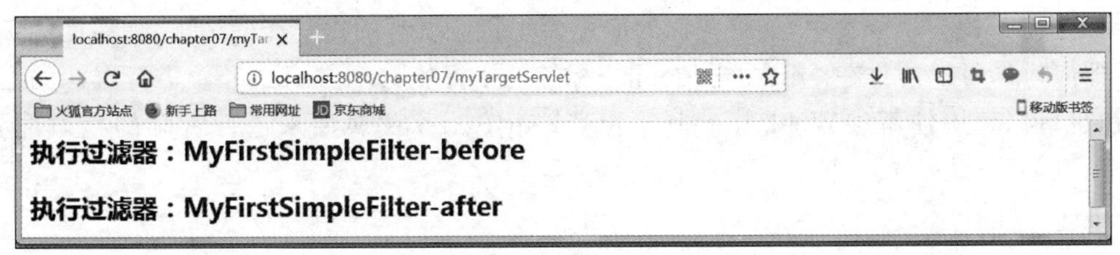

图 7-5 没有放行请求到目标资源的运行结果

7.1.4 Filter 过滤器的映射与配置

通过 7.1.3 节的学习，了解到 Filter 过滤器的开发过程及简单工作原理，以及基于 XML 注册映射方式的拦截过滤配置，从 Servlet 3.0 之后也支持基于注解@WebFilter 的配置与映射方式。@WebFilter 用于将一个类声明为过滤器，该注解将会在部署时被容器处理，容器将根据具体的属性配置将相应的类部署为过滤器。该注解具有表 7-5 给出的一些常用属性。

表 7-5 @WebFilter 注解的常用属性

属 性 名	类 型	描 述
filterName	String	指定过滤器的 name 属性，等价于 XML 配置中的< filter-name >
value	String[]	该属性等价于 urlPatterns 属性，但是两者不应该同时使用
urlPatterns	String[]	指定一组过滤器的 URL 匹配模式，等价于< url-pattern >标签
servletNames	String[]	指定过滤器将应用于哪些 Servlet，取值是@WebServlet 中的 name 属性的取值，或者是 web. xml 中< servlet-name >的取值
dispatcherTypes	DispatcherType[]	指定过滤器的转发模式，具体取值包括：ASYNC、ERROR、FORWARD、INCLUDE、REQUEST
initParams	WebInitParam[]	指定一组过滤器初始化参数，等价于< init-param >标签
asyncSupported	boolean	声明过滤器是否支持异步操作模式，等价于< async-supported >标签
description	String	该过滤器的描述信息，等价于< description >标签
displayName	String	该过滤器的显示名，通常配合工具使用，等价于< display-name >标签

表 7-5 给出的@WebFilter 注解所有属性均为可选属性，但是 value、urlPatterns、servletNames 三者必须至少包含一个，且 value 和 urlPatterns 不能共存，如果同时指定，通常忽略 value 的取值。如可以把前面的 MyFirstSimpleFilter 过滤器的基于 XML 方式的注册与映射配置修改为基于@WebFilter 注解的配置，但对于同一个过滤器使用注解与 XML 配置只能选其一，而不能同时使用。

```
@WebFilter(urlPatterns = {"/myTargetServlet"},filterName = "MyFirstSimpleFilter",initParams
= {
@WebInitParam(name = "encoding" ,value = "UTF - 8")})
public class MyFirstSimpleFilter implements Filter{
   …
}
```

1. 使用通配符“ * ”拦截所有的用户访问请求

在过滤器的应用开发中，如果我们的应用要想拦截所有的用户访问请求(如后面的编码过滤器应用)，可以通过在< filter-mapping >标签的子标签< url-pattern >中进行资源的拦截配置，也可以使用注解@WebFilter 中 value 或 urlPatterns 属性来进行资源的拦截配置。具体示例如下。

```
<filter>
    <filter - name> MyFirstSimpleFilter </filter - name>
```

```
        <filter-class>cn.sjxy.chapter07.filter.example01.filter.MyFirstSimpleFilter
    </filter-class>
    </filter>
    <filter-mapping>
        <filter-name>MyFirstSimpleFilter</filter-name>
        <url-pattern>/*</url-pattern>
    </filter-mapping>
```

以上是基于 XML 的配置方式，也可以使用注解@WebFilter 的方式来进行配置对所有用户访问请求资源的拦截配置。

```
@WebFilter(urlPatterns = {"/*"})
public class MyFirstSimpleFilter implements Filter{
    …
}
```

同样可以使用通配符"*"的各种组合方式来进行对用户请求资源的拦截配置，如配置 *.do，表示对所有以.do 结尾的请求 URL 进行拦截；配置/user/*，表示对所有以/user 开头的访问 URL 路径进行拦截。总之，可以通过对过滤器拦截路径的灵活配置来实现对不同资源的访问及权限控制。

2. 拦截不同方式的用户访问请求

在 web.xml 文件中，可以通过在<filter-mapping>标签中添加子标签<dispatcher>来实现指定对过滤器所拦截的资源被 Servlet 容器调用的方式，也可以通过注解@WebFilter 的 dispatcherTypes 属性来进行调用方式的配置，其调用方式包括下面 4 个，分别是：REQUEST、INCLUDE、FORWARD 和 ERROR。其具体使用说明如下。

1）REQUEST

当用户直接访问页面时，Tomcat 容器将会调用该过滤器，如果目标资源是通过 RequestDispatcher 请求转发对象的 include()方法或 forword()方法访问的，那么该过滤器将不会被调用。

2）INCLUDE

如果目标资源是通过 RequestDispatcher 的 include()方法访问的，那么该过滤器会被调用执行。除此之外，该过滤器是不会被调用执行的。

3）FORWARD

如果目标资源是通过 RequestDispatcher 的 forward()方法访问的，那么该过滤器会被调用执行。除此之外，该过滤器是不会被调用执行的。

4）ERROR

如果目标资源是通过声明式异常处理机制访问的，那么该过滤器会被调用执行。除此之外，该过滤器是不会被调用执行的。

在<filter-mapping>标签中可以使用多个<dispatcher>子标签来配置拦截器对不同请求方式的拦截权限控制，例如：

```
<filter-mapping>
    <filter-name>MyFirstSimpleFilter</filter-name>
    <url-pattern>*.do</url-pattern>
```

```
        <dispatcher> INCLUDE </dispatcher>
        <dispatcher> FORWARD </dispatcher>
    </filter-mapping>
```


以上是基于 XML 方式的配置，也可以通过注解@WebFilter 的属性 despatcherTypes 来进行配置对不同请求方式的拦截控制，例如：

```
@WebFilter(urlPatterns = {"/*.do"}, filterName = "myFirstSimpleFilter",
            dispatcherTypes = {DispatcherType.INCLUDE, DispatcherType.FORWARD})
```

为了让读者更好地理解上述 4 个值的作用，下面通过使用 FORWARD 为例，来演示 Filter 过滤器对请求转发方式的拦截效果，具体操作步骤如下。

步骤 1：在 chapter07 项目下创建包 cn.sjxy.chapter07.filter.example02.servlet，并在该包下创建名称为 ForwardServlet 的 Servlet 类，在该 Servlet 类中再将请求转发给名称为 testForward 的 JSP 页面，并使用注解@WebServlet 来把该 Servlet 映射为对外的访问路径为"/forwardServlet"，其具体的代码实现如文件 7-3 所示。

文件 7-3　ForwardServlet.java。

```
package cn.sjxy.chapter07.filter.example02.servlet;
import java.io.IOException;
import javax.servlet.ServletException;
import javax.servlet.annotation.WebServlet;
import javax.servlet.http.HttpServlet;
import javax.servlet.http.HttpServletRequest;
import javax.servlet.http.HttpServletResponse;
@WebServlet(urlPatterns = {"/forwardServlet"}, name = "forwardServlet")
public class ForwardServlet extends HttpServlet {
    protected void doGet(HttpServletRequest request, HttpServletResponse response) throws
ServletException, IOException {
            System.out.println("ForwardServlet 类被执行了");
        //将请求转发给 testForward.jsp 页面
        request.getRequestDispatcher("/testForward.jsp").forward(request, response);
    }
    protected void doPost(HttpServletRequest request, HttpServletResponse response) throws
ServletException, IOException {
        doGet(request, response);
    }
}
```

步骤 2：在 chapter07 项目的 WebContent 目录下创建一个名称为 testForward 的 JSP 页面，在该页面中进行简单的测试内容输出，其具体的代码实现如文件 7-4 所示。

文件 7-4　testForward.jsp：

```
<%@ page language = "java" contentType = "text/html; charset = UTF-8" pageEncoding = "UTF-8" %>
<!DOCTYPE html>
<html>
<head>
<meta charset = "UTF-8">
<title> Insert title here </title>
```

```
</head>
<body>
    <h1>testForward.jsp</h1>
</body>
</html>
```

步骤 3：在 chapter07 项目下创建包 cn.sjxy.chapter07.filter.example02.filter，并在该包下创建名称为 ForwardFilter 的 Filter 过滤器类，在该 Filter 过滤器类中使用 response 对象来向页面终端输出简单的信息，且让请求终止（没有使用 FilterChain 对象的 doFilter()方法来把请求放行给目标资源），并使用注解@WebFilter 来把该 Filter 过滤器映射为对外的拦截路径为"/testForward.jsp"，其具体的代码实现如文件 7-5 所示。

文件 7-5　ForwardFilter.java：

```
package cn.sjxy.chapter07.filter.example02.filter;
import java.io.IOException;
import java.io.PrintWriter;
import javax.servlet.Filter;
import javax.servlet.FilterChain;
import javax.servlet.FilterConfig;
import javax.servlet.ServletException;
import javax.servlet.ServletRequest;
import javax.servlet.ServletResponse;
import javax.servlet.annotation.WebFilter;
@WebFilter(urlPatterns = {"/testForward.jsp"},filterName = "forwardFilter")
public class ForwardFilter implements Filter {
    @Override
    public void init(FilterConfig filterConfig) throws ServletException {
      //过滤器对象被创建后，紧接着会执行该方法来进行一些初始化操作，该方法在整个声明
//周期中只会被执行一次
    }
    @Override
    public void doFilter(ServletRequest request, ServletResponse response, FilterChain chain)
            throws IOException, ServletException {
        //向页面输出一些简单的测试信息
         response.setContentType("text/html;charset = utf - 8");
        PrintWriter out = response.getWriter();
        out.println("该过滤器被调用了：Hello ForwardFilter");
        //让请求到此终止(没有放行请求到目标资源)
        //chain.doFilter(request, response);
    }
    @Override
    public void destroy() {
        //该过滤器对象销毁之前，该方法会被自动调用，用来进行一些资源的释放操作
    }
}
```

步骤 4：启动 Tomcat 服务器，在浏览器地址栏中输入地址 http://localhost:8080/chapter07/forwardServlet，该访问路径对应的是 ForwardServlet 类的映射路径，该 Servlet 中再将请求转发给 testForward.jsp 页面，而该页面在 ForwardFilter 过滤器的过滤拦截路径范围，测试在浏览器中显示的运行结果如图 7-6 所示。

图 7-6　运行结果

从图 7-6 的运行结果来看，过滤器 ForwardFilter 并没有对 ForwardServlet 中的请求转发路径资源/testForwrd. jsp 起拦截过滤作用，虽然该路径属于 ForwardFilter 配置的拦截路径，如何才能让过滤器起拦截过滤作用呢？需要添加对请求方式的拦截配置。

步骤 5：在注解@WebFilter 上添加属性 dispatcherTypes，并给该属性添加值{DispatcherType. FORWARD}，其具体的配置代码如图 7-7 所示。

```
@WebFilter(urlPatterns= {"/testForward.jsp"},filterName="forwardFilter",
      dispatcherTypes= {DispatcherType.FORWARD})
public class ForwardFilter implements Filter {
```

图 7-7　注解@WebFilter 的属性 dispatcherTypes 属性配置

步骤 6：重启 Tomcat 服务器，在浏览器地址栏中输入地址 http://localhost:8080/chapter07/forwardServlet，访问 FowardServlet，此时浏览器显示的运行结果如图 7-8 所示。

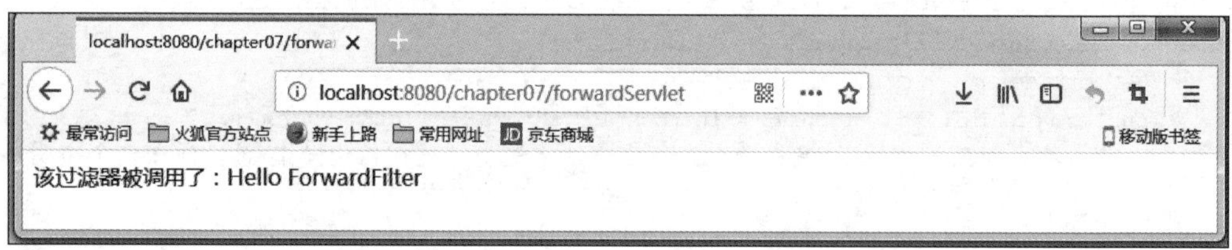

图 7-8　运行结果

从图 7-8 中可以看出，当访问路径/forwardServlet 对应 ForwardServlet 类时，请求被转发到 testForward. jsp 页面了。此时，由于在注解@WebFilter 中添加了 dispatcherTypes 属性及值的配置 dispatcherTypes＝{DispatcherType. FORWARD}，从而使过滤器 ForwardFilter 被执行，而目标页面资源 testForward. jsp 被拦截。需要注意的是，ForwardServlet 类本身的代码还是要被执行的，可以通过在 ForwardServlet 类中添加控制台输出来进行测试。例如，在请求转发语句之前添加输出语句 System. out. println("ForwardServlet 类被执行了")，运行后发现该语句在控制台被输出了。希望通过对 FORWARD 请求方式的拦截设置，读者也能掌握其他 3 个请求方式的拦截配置。

以上是基于 Servlet 3.0 提供的注解@WebServlet 和@WebFilter 配置，也可以采用传统的基于 XML 的配置方式。在 chapter07 项目中的 WebContent/WEB-INF/目录下的 web. xml 文件中添加如下配置：

```
<servlet>
    <servlet-name>ForwardServlet</servlet-name>
    <servlet-class>cn.sjxy.chapter07.filter.example02.servlet.ForwardServlet</servlet-
```

```
class>
</servlet>
<servlet-mapping>
    <servlet-name>ForwardServlet</servlet-name>
   <url-pattern>/forwardServlet</url-pattern>
</servlet-mapping>
<!-- 通过 filter 标签来注册一个自定义的过滤器 -->
<filter>
    <filter-name>ForwardFilter</filter-name>
    <filter-class>cn.sjxy.chapter07.filter.example02.filter.ForwardFilter</filter-class>
</filter>
<!-- filter-mapping 标签的作用是把前面注册的自定义过滤器映射为对外实施拦截过滤的路径 -->
<filter-mapping>
    <filter-name>ForwardFilter</filter-name>
    <url-pattern>/forwardServlet</url-pattern>
    <dispatcher>FORWARD</dispatcher>
</filter-mapping>
```

7.1.5 Filter 过滤器链及配置

在一个 Web 应用中可以同时定义多个 Filter 过滤器，每个过滤器可以配置一个至多个拦截的 URL 路径(也就是在 web.xml 中一个注册的自定义过滤器<filter>标签，可以配置多个与之对应的标签<filter-mapping>，来把该过滤器映射为多个不同实施过滤拦截的路径，通常只配置一个)。多个不同的过滤器也可以同时对某一个 URL 路径进行拦截过滤，针对这种情况，在 Web 应用中会把这些 Filter 过滤器组成一个 Filter 过滤器链，用 FilterChain 对象来表示。FilterChain 对象中有一个 doFilter()方法，该方法的作用是让当前的过滤器把请求放行到 FilterChain 过滤器链中的下一个过滤器，如果该过滤器是 FilterChain 链中的最后一个过滤器，则请求会到达目标资源。其 FilterChain 过滤器链的拦截过程如图 7-9 所示。

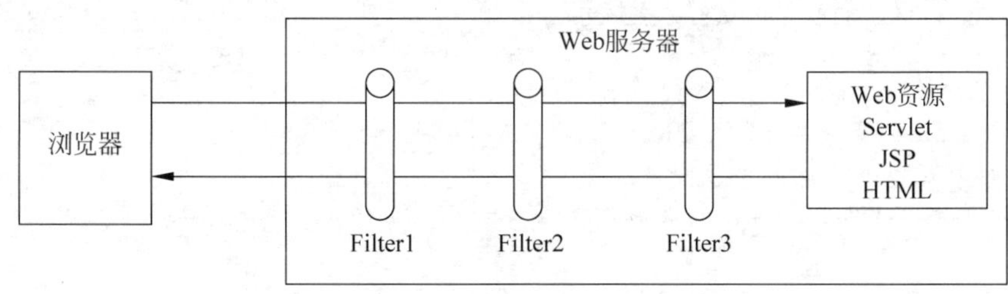

图 7-9　FilterChain 过滤器链的拦截过程

在图 7-9 中，当浏览器访问 Web 服务器中的目标资源时需要经过 3 个过滤器：Filter1、Filter2 和 Filter3。首先，Filter1 会对该请求进行过滤拦截，在 Filter1 过滤器中进行处理完成后，通过调用 Filter1 的 doFilter()方法来把请求放行传递给 Filter2 过滤器，在 Filter2 中继续进行处理，处理完成后再调用 Filter2 的 doFilter()方法把请求放行传递给 Filter3 过滤器，在 Filter3 中继续进行代码处理，处理完成后再调用 Filter3 的 doFilter()方法来把请求放行传递给目录资源，中间只要有一个过滤器没有调用 doFilter()方法放行，则请求就不会到达下一个过滤器或目标资源。当 Web 服务器对这个请求做出响应时，也会被过滤器拦截,这个拦截的顺序和之前的恰好相反,并最终将响应结果返回给客户端。

为了让读者更好地理解与掌握过滤器链的执行与拦截过程,下面通过一个简单示例来演示其开发、运行与测试过程,具体步骤如下。

步骤1:在 chapter07 项目的 src 目录下创建包 cn.sjxy.chapter07.filter.example03.filter,并在该包下创建3个过滤器类 FirstFilter、SecondFilter 和 ThirdFilter,其具体的代码实现如文件7-6~文件7-8所示。

文件7-6　FirstFilter.java:

```
package cn.sjxy.chapter07.filter.example03.filter;
import java.io.IOException;
import java.io.PrintWriter;
import javax.servlet.Filter;
import javax.servlet.FilterChain;
import javax.servlet.FilterConfig;
import javax.servlet.ServletException;
import javax.servlet.ServletRequest;
import javax.servlet.ServletResponse;
public class FirstFilter implements Filter {
    @Override
    public void init(FilterConfig filterConfig) throws ServletException {
        System.out.println("过滤器 FirstFilter 的 init()初始化方法被调用--------01");
    }
    @Override
    public void doFilter(ServletRequest request, ServletResponse response, FilterChain chain)
            throws IOException, ServletException {
        PrintWriter out = response.getWriter();
        //向请求域中设置一个名称为 name01 值为 FirstFilter-01 的键值对测试数据
        request.setAttribute("name01", "FirstFilter-01");
        out.println("FirstFilter------before----01<br>");
        //放行请求给过滤器链中的下一个过滤器或目标资源
        chain.doFilter(request, response);
        out.println("FirstFilter------after------01<br>");
    }
    @Override
    public void destroy() {
        System.out.println("过滤器 FirstFilter 的 destroy()销毁方法被调用--------01");
    }
}
```

文件7-7　SecondFilter.java:

```
package cn.sjxy.chapter07.filter.example03.filter;
import java.io.IOException;
import java.io.PrintWriter;
import javax.servlet.Filter;
import javax.servlet.FilterChain;
import javax.servlet.FilterConfig;
import javax.servlet.ServletException;
import javax.servlet.ServletRequest;
```

```
import javax.servlet.ServletResponse;
public class SecondFilter implements Filter {
    @Override
    public void init(FilterConfig filterConfig) throws ServletException {
        System.out.println("过滤器 SecondFilter 的 init()初始化方法被调用--------02");
    }
    @Override
    public void doFilter(ServletRequest request, ServletResponse response, FilterChain chain)
            throws IOException, ServletException {
        PrintWriter out = response.getWriter();
        //向请求域中设置一个名称为 name02 值为 SecondFilter-02 的键值对测试数据
        request.setAttribute("name02", "SecondFilter-02");
        out.println("SecondFilter------before----02<br>");
        //放行请求给过滤器链中的下一个过滤器或目标资源
        chain.doFilter(request, response);
        out.println("SecondFilter------after------02<br>");
    }
    @Override
    public void destroy() {
        System.out.println("过滤器 SecondFilter 的 destroy()销毁方法被调用--------02");
    }
}
```

文件 7-8　ThirdFilter.java：

```
package cn.sjxy.chapter07.filter.example03.filter;
import java.io.IOException;
import java.io.PrintWriter;
import javax.servlet.Filter;
import javax.servlet.FilterChain;
import javax.servlet.FilterConfig;
import javax.servlet.ServletException;
import javax.servlet.ServletRequest;
import javax.servlet.ServletResponse;
public class ThirdFilter implements Filter {
    @Override
    public void init(FilterConfig filterConfig) throws ServletException {
        System.out.println("过滤器 ThirdFilter 的 init()初始化方法被调用--------03");
    }
    @Override
    public void doFilter(ServletRequest request, ServletResponse response, FilterChain chain)
            throws IOException, ServletException {
        PrintWriter out = response.getWriter();
        //向请求域中设置一个名称为 name03 值为 ThirdFilter-03 的键值对测试数据
        request.setAttribute("name03", "ThirdFilter-03");
        out.println("ThirdFilter------before----03<br>");
        //放行请求给过滤器链中的下一个过滤器或目标资源
        chain.doFilter(request, response);
        out.println("ThirdFilter------after------03<br>");
    }
    @Override
```

```
    public void destroy() {
        System.out.println("过滤器 ThirdFilter 的 destroy()销毁方法被调用--------03");
    }
}
```


3 个过滤器中的处理代码都非常简单，在调用 doFilter()方法放行请求之前进行简单的测试数据输出，在放行之后，响应返回之前也进行了简单的测试代码输出。

步骤 2：在当前 chapter07 项目中的 web.xml 配置文件中添加对以上 3 个过滤器的注册与拦截映射路径配置，为了防止其他过滤器对此次过滤器链的测试产生影响与干扰，把之前对 example01 和 example02 包中的过滤器映射与映射都注释掉（包括 web.xml 文件中配置的及@WebFilter 注解的都注释掉），其在 web.xml 文件中具体的配置代码如下。

```
<!-- 对过滤器 FirstFilter 进行注册配置 -->
<filter>
    <filter-name>FirstFilter</filter-name>
    <filter-class>cn.sjxy.chapter07.filter.example03.filter.FirstFilter</filter-class>
</filter>
<!-- 对过滤器 FirstFilter 进行拦截地址映射配置 -->
<filter-mapping>
    <filter-name>FirstFilter</filter-name>
    <url-pattern>/example03/filterChain</url-pattern>
</filter-mapping>
<!-- 对过滤器 SecondFilter 进行注册配置 -->
<filter>
    <filter-name>SecondFilter</filter-name>
    <filter-class>cn.sjxy.chapter07.filter.example03.filter.SecondFilter</filter-class>
</filter>
<!-- 对过滤器 SecondFilter 进行拦截地址映射配置 -->
<filter-mapping>
    <filter-name>SecondFilter</filter-name>
    <url-pattern>/example03/filterChain</url-pattern>
</filter-mapping>
<!-- 对过滤器 ThirdFilter 进行注册配置 -->
<filter>
    <filter-name>ThirdFilter</filter-name>
    <filter-class>cn.sjxy.chapter07.filter.example03.filter.ThirdFilter</filter-class>
</filter>
<!-- 对过滤器 ThirdFilter 进行拦截地址映射配置 -->
<filter-mapping>
    <filter-name>ThirdFilter</filter-name>
    <url-pattern>/example03/filterChain</url-pattern>
</filter-mapping>
```

需要注意的是，这里对三个不同的过滤器映射拦截路径的配置都是相同的，都是/example03/filterChain，目的是让三个过滤器都起作用，形成过滤器链。

步骤 3：在 chapter07 项目的 src 目录下创建包 cn.sjxy.chapter07.filter.example03.servlet，并在该包下创建一个名称为 TestFilterChainServlet 的 Servlet 类，该 Servlet 的注册及对外访问路径映射采用基于@WebServlet 注解的配置方式，且映射的路径也为

/example03/filterChain，其具体的代码实现如文件 7-9 所示。

文件 7-9　TestFilterChainServlet.java：

```
package cn.sjxy.chapter07.filter.example03.servlet;
import java.io.IOException;
import java.io.PrintWriter;
import javax.servlet.ServletException;
import javax.servlet.annotation.WebServlet;
import javax.servlet.http.HttpServlet;
import javax.servlet.http.HttpServletRequest;
import javax.servlet.http.HttpServletResponse;
@WebServlet(value = "/example03/filterChain")
public class TestFilterChainServlet extends HttpServlet {
    protected void doGet (HttpServletRequest request, HttpServletResponse response) throws
ServletException, IOException {
        response.setContentType("text/html;charset = utf - 8");
        PrintWriter out = response.getWriter();
        out.print("targetClass:-----------------before------------" + "<br>");
        //获取在过滤器 FirstFilter 中保存在请求 request 域中的名称为 name01 对象的值
        out.println("name01: = " + request.getAttribute("name01") + "<br>");
        //获取在过滤器 SecondFilter 中保存在请求 request 域中的名称为 name02 对象的值
        out.println("name02: = " + request.getAttribute("name02") + "<br>");
        //获取在过滤器 ThirdFilter 中保存在请求 request 域中的名称为 name03 对象的值
        out.println("name03: = " + request.getAttribute("name03") + "<br>");
        out.print("targetClass:----------------after------------" + "<br>");
    }
    protected void doPost (HttpServletRequest request, HttpServletResponse response) throws
ServletException, IOException {
        doGet(request, response);
    }
}
```

步骤 4：重启 Tomcat 服务器，访问 http://localhost:8080/chapter07/example03/filterChain，此时浏览器窗口中显示的运行结果如图 7-10 所示。

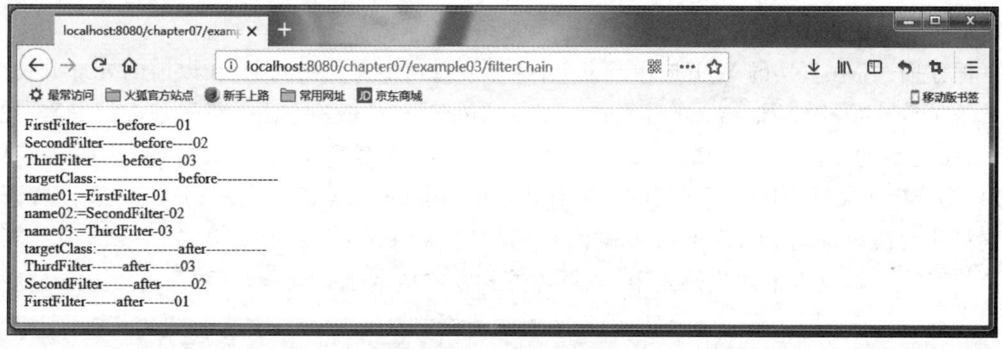

图 7-10　过滤器链的运行结果

从图 7-10 中可以看出，TestFilterChainServlet 首先被过滤器 FirstFilter 拦截了，打印输出一条语句，然后 FilterChain 对象调用 doFilter()方法放行请求，该请求继续被第二个过滤器 SecondFilter 拦截，在打印输出一条语句后，继续放行请求，该请求又被第三个过滤器 ThirdFilter 拦截，打印输出一条语句后，继续选择放行，最终经过 3 个过滤器后请求到达目标资源 TestFilterChainServlet，执行该 Servlet 类中的代码之后，由 Web 服务器把响应返回给客户端，在返回客户端响应之前，又依次经过并执行 ThirdFilter、SecondFilter 和 FirstFilter 中的 doFilter()放行之后的代码。所以在结果的最终显示页面中，看到的打印输出结果和前面输出的结果顺序是相反的。这一特点读者务必要分析清楚，并通过实现进行验证。

在过滤器链中需要注意的有：Filter 过滤器对象被创建的时机默认是在 Tomcat 服务器启动过程中，而 Servlet 对象被创建的时机默认是在被用户第一次请求访问时，这一点需要能够区分。过滤器链中的多个过滤器被执行的顺序和在 web. xml 文件中使用标签< filter-mapping >映射的从上到下顺序一致，而和注册标签< filter >没有关系，这一点读者也务必要掌握。如修改一下过滤器 FirstFilter 在 web. xml 中的< filter-mapping >标签映射顺序，最终看到的运行结果如图 7-11 所示。如果在项目应用中有多个过滤器，并要求各个过滤器执行按照一定的先后顺序，那么通常采用的是基于 XML 配置的方式，而不要采用基于@WebFilter 注解的方式。以上结论读者也务必通过上机实践来验证掌握。

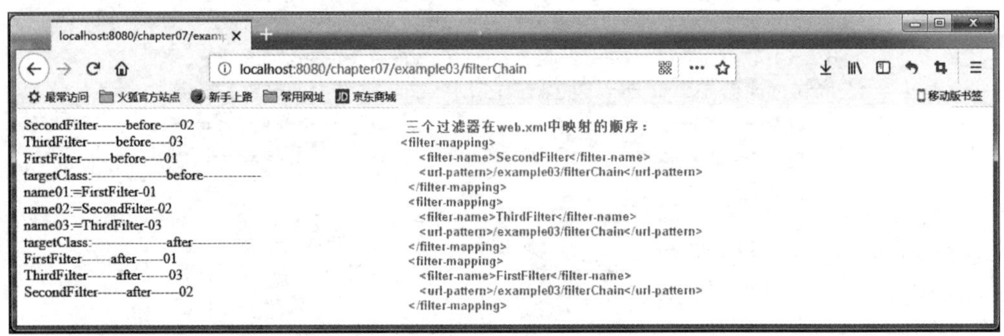

图 7-11　改变过滤器在 web. xml 中的< filter-mapping >映射顺序后的运行结果

7.1.6　Filter 过滤器应用

应用一：使用 Filter 过滤器实现统一全站编码

任务描述：在真实的 Web 应用开发中，经常会遇到中文乱码问题，在以前的处理方式中，通常是在 Servlet 中使用 request 对象的 setCharacterEnconding()方法来设置请求的编码，使用 response 对象的 setCharacterEncoding()方法来设置响应的编码，对于有大量 Servlet 类的 Web 应用，就会存在大量的代码复用问题。还有就是使用 request. setCharacterEncoding()设置请求编码只能解决表单的 POST 提交方式的乱码问题，对于 GET 提交方式依然会出现乱码问题。为了统一解决以上的代码复用、请求各方式及响应的乱码问题，下面通过 Filter 过滤器技术来开发实现一个统一全站编码的完美解决方案。

开发步骤如下。

(1) 编写一个 userLogin. jsp 页面

在 chapter07 项目的 WebContent 目录下创建一个名称为 userLogin 的 JSP 页面，该页面中包含一个 form 表单，其中包含用户名和密码输入框，用于提交用户的登录信息，其具体的代码实现如文件 7-10 所示。

文件 7-10　userLogin.jsp：

```
<%@ page language="java" contentType="text/html; charset=UTF-8" pageEncoding="UTF-8"%>
<!DOCTYPE html>
<html>
<head>
<meta charset="UTF-8">
<title>用户登录页面</title>
</head>
<body>
  <h1 align="center">用户登录页面</h1><hr><br>
   <form action="${pageContext.request.contextPath}/example04/loginServlet" method="get">
     <table border="1" width="500px" cellpadding="0" cellspacing="0" align="center">
     <tr>
       <td align="right">用户名称：</td><td><input type="text" name="name" value="李
晓明"></td>
     </tr>
     <tr>
       <td align="right">用户密码：</td><td><input type="password" name="password"
value="123456"></td>
     </tr>
     <tr>
       <td colspan="2" align="center"><input type="submit" value="登录"></td>
     </tr>
     </table>
   </form><br>
   <h2 align="center">
   <a href="${pageContext.request.contextPath}/example04/loginServlet?name=三江学院
&password=123456">超链接方式登录</a>
   </h2>
</body>
</html>
```

(2) 编写一个名称为 UserLoginServlet 的 Servlet 类

在 chapter07 项目的 src 目录下，创建包 cn.sjxy.chapter07.filter.example04.servlet，并在该包下创建一个名称为 UserLoginServlet 的 Servlet 类，该类中使用 request 对象的 getParameter()方法获取表单的参数，并使用 response 对象输出给客户端来检测中文输入的乱码问题。该 Servlet 的注册与对外访问路径映射采用基于@WebServlet 注解方式。其代码实现如文件 7-11 所示。

文件 7-11　UserLoginServlet.java：

```
package cn.sjxy.chapter07.filter.example04.servlet;
import java.io.IOException;
import java.io.PrintWriter;
import javax.servlet.ServletException;
import javax.servlet.annotation.WebServlet;
import javax.servlet.http.HttpServlet;
import javax.servlet.http.HttpServletRequest;
```

```
import javax.servlet.http.HttpServletResponse;
@WebServlet(value = "/example04/loginServlet",name = "userLoginServlet")
public class UserLoginServlet extends HttpServlet {
    @Override
    protected void doPost(HttpServletRequest request, HttpServletResponse response) throws
ServletException, IOException {
        //设置请求所采用的编码
        //request.setCharacterEncoding("utf - 8");
        //设置响应的内容类型及采用的编码
        //response.setContentType("text/html;charset = utf - 8");
       //获取数据的提交方式 POST 或 GET
        String methodName = request.getMethod();
        String userName = request.getParameter("name");
        String userPwd = request.getParameter("password");
        PrintWriter out = response.getWriter();
        out.println("提交数据的方式: " + methodName + "< br >< hr >< br >");
        out.println("userName: = " + userName + "< br >");
        out.println("userPwd: = " + userPwd);
    }
    @Override
    protected void doGet(HttpServletRequest request, HttpServletResponse response) throws
ServletException, IOException {
        doPost(request,response);
    }
}
```

（3）编写一个名称为 CharacterEncodingFilter 的 Filter 过滤器类

在 chapter07 项目的 src 目录下，创建包 cn.sjxy.chapter07.filter.example04.filter，并在该包下创建一个名称为 CharacterEncodingFilter 的 Filter 过滤器类。在该类中首先对 request 请求和 response 响应对象进行强制类型转换，并设置请求和响应所采用的全站统一编码，但这种设置只能解决表单的 post 提交方式的乱码问题，对应 get 提交方式的表单或超链接等必须要进行手动的处理，经过分析，用户获取请求发送的数据无外乎通过 HttpServletRequest 对象的 getParamter()方法、getParameterValues()方法和 getParameterMap()方法来实现，程序只要覆写这三个方法就可以了。但由于该方法所属的类 HttpServletRequest 为一个接口类，如果采用实现接口的方式来覆写的话，那么该接口中的其他方法我们势必也要被迫覆写（被增强）。在 Java EE 规范中，在 javax.servlet.http 包中提供了 HttpServletRequestWrapper 的增强类，只需自定义一个内部类 MyRequest，并让该类继承 HttpServletRequestWrapper，并把被增强的 request 对象作为该自定义类的构造方法参数传递进来，给属性为 HttpServletRequest 类型的变量进行赋值与初始化，在该内部类中只需覆写 getParamter()方法、getParameterValues()方法和 getParameterMap()方法。其代码实现如文件 7-12 所示。

文件 7-12　CharacterEncodingFilter.java：

```
package cn.sjxy.chapter07.filter.example04.filter;
import java.io.IOException;
import java.io.UnsupportedEncodingException;
import java.util.Map;
```

```
import javax.servlet.Filter;
import javax.servlet.FilterChain;
import javax.servlet.FilterConfig;
import javax.servlet.ServletException;
import javax.servlet.ServletRequest;
import javax.servlet.ServletResponse;
import javax.servlet.http.HttpServletRequest;
import javax.servlet.http.HttpServletRequestWrapper;
import javax.servlet.http.HttpServletResponse;
public class CharacterEncodingFilter implements Filter {
    //定义该 FilterConfig 类型属性的作用是防止在 init()方法之外的地方使用该对象
    private FilterConfig config;
    //声明该属性的作用是用来灵活接收并设置全站统一编码
    private String encoding = "UTF-8";
    public void init(FilterConfig config) throws ServletException {
        //给属性 config 赋值,把 Tomcat 容器传递过来的局部变量保存起来,在其他方法中可以使用
        this.config = config;
        //获取在 web.xml 文件中为该过滤器配置的初始化参数,目的是可以灵活设置编码,而不需
//要把具体编码硬编码在代码中(不便于修改)
        String initEncoding = config.getInitParameter("encoding");
        //如果在 web.xml 配置中明确指定了所采用的编码则采用指定的编码,如果没有指定则
//采用默认的编码值 UTF-8
        if(initEncoding!= null&&!"".equals(initEncoding.trim())) {
            this.encoding = initEncoding;
        }
    }
    public void doFilter(ServletRequest req, ServletResponse resp,
            FilterChain chain) throws IOException, ServletException {
            //把 ServletRequest 和 ServletResponse 参数强制转换为 Http 类型的 HttpServletRequest
//和 HttpServletResponse
            HttpServletRequest request = (HttpServletRequest)req;
            HttpServletResponse response = (HttpServletResponse)resp;
            //该段代码只能解决 post 的请求乱码问题,对于 get 请求还需要单独处理
            //request.setCharacterEncoding(this.config.getInitParameter("encoding"));
            request.setCharacterEncoding(this.encoding);
            response.setCharacterEncoding(this.encoding);
            response.setContentType("text/html;charset = " + this.encoding);
            //放行操作(并对 request 对象进行包装)
            chain.doFilter(new MyRequest(request), response);
    }
    /*
            * 为了增强某个类的某个方法功能有以下几种方法:
            * (1)实现接口或继承该类,然后去覆写要被增强的方法
            * (2)采用装饰设计模式
            * 自定义一个类实现和被增强对象的相同的接口或类
            * 把被增强的对象作为该类的一个成员变量
            * 定义构造方法并传递被增强对象,然后给类的成员变量赋值
            * 覆写要增强的方法就可以了
            * (3)采用动态代理的方式来进行增强
     */
    //定义一个内容类,目的是对相关的 getParameter 方法进行增强(覆写)
```

```
class MyRequest extends HttpServletRequestWrapper{
     private HttpServletRequest request;
    public MyRequest(HttpServletRequest request) {
        super(request);
        this.request = request;
    }
    //覆写 getParameter()方法
    @Override
    public String getParameter(String name) {
        String inputValue = this.request.getParameter(name);
        if(inputValue == null || inputValue.trim().equals("")){
             return null;
        }
        //对于 POST 请求则直接放行,因为前面的设置已经可以解决 POST 方式的乱码问题了
        if(this.request.getMethod().equalsIgnoreCase("POST")){
             return inputValue;
        }
        //表示一定是采用 get 方式的提交方式
        try {
             //添加该判断的原因是在一些版本较高的 Tomcat 中已经帮我们进行乱码处理了
             if(inputValue.indexOf("?")>= 0) {
                System.out.println("inputValue - before: = " + inputValue);
                inputValue = new String(inputValue.getBytes("iso - 8859 - 1"),encoding);
                System.out.println("inputValue - after: = " + inputValue);
             }else if(Double.parseDouble(config.getInitParameter("tomcat"))< 8) {
//获取 Tomcat 服务器的版本
                inputValue = new String(inputValue.getBytes("iso - 8859 - 1"),encoding);
             }
             return inputValue;
        } catch (UnsupportedEncodingException e) {
             throw new RuntimeException(e);
        }
    }
    //覆写 getParameterValues()方法
    @Override
    public String[] getParameterValues(String name) {
        //获取请求数据的提交方式
        String method = request.getMethod();
        if("POST".equalsIgnoreCase(method)) {
             return this.request.getParameterValues(name);
        }
        //表示提交方式为 GET,必须要手动处理
        String[] values = this.request.getParameterValues(name);
        for(int i = 0;values!= null&&i < values.length;i++) {
             try {
                if(values[i].indexOf("?")>= 0) {
                    values[i] = new String(values[i].getBytes("iso - 8859 - 1"),encoding);
                } else if(Double.parseDouble(config.getInitParameter("tomcat"))< 8) {
//获取 Tomcat 的版本
                    values[i] = new String(values[i].getBytes("iso8859 - 1"),encoding);
                }
```

```
                } catch (UnsupportedEncodingException e) {
                    e.printStackTrace();
                }
            }
            return values;
        }
        //覆写 getParameterMap()方法
        @Override
        public Map < String, String[ ]> getParameterMap() {
            //获取请求数据的提交方式
            String method = request.getMethod();
            if("POST".equalsIgnoreCase(method)) {
                return this.request.getParameterMap();
            }
            //表示提交方式为 GET,必须要手动处理
            Map < String,String[ ]> map = this.request.getParameterMap();
            //遍历 Map 集合
            for(String key:map.keySet()) {
                String[ ] values = map.get(key);
                for(int i = 0;values!= null&&i < values.length;i++) {
                    try {
                      if(values[i].indexOf("?")> = 0) {
                          values[i] = new String(values[i].getBytes("iso - 8859 - 1"),encoding);
                      } else if(Double.parseDouble(config.getInitParameter("tomcat"))< 8) {
                        values[i] = new String(values[i].getBytes("iso8859 - 1"),encoding);
                    }

                    } catch (UnsupportedEncodingException e) {
                        e.printStackTrace();
                    }
                }
                map.put(key, values);
            }
            return map;
        }
    }
    public void destroy() {
      //进行对一些资源的释放操作
    }
}
```

(4) 配置过滤器的映射信息

在 web.xml 文件中,为 CharacterEncodingFilter 过滤器进行注册和映射拦截路径配置,注册采用< filter >标签,并给该过滤器配置初始化参数 encoding,用来指定所采用的统一编码,同时也配置了初始化参数 tomcat,用来指定 Tomcat 服务器所采用的版本。拦截路径的配置采用< filter-mapping >标签,由于我们要解决当前 Web 项目的全站乱码问题,所以把映射拦截的路径配置"/ * "。在当前项目中可能会有多个过滤器,根据过滤器链的执行先后顺序规则,我们把该过滤器的< filter-mapping >标签配置为第一个(在 web.xml 文件中的顺序为自上而下),让所用的请求首先经过该过滤器。具体的代码配置如下。

```
<filter>
    <filter-name>CharacterEncodingFilter</filter-name>
    <filter-class> cn.sjxy.chapter07.filter.example04.filter.CharacterEncodingFilter
</filter-class>
    <!--配置所采用的编码-->
    <init-param>
        <param-name>encoding</param-name>
        <param-value>UTF-8</param-value>
    </init-param>
    <!--配置 Tomcat 服务器的版本-->
    <init-param>
        <param-name>tomcat</param-name>
        <param-value>9.0</param-value>
    </init-param>
</filter>
<filter-mapping>
    <filter-name>CharacterEncodingFilter</filter-name>
    <url-pattern>/*</url-pattern>
</filter-mapping>
```

(5) 启动项目并运行测试

启动 Tomcat 服务器，在浏览器地址栏中输入 http://localhost:8080/chapter07/userLogin.jsp，此时，浏览器窗口会显示一个用户登录的页面，在页面表单的用户名称中输入中文数据，同时在密码框中输入 123456，如图 7-12 所示。

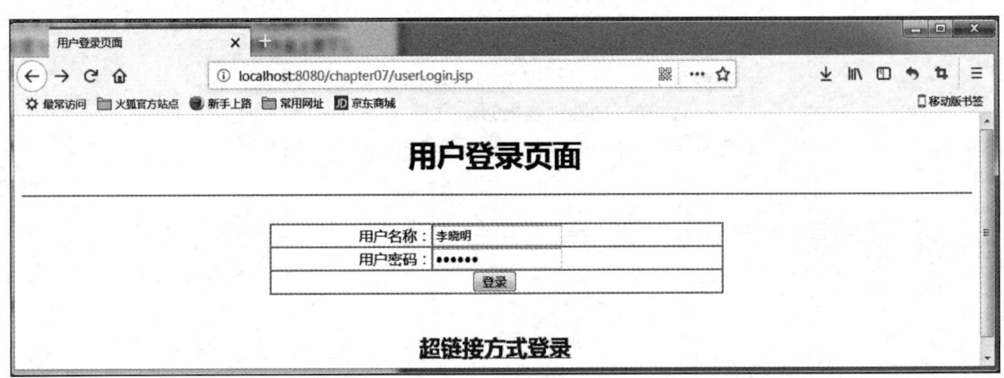

图 7-12　用户登录页面

单击页面中的“登录”按钮，此时返回给客户页面的显示结果如图 7-13 所示。

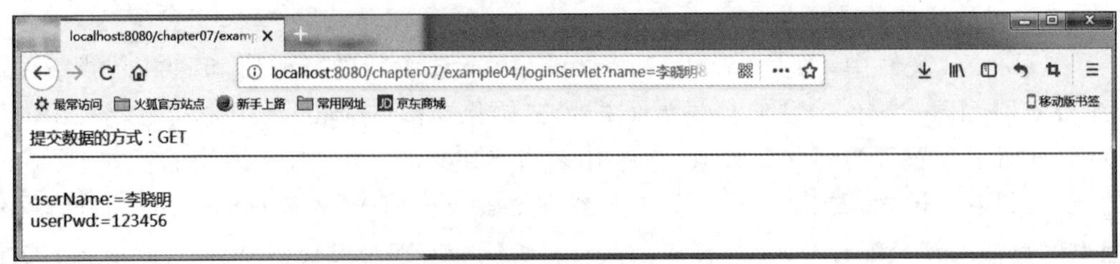

图 7-13　单击“登录”按钮后的运行结果

从图 7-13 中可以看出，无论表单的提交方式是 GET 还是 POST，最终表单的中文数据都不会显示成乱码。但需要注意的是，不同版本的 Tomcat 服务器在编码的处理上是有区别的，在 Tomcat 8.5 及 Tomcat 9.0 版本上测试，不需要进行编码转换，其默认配置已经帮我们进行编码转换了，如果在 Tomcat 7.0 版本上测试，就必须要进行转换。在真实的项目开发中，读者可以根据实际情况对以上代码进行优化处理。

单击图 7-12 中的"超链接方式登录"链接来提交数据，这种提交数据方式属于 GET 请求方式，其运行结果如图 7-14 所示。

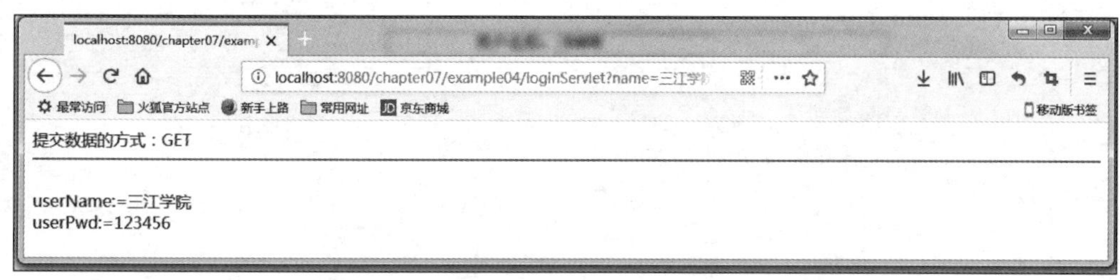

图 7-14 单击超链接提交后的运行结果

至此，使用 Filter 过滤器实现统一全站编码任务已经完成。需要注意的是，不同版本的 Tomcat 在默认处理上是有区别的，可以通过给过滤器配置初始化参数的方式来进行灵活优化处理。在处理请求乱码时，需要对 HttpServletRequest 对象的 getParameter()、getParameterMap()和 getParameterValues()三个方法进行覆写。由于 HttpServletRequest 是一个接口类，采用的是装饰设计模式中的增强，让自定义内部类继承 HttpServletRequestWrapper，把被增强对象 request 作为构造方法中的参数传递进来，实现对增强对象的传递与初始化，并在此内部类中实现三个方法的覆写。同样，在 Java EE 的 Servlet API 规范中也提供了 HttpServletResponseWrapper 类，它的用法与 HttpServletRequestWrapper 类似，在此就不再进行举例介绍了。

应用二：使用 Filter 过滤器实现权限校验功能

任务描述：当想进入自己的邮箱查看邮件、发送邮件、编辑邮件、删除邮件等进行一系列操作时，前提是必须先要通过合法登录之后才可以进行以上操作。几乎所有的应用系统都存在权限控制的问题，如在京东商城想要查询自己的订单等相关信息时，必须也要先登录。学生们要想查看自己的选课情况及成绩，也必须先要经过合法登录后才可以进行相关的查询与操作。假如在应用系统中涉及 100 个资源都需要进行成功登录才能访问，那么我们是要在 100 个资源中都要通过编写代码进行权限检查吗？如果要有 10 000 个资源甚至更多呢？显然这样的解决方式是不明智也是不现实的，通过分析我们可以采用 Filter 过滤器来实现对系统应用中多资源的权限拦截与校验。下面通过模拟邮件登录及其操作来讲解 Filter 过滤器技术在权限校验方面的应用。

开发步骤如下。

(1) 编写相关的页面资源

在 chapter07 项目的 WebContent 目录下创建一个名称为 email 的子目录(子文件夹)，在该目录下分别创建 main.jsp、left.jsp、top.jsp、bottom.jsp、send.jsp、receive.jsp、update.jsp、delete.jsp 等页面。其中，send.jsp、receive.jsp、update.jsp、delete.jsp 这 4 个页面是用来

模拟对邮件的发送、接收、修改和删除操作的，页面中的代码也非常简单，统一标识模拟为在 body 中使用标签< h1 >发送邮件</h1 >、< h1 >接收邮件</h1 >、< h1 >修改邮件</h1 >、< h1 >删除邮件</h1 >表示对应的邮件操作。在 main. jsp 页面中使用 frameset 框架把页面分为上中下三部分，最上面对应的是 top. jsp 页面，中间部分又分隔为左右两块，左边对应的为 left. jsp 页面，在 left. jsp 页面中使用无序列表标签 ui 对应 send、receive、update、delete 这 4 个页面超链接标签，在最下面对应的是 bottom. jsp 页面。其具体的代码实现如文件 7-13～文件 7-17 所示。

文件 7-13　send. jsp：

```
<%@ page language = "java" contentType = "text/html; charset = UTF - 8" pageEncoding = "UTF - 8" %>
<! DOCTYPE html >
< html >
< head >
< meta charset = "UTF - 8">
< title >发送邮件页面</title >
</head >
< body >
< h1 >发送邮件</h1 >
</body >
</html >
```

其他 3 个页面 receive. jsp、update. jsp、delete. jsp 内容和 send. jsp 类似，只是把< h1 >标签中的内容替换成对应的接收邮件、修改邮件和删除邮件。这里就不再一一列举显示了。

文件 7-14　left. jsp：

```
<%@ page language = "java" contentType = "text/html; charset = UTF - 8" pageEncoding = "UTF - 8" %>
<! DOCTYPE html >
< html >
< head >
< meta charset = "UTF - 8">
< title > left. jsp </title >
</head >
< body >
  < ul >
    < li >< h3 >< a href = "send. jsp" target = "main">发送邮件</a ></h3 ></li >
    < li >< h3 >< a href = "receive. jsp" target = "main">接收邮件</a ></h3 ></li >
    < li >< h3 >< a href = "update. jsp" target = "main">修改邮件</a ></h3 ></li >
    < li >< h3 >< a href = "delete. jsp" target = "main">删除邮件</a ></h3 ></li >
  </ul >
</body >
</html >
```

文件 7-15　top. jsp：

```
<%@ page language = "java" contentType = "text/html; charset = UTF - 8" pageEncoding = "UTF - 8" %>
<! DOCTYPE html >
< html >
< head >
< meta charset = "UTF - 8">
```

```
<title> top.jsp </title>
</head>
<body>
    <h1 align="center">
    <span>邮件服务管理系统主页面</span>
    <span style="color:blue;">[ ${sessionScope.emailUser!= null?emailUser.emailName:"游客"
}]</span>
    </h1>
</body>
</html>
```

文件 7-16　bottom.jsp：

```
<%@ page language="java" contentType="text/html; charset=UTF-8" pageEncoding="UTF-8"%>
<!DOCTYPE html>
<html>
<head>
<meta charset="UTF-8">
<title> bottom.jsp </title>
</head>
<body>
  <h5 align="center">版权所有三江学院 Copyright © 2016 SanJiang University All Rights
Reserved</h5>
</body>
</html>
```

文件 7-17　main.jsp：

```
<%@ page language="java" contentType="text/html; charset=UTF-8" pageEncoding="UTF-8"%>
<!DOCTYPE html>
<html>
<head>
<meta charset="UTF-8">
<title> main.jsp </title>
</head>
<frameset rows="15%,75%,10%">
  <frame  src="top.jsp" name="top"/>
  <frameset cols="15%, *">
      <frame src="left.jsp" name="left"/>
      <frame name="main" />
  </frameset>
  <frame src="bottom.jsp" name="bottom" />
</frameset>
</html>
```

启动 Tomcat 服务器，在地址栏中输入 http://localhost:8080/chapter07/email/main.jsp，其运行效果如图 7-15 所示。

(2) 编写实体类 EmailUser.java

在 chapter07 项目的 src 目录下创建包 cn.sjxy.chapter07.filter.example05.domain，并在该包下创建名称为 EmailUser 的实体类，该实体类中包含两个属性，分别是：

图 7-15　main.jsp 的运行效果

emailName 邮件名称属性和 emailPassword 邮件登录密码属性，并提供对应的 getXXX/setXXX 方法，以及有参和无参的构造方法，具体的代码实现如文件 7-18 所示。

文件 7-18　EmailUser.java：

```
package cn.sjxy.chapter07.filter.example05.domain;
public class EmailUser {
    private String emailName;
    private String emailPassword;
    public String getEmailName() {
        return emailName;
    }
    public void setEmailName(String emailName) {
        this.emailName = emailName;
    }
    public String getEmailPassword() {
        return emailPassword;
    }
    public void setEmailPassword(String emailPassword) {
        this.emailPassword = emailPassword;
    }
    public EmailUser() {
        //无参构造方法
    }
    //提供有参构造方法
    public EmailUser(String emailName, String emailPassword) {

        this.emailName = emailName;
        this.emailPassword = emailPassword;
    }
}
```

(3) 编写用于权限拦截与校验的过滤器类 EmailSecurityFilter.java

在 chapter07 项目的 src 目录下创建包 cn.sjxy.chapter07.filter.example05.filter，并在该包下创建名称为 EmailSecurityFilter 的 Filter 过滤器类，在该类中定义一个 List 的集

合属性 passPaths，用来存放不需要进行权限拦截的放行路径，如正常的登录请求路径 email/login.jsp，以及提交登录表单的 action 处理路径 email/login，并在 init()方法中对该集合属性进行初始化(也可以在初始化参数中进行配置处理)。在 doFilter()方法中的代码处理逻辑为：首先把参数进行强制类型转换为 HttpServletRequest 和 HttpServletResponse，然后获取请求的路径 URI，并在集合属性 passPaths 中进行遍历，检查该路径是否在放行的范围。如果在放行的范围则调用 FilterChain 对象的 doFilter()方法直接放行，如果不在放行的范围，则需要到 HttpSession 会话域中查询对应的名称 emailUser 是否存在，如果存在则表示已经经过合法登录，则放行，如果不存在，则表示没有经过合法登录，此时需要重新定向到登录页面。具体的代码实现如文件 7-19 所示。

文件 7-19　EmailSecurityFilter.java：

```
package cn.sjxy.chapter07.filter.example05.filter;
import java.io.IOException;
import java.util.ArrayList;
import java.util.List;
import javax.servlet.Filter;
import javax.servlet.FilterChain;
import javax.servlet.FilterConfig;
import javax.servlet.ServletException;
import javax.servlet.ServletRequest;
import javax.servlet.ServletResponse;
import javax.servlet.http.HttpServletRequest;
import javax.servlet.http.HttpServletResponse;
import javax.servlet.http.HttpSession;
public class EmailSecurityFilter implements Filter {
    private List<String> passPaths = new ArrayList<String>();
    @Override
    public void init(FilterConfig filterConfig) throws ServletException {
        //对需要放行的路径集合进行初始化
        passPaths.add("login.jsp");
        passPaths.add("login");
    }
    @Override
    public void doFilter(ServletRequest req, ServletResponse resp, FilterChain chain)
            throws IOException, ServletException {
        //将请求和响应对象强制转换为 HttpServletRequest 和 HttpServletResponse 对象
        HttpServletRequest request = (HttpServletRequest)req;
        HttpServletResponse response = (HttpServletResponse)resp;
        //获取请求的路径
        String uri = request.getRequestURI();
        //定义一个 boolean 类型的变量用来标识该 uri 路径是否在放行的范围，默认为 false 不在
//放行范围
        boolean result = false;
        for(String path:passPaths) {
            if(uri.endsWith(path)) {//表示该请求路径在放行范围
                result = true;
                break;
            }
```

```
        }
        if(result) {//表示直接放行
            chain.doFilter(request, response);
        }else {//检查在 session 域中是否有权限
            HttpSession session = request.getSession();
            if(session.getAttribute("emailUser") == null) {
                //表示没有权限(没有经过合法登录),请求重定向到登录页面
                response.sendRedirect(request.getContextPath() + "/email/login.jsp");
                return;
            }else {//表示用户已经经过合法登录,则放行请求
                chain.doFilter(request, response);
            }
        }
    }
    @Override
    public void destroy() {
        //释放资源
    }
}
```

在 web.xml 中对该 EmailSecurityFilter 类进行注册与拦截路径映射配置,把拦截映射的路径配置为"/email/ * ",表示对 email 起始的路径下的资源都进行拦截,其具体的配置如下。

```
<filter>
    <filter-name>EmailSecurityFilter</filter-name>
    <filter-class>cn.sjxy.chapter07.filter.example05.filter.EmailSecurityFilter
    </filter-class>
</filter>
<filter-mapping>
    <filter-name>EmailSecurityFilter</filter-name>
    <url-pattern>/email/*</url-pattern>
</filter-mapping>
```

(4) 编写 Email 用户的登录页面 login.jsp

在 chapter07 项目的 WebContent 目录下的子目录 email 中创建名称为 login 的 JSP 页面,该页面中包含一个 form 表单,其表单提交的 action 属性值为 email/login,其对应的处理类为 Servlet 类。在 form 表单中定义两个对应 email 用户名称和 email 用户登录密码的输入框,同时使用 EL 表单时给出字段校验错误的提示信息,以及用户名和密码错误的校验信息。具体的代码实现如文件 7-20 所示。

文件 7-20 login.jsp:

```
<%@ page language = "java" contentType = "text/html; charset = UTF-8" pageEncoding = "UTF-8" %>
<!DOCTYPE html>
<html>
<head>
<meta charset = "UTF-8">
<title>Email 用户登录</title>
</head>
```

```
<body>
 <h1 align="center">Email-用户登录页面</h1>
  <hr><br>
    <h2 style="color:red;text-align:center;">${requestScope.loginError }</h2>
   <form action="${pageContext.request.contextPath }/email/login" method="get">
     <table border="1" width="700px" cellpadding="0" cellspacing="0" align="center">
     <tr>
       <td align="right">E-mail 用户名称: </td><td><input type="text" name=
"emailName" value="${param.emailName }">
       <font color="red">${errors.emailName }</font></td>
     </tr>
     <tr>
      <td align="right">E-mail 用户密码: </td><td><input type="password" name=
"emailPassword" value="${param.emailPassword }">
       <font color="red">${errors.emailPassword}</font></td>
     </tr>
     <tr>
       <td colspan="2" align="center"><input type="submit" value="Email 用户登录"></td>
     </tr>
     </table>
   </form>
</body>
</html>
```

(5) 编写用来处理登录请求的 Servlet 类 EmailUserLoginServlet.java

在 chapter07 项目的 src 目录下创建包 cn.sjxy.chapter07.filter.example05.servlet,并在该包下创建名称为 EmailUserLoginServlet 的 Servlet 类,在该 Servlet 中定义了一个类型为 List<EmailUser>的集合属性 emailUsers,用来保存持久化了的 EmailUser 对象(用来模拟数据库),并在 init()方法中对该集合进行初始化操作。doPost()方法中处理代码逻辑主要为:首先对表单中的输入框数据进行非空校验,如果校验失败则把校验错误消息设置到 request 请求域中,并将请求转发到登录页面。如果非空校验成功,则进入 emailUsers 集合进行用户合法性校验,如果校验失败,则保存错误消息到 request 请求域并请求转发到登录页面,如果校验成功,则把合法的 EmailUser 对象设置到 HttpSession 会话域中,并把请求转发到 email 目录下的 main.jsp 主页面。该 Servlet 的注册与映射采用@WebServlet 注解实现,映射的路径为/email/login,和 login.jsp 登录页面中的 action 属性值一致。其具体的代码实现如文件 7-21 所示。

文件 7-21　EmailUserLoginServlet.java:

```
package cn.sjxy.chapter07.filter.example05.servlet;
import java.io.IOException;
import java.util.*;
import javax.servlet.ServletException;
import javax.servlet.annotation.WebServlet;
import javax.servlet.http.HttpServlet;
import javax.servlet.http.HttpServletRequest;
import javax.servlet.http.HttpServletResponse;
import cn.sjxy.chapter07.filter.example05.domain.EmailUser;
```

```
@WebServlet(urlPatterns = {"/email/login"},name = "emailUserLoginServlet")
public class EmailUserLoginServlet extends HttpServlet {
        //用来模拟存放合法 Email 用户信息的集合属性,并在 init 方法中进行初始化
        private List < EmailUser > emailUsers = new ArrayList < EmailUser >();
    @Override
        public void init() throws ServletException {
            emailUsers.add(new EmailUser("lxm@qq.com","123456"));
            emailUsers.add(new EmailUser("admin@qq.com","123456"));
            emailUsers.add(new EmailUser("scott@qq.com","tiger"));
            emailUsers.add(new EmailUser("system@qq.com","123456"));
        }
    @Override
    protected void doPost(HttpServletRequest request, HttpServletResponse response) throws
ServletException, IOException {
        //进行非空校验
        Map < String,String > errors = validateFields(request);
        if(errors.size()> 0) {
            //非空校验失败,请求转发到登录页面,并显示错误消息
            request.setAttribute("errors", errors);
            request.getRequestDispatcher("/email/login.jsp").forward(request, response);
            return;
        }
        //获取表单传递过来的参数
        String emailName = request.getParameter("emailName");
        String emailPassword = request.getParameter("emailPassword");
        //进行数据库合法性校验
        boolean result = false;
        for(EmailUser user:emailUsers) {
 if(user.getEmailName().equals(emailName)&&user.getEmailPassword().equals(emailPassword))
        {
                //表示合法用户,把合法用户的信息保存在 HttpSession 会话域中
                request.getSession().setAttribute("emailUser", user);
                result = true;
                break;
            }
        }
        if(result) {//表示验证成功
            //请求转发到 main.jsp 主页面
            request.getRequestDispatcher("/email/main.jsp").forward(request, response);
            return;
        }else {
            //表示校验失败,则请求转发到登录页面,给出错误的提示信息
            request.setAttribute("loginError", "用户名或密码错误,请重新输入!");
            request.getRequestDispatcher("/email/login.jsp").forward(request, response);
        }
    }
   //对表单中的字段进行非空校验
    private Map < String,String > validateFields(HttpServletRequest request){
    Map < String,String > errors = new HashMap < String,String >();
    Enumeration < String > fieldNames = request.getParameterNames();
    while(fieldNames.hasMoreElements()) {
```

```
            String fieldName = fieldNames.nextElement();
            String fieldValue = request.getParameter(fieldName);
            if(fieldValue == null||"".equals(fieldValue.trim())) {
                errors.put(fieldName, "字段\"" + fieldName + "\"不能为空");
            }
        }
        return errors;
        }
        @Override
        protected void doGet (HttpServletRequest request, HttpServletResponse response) throws
ServletException, IOException {
        doPost(request,response);
        }
}
```

(6) 运行与测试

启动 Tomcat 服务器,在浏览器地址栏中输入 email 目录下除 login.jsp 之外的任何页面进行测试,因为没有经过合法登录,该目录下的所有资源都是要被过滤器 EmailSecurityFilter 进行权限拦截并处理的。例如,在浏览器地址栏中输入 http://localhost:8080/chapter07/email/main.jsp,由于系统设置了过滤器,默认未经过登录验证环节的所有请求都是非法访问,会强制系统后退至如图 7-16 所示的页面。

图 7-16　运行结果

由于该请求访问路径在 EmailSecurityFilter 过滤器检查拦截范围,经过拦截处理,用户并没有经过登录操作,所以根据过滤器中的代码逻辑,请求被重定向到登录页面,图 7-16 就是最终的运行显示结果页面。如果在地址栏中输入其他页面资源(除了 login.jsp 和 login 之外,因为该路径在过滤器的放行范围内),其最终的运行显示结果也和图 7-16 相同。如果没有在输入框中输入数据,或输入一些空白字符后,单击“登录”按钮后的运行结果如图 7-17 所示。

图 7-17　运行结果

当用户没有在输入框中输入数据时提交，首先经过过滤器 EmailSecurityFilter 检查，该请求路径在放行的路径集合范围，请求到达 EmailUserLoginServlet 类，经过该类中的非空字段校验失败后，把字段验证错误的消息设置到 request 请求域中，然后请求转发到登录页面，登录页面使用 EL 表达式把字段校验错误的消息在页面显示，也就是我们看到的图 7-17 的运行结果。在输入框中输入登录信息后再次提交，经过过滤器 EmailUserLoginServlet 检查放行后，请求到达 EmailUserLoginServlet，经过非空及用户合法性校验后，发现用户名或密码错误，同样会把错误消息设置到 request 请求域中，请求又被转发到登录页面，其运行结果如图 7-18 所示。

图 7-18　运行结果

当用户在输入框中输入合法的用户信息后，首先经过过滤器 EmailUserLoginServlet 检查放行后，请求到达目标类 EmailUserLoginServlet，经过合法校验后，请求被转发到 main.jsp 主页面，并把合法的用户信息保存到 HttpSession 会话域中，其运行结果如图 7-19 所示。

图 7-19　运行结果

至此，使用 Filter 过滤器来实现对应用系统中访问资源的统一权限拦截与处理任务已经完成。希望通过该示例，读者能领会 Filter 过滤器技术在项目权限功能开发上的场景应用。

应用三：使用 Filter 过滤器实现对发帖内容的过滤

任务描述：在很多包含论坛或发帖功能的 Web 应用中，如何对帖子内容进行过滤是所有具有该功能的系统所必须要考虑的。对于一些公安部、文化部等部门明令禁止的词汇是要进行过滤审查的，对于禁用词、审核词和替换词都有严格的规定，可以从各部门网站下载。本应用就是通过 Filter 过滤器技术来实现对发帖内容的过滤与审查功能。和规定文件中包含的禁用词汇、审核词汇和替换词汇进行比对，并做出相应的禁用、替换和审核处理。

开发步骤如下。

1. 编写用于发送帖子的表单页面 words_input.jsp

在 chapter08 项目的 WebContent 目录下创建一个名称为 words_input 的 JSP 页面，在该页面中包含一个 form 表单，且表单中包含一个 textarea 类型的文本输入框，表单提交 action 的处理路径为 servlet/WordsServlet，其具体的代码实现如文件 7-22 所示。

文件 7-22　words_input.jsp：

```
<%@ page language="java" contentType="text/html; charset=UTF-8" pageEncoding="UTF-8"%>
<!DOCTYPE html>
<html>
<head>
<meta charset="UTF-8">
<title>Insert title here</title>
</head>
<body>
 <form action="${pageContext.request.contextPath}/servlet/WordsServlet" method="post">
    用户发帖内容:<textarea rows="4" cols="50" name="content">
    </textarea>
    <br><br><input type="submit" value="发帖">
    </form>
</body>
 </html>
```

2. 编写用于对帖子内容进行过滤的 WordsFilter 过滤器类

在 chapter07 项目的 src 目录下创建包 cn.sjxy.chapter07.filter.example06.filter，并在该包下创建名称为 WordsFilter 的 Filter 过滤器类。在该过滤器类中定义三个 List<String>集合类型的属性，分别为：用来存放禁用词的 banWords、用来存放审核词的 auditWords 和用来存放替换词的 replaceWords。同时，在 src 目录下创建一个名称为 words 的文件夹，并把从文化部门下载的相关检查审核词汇解压复制粘贴到该文件夹中，其文件都是以.txt 结尾的文本文件。在过滤器类中的 init()方法中，读取该文件下的所有文件，并把相关内容提取到对应的三个集合中来，在 doFilter()方法中对表单中的发帖内容首先进行禁用词审核检查，如果存在禁用词汇则请求到此终止，并转发到 words_message.jsp 页面进行禁用词提醒。如果不在禁用词汇范围，则选择放行，并把经过增强处理的 HttpServletRequest 对象作为参数传递到 FilterChain 对象的 doFilter()方法中，其增强采用装饰设计模式的内部类来实现，让内部类 MyRequest 继承自 ServletAPI 中提供的 HttpServletRequestWrapper 类，并覆写 getParameter()方法，在该方法中分别对审核词和替换词进行过滤检查处理，其具体的代码实现如文件 7-23 所示。

文件 7-23　WordsFilter. java：

```
package cn.sjxy.chapter07.filter.example06.filter;
import java.io.*;
import java.util.*;
import java.util.regex.Matcher;
import java.util.regex.Pattern;
import javax.servlet.*;
import javax.servlet.http.HttpServletRequest;
import javax.servlet.http.HttpServletRequestWrapper;
import javax.servlet.http.HttpServletResponse;
public class WordsFilter implements Filter {
        //定义三个 ArrayList 集合分别用来保存禁用词,审核词和替换词
        private List<String> banWords = new ArrayList<String>();
        private List<String> auditWords = new ArrayList<String>();
        private List<String> replaceWords = new ArrayList<String>();
        /**
         * 功能：在 init()初始化方法中,读取 src 目录下的 words 文件夹中的所有文件,并进行
分类保存到对应的禁用词(banWords)、审核词(auditWords)和替换词(replaceWords)三个集合中。
         * 在实际项目开发中,也可以把以上文件的存储路径设置到配置的初始化参数中(使用
<init-param>标签配置)
         */
        public void init(FilterConfig config) throws ServletException {
                try{
                    //获得当前存储各种词汇(禁用词、审核词和替换词)的真实存储路径
                    String
                       path = WordsFilter.class.getClassLoader().getResource("/words").
getPath();
                    //创建文件对象
                    File file = new File(path);
                    //获取该目录下的所有.txt 文件,并把它们加载到对应的集合中
                    File[] files = file.listFiles();
                    for(File f:files){
                        //过滤掉非 txt 结尾的文件
                        if(!f.getName().endsWith(".txt")){
                            continue;
                        }
                        //把文件包装成 BufferedReader 带缓存的字符输入流对象,可以每次读
//取一行数据
                        BufferedReader br = new BufferedReader(new FileReader(f));
                        String line = null;      //用来保存读取到的一行字符数据
                        while((line = br.readLine())!= null){  //读取直到文件结束为止
                            if(line.trim().equals("")){        //过滤掉一些空行数据
                                continue;
                            }
                            //把一行字符数据用|竖线进行分隔,其中\\为转义
                            String[] values = line.trim().split("\\|");
                            if(values.length!= 2){//表示该数据不是符合要求的审核词数据
                                continue;
                            }
                            //数据格式如"投毒杀人|1",前面的是数据,后面的数字字符 1 表示
```

```
//是禁用词
                        if(values[1].trim().equals("1")){
                            banWords.add(values[0].trim());
                        }
                        //数据格式如"我们自杀吧|2",前面的是数据,后面的数字字符2表
//示审核词
                        if(values[1].trim().equals("2")){
                            auditWords.add(values[0].trim());
                        }
                        //数据格式如"考试作弊|3 ",前面的是数据,后面的数字字符3表
//示替换词
                        if(values[1].trim().equals("3")){
                            replaceWords.add(values[0].trim());
                        }
                    }
                    //关闭字符输入流
                    br.close();
                }
            }catch(Exception e){
                throw new RuntimeException(e);
            }
        }

    //进行对发帖内容的过滤筛查,判断是禁用词、审核词还是替换词
    public void doFilter(ServletRequest req, ServletResponse resp,
            FilterChain chain) throws IOException, ServletException {
        //对请求和响应对象进行强制转换,转换成 HttpServletRequest 和 HttpServletResponse 类型
        HttpServletRequest request = (HttpServletRequest)req;
        HttpServletResponse response = (HttpServletResponse)resp;
        //检查用户提交的数据是否包含禁用词,如包含禁用词的话,请求直接转到禁用词提示
//页面,请求结束
        Enumeration e = request.getParameterNames();
        while(e.hasMoreElements()){
            String name = (String)e.nextElement();
            String inputValue = request.getParameter(name);
            //对于输入为空或空格非有效字符进行过滤
            if(inputValue == null ||"".equals(inputValue.trim())){
                continue;
            }
            //去掉输入数据中的空格字符,避免如"投    毒    杀    人"的输入数据,该数据还
//是属于禁用词汇
            inputValue = wordsTrim(inputValue);
            //用禁用词库来对用户的输入数据进行比对,看是否包含禁用词
            for(String regex:banWords){
                //使用正则表达式来进行匹配
                Pattern p = Pattern.compile(regex);          //创建一个 Pattern 对象
                Matcher m = p.matcher(inputValue);           //得到一个模式匹配器
                if(m.find()){
                    //表示在用户的输入数据中包含和正则表达式匹配的禁用词数据
                    request.setAttribute("content", "文章中包含非法的禁用词汇,请文明
用语!!");
```

```
                    request.getRequestDispatcher("/words_message.jsp").forward(request,
response);
                    return ;
                }
            }
        }
        //程序运行到此,表示用户的输入数据中不包含禁用词数据,在放行前还要进行审核词和
//替换词的审查
        //在放行前要对 request 对象进行增强,覆写 getParameter 方法,使用装饰器设计模式来对
//request 对象进行增强
        //进行功能的增强(也可以使用动态代理),可以使用 Servlet API 提供的
//HttpServletRequestWrapper 类
        chain.doFilter(new MyRequest(request), response);
    }
    /* 功能: 去除字符串中的所有空格字符 */
    private String wordsTrim(String words) {
        StringBuilder sb = new StringBuilder();
        char[] cs = words.toCharArray();
        for(int i = 0;i < cs.length;i++) {
            if(cs[i]!= ' ') {
                sb.append(cs[i]);
            }
        }
        return sb.toString();
    }
    //定义内部类,用来增强 request 对象的 getParameter()方法
    private class MyRequest extends HttpServletRequestWrapper{
        private HttpServletRequest request;
        public MyRequest(HttpServletRequest request) {
            super(request);
            this.request = request;
        }
        @Override
        public String getParameter(String name) {
            //首先获取到用户输入的数据
            String inputValue = this.request.getParameter(name);
            //判断数据时为空
            if(null == inputValue ||"".equals(inputValue.trim())){
                return null;
            }
            //去掉输入数据中的空格字符,避免如"投    毒    杀    人"的输入数据
            inputValue = wordsTrim(inputValue);
            //对用户输入的数据进行审核词检查
            for(String regex:auditWords){
                Pattern p = Pattern.compile(regex);
                Matcher m = p.matcher(inputValue);
                if(m.find()){
                    //获取用户输入的数据中与正则表达式匹配的数据
                    String data = m.group();
                    //高亮度显示审核词
                    inputValue = inputValue.replaceAll(regex, "< font color = 'red'>[" + data + "]
```

```
</font>");
                        break;
                    }
                }
                //还要对用户输入的数据进行替换词审查
                for(String regex:replaceWords){
                    Pattern p = Pattern.compile(regex);
                    Matcher m = p.matcher(inputValue);
                    if(m.find()){
                        //把替换词用 * 替换掉,且 * 号的个数和替换词字符数相同
                        inputValue = inputValue.replaceAll(regex, "[" + replaceWord(regex) + "]");
                        break;
                    }
                }
                return inputValue;
            }
        }
        /* 功能: 返回和该字符串 regex 相同长度的 * 星号字符串 */
        private String replaceWord(String regex) {
        StringBuilder sb = new StringBuilder();
        for(int i = 1;i <= regex.length();i++) {
            sb.append(" * ");
        }
        return sb.toString();
        }
        public void destroy() {
            //对相关资源进行释放操作
        }
}
```

在 web.xml 文件中对该 WordsFilter 过滤器类进行注册和过滤拦截路径映射,为了让应用一中的统一全站编码过滤器首先起作用,所以这里的映射路径配置必须放在其编码映射配置的后面。其具体配置代码如下。

```
<filter>
        <filter-name>WordsFilter</filter-name>
        <filter-class>cn.sjxy.chapter07.filter.example06.filter.WordsFilter
        </filter-class>
</filter>
<filter-mapping>
        <filter-name>WordsFilter</filter-name>
        <url-pattern>/servlet/WordsServlet</url-pattern>
</filter-mapping>
```

3. 编写用于处理表单提交请求的 WordsServlet 类

在 chapter07 项目的 src 目录下创建包 cn.sjxy.chapter07.filter.example06.servlet,并在该包下创建名称为 WordsServlet 的 Servlet 类。该 Servlet 类就是负责把经过 WordsFilter 过滤器处理后的表单数据获取到,然后保存到 request 请求域中,并选择页面 words_message.jsp 来显示该经过过滤审查后的数据。该 Servlet 类的注册与映射采用基于@WebServlet 注解的方式实现,其映射对外的访问路径和表单提交的 action 属性值一

致，也和 WordsFilter 过滤器映射的过滤拦截路径一致，统一为/servlet/WordsServlet。其具体的代码实现如文件 7-24 所示。

文件 7-24　WordsServlet.java：

```
package cn.sjxy.chapter07.filter.example06.servlet;
import java.io.IOException;
import java.io.PrintWriter;
import javax.servlet.ServletException;
import javax.servlet.annotation.WebServlet;
import javax.servlet.http.HttpServlet;
import javax.servlet.http.HttpServletRequest;
import javax.servlet.http.HttpServletResponse;
@WebServlet(value = "/servlet/WordsServlet")
public class WordsServlet extends HttpServlet {
    public void doPost(HttpServletRequest request, HttpServletResponse response)
            throws ServletException, IOException {
        response.setContentType("text/html;charset = utf - 8");
        request.setCharacterEncoding("utf - 8");
        PrintWriter out  =  response.getWriter();
        //获取经过过滤器处理返回的表单提交数据
        String inputValue = request.getParameter("content");
        //把数据保存到请求域中
        request.setAttribute("content",inputValue);
        //请求转发到 WebContent 目录下的 words_message.jsp 页面,在该页面中使用 EL 表达式把
//数据显示出来
        request.getRequestDispatcher("/words_message.jsp").forward(request, response);
    }
    public void doGet(HttpServletRequest request, HttpServletResponse response)
            throws ServletException, IOException {
        doPost(request,response);
    }
}
```

4. 编写用于帖子内容最终显示的页面 words_message.jsp

在 chapter07 项目的 WebContent 目录下创建一个名称为 words_message 的 JSP 页面。该页面就是负责把 WordsServlet 类中保存在请求域中的经过审查过滤处理后的帖子内容展现给用户。其具体的代码实现如文件 7-25 所示。

文件 7-25　words_message.jsp：

```
<%@ page language = "java" contentType = "text/html; charset = UTF - 8" pageEncoding = "UTF - 8" %>
<!DOCTYPE html>
<html>
<head>
<meta charset = "UTF - 8">
<title> Insert title here </title>
</head>
<body>
  <h1> ${requestScope.content }</h1>
</body>
</html>
```

5. 运行测试

启动 Tomcat 服务器，在浏览器地址栏中输入 http://localhost:8080/chapter07/words_input.jsp，在贴子内容区输入包含禁用词数据，其提交后的运行结果如图 7-20 所示。

图 7-20　包含禁用词的提交运行结果

重新回到 words_input.jsp 页面，在帖子内容区中输入包含审核词的数据，其提交表单后的运行结果如图 7-21 所示。

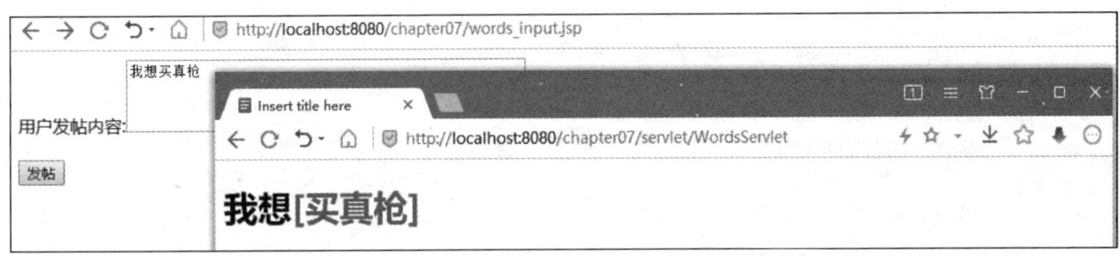

图 7-21　包含审核词的提交运行结果

重新回到 words_input.jsp 页面，在帖子内容区中输入包含替换词的数据，其提交表单后的运行结果如图 7-22 所示。

图 7-22　包含替换词的提交运行结果

至此，使用 Filter 过滤器来实现对 Web 应用中论坛及发帖内容进行合法过滤审查的任务已经完成。希望通过该示例，读者能领会 Filter 过滤器技术在项目开发应用中对用户提交数据的内容审查过滤等方面的灵活应用。

应用四：使用 Filter 过滤器实现用户的自动登录功能

任务描述：在很多 Web 应用中都有自动登录功能，当我们首次登录时，如果选择一定时间内（如一个月、三个月、半年或一年）自动登录选项后，在以后的该系统访问中就会自动实现登录，如 CSDN 网站等都提供了自动登录功能。当我们单击“退出”按钮后则自动登录功能失效，如果没有单击“退出”按钮，并且两次登录的时间间隔没有超出当初登录时选择的自动登录时间范围的话，则系统会自动以有效会员身份自动登录。本案例就是使用 Filter

过滤器技术来模拟实现 CSDN 网站的用户自动登录功能。

开发步骤如下。

1. 编写 CSDN 网站的用户实体类 User. java

在 chapter07 项目的 src 目录下创建包 cn. sjxy. chapter07. filter. example07. domain，并在该包下创建名称为 User 的实体类。在该类中定义 loginName 登录账号名称、loginPwd 登录账号密码、accumulatePoints 用户积分、mobile 用户绑定的手机号码、email 用户绑定的邮箱等属性，并提供对应的 getXXX/setXXX 方法，具体的代码实现如文件 7-26 所示。

文件 7-26　User. java：

```
package cn.sjxy.chapter07.filter.example07.domain;
public class User {
    private String loginName;                                    //登录名称
    private String loginPwd;                                     //登录密码
    private String mobile;                                       //绑定的手机号
    private String email;                                        //绑定的邮箱
    private int accumulatePoints;                                //积分
    //提供对应的 getXXX/setXXX 方法
    public String getLoginName() {
        return loginName;
    }
    public void setLoginName(String loginName) {
        this.loginName = loginName;
    }
    public String getLoginPwd() {
        return loginPwd;
    }
    public void setLoginPwd(String loginPwd) {
        this.loginPwd = loginPwd;
    }
    public String getMobile() {
        return mobile;
    }
    public void setMobile(String mobile) {
        this.mobile = mobile;
    }
    public String getEmail() {
        return email;
    }
    public void setEmail(String email) {
        this.email = email;
    }
    public int getAccumulatePoints() {
        return accumulatePoints;
    }
    public void setAccumulatePoints(int accumulatePoints) {
        this.accumulatePoints = accumulatePoints;
    }
}
```

2. 编写 CSDN 网站用户登录页面 login.jsp

在 chapter07 项目的 WebContent 目录下创建名称为 csdn 的文件夹，并在该文件夹下创建 login.jsp 页面。在该页面中主要包含一个 Form 用户登录表单，在表单中提供用户账号及密码的输入框标签，同时包含一个自动登录的有效时间单选框标签，以及验证错误及表单数据回填的 EL 表达式。具体的代码实现如文件 7-27 所示。

文件 7-27　login.jsp：

```
<%@ page language="java" contentType="text/html; charset=UTF-8" pageEncoding="UTF-8"%>
<!DOCTYPE html>
<html>
<head>
<meta charset="UTF-8">
<title>Insert title here</title>
<style type="text/css">
  div{
     text-align:center;
  }
</style>
</head>
<body>
    <div><img src="${pageContext.request.contextPath}/images/csdn.jpg" /></div>
     <form action="${pageContext.request.contextPath}/csdn/login" method="post">
       <h2 align="center">${error}</h2>
     <table border="1" width="500px" cellpadding="0" cellspacing="0" align="center">
     <tr>
     <td align="right">登录账号名称:</td>
     <td><input type="text" name="loginName" value="${sessionScope.user.loginName}">
</td>
     </tr>
     <tr>
     <td align="right">登录账号密码: </td>
     <td><input type="password" name="loginPwd" value="${sessionScope.user.loginPwd}">
<a href="">忘记密码</a></td>
     </tr>
     <tr>
     <tr>
     <td align="right">自动登录时间: </td>
     <td>
     <input type="radio" name="autoLoginTime" value=${7*24*60*60}>一周
     <input type="radio" name="autoLoginTime" value=${30*24*60*60}>一个月
     <input type="radio" name="autoLoginTime" value=${30*24*60*60*3}>三个月
     <input type="radio" name="autoLoginTime" value=${30*24*60*60*6}>半年
     </td>
     </tr>
     <tr><td colspan="2" align="center"><input type="submit" value="csdn 登录"></td>
</tr>
     </table>
     </form>
</body>
</html>
```

3. 编写 CSDN 网站的首页 index. jsp

在 chapter07 项目的 WebContent 目录下的 csdn 文件夹中创建 index. jsp 页面，该页面中模拟 CSDM 网站首页的导航条菜单，当用户登录成功后会显示用户名称及退出菜单，当用户没有登录时会显示登录和注册菜单。具体的代码实现如文件 7-28 所示。

文件 7-28　index. jsp：

```
<%@ page language="java" contentType="text/html; charset=UTF-8"
    pageEncoding="UTF-8" %>
<%@taglib prefix="c" uri="http://java.sun.com/jsp/jstl/core" %>
<!DOCTYPE html>
<html>
<head>
<meta charset="UTF-8">
<title>Insert title here</title>
<style type="text/css">
  *{
   margin:0px;
   padding:0px;
  }
  div{
   width:1000px;
   margin:20px auto;
  }
  div ul li{
     float:left;
     list-style-type:none;
  }
  div ul li a{
    display:block;
    height:40px;
    width:100px;
    color:#fff;
    text-align:center;
    line-height:40px;
    background:#f00;
    text-decoration:none;
  }
  #userName{
  width:200px;
  }
  div ul li a:hover{
    background:blue;
  }
</style>
</head>
<body>
  <div>
    <ul>
      <li><a href=""><img alt=""
      src="${pageContext.request.contextPath}/images/csdn.jpg"></a></li>
```

```
        <li><a href="">首页</a></li>
        <li><a href="">博客</a></li>
        <li><a href="">学院</a></li>
        <li><a href="">下载</a></li>
        <li><a href="">招聘</a></li>
        <li><a href="">论坛</a></li>
        <c:choose>
          <c:when test="${sessionScope.user!= null }">
          <li><a href="" id="userName">个人[${sessionScope.user.loginName }]中心</a></li>
          <li><a href="${pageContext.request.contextPath }/csdn/loginOut">退出</a></li>
          </c:when>
          <c:otherwise>
           <li><a href="${pageContext.request.contextPath }/csdn/login.jsp">登录</a></li>
           <li><a href="">注册</a></li>
          </c:otherwise>
        </c:choose>
      </ul>
    </div>
  </body>
  </html>
```

4. 编写实现用户登录请求的名称为 UserLoginServlet 的 Servlet 类

在 chapter07 项目的 src 目录下创建包 cn.sjxy.chapter07.filter.example07.servlet,并在该包下创建名称为 UserLoginServlet 的 Servlet 类。在该类中首先获取登录表单提交过来的数据,然后做非空的校验及用户合法性的校验,当校验成功后,把合法的用户信息封装并保存到 HttpSession 会话域中,如果用户选择了自动登录的某个单选框,则创建一个名称为 autoLoginInfo 的 Cookie 对象,并设置相关的最大保存时间、访问有效路径等属性,最终请求转发到目录 csdn 下的 index.jsp 页面。该 Servlet 的注册与映射采用基于@WebServlet 注解的方式,映射的路径为/csdn/login。具体的逻辑代码实现如文件 7-29 所示。

文件 7-29　UserLoginServlet.java:

```
package cn.sjxy.chapter07.filter.example07.servlet;
import java.io.IOException;
import javax.servlet.ServletException;
import javax.servlet.annotation.WebServlet;
import javax.servlet.http.Cookie;
import javax.servlet.http.HttpServlet;
import javax.servlet.http.HttpServletRequest;
import javax.servlet.http.HttpServletResponse;
import cn.sjxy.chapter07.filter.example07.domain.User;
@WebServlet(urlPatterns = {"/csdn/login"})
public class UserLoginServlet extends HttpServlet {
    @Override
    protected void doPost(HttpServletRequest request, HttpServletResponse response) throws
ServletException, IOException {
        //1.获取表单传递过来的登录名称及密码
        String userName = request.getParameter("loginName");
        String userPwd = request.getParameter("loginPwd");
        //2.做非空字段校验,在项目中多次用到该功能,可以把该功能抽取出来放到工具类
```

```
//WebUtils 中
        //非空校验省略,请读者自己完成
    //3.对账号和密码进行合法性校验,通常是调用持久层(DAO 层)来完成验证,这里只是简单的
//账号和密码模拟登录
        if("lixiaoming".equals(userName)&&"18913816282".equals(userPwd)) {//表示成功登录
            //4.1 把登录成功的用户信息封装到 User 对象中
              User user = new User();
              user.setLoginName(userName);
              user.setLoginPwd(userPwd);
            //4.2 把合法用户信息保存在 HttpSession 会话域中
              request.getSession().setAttribute("user", user);
            //5.查看用户是否选自动登录时间的某个选项
              String autoLoginTime = request.getParameter("autoLoginTime");
              if(autoLoginTime!= null&&!"".equals(autoLoginTime)) {
        //6.表示选中,把该数字字符串转换为一个表示时间秒的 int 类型值,并赋值给登录有效时
//间变量 loginValidTimes
                int loginValidTimes = Integer.parseInt(autoLoginTime);
            //获取当前时间的时间戳(从 1970 年至 2020 年所经历的毫秒时间) + 选中的有效登录
//时间作为 Cookie 值的一部分
                long times = System.currentTimeMillis() + loginValidTimes * 1000;
        //7.创建 Cookie 对象(真正的开发中还是要等信息进行加密处理的),并设置有效期及相关
//其他属性
                Cookie cookie = new
Cookie("autoLoginInfo",userName + ":" + times + ":" + userPwd);
                //设置 Cookie 的有效时间(单位是秒)
                cookie.setMaxAge(loginValidTimes);
                //设置 Cookie 的有效访问路径
                cookie.setPath(request.getContextPath());
                //把 Cookie 对象添加到 response 对象中
                response.addCookie(cookie);
            }
            //8.请求转发到 CSDN 主页面 index.jsp
              request.getRequestDispatcher("/csdn/index.jsp").forward(request, response);
        }else if(request.getSession().getAttribute("user")!= null){
            //请求转发到 CSDN 主页面 index.jsp
            request.getRequestDispatcher("/csdn/index.jsp").forward(request, response);
        }else {//表示登录失败
            //把错误消息保存到请求域中
            request.setAttribute("error","登录账号或密码错误,请重新输入!" );
            //请求转发到登录页面
            request.getRequestDispatcher("/csdn/login.jsp").forward(request, response);
            return;
        }
    }
    @Override
    protected void doGet (HttpServletRequest request, HttpServletResponse response) throws
ServletException, IOException {
        doPost(request,response);
    }
}
```

5. 编写实现用户退出功能的名称为 UserLoginOutServlet 的 Servlet 类

在 chapter07 项目的 src 目录下的 cn. sjxy. chapter07. filter. example07. servlet 包中，创建名称为 UserLoginOutServlet 的 Servlet 类。在该类中首先把保存在 HttpSession 会话域中的名称为 user 的键值对移除掉，然后查找名称为 autoLoginInfo 的 Cookie 对象，把其值置空，设置 maxAge 属性为 0，表示立即删除，最后把请求重定向到 csdn 目录下的 index.jsp 页面。该 Servlet 的注册与映射采用基于@WebServlet 的注解方式，且映射的请求路径为/csdn/loginOut，其具体的逻辑代码实现如文件 7-30 所示。

文件 7-30　UserLoginServlet. java：

```
package cn.sjxy.chapter07.filter.example07.servlet;
import java.io.IOException;
import java.util.*;
import javax.servlet.ServletException;
import javax.servlet.annotation.WebServlet;
import javax.servlet.http.Cookie;
import javax.servlet.http.HttpServlet;
import javax.servlet.http.HttpServletRequest;
import javax.servlet.http.HttpServletResponse;
import cn.sjxy.chapter07.filter.example07.domain.User;
@WebServlet(value = "/csdn/loginOut")
public class UserLoginOutServlet extends HttpServlet {
    @Override
    protected void doPost(HttpServletRequest request, HttpServletResponse response) throws
ServletException, IOException {
            //把 HttpSession 域中的名称为 user 的属性移除，或直接让 HttpSession 失效
            request.getSession().removeAttribute("user");
            //request.getSession().invalidate();
            //遍历 Cookie 数组，并把名称为 autoLoginInfo 的 Cookie 移除
            Cookie[] cookies = request.getCookies();
            for(int i = 0;cookies!= null&&i < cookies.length;i++) {
                if("autoLoginInfo".equals(cookies[i].getName())) {
                    //把 Cookie 的值置空
                     cookies[i].setValue("");
                     //把有效期设置为 0
                     cookies[i].setMaxAge(0);
                     //把该 Cookie 重新添加到 response 对象中
                     response.addCookie(cookies[i]);
                    break;
                }
            }
          //请求重定向到主页面/csdn/index.jsp
            response.sendRedirect(request.getContextPath() + "/csdn/index.jsp");
    }
    @Override
    protected void doGet(HttpServletRequest request, HttpServletResponse response) throws
ServletException, IOException {
        doPost(request, response);
    }
}
```

6. 编写实现用户自动登录的 Filter 过滤器类 UserAutoLoginFilter.java

在 chapter07 项目的 src 目录下创建包 cn.sjxy.chapter07.filter.example07.filter，并在该包下创建名称为 UserAutoLoginFilter 的 Filter 过滤器类。该过滤器类首先获取对应的请求路径，如果路径在放行范围则直接放行，如果不在放行范围则查询一个名称为 autoLoginInfo 的 Cookie 对象，如果查询到则对其值进行解析处理，并封装到 User 对象中，然后把该 User 对象存储到 HttpSession 会话域中，无论对应的名称为 autoLoginInfo 的 Cookie 对象是否存在，最终都会放行请求，该过滤器类的注册与映射采用的是基于 @WebFilter 的注解方式实现，映射的过滤拦截路径为/csdn/ * 。其具体的逻辑代码实现如文件 7-31 所示。

文件 7-31　UserAutoLoginFilter.java：

```
package cn.sjxy.chapter07.filter.example07.filter;
import java.io.IOException;
import java.util.ArrayList;
import java.util.List;
import javax.servlet.Filter;
import javax.servlet.FilterChain;
import javax.servlet.FilterConfig;
import javax.servlet.ServletException;
import javax.servlet.ServletRequest;
import javax.servlet.ServletResponse;
import javax.servlet.annotation.WebFilter;
import javax.servlet.http.Cookie;
import javax.servlet.http.HttpServletRequest;
import javax.servlet.http.HttpServletResponse;
import cn.sjxy.chapter07.filter.example07.domain.User;
@WebFilter(urlPatterns = {"/csdn/ * "},filterName = "userAutoLoginFilter")
public class UserAutoLoginFilter implements Filter {
        //用来存放直接放行的路径
        private List < String > passPaths = new ArrayList < String >();
    @Override
        public void init(FilterConfig filterConfig) throws ServletException {
            //对存放放行路径的集合进行初始化
            passPaths.add("loginOut");
        }
    @Override
    public void doFilter(ServletRequest req, ServletResponse resp, FilterChain chain)
            throws IOException, ServletException {
        //对请求和响应对象进行强制转换,转换成 HttpServletRequest 和 HttpServletResponse 类型
        HttpServletRequest request = (HttpServletRequest)req;
        HttpServletResponse response = (HttpServletResponse)resp;
          //获取请求路径
        String uri = request.getRequestURI();
        //检查该路径是否在放行范围
        for(String path:passPaths) {
            if(uri.endsWith(path)) {
                System.out.println(uri);
                //直接放行
```

```
                chain.doFilter(request, response);
                return;
            }
        }
        //1.获取请求传递过来的所有 Cookie,并遍历查找名称为 autoLoginInfo 的 Cookie 对象
        Cookie[] cookies = request.getCookies();
        String autoLoginInfo = null;            //用来保存用户登录信息的 Cookie 的值
        for(int i = 0;cookies!= null&&i < cookies.length;i++) {
            //表示查询到所要的用户登录信息的 Cookie
            if("autoLoginInfo".equals(cookies[i].getName())) {
                autoLoginInfo = cookies[i].getValue();
                //System.out.println(cookies[i].getName() + ": = " + cookies[i].getValue());
                break;
            }
        }
        //2.如果目标 Cookie 的值为空,则直接放行
        if(autoLoginInfo == null||"".equals(autoLoginInfo)) {
            chain.doFilter(request, response);
            return;
        }
        //3.表示目标的 Cookie 已经找到,对目标 Cookie 值进行分隔(使用冒号分隔为数组,其
//中\\表示转义)
        String[] valuesArray = autoLoginInfo.split("\\:");
        if(valuesArray.length == 3) {
            System.out.println(autoLoginInfo);
            //因为 Cookie 的值为"loginName:loginValidTimes:loginPwd"组合,所以按照以上规则
//进行拆分赋值
            String loginName = valuesArray[0];
            String loginPwd = valuesArray[2];
            long loginValidTimes = Long.parseLong(valuesArray[1]);
            if(System.currentTimeMillis()< loginValidTimes) {
                //创建 User 对象,并把用户登录信息设置到相应的属性中
                User user = new User();
                user.setLoginName(loginName);
                user.setLoginPwd(loginPwd);
                //把该 User 对象设置到 HttpSession 会话域中
                request.getSession().setAttribute("user", user);
            }
        }
        //处理完对 Cookie 的遍历及比对后放行所有的用户请求
        chain.doFilter(request, response);
    }
}
```

7. 运行测试

启动 Tomcat 服务器,在浏览器地址栏中输入 http://localhost:8080/chapter07/csdn/index.jsp,此时运行结果如图 7-23 所示。

当单击"登录"按钮后,并在账号及密码输入框中输入对应的账号和密码后(假设账号和密码是错误的),提交表单后的运行结果如图 7-24 所示。

当在登录账号中输入 lixiaoming,在登录密码框中输入 18913816282,并选中自动登录时间为一周后,提交登录按钮后的运行结果如图 7-25 所示。

图 7-23　运行结果

图 7-24　运行结果

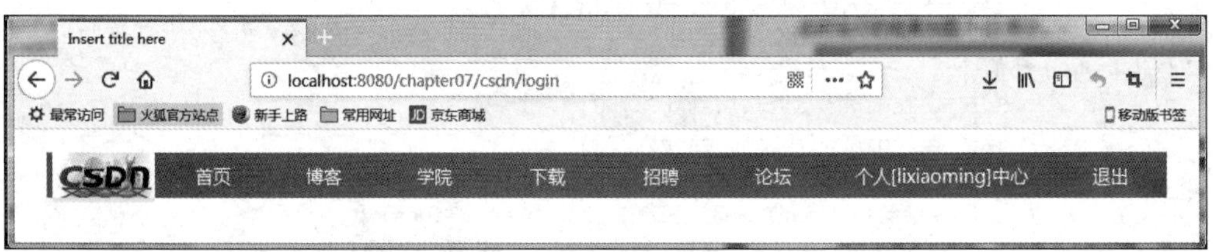

图 7-25　运行结果

单击图 7-25 中的“退出”超链接后，该请求首先被过滤器 UserAutoLoginFilter 拦截，审查其请求路径在其直接放行范围内，请求到达 UserLoginOutServlet 类，在该类中把 HttpSession 域中的名称为 User 的键值对移除掉，并把对应的 Cookie 移除掉，并把请求重定向到 index.jsp 页面。其运行结果如图 7-26 所示。

图 7-26　运行结果

当用户没有单击图 7-25 中的“退出”超链接，选择关闭浏览器，然后再重新打开浏览器，并在浏览器地址栏中输入 http://localhost:8080/chapter07/csdn/login.jsp，请求首先还是会被过滤器 UserAutoLoginFilter 拦截，根据程序处理流程会把对应的 Cookie 值获取到，并封装到 User 对象中，同时设置到 HttpSession 会话域中，会把登录账号和密码自动提取到登录表单中。其运行结果如图 7-27 所示。

图 7-27　运行结果

至此，使用 Filter 过滤器实现的用户自动登录功能已经完成，过滤器在项目开发中的应用场景是很多的，例如，可以对项目中的静态资源，如 JS 文件、CSS 文件、图片文件等使用过滤器进行缓存处理来减轻对服务器端的请求与数据传输压力，进而提高数据库的访问性能。对于一些动态资源，如 JSP 页面等，不希望浏览器进行缓存，也可以使用过滤器技术来进行 NoCache 处理等。希望读者能从以上多个案例中领会并掌握 Filter 过滤器技术在项目开发中的灵活应用。

7.2　Listener 监听器及其应用

视频讲解

7.2.1　什么是 Listener 监听器

在程序开发中，经常需要对某些事件进行监听，如监听鼠标单击与双击事件、键盘按下与弹起事件、应用中的按钮单击事件等，此时就需要使用监听器。在 Java 的 GUI 编程中采用监听器模型来处理事件。在 GUI 程序中，首先要为所处理的事件的事件源（如鼠标单击）注册事件监听器，之后，当用户操作触发该事件，运行时系统将把事件对象交给事件监听器对象处理，在监听器的事件处理方法中包含处理该事件的逻辑。

在 Web 应用程序运行过程中也会发生某些事件，如 Servlet 上下文事件、HttpSession 会话事件、ServletRequest 请求事件等。为了处理这些事件，Servlet 容器也采用了与 Java GUI 设计中的事件处理模型类似的监听器模型，也就是这里要讲述的 Servlet 事件监听器 Listener 技术。

7.2.2　事件与监听器接口

在 Servlet API 中定义了 6 个事件类和 8 个监听器接口，根据监听器所监听事件的类型和范围，可以把它们分为三类：ServletContext 事件监听器、HttpSession 事件监听器和 ServletRequest 事件监听器。具体 Servlet 事件及其监听器接口类如表 7-6 所示。

表 7-6　Servlet 事件监听器类及其接口

<table>
<tr><th>监听对象</th><th>事　件</th><th>监听器接口</th></tr>
<tr><td rowspan="2">ServletContext</td><td>ServletContextEvent</td><td>ServletContextListener</td></tr>
<tr><td>ServletContextAttributeEvent</td><td>ServletContextAttributeListener</td></tr>
<tr><td rowspan="2">ServletRequest</td><td>ServletRequestEvent</td><td>ServletRequestListener</td></tr>
<tr><td>ServletRequestAttributeEvent</td><td>ServletRequestAttributeListener</td></tr>
<tr><td rowspan="4">HttpSession</td><td rowspan="2">HttpSessionEvent</td><td>HttpSessionListener</td></tr>
<tr><td>HttpSessionActivationListener</td></tr>
<tr><td rowspan="2">HttpSessionBindingEvent</td><td>HttpSessionAttributeListener</td></tr>
<tr><td>HttpSessionBindingListener</td></tr>
</table>

7.2.3　监听 ServletContext 事件

在 ServletContext 上下文对象上可能发生两种事件，对这些事件可使用两个事件监听器接口处理，如表 7-7 所示。

表 7-7　ServletContext 事件类与监听器接口

<table>
<tr><th>监听对象</th><th>事　件</th><th>监听器接口</th></tr>
<tr><td rowspan="3">ServletContext</td><td>ServletContextEvent</td><td>ServletContextListener</td></tr>
<tr><td>ServletContextAttributeEvent</td><td>ServletContextAttributeListener</td></tr>
<tr><td>ServletRequestAttributeEvent</td><td>ServletRequestAttributeListener</td></tr>
</table>

下面对表 7-7 中的事件和监听器接口进行介绍。

1．处理 ServletContextEvent 事件

当容器对 ServletContext 对象进行初始化或销毁操作时，将发生 ServletContextEvent 事件。要处理这些事件，需要定义一个实现 ServletContextListener 接口的类，然后再通过在 web.xml 文件中使用标签< listener >来将它注册到容器中（Servlet 3.0 后也支持使用@WebListener 注解注册）。这样，当相应的事件发生时将调用事件监听器的有关方法。

ServletContextListener 接口定义了如下两个方法。

public void contextInitialized(ServletContextEvent sce)：当 ServletContext 对象被初始化时调用。

public void contextDestroyed(ServletContextEvent sce)：当 ServletContext 对象被销毁时调用。

上述两个方法的参数都是一个 ServletContextEvent 类型的事件类对象，该类只定义了一个方法，如下。

public ServletContext getServletContext()：返回状态发生改变的 ServletContext 上下文对象。

2．处理 ServletContextAttributeEvent 事件

当 ServletContext 上下文对象上属性发生改变时，如添加属性（调用 ServletContext 对象的 setAttribute()方法）、删除属性（调用 ServletContext 对象的 removeAttribute()方法）或替换属性（调用 ServletContext 对象的 setAttribute()方法把原来保存的某个名称的值进行覆盖）等，将发生 ServletContextAttributeEvent 事件，要处理该事件，需要实现 ServletContextAttributeListener 接口。该接口定义了如下三个方法。

public void attributeAdded(ServletContextAttributeEvent scae)：当在 ServletContext 对象中添加属性时该方法被调用。

public void attributeRemoved(ServletContextAttributeEvent scae)：当从 ServletContext 对象中移除属性时该方法被调用。

public void attributeReplaced(ServletContextAttributeEvent scae)：当在 ServletContext 对象中替换属性时该方法被调用。

上述方法的参数是 ServletContextAttributeEvent 类型的对象，它是 ServletContextEvent 类的子类，它定义了下面三个方法。

public ServletContext getServletContext()：返回属性发生改变的 ServletContext 上下文对象。

public String getName()：返回发生改变的属性名。

public Object getValue()：返回发生改变的属性值对象。注意，当替换属性时，该方法返回的是替换之前的属性值。

下面通过实现当 Web 应用程序启动时读取上下文配置的初始化参数，并通过上下文参数指定的路径来加载并读取该文件中的数据库连接配置信息，同时测试 Listener 监听器对向 ServletContext 上下文对象域中添加属性、删除属性和替换属性等事件的执行情况。具体的开发实现步骤如下。

第 1 步：在 chapter07 项目中的 WEB-INF 目录下创建一个名称为 jdbc. properties 的文件，并在文件中添加相关的数据库连接配置信息，其 jdbc. properties 内容如下。

```
dirverClass = com.mysql.jdbc.Driver
dburl = jdbc:mysql://localhost:3306/test
user = root
password = 123456
```

第 2 步：在 chapter07 项目的 WEB-INF 目录下的 web. xml 配置文件中添加上下文参数的配置，目的是用来灵活指定配置文件的名称及所在的路径，这里默认该文件的位置在 WEB-INF 目录下，该初始化参数可以通过 ServletContext 上下文对象的 getInitParameter()方法来获取，其具体的配置代码如下。

```
<context-param>
  <param-name>contextConfigLocation</param-name>
  <param-value>jdbc.properties</param-value>
</context-param>
```

第 3 步：在 chapter07 的 src 目录下创建包 cn. sjxy. chapter07. listener. example01. listener，并在该包下创建名称为 MyServletContextListener 的 Listener 监听器类，同时让该类实现两个接口，分别为 ServletContextListener 和 ServletContextAttributeListener 接口，并覆写两个接口中的相关方法。其具体的代码实现如文件 7-32 所示。

文件 7-32　MyServletContextListener. java：

```
package cn.sjxy.chapter07.listener.example01.listener;
```

```java
import java.io.IOException;
import java.io.InputStream;
import java.util.Enumeration;
import java.util.HashMap;
import java.util.Map;
import java.util.Properties;
import javax.servlet.ServletContext;
import javax.servlet.ServletContextAttributeEvent;
import javax.servlet.ServletContextAttributeListener;
import javax.servlet.ServletContextEvent;
import javax.servlet.ServletContextListener;
public class MyServletContextListener  implements ServletContextAttributeListener,
ServletContextListener {
    @Override
    public void contextInitialized(ServletContextEvent sce) {
        System.out.println("ServletContext 上下文对象被初始化时调用!");
        System.out.println("可以把获取数据源或打开共享资源的代码编辑在这里!");
        //获取上下文对象
        ServletContext context = sce.getServletContext();
        //获取在上下文中配置的参数
        String initValue = context.getInitParameter("contextConfigLoaction");
        System.out.println(initValue);
        //获取该初始化参数对应的输入流对象
        InputStream in = context.getResourceAsStream("/WEB-INF/" + initValue);
        Properties prop = new Properties();
        //用来存放从 jdbc.properties 读取出来的 key-value 键值对
        Map<String,String> map = new HashMap<String,String>();
        try {
            prop.load(in);
            Enumeration<String> keys = (Enumeration<String>) prop.propertyNames();
            while(keys.hasMoreElements()) {
                String key = keys.nextElement();
                String value = prop.getProperty(key);
                map.put(key, value);
            }
            context.setAttribute("jdbc",  map);
            in.close();
        } catch (IOException e) {
            //TODO Auto-generated catch block
            e.printStackTrace();
        }
    }
    @Override
    public void contextDestroyed(ServletContextEvent sce) {
        System.out.println("ServletContext 上下文对象被销毁时调用!");
        System.out.println("可以把释放数据源或关闭共享资源的代码编辑在这里!");
    }
    @Override
    public void attributeAdded(ServletContextAttributeEvent scae) {
        //通过 ServletContextAttributeEvent 事件对象来获取上下文对象
        ServletContext context = scae.getServletContext();
```

```
        //获取向上下文中添加的名称属性
        String attrName = scae.getName();
        //获取向上下文中添加的名称对应的值
        Object attrValue = scae.getValue();
        //向 Tomcat 日志文件中写入一条信息
        context.log("从 ServletContext 上下文中添加了一个属性: " + attrName + ",其值为:
" + attrValue);
        //在控制台输出向上下文对象中添加的键值对
        System.out.println("从 ServletContext 上下文中添加了一个属性: " + attrName + ",其值
为: " + attrValue);
        System.out.println("事件源对象: " + scae.getSource());
    }
    @Override
    public void attributeRemoved(ServletContextAttributeEvent scae) {
        //通过 ServletContextAttributeEvent 事件对象来获取上下文对象
        ServletContext context = scae.getServletContext();
        //获取从上下文中移除的名称属性
        String attrName = scae.getName();
        //获取从上下文中移除的名称对应的值
        Object attrValue = scae.getValue();
        //向 Tomcat 日志文件中写入一条信息
        context.log("从 ServletContext 上下文中移除了一个属性: " + attrName + ",其值为:
" + attrValue);
        //在控制台输出向上下文对象中添加的键值对
        System.out.println("从 ServletContext 上下文中移除了一个属性: " + attrName + ",其值
为: " + attrValue);
    }
    @Override
    public void attributeReplaced(ServletContextAttributeEvent scae) {
        //通过 ServletContextAttributeEvent 事件对象来获取上下文对象
        ServletContext context = scae.getServletContext();
        //获取从上下文中替换的名称属性
        String attrName = scae.getName();
        //获取从上下文中替换前的名称对应的值(注意是替换前的值)
        Object attrValue = scae.getValue();
        //向 Tomcat 日志文件中写入一条信息
        context.log("从 ServletContext 上下文中替换了一个属性为: " + attrName + ",替换前的
值为: " + attrValue);
        //在控制台输出向上下文对象中添加的键值对
        System.out.println("从 ServletContext 上下文中替换了一个属性为: " + attrName + ",替
换前的值为: " + attrValue);
    }
}
```

第 4 步：在 chapter07 项目的 WEB-INF 目录下的 web.xml 文件中使用<listener>标签来把该自定义的 MyServletContextListener 监听器注册到容器中，其具体的代码实现如下。

```
<listener>
 <listener-class>
  cn.sjxy.chapter07.listener.example01.listener.MyServletContextListener
 </listener-class>
</listener>
```

注：Servlet 3.0 也支持使用@WebListener 注解的方式来注册监听器，其注解具体的

使用在后面章节进行详细讲述。

第 5 步：在 chapter07 项目的 WebContent 目录下创建一个名称为 listener 的子目录，并在该子目录下创建名称为 testContextListener 的 JSP 页面文件，在该页面中使用脚本实现统计当前页面被访问的次数功能，使用的是把页面被访问的次数保存在上下文对象域中，同时在脚本中分别向上下文域中添加、替换、删除名称为 school 的键值对，使用 JSTL 和 EL 来获取上下文域中保存的各类名称值，包括保存的数据库连接的配置信息等。其具体的代码实现如文件 7-33 所示。

文件 7-33　testContextListener.jsp：

```
<%@ page language = "java" contentType = "text/html; charset = UTF - 8" pageEncoding = "UTF - 8" %>
  <%@taglib prefix = "c" uri = "http://java.sun.com/jsp/jstl/core" %>
<!DOCTYPE html>
<html>
<head>
<meta charset = "UTF - 8">
<title>Insert title here</title>
</head>
<body>
   <%
       //把当前页面被用户访问的次数设置到上下文域中
       Integer count = (Integer)application.getAttribute("count");
       //第一次的值一定是空的
       if(count == null){
       count = new Integer(1);
       }else{//表示不是第一次被访问
       ++count;
       }
       //把更新后的值重新设置到上下文域中
       application.setAttribute("count", count);
    %>
   <h1>当前页面被访问了[<font color = "red">${applicationScope.count }</font>]次</h1>
   <%
       //测试向上下文域中添加、移除和修改一些属性及值
       application.setAttribute("school", "三江学院");
       application.setAttribute("school", "金陵科技学院");
       application.removeAttribute("school");
    %>
   <hr>
   获取保存在上下文对象中的数据库连接信息：<br>
   <table border = "1">
   <c:forEach items = "${applicationScope.jdbc }" var = "entry">
    <tr>
      <td>${entry.key }</td><td>${entry.value }</td>
    </tr>
   </c:forEach>
   </table>
</body>
</html>
```

第 6 步：启动 Tomcat 服务器，在浏览器地址栏中输入 http://localhost:8080/chapter07/listener/testContextListener.jsp 进行访问，其页面的运行结果如图 7-28 所示。

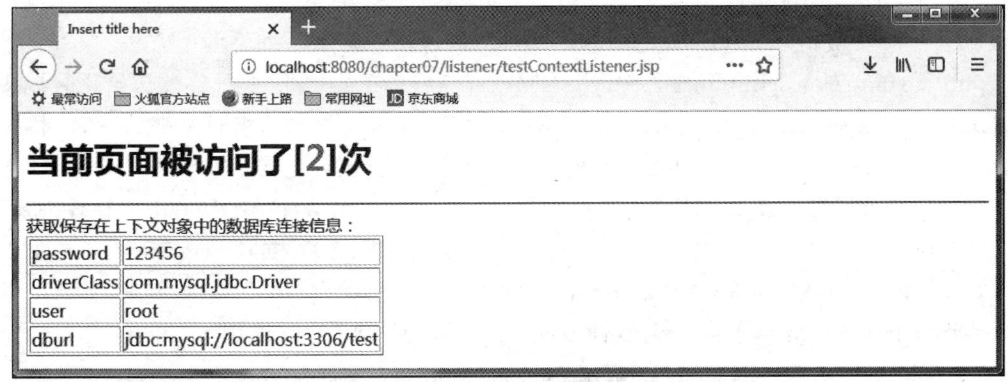

图 7-28 页面的运行结果

切换到控制台，查看控制台的输出结果如图 7-29 所示。

```
Markers  Properties  Servers  Data Source Explorer  Snippets  Console
Tomcat v9.0 Server at localhost [Apache Tomcat] E:\mySoftwares\javaweb\java\jdk1.8\bin\javaw.exe (2019年5月4日 下午6:43:11)
信息: 从ServletContext上下文中添加了一个属性: school, 其值为: 三江学院
五月 04, 2019 6:43:39 下午 org.apache.catalina.core.ApplicationContext log
信息: 从ServletContext上下文中替换了一个属性为: school, 替换前的值为: 三江学院
五月 04, 2019 6:43:39 下午 org.apache.catalina.core.ApplicationContext log
信息: 从ServletContext上下文中移除了一个属性: school, 其值为: 金陵科技学院
从ServletContext上下文中添加了一个属性: school, 其值为: 三江学院
事件源对象: org.apache.catalina.core.ApplicationContextFacade@1caa0244
从ServletContext上下文中替换了一个属性为: school, 替换前的值为: 三江学院
从ServletContext上下文中移除了一个属性: school, 其值为: 金陵科技学院
五月 04, 2019 6:46:54 下午 org.apache.catalina.core.ApplicationContext log
信息: 从ServletContext上下文中替换了一个属性为: count, 替换前的值为: 2
从ServletContext上下文中替换了一个属性为: count, 替换前的值为: 2
```

图 7-29 控制台的输出结果

通过以上程序的开发与运行测试，希望读者能体会与掌握对 ServletContext 上下文对象的 ServletContextEvent 事件和 ServletContextAttributeListener 事件的监听与处理过程。

7.2.4 监听 ServletRequest 事件

在 ServletRequest 对象上可能发生两种事件，对这些事件使用两个事件监听器处理，如表 7-8 所示。

表 7-8 ServletRequest 事件类与监听器接口

监 听 对 象	事 件	监听器接口
ServletRequest	ServletRequestEvent	ServletRequestListener
	ServletRequestAttributeEvent	ServletRequestAttributeListener

下面对表 7-8 中的事件和监听器接口进行介绍。

1. 处理 ServletRequestEvent 事件

当一个 ServletRequest 请求对象被初始化或销毁时将发生 ServletRequestEvent 事件，处理该事件需要使用 ServletRequestListener 接口，该接口定义了如下两个方法。

public void requestInitialized(ServletRequestEvent sce)：当请求对象被初始化时调用。

public void reqeustDestroyed(ServletRequestEvent sce)：当请求对象被销毁时调用。

上述方法的参数为 ServletRequestEvent 类型的对象，该类定义了如下两个方法。

public ServletContext getServletContext()：返回发生该事件的 ServletContext 对象。

public ServletRequest getServletRequest()：返回发生该事件的 ServletRequest 对象。

2. 处理 ServletRequestAttributeEvent 事件

当 ServletRequest 请求对象上属性发生改变时，如添加属性(调用 ServletRequest 对象的 setAttribute()方法)、删除属性(调用 ServletRequest 对象的 removeAttribute()方法)或替换属性(调用 ServletRequest 对象的 setAttribute()方法把原来保存的某个名称的值进行覆盖)等，将发生 ServletRequestAttributeEvent 事件，要处理该事件，需要实现 ServletRequestAttributeListener 接口。该接口定义了如下三个方法。

public void attributeAdded(ServletRequestAttributeEvent scae)：当在 ServletRequest 对象中添加属性时该方法被调用。

public void attributeRemoved(ServletRequestAttributeEvent srae)：当从 ServletRequest 对象中移除属性时该方法被调用。

public void attributeReplaced(ServletRequestAttributeEvent srae)：当在 ServletRequest 对象中替换某个属性值时该方法被调用。

上述方法的参数是 ServletRequestAttributeEvent 类型的对象，它是 ServletRequestEvent 类的子类，它定义了下面两个方法。

public String getName()：返回发生改变的属性名。

public Object getValue()：返回发生改变的属性值对象。注意，当替换属性时，该方法返回的是替换之前的属性值。

下面通过自定义的 MyServletRequestListener 监听器类来统计对某个页面的请求并记录自应用程序启动以来被访问的次数，和前面案例中的实现页面访问次数的统计在实现上有所区别。其具体的开发实现步骤如下。

第 1 步：在 chapter07 的 src 目录下创建包 cn. sjxy. chapter07. listener. example02. listener，并在该包下创建名称为 MyServletRequestListener 的 Listener 监听器类，同时让该类实现两个接口，分别为 ServletRequestListener 和 ServletRequestAttributeListener 接口，并覆写两个接口中的相关方法。其具体的代码实现如文件 7-34 所示。

文件 7-34　MyServletRequestListener. java：

```
package cn.sjxy.chapter07.listener.example02.listener;
import javax.servlet.ServletRequestAttributeEvent;
import javax.servlet.ServletRequestAttributeListener;
import javax.servlet.ServletRequestEvent;
import javax.servlet.ServletRequestListener;
import javax.servlet.http.HttpServletRequest;
```

```
public class MyServletRequestListener implements ServletRequestAttributeListener,
ServletRequestListener {
    //定义该 count 属性是用来保存页面被访问次数的(该监听器类也是单例的)
    private int count;
    /* 当 ServletRequest 请求对象被创建初始化时该方法被调用 */
    public void requestInitialized(ServletRequestEvent sre) {
          System.out.println("ServletRequest 对象被创建并进行初始化时该方法被调用");
        //通过 ServletRequestEvent 事件对象来获取 HttpServletRequest 对象
        HttpServletRequest request = (HttpServletRequest) sre.getServletRequest();
        //获取请求的访问路径
        String uri = request.getRequestURI();
        //测试当前请求路径是不是要统计访问次数的 JSP 页面
        if(uri.equals(sre.getServletContext().getContextPath() + "/listener/testRequestListener.
jsp")) {
            count++;
            //把该属性的值保存到上下文域对象中
            request.getServletContext().setAttribute("count", new Integer(count));
        }
    }
    /* 当 ServletRequest 请求对象被销毁时该方法被调用 */
    public void requestDestroyed(ServletRequestEvent sre) {
        System.out.println("ServletRequest 对象被销毁时该方法被调用");
    }
    /* 当向 ServletRequest 请求域中添加某个名称及值时该方法被调用 */
    public void attributeAdded(ServletRequestAttributeEvent srae) {
        //获取向请求域中添加的名称
        String attrName = srae.getName();
        //获取向请求域中添加的名称对应的值
        Object attrValue = srae.getValue();
        System.out.println("向 request 请求域中添加的名称为: " + attrName + ",其对应的值为:
" + attrValue);
    }
    /* 当从 ServletRequest 请求域中移除某个名称及值时该方法被调用 */
    public void attributeRemoved(ServletRequestAttributeEvent srae) {
        //获取要从请求域中移除的某个属性的名称
        String attrName = srae.getName();
        //获取要从请求域中移除的某个属性名称对应的值
        Object attrValue = srae.getValue();
        System.out.println("向 request 请求域中移除的名称为: " + attrName + ",其移除名称对
应的值为: " + attrValue);
    }
    /* 当向 ServletRequest 请求域中某个已经存在的名称属性中添加新的值时该方法被调用(替
换旧的值) */
    public void attributeReplaced(ServletRequestAttributeEvent srae) {
        //获取向请求域中替换的名称
        String attrName = srae.getName();
        //获取向请求域中替换前某个名称对应的值
        Object attrValue = srae.getValue();
        System.out.println("从 request 请求域中替换的名称为: " + attrName + ",其对应的替换
前的值为: " + attrValue);
    }
}
```

第 2 步：在 chapter07 项目的 WEB-INF 目录下的 web.xml 文件中使用<listener>标签来把该自定义的 MyServletRequestListener 监听器注册到容器中，其具体的代码实现如下。

```
<listener>
        <listener-class>
          cn.sjxy.chapter07.listener.example02.listener.MyServletRequestListener
        </listener-class>
</listener>
```

注：Servlet 3.0 也支持使用@WebListener 注解的方式来注册监听器，其注解具体的使用在后面章节进行详细讲述。

第 3 步：在 chapter07 项目的 WebContent 目录的 listener 子目录中，创建名称为 testRequestListener 的 JSP 页面文件。其具体的代码实现如文件 7-35 所示。

文件 7-35　testRequestListener.jsp：

```
<%@ page language="java" contentType="text/html; charset=UTF-8"  pageEncoding="UTF-8"%>
<!DOCTYPE html>
<html>
<head>
<meta charset="UTF-8">
<title>Insert title here</title>
</head>
<body>
<%
      request.setAttribute("school", "三江学院");
      request.setAttribute("school", "金陵科技学院");
      request.removeAttribute("school");
      request.setAttribute("name", "李晓明");
 %>
欢迎您[${requestScope.name}],您的 IP 地址为:${pageContext.request.remoteAddr}<br>
<p>自应用程序启动以来,该页面被访问了[<font color="red">${applicationScope.count}
</font>]次了
</body>
</html>
```

第 4 步：启动 Tomcat 服务器，在浏览器地址栏中输入 http://localhost:8080/chapter07/listener/testRequestListener.jsp，其页面的运行结果如图 7-30 所示。

图 7-30　页面的运行结果

切换到控制台，查看控制台的输出结果如图 7-31 所示。

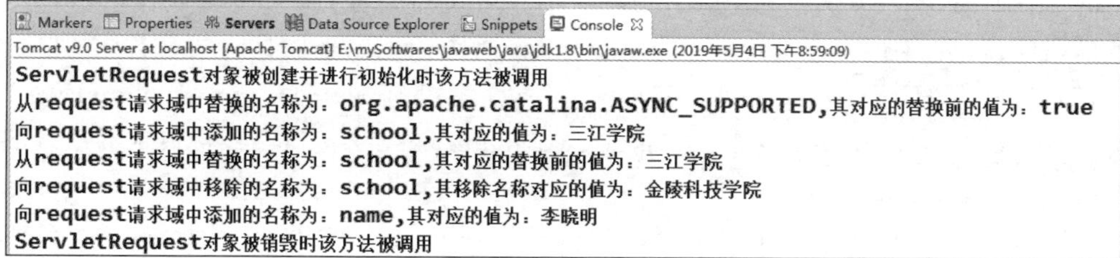

图 7-31　控制台的输出结果

通过以上程序的开发与运行测试，希望读者能体会并掌握对 ServletRequest 请求对象的 ServletRequestEvent 事件和 ServletRequestAttributeListener 事件的监听与处理过程。

7.2.5　监听 HttpSession 事件

在 HttpSession 会话对象上可能发生两种事件，对这些事件可使用 4 个事件监听器处理，这些类和接口如表 7-9 所示。

表 7-9　HttpSession 事件类和监听器接口

监听对象	事　件	监听器接口
HttpSession	HttpSessionEvent	HttpSessionListener
		HttpSessionActivationListener
	HttpSessionBindingEvent	HttpSessionAttributeListener
		HttpSessionBindingListener

下面对表 7-9 中的 HttpSession 会话对象的事件和监听器接口进行介绍。

1. 处理 HttpSessionEvent 事件

当一个 HttpSession 会话对象被初始化或销毁时将发生 HttpSessionEvent 事件，处理该事件需要使用 HttpSessionListener 接口，该接口定义了以下两个方法。

public void sessionCreate(HttpSessionEvent se)：当会话对象被初始化时调用。

public void sessionDestroyed(HttpSessionEvent se)：当会话对象被销毁时调用。

上述方法的参数为 HttpSessionEvent 类型的对象，在该类中只定义了一个方法。

public HttpSession getSession()：返回状态发生改变的会话对象。

当一个 HttpSession 会话对象被钝化（序列化）或活化（反序列化）时将发生 HttpSessionEvent 事件。钝化是将 HttpSession 对象从内存中转移至硬盘的过程，也称为序列化过程；活化是将 HttpSession 对象从持久化的状态变成运行状态的过程，也称为反序列化过程。处理该事件需要使用 HttpSessionActivationListener 接口，该接口中定义了以下两个方法。

public void sessionWillPassivate(HttpSessionEvent se)：当会话对象被钝化前调用，也就是 HttpSession 对象被从内存序列化到硬盘的过程。

public void sessionDidActivate(HttpSessionEvent se)：当会话对象被活化后调用，也就是 HttpSession 对象被从硬盘反序列化到内存的过程。

2. 处理会话属性事件

当 HttpSession 会话对象属性发生改变时，如向会话域中添加属性（调用 HttpSession

对象的 setAttribute()方法)、删除属性(调用 HttpSession 对象的 removeAttribute()方法)或替换属性(调用 HttpSession 对象的 setAttribute()方法把原来保存的某个名称的值进行覆盖)等,将发生 HttpSessionBindingEvent 事件(注意没有 HttpSessionAttributeEvent 事件类),要处理该事件,需要实现 HttpSessionAttributeListener 接口。该接口定义了以下三个方法。

public void attributeAdded(HttpSessionBindingEvent se):当向 HttpSession 会话对象中添加属性时该方法被调用。

public void attributeRemoved(HttpSessionBindingEvent se):当从 HttpSession 会话对象中移除某个属性及对应值时该方法被调用。

public void attributeReplaced(HttpSessionBindingEvent se):当从 HttpSession 会话对象中替换某个属性值时该方法被调用。

上述方法的参数是 HttpSessionBindingEvent 类型的对象,该类中定义了以下三个方法。

public String getName():返回会话域中发生改变的属性名。

public Object getValue():返回会话域中发生改变的属性值对象。注意,当替换属性时,该方法返回的是替换之前的属性值。

public HttpSession getSession():返回发生改变的会话对象。

下面通过自定义的 MySessionListener 监听器类来精确统计当前系统的在线人数(注意不是页面被访问的次数)。同时把已经登录的在线用户信息在主页面显示,同时在控制台监控并输出每个合法用户登录与登出事件。其具体的开发实现步骤如下。

第 1 步:在 chapter07 项目的 WebContent 目录的子目录 listener 中,创建一个名称为 loginSessionListener 的 JSP 页面,页面中包含一个用户登录的表单信息。其具体的代码实现如文件 7-36 所示。

文件 7-36　loginSessionListener.jsp:

```
<%@ page language = "java" contentType = "text/html; charset = UTF - 8" pageEncoding = "UTF - 8" %>
<!DOCTYPE html>
<html>
<head>
<meta charset = "UTF - 8">
<title>Insert title here</title>
</head>
<body>
  <h1 align = "center">用户登录页面</h1>
  <hr><br>
    <h2 align = "center">${requestScope.error}</h2>
   <form action = "${pageContext.request.contextPath}/listener/login" method = "post">
     <table border = "1" width = "500px" cellpadding = "0" cellspacing = "0" align = "center">
     <tr>
       <td align = "right">用户名称:</td><td><input type = "text" name = "name" ></td>
     </tr>
     <tr>
       <td align = "right">用户密码:</td><td><input type = "password"name = "password"></td>
```

```
        </tr>
        <tr>
          <td colspan="2" align="center"><input type="submit" value="登录"></td>
        </tr>
        </table>
      </form>
  </body>
  </html>
```

第 2 步：在 chapter07 的 src 目录下创建包 cn.sjxy.chapter07.listener.example03.domain，并在该包下创建名称为 User 的实体类，该类中有两个属性，分别和 loginSessionListener.jsp 中的表单信息一一对应。其具体的代码实现如文件 7-37 所示。

文件 7-37　User.java：

```
package cn.sjxy.chapter07.listener.example03.domain;
public class User {
    private String name;                          //用户名称
    private String password;                      //用户登录密码
    //提供对应的 getXXX/setXXX 方法
    public String getName() {
        return name;
    }
    public void setName(String name) {
        this.name = name;
    }
    public String getPassword() {
        return password;
    }
    public void setPassword(String password) {
        this.password = password;
    }
    public User() {
    }
    public User(String name, String password) {
        this.name = name;
        this.password = password;
    }
}
```

第 3 步：在 chapter07 的 src 目录下创建包 cn.sjxy.chapter07.listener.example03.servlet，并在该包下创建名称为 UserLoginServlet 的 Servlet 类，用来处理表单的提交请求。在该 Servlet 中，首先获取表单的输入信息，并进行简单的非空校验，如果校验失败则请求转发到登录页面，如果校验成功则把表单数据封装到实体 User 对象中，这里没有做真实的用户合法性校验，默认只要用户名称和密码不为空就认为是合法的用户信息，然后把封装好的 User 对象设置到 HttpSession 会话域中，并请求转发到 WEB-INF/listener 目录下的 mainSession.jsp 页面，该 Servlet 类的注册与对外访问路径映射采用基于@WebServlet 注解方式。其具体的代码实现如文件 7-38 所示。

文件 7-38　UserLoginServlet.java：

```
package cn.sjxy.chapter07.listener.example03.servlet;
import java.io.IOException;
import javax.servlet.ServletException;
import javax.servlet.annotation.WebServlet;
import javax.servlet.http.HttpServlet;
import javax.servlet.http.HttpServletRequest;
import javax.servlet.http.HttpServletResponse;
import cn.sjxy.chapter07.listener.example03.domain.User;
@WebServlet("/listener/login")
public class UserLoginServlet extends HttpServlet {
    @Override
    protected void doGet(HttpServletRequest request, HttpServletResponse response) throws
ServletException, IOException {
        //TODO Auto-generated method stub
        doPost(request, response);
    }
    @Override
    protected void doPost(HttpServletRequest request, HttpServletResponse response) throws
ServletException, IOException {
        request.setCharacterEncoding("utf-8");
        //获取表单的参数值
        String name = request.getParameter("name");
        String pwd = request.getParameter("password");
        if(name == null||"".equals(name.trim()) ||pwd == null||"".equals(pwd.trim())) {
        //把为空的信息保存在请求域中,请求转发到登录页面
        request.setAttribute("error", "用户名或密码不能为空!");
        request.getRequestDispatcher("/listener/loginSessionListener.jsp").forward(request,
response);
        return;
        }
        //这里就不做有效性校验了,默认用户都是填写表单数据的且都是合法用户
        User user = new User(name,pwd);
        //把合法用户的信息保存到 HttpSession 会话域中
        request.getSession().setAttribute("user", user);
        //请求转发到 WEB-INF/listener/目录下的 mainSession.jsp 主页面
        request.getRequestDispatcher("/WEB-INF/listener/mainSession.jsp").forward(request,
response);
    }
}
```

第 4 步：在 chapter07 的 src 目录下创建包 cn.sjxy.chapter07.listener.example03.listener，并在该包下创建名称为 MySessionListener 的 Listener 监听器类，同时让该类实现两个接口，分别为 HttpSessionListener 和 HttpSessionAttributeListener 接口，并覆写两个接口中的相关方法。在该监听器类中，主要完成对用户登录与登出事件的监控与统计，完成精确的在线人数统计，并把合法的用户登录信息在 mainSession.jsp 页面中显示出来。其具体的代码实现如文件 7-39 所示。

文件 7-39　MySessionListener.java：

```
package cn.sjxy.chapter07.listener.example03.listener;
import java.util.*;
import javax.servlet.ServletContext;
import javax.servlet.http.HttpSessionAttributeListener;
import javax.servlet.http.HttpSessionBindingEvent;
import javax.servlet.http.HttpSessionEvent;
import javax.servlet.http.HttpSessionListener;
import cn.sjxy.chapter07.listener.example03.domain.User;
public class MySessionListener implements HttpSessionAttributeListener, HttpSessionListener {
    /** 当 HttpSession 会话对象被创建会执行该方法 */
    public void sessionCreated(HttpSessionEvent se) {
        System.out.println("HttpSession 会话对象被创建,其会话 ID:" + se.getSession().getId());
    }
    /** 当 HttpSession 会话对象被销毁会执行该方法 */
    public void sessionDestroyed(HttpSessionEvent se) {
        System.out.println("HttpSession 会话对象被销毁,其会话 ID:" + se.getSession().getId());
    }
    /** 当向 HttpSession 会话对象域中添加新的名称 - 值时会执行该方法 */
    public void attributeAdded(HttpSessionBindingEvent se) {
        //获取向会话域中新添加的属性名称
        String attrName = se.getName();
        //获取向会话域中添加的名称对象的值
        Object attrValue = se.getValue();
        System.out.println("向 HttpSession 会话域中添加的属性为: " + attrName + ",其对应的
值为: " + attrValue);
        //检查添加的属性对应的是不是一个登录用户的信息
        if("user".equals(attrName)) {//表明是一个合法用户成功登录进来了
            //要把当前的在线人数 + 1,把在线人数设置保存到上下文 ServletContext 域中
            ServletContext application = se.getSession().getServletContext();
            Integer onlineNum = (Integer) application.getAttribute("onlineNum");
            if(onlineNum == null||onlineNum == 0) {//表明第一个合法用户登录
                onlineNum = new Integer(1);
            }else {
                onlineNum++;
            }
            //把更新的在线人数重新设置到上下文域中
            application.setAttribute("onlineNum", onlineNum);
            //给出用户上线的提示信息在控制台输出
            User user = (User)attrValue;
            //把该用户对象保存到上下文中的集合中,用于主页面的登录用户信息显示监控
            List<User> users = (List<User>)application.getAttribute("users");
            if(users == null||users.size()<= 0) {//表示是对第一个用户登录信息的统计
                users = new ArrayList<User>();
                users.add(user);
            }else {
                users.add(user);            //这里默认每个用户的登录信息都是不同的
            }
            //把该集合重新设置到上下文域中
            application.setAttribute("users", users);
```

```
                System.out.println("用户[" + user.getName() + "]上线了 ---- up -- ");
            }
        }
        /** 从 HttpSession 会话对象域中移除某个名称 - 值时会执行该方法 */
        public void attributeRemoved(HttpSessionBindingEvent se) {
            //获取从会话域中要移除的属性名称
            String attrName = se.getName();
            //获取从会话域中移除的名称对象的值
            Object attrValue = se.getValue();
            System.out.println("从 HttpSession 会话域中移除属性为: " + attrName + ",其对应的值
为: " + attrValue + "的键值对");
            //检查是不是某个用户下线了
            if("user".equals(attrName)) {//表明是某个用户下线了
                //要把当前的在线人数 - 1,把在线人数设置保存到上下文 ServletContext 域中
                ServletContext application = se.getSession().getServletContext();
                Integer onlineNum = (Integer) application.getAttribute("onlineNum");
                if(onlineNum!= null) {
                    onlineNum -- ;
                }
                //把更新的在线人数重新设置到上下文域中
                application.setAttribute("onlineNum", onlineNum);
                //给出用户下线的提示信息在控制台输出
                User user = (User)attrValue;
                //把该下线的用户从上下文的用户集合 users 中移除
                List < User > users = (List < User >)application.getAttribute("users");
                if(users!= null&&users.size()> 0) {
                    for(User u:users) {

if(u.getName().equals(user.getName())&&u.getPassword().equals(user.getPassword())) {
                            users.remove(u);
                            //同时把该更新后的集合重新设置到上下文域中
                            application.setAttribute("users", users);
                            break;
                        }
                    }
                }
                System.out.println("用户[" + user.getName() + "]下线了 ---- down -- ");
            }
        }
        /** 当向 HttpSession 会话对象域中给某个已经存在的名称设置新的值时该方法会被调用执
行 */
        public void attributeReplaced(HttpSessionBindingEvent se) {
            //获取从会话域中要被重新赋值的属性名称
            String attrName = se.getName();
            //获取从会话域中对应存在的名称被替换前的值
            Object attrValue = se.getValue();
            System.out.println("从 HttpSession 会话域中把属性为: " + attrName + "的值进行替换,
其替换前的值为: " + attrValue);
        }
}
```

第 5 步：在 chapter07 项目的 WEB-INF 目录下的 web.xml 文件中使用<listener>标签来把该自定义的 MySessionListener 监听器注册到容器中，防止之前应用中的监听器对 MySessionListener 的影响，建议把之前的监听器注册都注释掉。其具体的代码实现如下。

```
<listener>
        <listener-class>
          cn.sjxy.chapter07.listener.example03.listener.MySesssionListener
        </listener-class>
</listener>
```

注：Servlet 3.0 也支持使用@WebListener 注解的方式来注册监听器，其注解具体的使用在后面章节中进行详细讲述。

第 6 步：在 chapter07 项目的 WEB-INF 目录下创建子目录 listener，并在该子目录中创建名称为 mainSession 的 JSP 页面，在该页面中使用 JSTL 与 EL 表达式，把当前的在线人数及当前登录用户的名称信息、所有经过合法用户的登录信息以列表的方式显示出来，同时提供一个"退出"超链接操作入口。其具体的代码实现如文件 7-40 所示。

文件 7-40　mainSession.jsp：

```
<%@ page language="java" contentType="text/html; charset=UTF-8" pageEncoding="UTF-8"%>
<%@taglib prefix="c" uri="http://java.sun.com/jsp/jstl/core" %>
<!DOCTYPE html>
<html>
<head>
<meta charset="UTF-8">
<title>Insert title here</title>
</head>
<body>
  <h1 align="center">OA 系统主页面</h1>
  <hr>
  <h3 align="center">
  欢迎您-[${sessionScope.user.name}],
  当前在线人数为[<font color="red">${applicationScope.onlineNum}</font>]
        <a href="${pageContext.request.contextPath}/
listener/loginOut">退出</a>
  </h3>
  <table border="1" width="500px" cellpadding="0" cellspacing="0" align="center">
    <caption>目前在线用户详情</caption>
    <tr><th>序号</th><th>登录用户名称</th><th>登录用户密码</th></tr>
    <c:forEach items="${applicationScope.users}" var="user" varStatus="i">
     <tr>
       <td align="center">${i.index +1}</td>
       <td align="center">${user.name}</td>
       <td align="center">${user.password}</td>
     </tr>
    </c:forEach>
  </table>
</body>
</html>
```

第 7 步：在 chapter07 的 src 目录下的 cn. sjxy. chapter07. listener. example03. servlet 包中，创建名称为 UserLoginOutServlet 的 Servlet 类，用于处理用户的退出操作。当我们从 Session 域中移除名称为 user 的属性键值对时，会触发 MySessionListener 监听器中的 attributeRemoved 方法的执行。该 Servlet 的注册与对外访问路径的映射采用的是基于 @WebServlet 注解的映射方式。其具体的代码实现如文件 7-41 所示。

文件 7-41　MySessionListener. java：

```
package cn.sjxy.chapter07.listener.example03.servlet;
import java.io.IOException;
import javax.servlet.ServletException;
import javax.servlet.annotation.WebServlet;
import javax.servlet.http.HttpServlet;
import javax.servlet.http.HttpServletRequest;
import javax.servlet.http.HttpServletResponse;
import javax.servlet.http.HttpSession;
import cn.sjxy.chapter07.listener.example03.domain.User;
@WebServlet("/listener/loginOut")
public class UserLoginOutServlet extends HttpServlet {
    @Override
    protected void doGet(HttpServletRequest request, HttpServletResponse response) throws
ServletException, IOException {
        //TODO Auto-generated method stub
        doPost(request, response);
    }
    @Override
    protected void doPost(HttpServletRequest request, HttpServletResponse response) throws
ServletException, IOException {
       //获取 HttpSession 会话对象
        HttpSession session = request.getSession();
        //把保存在 HttpSession 会话域中的名称为 user 的移除
        session.removeAttribute("user");
        //同时让 HttpSession 会话对象失效
        session.invalidate();
        //请求重定向到登录页面
        response.sendRedirect(request.getContextPath() + "/listener/loginSessionListener.jsp");
    }
}
```

第 8 步：启动 Tomcat 服务器，分别打开三个不同的浏览器（如火狐、谷歌、IE），并在浏览器地址栏中输入 http://localhost:8080/chapter07/listener/loginSessionListener. jsp，进行登录操作，其成功登录后的运行结果如图 7-32 所示。

当通过鼠标单击某一个浏览器中的“退出”超链接操作后，程序首先会调用对应的 Servlet 处理类 UserLoginOutServlet，当执行 session. removeAttribute("user")语句时，会触发监听器 MySessionListener 类中的 attributeRemoved()方法的执行，但执行 session. invalidate()方法让当前的 HttpSession 会话对象失效时，会触发 MySessionListener 监听器

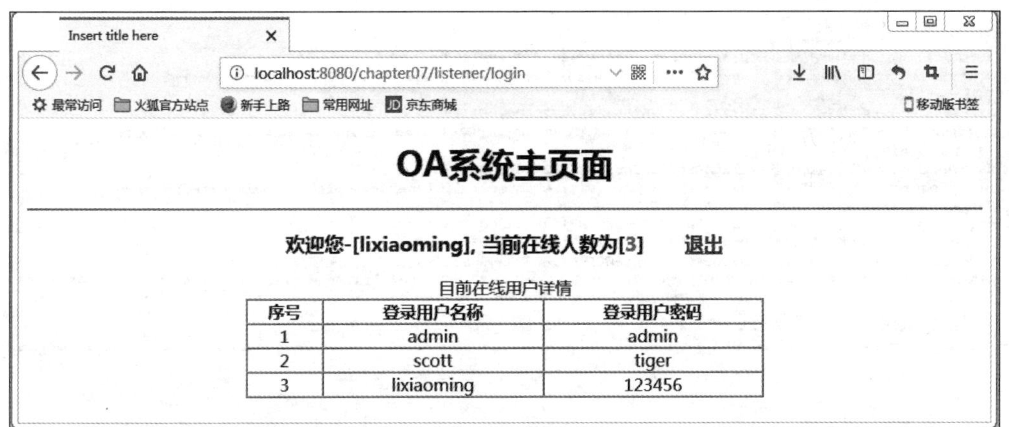

图 7-32　运行结果

类中的 sessionDestroyed()方法的执行，同时如果在该 HttpSession 会话域中还保存了其他名称的键值对数据的话，也会再一次触发 attributeRemoved()方法的执行。当单击名称为 admin 用户对应浏览器页面中的"退出"操作后，并刷新用户为 lixiaoming 的页面链接，其运行结果如图 7-33 所示。

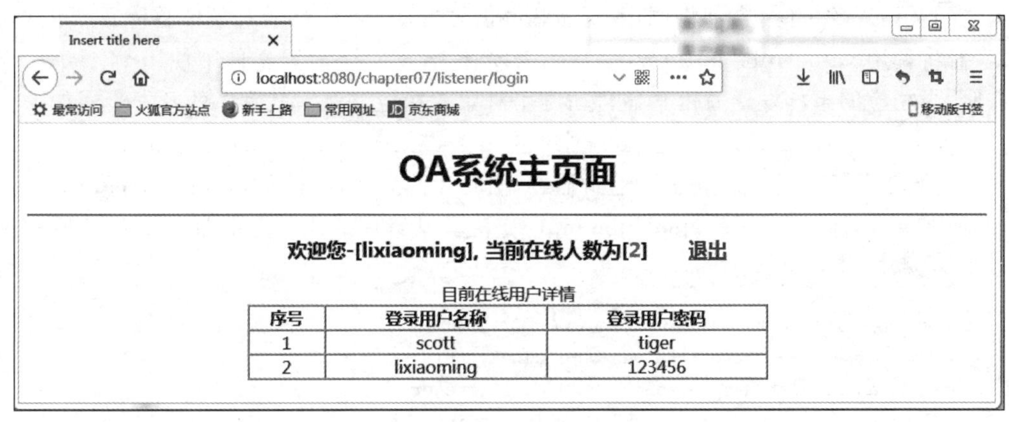

图 7-33　运行结果

默认访问任何一个 JSP 页面都会创建一个 HttpSession 会话对象，因为在 page 页面指令中，默认的 session 属性值为 true，如果想要在 JSP 页面中手动来创建 HttpSession 会话对象，可以将 page 指令中的 session 属性值设置为 false。进入 Eclipse 的控制台视图，其运行的部分输出结果如图 7-34 所示。

通过以上程序的开发与运行测试，希望读者能体会并掌握对 HttpSession 会话对象的 HttpSessionListener 监听器和 HttpSessionAttributeListener 属性监听器的开发应用场景判读与灵活使用。

3. 处理会话属性绑定事件

当一个对象绑定到会话对象或从会话对象中解除绑定时也发生 HttpSessionBindingEvent 事件，这时也可以使用 HttpSessionBindingListener 接口来处理这类事件。

如果一个类实现了 HttpSessionBindingListener 接口，则当该类的对象绑定到任何会

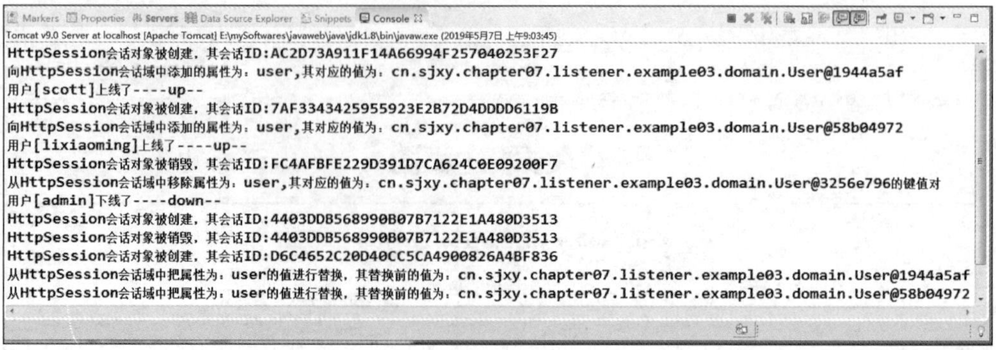

```
Markers  Properties  Servers  Data Source Explorer  Snippets  Console
Tomcat v9.0 Server at localhost [Apache Tomcat] E:\mySoftwares\javaweb\java\jdk1.8\bin\javaw.exe (2019年5月7日 上午9:03:45)
HttpSession会话对象被创建，其会话ID:AC2D73A911F14A66994F257040253F27
向HttpSession会话域中添加的属性为：user,其对应的值为：cn.sjxy.chapter07.listener.example03.domain.User@1944a5af
用户[scott]上线了----up--
HttpSession会话对象被创建，其会话ID:7AF3343425955923E2B72D4DDDD6119B
向HttpSession会话域中添加的属性为：user,其对应的值为：cn.sjxy.chapter07.listener.example03.domain.User@58b04972
用户[lixiaoming]上线了----up--
HttpSession会话对象被销毁，其会话ID:FC4AFBFE229D391D7CA624C0E09200F7
从HttpSession会话域中移除属性为：user,其对应的值为：cn.sjxy.chapter07.listener.example03.domain.User@3256e796的键值对
用户[admin]下线了----down--
HttpSession会话对象被创建，其会话ID:4403DDB568990B07B7122E1A480D3513
HttpSession会话对象被销毁，其会话ID:4403DDB568990B07B7122E1A480D3513
HttpSession会话对象被创建，其会话ID:D6C4652C20D40CC5CA4900826A4BF836
从HttpSession会话域中把属性为：user的值进行替换，其替换前的值为：cn.sjxy.chapter07.listener.example03.domain.User@1944a5af
从HttpSession会话域中把属性为：user的值进行替换，其替换前的值为：cn.sjxy.chapter07.listener.example03.domain.User@58b04972
```

图 7-34　控制台的运行输出结果

话或从该会话对象中解除绑定，容器将调用该接口实现的方法，该接口定义的方法如下。

public void valueBound(HttpSessionBindingEvent event)：当对象绑定到一个会话上时调用该方法。

public void valueUnbound(HttpSessionBindingEvent event)：当对象从一个会话上解除绑定时调用该方法。

下面定义的 UserBean 实现了 HttpSessionBindingListener 接口。当将该类的一个对象绑定到会话对象上时，容器将调用 valueBound()方法，当从会话对象中移除该类的对象时，容器将调用 valueUnbound()方法，且不需要在 web.xml 配置文件中使用< listener >标签注册，当相应的事件发送时由容器自动调用对象的相应方法。其具体的开发步骤如下。

第 1 步：在 chapter07 的 src 目录下创建包 cn.sjxy.chapter07.listener.example04.listener，并在该包下创建名称为 UserBean 的监听器类，同时让该类实现 HttpSessionBindingListener 接口，并覆写 valueBound()和 valueUnbound()方法。其具体的代码实现如文件 7-42 所示。

文件 7-42　UserBean.java：

```
package cn.sjxy.chapter07.listener.example04.listener;
import javax.servlet.http.HttpSessionBindingEvent;
import javax.servlet.http.HttpSessionBindingListener;
public class UserBean implements HttpSessionBindingListener {
    private String name;
    private int age;
    public UserBean (String name, int age) {
        this.name = name;
        this.age = age;
    }
    public UserBean() {}
    @Override
    public void valueBound(HttpSessionBindingEvent event) {
        //获取绑定在会话域中的 UserBean 对象
        System.out.println("获取绑定在 HttpSession 会话域中的 UserBean 对象：|user.name: =
" + name + ",user.age: = " + age);
    }
    @Override
    public void valueUnbound(HttpSessionBindingEvent event) {
        //获取解除绑定在会话域中的 UserBean 对象
```

```
        System.out.println("获取解除绑定在 HttpSession 会话域中的 UserBean 对象：| user.
name:= " + name + ",user.age:= " + age);
    }
}
```

第 2 步：在 chapter07 项目的 WebContent 下的 listener 子目录中创建一个名称为 testSessionBindingListener 的 JSP 页面，在页面中使用脚本创建一个 UserBean 的实体对象，并把该实体对象添加到 HttpSession 会话域中，然后再从 HttpSession 会话域中移除。其具体的代码实现如文件 7-43 所示。

文件 7-43 testSessionBindingListener.jsp：

```
<%@ page language="java" contentType="text/html; charset=UTF-8"
    pageEncoding="UTF-8" import="cn.sjxy.chapter07.listener.example04.listener.UserBean" %>
<!DOCTYPE html>
<html>
<head>
<meta charset="UTF-8">
<title>测试监听器 HttpSessionBindingListener</title>
</head>
<body>
  <%
        //创建 UserBean 实体对象，需要在 page 指令中使用 import 属性导入对应的包
        UserBean ub = new UserBean("Lixiaoming",40);
        //把 UserBean 实体对象添加到 HttpSession 会话域中，默认 JSP 页面会自动创建
//HttpSession 会话对象的，page 指令的 session 属性默认值为 true
        session.setAttribute("user", ub);
       //UserBean ub2 = new UserBean("李晓明",40);
       //session.setAttribute("user", ub2);
        session.removeAttribute("user");
        //session.invalidate();
  %>
</body>
</html>
```

第 3 步：启动 Tomcat 服务器，打开浏览器地址栏中输入 http://localhost:8080/chapter07/listener/testSessionBindingListener.jsp，其运行结果如图 7-35 所示。

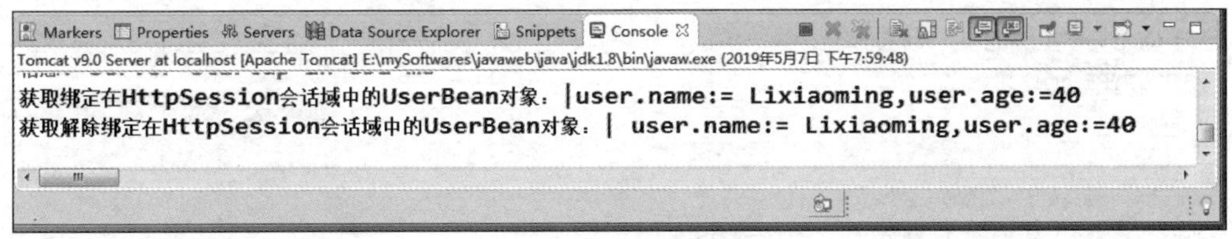

图 7-35 运行结果

根据运行结果，当我们把实现了 HttpSessionBindingListener 接口的 UserBean 对象设置（绑定）到 HttpSession 会话对象中时，此过程触发了绑定会话事件，也就是执行了 valueBound()方法，当调用 HttpSession 对象的 removeAttribute()方法来移除 UserBean 对象时，此过程也称为解除会话域的绑定，容器也会自动调用 valueUnbound()方法。读者

可以把 testSessionBindingListener.jsp 页面中的另外几条加了注释的语句打开，进行测试，并总结出 HttpSessionBindingListener 会话绑定监听器的执行规律与特点。

7.2.6 基于@WebListener 注解方式的事件监听器的注册

在 Servlet 3.0 之后，对于自定义监听器类的注册可以使用注解@WebListener 来代替传统的基于 XML 的配置方式。该@WebListener 注解有一个可选 value 属性，用来描述该过滤器，默认值 value=""，开发者只需要在自定义监听器类的前面添加注解@WebListener 即可。例如，定义一个实现了 HttpSessionAttributeListener 接口的自定义监听器类 MySessionListener。其具体的实现代码如下。

```
@WebListener
public class  MySessionListener   implements HttpSessionAttributeListener
{
    …
}
```

7.2.7 Listener 监听器应用

使用 Listener 监听器技术模拟手机银行的定时安全扫描功能，如果在规定的时间内没有操作手机银行的主页面，则提示重新登录。

任务描述：当用户通过正常的账号登录窗口进行登录操作，经过非空及合法性校验后，进入银行业务主页面，可以办理银行的各项业务(存款、取款、转账、开户等业务)，在登录成功的同时使用定时器来开启定时扫描监控功能，当检测到用户在 2min 及以上时间内没有操作该银行系统中的任何业务功能时，从安全性方面考虑，当用户再次发起银行业务操作时，需要用户重新登录方可使用。

开发步骤如下。

1. 编写账户登录页面 login.jsp 页面

在 chapter07 项目的 WebContent 目录下创建子目录 bank，并在该目录下创建名称为 login.jsp 的页面文件，该页面中主要提供一个 form 表单用来接收用户的银行账号与密码信息的输入及登录提交。其具体的代码实现如文件 7-44 所示。

文件 7-44　login.jsp：

```
<%@ page language = "java" contentType = "text/html; charset = UTF - 8" pageEncoding = "UTF - 8" %>
<!DOCTYPE html>
<html>
<head>
<meta charset = "UTF - 8">
<title>网上银行账户登录页面</title>
</head>
<body>
<h1 align = "center">网上银行账户登录页面</h1>
  <hr><br>
    <h2 style = "color:red;text - align:center;"> ${requestScope.loginError }</h2>
   <form action = " ${pageContext.request.contextPath }/bank/login" method = "post">
     <table border = "1" width = "700px" cellpadding = "0" cellspacing = "0" align = "center">
```

```
        <tr>
          <td align="right">请输入银行账号:</td><td><input type="text" name="cardNo"
value="${param.cardNo }">
          <font color="red">${errors.cardNo }</font></td>
        </tr>
        <tr>
          <td align="right">请输入账号密码:</td><td><input type="password" name=
"loginPwd" value="${param.loginPwd }">
          <font color="red">${errors.loginPwd}</font></td>
        </tr>
        <tr>
          <td colspan="2" align="center"><input type="submit" value="登录"></td>
        </tr>
        </table>
    </form>
</body>
</html>
```

2. 编写银行卡用户对应的实体类 BankUser.java

在 chapter07 的 src 目录下创建包 cn.sjxy.chapter07.listener.example05.domain，并在该包下创建名称为 BankUser 的实体类。其具体的代码实现如文件 7-45 所示。

文件 7-45　BankUser.java：

```
package cn.sjxy.chapter07.listener.example05.domain;
public class BankUser {
    private String cardNo;                    //银行卡号
    private String loginPwd;                  //登录密码
    private String userName;                  //对应的用户名称
    private Integer balance;                  //银行卡余额
    //提供对应的 get/set 方法
    public String getCardNo() {
        return cardNo;
    }
    public void setCardNo(String cardNo) {
        this.cardNo = cardNo;
    }
    public String getLoginPwd() {
        return loginPwd;
    }
    public void setLoginPwd(String loginPwd) {
        this.loginPwd = loginPwd;
    }
    public String getUserName() {
        return userName;
    }
    public void setUserName(String userName) {
        this.userName = userName;
    }
    public Integer getBalance() {
        return balance;
```

```
    }
    public void setBalance(Integer balance) {
        this.balance = balance;
    }
    //提供无参数的构造方法
    public BankUser() {    }
    //提供有参数的构造方法
    public BankUser(String cardNo, String loginPwd, String userName, Integer balance) {
        this.cardNo = cardNo;
        this.loginPwd = loginPwd;
        this.userName = userName;
        this.balance = balance;
    }
}
```

3. 编写相关的银行系统显示主页面

在chapter07的WebContent下的bank子目录中分别创建页面：main.jsp、top.jsp、bottom.jsp、left.jsp、deposit.jsp、drawmoney.jsp、transfer.jsp、newaccont.jsp。其作用就是采用frameset框架来构建一个银行业务的主页面。其核心的几个页面代码如文件7-46～文件7-48所示。

文件7-46　main.jsp：

```
<%@ page language="java" contentType="text/html; charset=UTF-8" pageEncoding="UTF-8"%>
<!DOCTYPE html>
<html><head>
<meta charset="UTF-8">
<title>main.jsp</title>
</head>
<frameset rows="15%,75%,10%">
  <frame  src="top.jsp" name="top"/>
  <frameset cols="15%, *">
     <frame src="left.jsp" name="left"/>
     <frame name="main" />
  </frameset>
  <frame src="bottom.jsp" name="bottom" />
</frameset>
</html>
```

文件7-47　left.jsp：

```
<%@ page language="java" contentType="text/html; charset=UTF-8" pageEncoding="UTF-8"%>
<!DOCTYPE html>
<html>
<head>
<meta charset="UTF-8">
<title>left.jsp</title>
</head>
<body>
  <ul>
    <li><h3><a href="newaccount.jsp" target="main">新开账户</a></h3></li>
```

```
    <li><h3><a href="deposit.jsp" target="main">存款</a></h3></li>
    <li><h3><a href="drawmoney.jsp" target="main">取款</a></h3></li>
    <li><h3><a href="transfer.jsp" target="main">转账</a></h3></li>
  </ul>
</body>
</html>
```

文件 7-48　transfer.jsp：

```
<%@ page language="java" contentType="text/html; charset=UTF-8" pageEncoding="UTF-8"%>
<!DOCTYPE html>
<html>
<head>
<meta charset="UTF-8">
<title>转账页面</title>
</head>
<body>
<h1>转账业务</h1>
</body>
</html>
```

其他页面 deposit.jsp、drawmoney.jsp、newaccont.jsp 和 transfer.jsp 代码类似。

4. 编写处理用户登录的 Servlet 类 BankUserLoginServlet.java

在 chapter07 的 src 目录下创建包 cn.sjxy.chapter07.listener.example05.servlet，并在该包下创建名称为 BankUserLoginServlet 的 Servlet 类。该类用来处理用户的登录请求，首先做表单数据的非空及合法性校验，校验成功会把用户信息保存在 HttpSession 会话域中，并请求转发到 bank 目录下的主页面 main.jsp。其具体的代码实现如文件 7-49 所示。

文件 7-49　BankUserLoginServlet.java：

```
package cn.sjxy.chapter07.listener.example05.servlet;
import java.io.IOException;
import java.util.*;
import javax.servlet.ServletException;
import javax.servlet.annotation.WebServlet;
import javax.servlet.http.HttpServlet;
import javax.servlet.http.HttpServletRequest;
import javax.servlet.http.HttpServletResponse;
import cn.sjxy.chapter07.listener.example05.domain.BankUser;
@WebServlet(urlPatterns = {"/bank/login"},name = "bankUserLoginServlet")
public class BankUserLoginServlet extends HttpServlet {
//用来模拟存放合法银行账户信息的集合属性,并在 init 方法中进行初始化
        private List<BankUser> bankUsers = new ArrayList<BankUser>();
    @Override
    public void init() throws ServletException {
            bankUsers.add(new BankUser("66666666","123456","李晓明",5000));
            bankUsers.add(new BankUser("77777777","123456","圣文顺",5000));
            bankUsers.add(new BankUser("88888888","123456","曾岳",5000));
            bankUsers.add(new BankUser("99999999","123456","应毅",5000));
            bankUsers.add(new BankUser("55555555","123456","吴德",5000));
    }
```

```
    @Override
    protected void doPost(HttpServletRequest request, HttpServletResponse response) throws
ServletException, IOException {
        //获取表单传递过来的参数
        String cardNo = request.getParameter("cardNo");
        String loginPwd = request.getParameter("loginPwd");
        //对表单数据进行非空校验
        Map<String,String> errors = new HashMap<String,String>();
        if(cardNo == null||"".equals(cardNo.trim())) {
            errors.put("cardNo", "银行账户不能为空!");
        }
        if(loginPwd == null||"".equals(loginPwd.trim())) {
            errors.put("loginPwd", "登录密码不能为空!");
        }
        if(errors.size()> 0) {//表示非空校验失败
            //请求转发到登录页面,并把错误消息保存到请求域中
            request.setAttribute("errors", errors);
            request.getRequestDispatcher("/bank/login.jsp").forward(request, response);
            return;
        }
        //进行数据库合法性校验
        boolean result = false;
        for(BankUser user:bankUsers) {
            if(user.getCardNo().equals(cardNo)&&user.getLoginPwd().equals(loginPwd)) {
                //表示合法账户信息,把合法账户的信息保存在 HttpSession 会话域中
                request.getSession().setAttribute("bankUser", user);
                result = true;
                break;
            }
        }
        if(result) {//表示验证成功
            //请求转发到 main.jsp 主页面
            request.getRequestDispatcher("/bank/main.jsp").forward(request, response);
            return;
        }else {
            //表示校验失败,则请求转发到登录页面,给出错误的提示信息
            request.setAttribute("loginError", "账户或密码错误,请重新输入!");
            request.getRequestDispatcher("/bank/login.jsp").forward(request, response);
        }
    }
    @Override
    protected void doGet(HttpServletRequest request, HttpServletResponse response) throws
ServletException, IOException {
    doPost(request,response);
    }
}
```

5. 编写用来控制用户访问银行资源权限的过滤器类 BankUserLoginSecurityFilter.java

在 chapter07 的 src 目录下创建包 cn.sjxy.chapter07.listener.example05.filter，并在该包下创建名称为 BankUserLoginSecurityFilter 的 Filter 过滤器类。该过滤器类是用来进

行权限拦截的，只有经过合法登录的用户才可以进入银行主页面，并进行相关的业务操作，这里把所有的页面资源都放置到 chapter07 项目的根目录下的 bank 文件夹中，对于正常的登录页面 login.jsp，登录请求路径/bank/login 需要做放行处理，其他资源都要经过该过滤器的拦截处理，其过滤器的注册与访问路径映射采用基于@WebFilter 注解方式。其具体的代码实现如文件 7-50 所示。

文件 7-50　BankUserLoginSecurityFilter.java：

```
package cn.sjxy.chapter07.listener.example05.filter;
import java.io.IOException;
import java.util.*;
import javax.servlet.*;
import javax.servlet.annotation.WebFilter;
import javax.servlet.http.HttpServletRequest;
import javax.servlet.http.HttpServletResponse;
import javax.servlet.http.HttpSession;
@WebFilter(urlPatterns = {"/bank/*"})
public class BankUserLoginSecurityFilter implements Filter {
    private List<String> passPaths = new ArrayList<String>();
    @Override
    public void init(FilterConfig filterConfig) throws ServletException {
        //对需要放行的路径集合进行初始化
        passPaths.add("login.jsp");
        passPaths.add("login");
        passPaths.add("manager.jsp");
    }
    @Override
    public void doFilter(ServletRequest req, ServletResponse resp, FilterChain chain)
            throws IOException, ServletException {
            //将请求和响应对象强制转换为 HttpServletRequest 和 HttpServletResponse 对象
            HttpServletRequest request = (HttpServletRequest)req;
            HttpServletResponse response = (HttpServletResponse)resp;
            //获取请求的路径
            String uri = request.getRequestURI();
            //定义一个 boolean 类型的变量用来标识该 uri 路径是否在放行的范围,默认为 false
//不在放行范围
            boolean result = false;
            for(String path:passPaths) {
                if(uri.endsWith(path)) {        //表示该请求路径在放行范围
                    result = true;
                    break;
                }
            }
            if(result) {                        //表示直接放行
                chain.doFilter(request, response);
            }else {                             //检查在 session 域中是否有权限
                HttpSession session = request.getSession();
                if(session.getAttribute("bankUser") == null) {
                    //表示没有权限(没有经过合法登录),请求重定向到登录页面
                    response.sendRedirect(request.getContextPath() + "/bank/login.jsp");
```

```
                return;
            }else {                          //表示用户已经经过合法登录,则放行请求
                chain.doFilter(request, response);
            }
        }
    }
    @Override
    public void destroy() {
        //释放资源
    }
}
```

6. 编写定时开启扫描的监听器类 OnlineBankSessionScanerListener. java

在 chapter07 的 src 目录下创建包 cn. sjxy. chapter07. listener. example05. listener，并在该包下创建名称为 OnlineBankSessionScanerListener 的 Listener 监听器类。该监听器实现了 ServletContextListener 和 HttpSessionAttributeListener 两个接口，类中定义了一个 Map 类型的属性，其中，key 用来表示经过合法登录的 HttpSession 会话对象，value 为该会话对象域中保存的名称为 bankUser 的银行卡用户对象，并把该 Map 集合对象保存在上下文域中，其初始化放在 contextInitialized()方法中进行，在 attriuteAdded()方法中对用户登录对象的 HttpSession 域中保存事件进行监听与处理，同时开启定时器，对 TimerTask 采用匿名方法内部类的实现方式，延迟 2min 且每隔 1min 进行循环执行 TimerTask 的目录 run 方法，扫描对应会话的空闲时间，进而实现对在线银行账号登录的安全操作间隔时间扫描。同时该监听器的注册采用的是基于注解@WebListener 的方式。其具体的代码实现如文件 7-51 所示。

文件 7-51　OnlineBankSessionScanerListener. java：

```
package cn.sjxy.chapter07.listener.example05.listener;
import java.util.*;
import javax.servlet.ServletContextEvent;
import javax.servlet.ServletContextListener;
import javax.servlet.annotation.WebListener;
import javax.servlet.http.HttpSession;
import javax.servlet.http.HttpSessionAttributeListener;
import javax.servlet.http.HttpSessionBindingEvent;
import cn.sjxy.chapter07.listener.example05.domain.BankUser;
@WebListener
public class OnlineBankSessionScanerListener implements ServletContextListener,
HttpSessionAttributeListener {
    //定义一个线程安全的集合,用来保存所有经过合法登录的银行用户对应的会话对象
    private Map < HttpSession, BankUser > map = (Map < HttpSession, BankUser >) Collections.
synchronizedMap(new HashMap < HttpSession, BankUser >());
    @Override
    public void contextInitialized(ServletContextEvent sce) {
        //把该 list 集合保存在上下文域中
        sce.getServletContext().setAttribute("bankUsers", map);
    }
    @Override
    public void attributeAdded(HttpSessionBindingEvent se) {
        //获取当前的 HttpSession 会话对象
```

```
        HttpSession session = se.getSession();
        //获取向会话域中添加的属性名称
        String attrName = se.getName();
        //获取向会话域中添加的名称 attrName 对象的值
        Object attrValue = se.getValue();
        //判断是否使用用户登录的属性名称
        if("bankUser".equals(attrName)) {
            //表明是一个银行的合法用户登录
            BankUser bankUser = (BankUser)attrValue;
            //把该用户对应的会话对象添加到集合类中
            map.put(session,bankUser);
            //开启定时器扫描功能
            Timer timer = new Timer();
            //当用户成功登录后,开始计时扫描
            timer.schedule(new TimerTask() {
                @Override
                public void run() {
                    System.out.println("定时器开始工作!");
                   //获取当前时间对应的毫秒值
                    long currentTime = System.currentTimeMillis();
                    //获取会话最后一次访问的时间
                    long
                    lastAccessTime = session!= null&&session.isNew() == false?session.
getLastAccessedTime():0;
                        if(currentTime - lastAccessTime > 1 * 60 * 1000) {//大于 2min
                            if(session!= null&&session.isNew() == false) {
                            session.invalidate();
                            //把该会话对象从集合中移除
                            map.remove(session);
                            }else {
                                //终止定时器
                                timer.cancel();
                            }
                        }
                }
            },2 * 60 * 1000, 1 * 60 * 1000);     //延迟 2min 后,每隔 1min 重复执行定时器
        }
    }
    @Override
    public void attributeRemoved(HttpSessionBindingEvent se) {
        String attrName = se.getName();
        if("bankUser".equals(attrName)) {
            map.remove(se.getSession());
            System.out.println("会话对象被移除了!");
        }
    }
    @Override
    public void attributeReplaced(HttpSessionBindingEvent se) {
        //HttpSession 域中的某个名称值被重置时该方法会被调用执行
```

```
    }
    @Override
    public void contextDestroyed(ServletContextEvent sce) {
        //当上下文对象被销毁时该方法被执行
    }
}
```

7. 运行与测试

启动 Tomcat 服务器，打开浏览器并在地址栏中输入任何除了放行之外的资源路径时，都会经过过滤器 BankUserLoginSecurityFilter 处理，都会重定向到登录页面，其运行结果如图 7-36 所示。

图 7-36　银行账户登录页面的运行结果

当在图 7-36 的页面输入框中输入正确的账号和密码后(非空及非法账号和密码都经过处理)，其运行结果如图 7-37 所示。

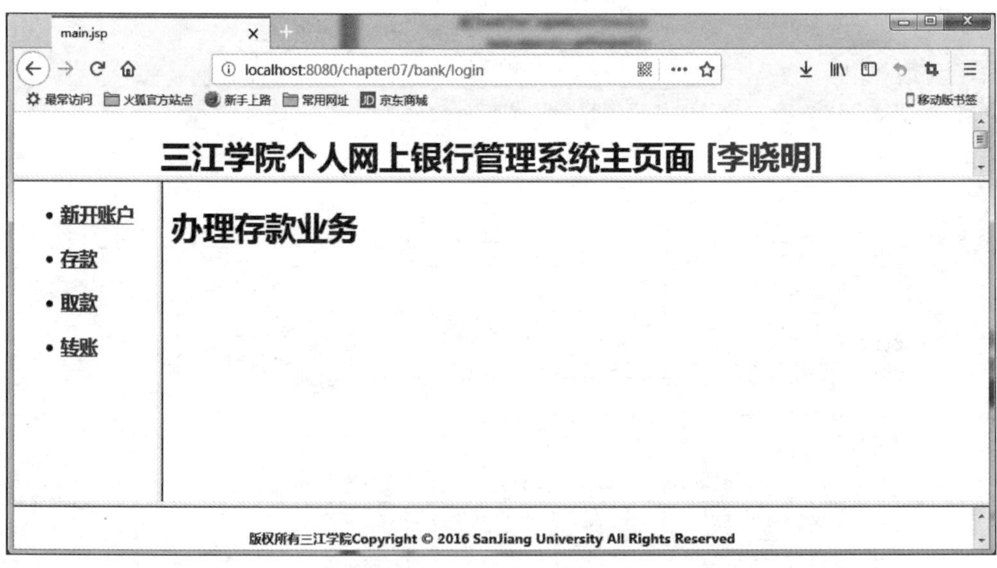

图 7-37　运行结果

当多个用户登录后(这里通过开启三个不同的浏览器：火狐、谷歌、IE 来实现三个不同用户登录)，在浏览器地址栏中输入 http://localhost:8080/chapter07/bank/manager.jsp，运行结果如图 7-38 所示。

图 7-38　运行结果

经过 OnlineBankSessionScanerListener 监听器中开启的定时器对登录用户的操作时间间隔定时扫描监控后，如果 2min 内没有选择操作银行的主页面后，该会话用户会被扫描处理让当前会话对象失效。当 2min 内没有对登录的 55555555 和 99999999 账户进行任何业务操作后，这两个账号所处的会话对象将被做 invalidate 处理。其运行结果如图 7-39 所示。

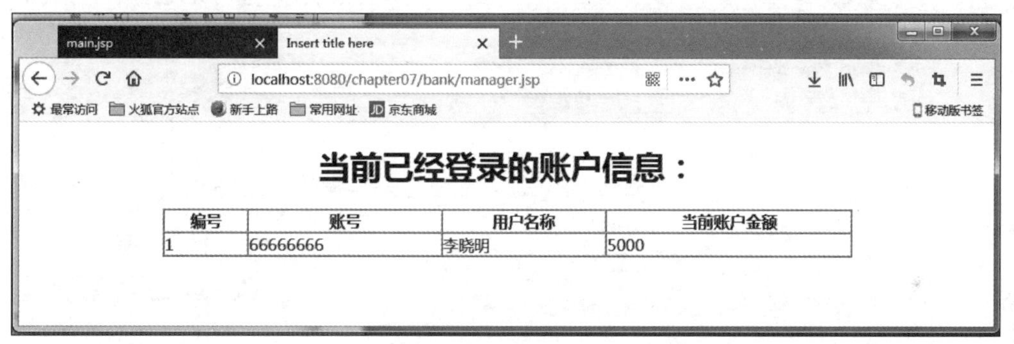

图 7-39　运行结果

至此，使用 Listener 监听器技术实现模拟在线手机银行的定时安全扫描任务已经完成。希望通过该示例，读者能掌握并领会 Listener 监听器与 Filter 过滤器在项目开发中的灵活使用与应用场景的判断。

小　　结

本章主要讲解了 Filter 过滤器和 Listener 监听器的相关知识及其应用。首先依次讲解了什么是 Filter 过滤器、如何开发一个过滤器程序、过滤器基于 web.xml 与基于 @WebFilter 注解两种方式的注册与映射配置、FilterChain 过滤器链、FilterConfig 接口。然后讲解了过滤器在实际开发中的具体应用，如过滤器在统一全站乱码、权限管理、自动登录、非法词汇的过滤与处理、缓存静态资源等方面的应用。接着讲解了什么是监听器，使读者了解了 6 个事件类和 8 个监听器接口，以及掌握各事件类及其监听器接口的作用、特点及开发步骤。最后讲解了监听器在实际开发中的具体应用，如监听器对在线用户的精确统计、手机银行登录用户的定时安全时间间隔扫描等方面的应用。通过本章的学习,读者能够掌握 Filter 过滤器和 Listener 监听器在开发中的具体应用。

习　题

1. 简述过滤器的作用。
2. 简述 Servlet 事件监听器的作用。(写出 3 点。)
3. 使用 Filter 过滤器实现一个统一全站编码的程序。
4. 使用 Listener 监听器实现一个在线会员用户的精确统计程序。

第8章 JSP 数据库应用开发

在 Web 程序开发中，不可避免地要使用数据库来存储和管理数据。为了在 Java 语言中提供对数据库的访问支持，Sun 公司在 1996 年提供了一套访问数据库的标准 Java 类库，即 JDBC。本章将主要围绕数据库管理系统 DBMS、JDBC 常用的 API、JDBC 基本操作等知识进行讲解。

8.1 数据库管理系统

视频讲解

数据库管理系统(Database Management System，DBMS)是一种操作和管理数据库的系统软件，用于建立、使用和维护数据库。它对数据库进行统一的管理和控制，以保证数据库的安全性和完整性。用户通过 DBMS 访问数据库中的数据，数据库管理员也通过 DBMS 进行数据库的维护工作。数据库管理系统可使多个应用程序和用户用不同的方法在同时或不同时刻去建立、修改和查询数据库。大部分 DBMS 提供数据定义语言(Data Definition Language，DDL)、数据操作语言(Data Manipulation Language，DML)、数据查询语言(Data Query Language，DQL)和数据控制语言(Data Control Language，DCL)，供用户定义数据库的模式结构与权限约束，实现对数据的追加、修改、删除和查询，以及权限的授予与回收等操作。

数据库管理系统是数据库系统的核心，是管理数据库的软件。数据库管理系统就是实现把用户意义下抽象的逻辑数据处理，转换成为计算机中具体的物理数据处理的软件。有了数据库管理系统，用户就可以在抽象意义下处理数据，而不必顾及这些数据在计算机中的布局和物理位置。

JSP 可以访问并操作很多种数据库管理系统，如 Access、SQL Server、MySQL、Oracle、DB2、Sybase 和 PostgreSQL 数据库等，本章主要介绍几种常用的数据库管理系统。

8.1.1 Access 数据库

Access 数据库管理系统是 Microsoft Office 办公软件的一个重要组成部分，它是一个关系型桌面数据库管理系统，可以用来建立中小型的数据库应用系统，应用十分广泛，但一般用于单机系统。由于 Access 数据库操作简单、使用方便，许多小型的 Web 应用程序也采用 Access 作为后台数据库管理系统。

8.1.2 MySQL 数据库

MySQL 是一个精巧的 SQL 数据库管理系统，虽然它不是开放源代码的产品，但在某些情况下可以自由使用。由于它的强大功能、灵活性、丰富的应用编程接口(API)以及精巧的系统结构，受到了广大自由软件爱好者甚至是商业软件用户的青睐，特别是与Apache和PHP/PERL的结合，为建立基于数据库的动态网站提供了强有力的支持。

8.1.3 SQL Server 数据库

SQL Server是由Microsoft开发和推广的关系数据库管理系统(DBMS)，它最初是由Microsoft、Sybase和Ashton-Tate三家公司共同开发的，并于1988年推出了第一个OS/2版本。在Windows NT推出后，Microsoft与Sybase在SQL Server的开发上就分道扬镳了，Microsoft将SQL Server移植到Windows NT系统上，专注于开发推广SQL Server的Windows NT版本。Sybase则较专注于SQL Server在UNIX操作系统上的应用。Microsoft SQL Server近年来不断更新版本，1996年，Microsoft推出了SQL Server 6.5版本；1998年，SQL Server 7.0版本和用户见面；SQL Server 2000是Microsoft公司于2000年推出的，目前最新版本是2017年推出的SQL Server 2017。

SQL Server由于界面简单，操作方便，与Windows操作系统兼容性好，目前已经成为世界上应用最广泛的大型数据库之一。

8.1.4 Oracle 数据库

Oracle Database，又名Oracle RDBMS，或简称Oracle，是甲骨文公司的一款关系数据库管理系统。它是在数据库领域一直处于领先地位的产品。可以说Oracle数据库系统是目前世界上流行的关系数据库管理系统，系统可移植性好、使用方便、功能强，适用于各类大、中、小、微型计算机环境。它是一种高效率、可靠性好、适应高吞吐量的数据库解决方案。

Oracle数据库系统是目前最流行的C/S或B/S体系结构的数据库之一。比如SilverStream就是基于数据库的一种中间件。Oracle数据库是目前世界上使用最为广泛的数据库管理系统，作为一个通用的数据库系统，它具有完整的数据管理功能；作为一个关系数据库，它是一个完备关系的产品；作为分布式数据库，它实现了分布式处理功能。

Oracle数据库最新版本为Oracle Database 12c。Oracle数据库12c引入了一个新的多承租方架构，使用该架构可轻松部署和管理数据库云。此外，一些创新特性可最大限度地提高资源使用率和灵活性。例如，Oracle Multitenant可快速整合多个数据库，而Automatic Data Optimization和Heat Map能以更高的密度压缩数据和对数据分层。这些独一无二的技术进步再加上在可用性、安全性和大数据支持方面的主要增强，使得Oracle数据库12c成为私有云和公有云部署的理想平台。

视频讲解

8.2 JDBC 概述

在数据库编程中经常用到ODBC(Open Database Connectivity，开放式数据接口技术)。ODBC由微软公司提出，用于在数据库管理系统中存取数据，是一套用C语言实现的访问数据库的API。通常每种数据库都会提供自己的编程接口，这使得编程人员不得不学习各种数据库的编程接口。为了解决这一问题，微软公司推出了ODBC。

ODBC 是 Microsoft Windows 开放服务体系(WOSA)的一部分,是数据库访问的标准接口。它建立了一组规范,并提供一组对数据库访问的标准 API(应用程序编程接口),使应用程序可以应用 ODBC 提供的 API 来访问任何带有 ODBC 驱动程序的数据库。ODBC 已经成为一种标准,是作为一种标准的基于 SQL 的接口而实现的,主要用于处理关系型数据库,可以很好地用于关系型数据库的访问。目前,所有关系数据库都提供 ODBC 驱动程序,但 ODBC 对任何数据源都未做优化,这也许会对数据库存取速度有影响;同时由于 ODBC 只能用于关系数据库,使得很难利用 ODBC 访问对象数据库及其他非关系数据库。

简单地概括,ODBC 就是微软为了让使用 Windows 操作系统开发数据库系统方便简单而力推的一种数据库接口技术。Java 作为一种市场占有率很高的通用开发语言,为了程序员开发数据库相关系统时编程方便,也提供了一套数据库连接机制,这就是 JDBC。ODBC 保证了使用 Windows 操作系统的编程人员存取数据库的方便,JDBC 则力争使 Java 工程师开发数据库相关系统时的简捷。

8.2.1 JDBC 技术介绍

JDBC(Java Data Base Connectivity,Java 数据库连接)是一种用于执行 SQL 语句的 Java API,可以为多种关系数据库提供统一的面向对象的应用程序访问接口(API)。JDBC 是 Java 语言为程序员指定的统一的访问各类关系数据库的标准接口,为各个数据库厂商提供了标准接口的实现。通过 JDBC 技术,开发人员可以用纯 Java 语言和标准的 SQL 语句编写完成完整的数据库应用程序,并且真正地实现了软件的跨平台性。

JDBC 的发布获得了巨大的成功,很快成为 Java 访问数据库的标准,并且获得了几乎所有数据库厂商的支持。JDBC 由一组用 Java 语言编写的类和接口组成,它是一个软件层,允许开发者在 Java 中编写 C/S 应用程序。它提供的是一个简单的接口,主要用于执行原始 SQL 语句并检索结果。JDBC 要求各个数据库厂商按照统一的规范来提供数据库驱动,在程序中是由 JDBC 和具体的数据库驱动联系,所以用户不必直接与底层的数据库交互,这使得代码具有更强的通用性。

应用程序使用 JDBC 访问数据库的方式如图 8-1 所示。从图中可以看出,JDBC 在应用程序和数据库之间起到了一个桥梁作用。当应用程序使用 JDBC 访问特定的数据库时,需要通过不同的数据库驱动与不同的数据库进行连接,连接后即可对该数据库进行相应的访问与操作。

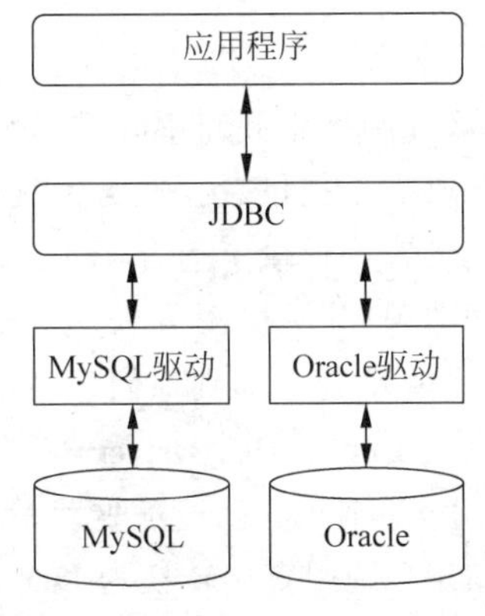

图 8-1 JDBC 访问数据库的方式

8.2.2 JDBC 驱动程序

JDBC 驱动程序主要用来解决应用程序和数据库之间的通信问题,按照驱动方式不同可分为 JDBC-ODBC Bridge、JDBC-Native API Bridge、JDBC-middleware 和 Pure JDBC Driver 四种。

1. JDBC-ODBC Bridge

JDBC-ODBC Bridge 即 JDBC-ODBC 桥接,是通过本地的 ODBC Driver 连接到 RDBMS 上。这种连接方式必须将 ODBC 二进制代码(多数情况下还包括数据库客户机代码)加载到使用该驱动程序的每个客户机上。因此,这种类型的驱动程序最适合于企业网,或者是利用Java编写的三层结构的应用程序服务器代码。

JDBC-ODBC桥是一个JDBC驱动程序,桥是由Intersolv和Java Soft联合开发的,它通过将JDBC操作转换为ODBC操作来实现JDBC操作。对ODBC,它像是通常的应用程序,桥为所有对ODBC可用的数据库实现JDBC。它所要用到的有JSP自带的驱动sun.jdbc.odbc.JdbcOdbcDriver和Windows系统中的ODBC数据源。这两种都不用下载,可以直接使用。原理是网页向JDBC驱动请求数据,JDBC再向ODBC请求,最后ODBC向数据库请求。

由于ODBC被广泛使用,该桥的优点是让JDBC能够访问几乎所有的数据库。桥支持ODBC 2.x,这是当前大多数据ODBC驱动程序支持的版本。桥作为包sun.jdbc.odbc与JDK一起自动安装,无须特殊配置。但ODBC需要在客户机本地进行配置,而且JDBC-ODBC增加了程序访问环节,必然会降低数据访问效率。更重要的是,从JDK 1.8开始已经不再支持JDBC-ODBC桥,所以读者在使用时应特别注意。

2. JDBC-Native API Bridge

JDBC-Native API Bridge驱动通过调用本地的native程序实现数据库连接,这种类型的驱动程序把客户机API上的JDBC调用转换为Oracle、Sybase、Informix、DB2或其他DBMS的调用。需要注意的是,和JDBC-ODBC Bridge驱动程序一样,这种类型的驱动程序要求将某些二进制代码加载到每台客户机上,对于B/S架构的程序系统这一点是很难做到的。

3. JDBC-middleware

JDBC-middleware驱动是一种完全利用Java编写的JDBC驱动,这种驱动程序将JDBC转换为与DBMS无关的网络协议,然后将这种协议通过网络服务器转换为DBMS协议,这种网络服务器中间件能够将纯Java客户机连接到多种不同的数据库上,使用的具体协议取决于提供者。通常情况下,这是最为灵活的JDBC驱动程序,因为所有这种解决方案的提供者都提供了适合于Intranet的产品。为了使这些产品也支持Internet访问,它们必须处理Web所提出的安全性、通过防火墙的访问等方面的额外要求。几家提供者正将JDBC驱动程序加到他们现有的数据库中间件产品中。

4. Pure JDBC Driver

Pure JDBC Driver驱动是一种完全利用Java编写的JDBC驱动,这种类型的驱动程序将JDBC调用直接转换为DBMS所使用的网络协议。这将允许从客户机机器上直接调用DBMS服务器,是Intranet访问的一个很实用的解决方法。由于许多这样的协议都是专用的,因此数据库提供者自己将是主要来源,当前已经有部分提供者在着手进行此种驱动的开发。

视频讲解

8.3 JDBC常用API

JDBC是一种用于执行SQL语句的Java API,由一组Java语言编写的类与接口组成,包含在java.sql和javax.sql两个包中。通过调用这些类和接口所提供的方法,可以使用标准的SQL来获取数据库中的数据。java.sql为核心包,这个包包含于J2SE中。

javax.sql包扩展了JDBC API的功能,成为JavaEE的一个基本组成部分。JDBC可分为两个层次:①面向底层的JDBC Driver API,主要是针对数据库厂商开发数据库底层驱动程序使用;②面向程序员的JDBC API,主要是针对程序员编写数据库存取程序使用。JDBC的体系结构如图8-2所示。

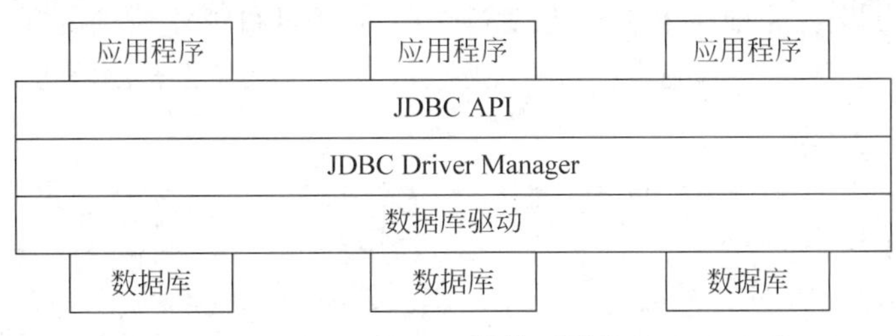

图8-2 JDBC的体系结构

数据库驱动程序:实现了应用程序和某个数据库产品之间的接口,用于向数据库提交SQL请求。

驱动程序管理类(DriverManager):为应用程序装载数据库驱动程序。

JDBC API:提供了一系列抽象的接口,主要用来连接数据库和直接调用SQL命令,执行各种SQL操作。

JDBC重要的类和接口如表8-1所示。

表8-1 JDBC重要的类和接口

类或接口	作用
java.sql.CallableStatement	该接口表示用于执行SQL,语句存储过程的对象。派生自PreparedStatement,用于调用数据库中的存储过程
java.sql.Connection	该接口实现对特定数据库的连接
java.sql.DriverManager	该类处理驱动程序的加载和建立新数据库的连接
java.sql.PreparedStatement	该接口表示预编译的SQL语句的对象,派生自Statement,预编译SQL效率高且支持参数查询
java.sql.ResultSet	该接口表示数据库结果集的数据表,通常通过执行查询数据库的语句生成
java.sql.Statement	该接口表示用于执行静态SQL语句,并返回它所产生结果的对象

8.3.1 驱动程序接口Driver

Driver接口是所有JDBC驱动程序都必须实现的接口,该接口专门提供给数据库厂商使用。每种数据库的驱动程序都应该提供一个实现java.sql.Driver接口的类,简称驱动类Driver。在加载Driver驱动类时,应该创建自己的实例并向驱动程序管理类java.sql.DriverManager注册该实例。

通常情况下,通过java.lang.Class类的静态方法forName(String className)加载要连接数据库的Driver类,该方法的入口参数为加载Driver类的完整包名。成功加载后,会将Driver类的实例注册到DriverManager类中;如果加载失败,将会抛出ClassNotFoundException异常,即未找到指定Driver类的异常。

8.3.2 驱动程序管理类 DriverManager

java. sql. DriverManager 类负责管理 JDBC 的驱动程序，是 JDBC 的管理层，作用于用户与驱动程序之间，负责跟踪可用的驱动程序，并在数据库和驱动程序之间建立连接。另外，DriverManager 类也处理注入驱动程序登录时间限制和跟踪消息的显示等工作。成功加载 Driver 类并在 DriverManager 类中注册后，DriverManager 类即可用来建立数据库连接。

当调用 DriverManager 类的 getConnection()方法请求建立数据库连接时，DriverManager 类将试图定位一个适当的 Driver 类，并检查定位到的 Driver 类是否可以建立连接。如果可以，就建立连接并返回；如果不可以，则抛出 SQLException 异常。DriverManager 类提供的常用方法如表 8-2 所示。

表 8-2　DriverManager 类提供的常用方法

方法名称	功能描述
registerDriver(Driver driver)	该方法用于向 DriverManager 类中注册给定的 JDBC 驱动程序
getConnection(String url, Stirng user, String password)	静态方法，用来获得数据库连接，一般有三个参数：url 为要连接数据库的 URL、user 为用户名，password 为密码，函数返回值类型为 java. sql. Connection
setLoginTimeout(int seconds)	静态方法，用来设置每次等待建立数据库连接的最长时间
setLogWriter(java. oi. PrintWriter out)	静态方法，用来设置日志的输出对象
println(String message)	静态方法，用来输出指定消息到当前的 JDBC 日志流

8.3.3 数据库连接接口 Connection

java. sql. Connection 接口负责与特定的数据库连接并返回连接对象，只有获得该连接对象后才能访问和操作数据库，Connection 接口的常用方法如表 8-3 所示。可以通过 DriverManager 类的 getConnection(url, user, password)方法来获取 Connection 连接对象，代码如下。

```
String sql = "jdbc:mysql://127.0.0.1:3306/pjwy?useUnicode = true&characterEncoding = utf - 8";
Connection connection = DriverManager.getConnection(sql, "root", "mysql");
```

表 8-3　Connection 接口的常用方法

方法名称	功能描述
createStatement()	创建并返回一个 Statement 实例，通常在执行无参数的 SQL 语句时使用该实例
preparedStatement()	创建并返回一个 PreparedStatement 实例，通常在执行包含参数的 SQL 语句时创建该实例，并对 SQL 语句进行预编译处理
prepareCall()	创建并返回一个 CallableStatement 实例，通常在调用数据库存储过程时创建该实例
setAutoCommit()	设置当前 Connection 实例的自动提交模式，默认为 true，可自动将更改同步到数据库中；如果设置为 false，需要通过执行 commit()或 rollback()函数手动将更改同步到数据库中

续表

方法名称	功能描述
getAutoCommit()	查看当前的 Connection 实例是否处于自动提交模式，如果是则返回 true，否则返回 false
setReadOnly()	设置当前连接实例的只读模式，默认为非只读模式，不能在事务中执行该操作，否则将抛出异常，参数为布尔型的 true 或 false
isReadOnly()	查看当前的连接实例是否为只读模式
isClosed()	查看当前的 Connection 实例是否被关闭
commit()	将从上一次提交或回滚以来进行的所有更改同步到数据库，并释放 Connection 实例当前拥有的所有数据库锁定
rollback()	取消当前事务中的所有更改，并释放当前 Connection 实例所拥有的数据库锁定该方法只能在非自动提交模式下使用，如果在自动提交模式下执行该方法，则抛出异常
close()	关闭数据库连接，立即释放 Connection 实例占用的数据库和 JDBC 资源

8.3.4 执行 SQL 语句接口 Statement

java.sql.Statement 接口用来执行静态的 SQL 语句，并返回执行结果。例如，对 insert、update 和 delete 语句调用 executeUpdate(String sql)方法，而 select 语句则调用 executeQuery(String sql)方法，并返回一个不为 null 的 ResultSet 实例。Statement 接口的常用方法如表 8-4 所示。以下代码演示了通过 Connection 连接对象创建 Statement 对象，并执行查询和删除 SQL 语句的过程。

```
Statement statement = connection.createStatement();
statement.executeQuery("select * from users");
statement.executeUpdate("delete from users");
```

表 8-4　Statement 接口的常用方法

方法名称	功能描述
executeQuery(String sql)	执行指定的静态 Select 语句，返回一个不为 null 的 ResultSet 对象
executeUpdate(String sql)	执行指定的静态 Insert、Update 或 Delete 语句，返回一个 int 型数值，为所更新的记录数量
clearBatch()	清除位于 Batch 批处理中的所有 SQL 语句，如果驱动程序不支持批处理将抛出异常
addBatch(String sql)	将指定的 SQL 命令添加到 Batch 中，String 型参数 sql 通常为静态的 Insert 或 Update 语句，如果驱动程序不支持批处理将抛出异常
executeBatch()	执行 Batch 中的所有 SQL 语句，如果全部执行成功，则返回由更新计数组成的数组，数组元素的排序与 SQL 语句的添加顺序对应数组元素有以下几种情况：①≥0，说明 SQL 语句执行成功，返回值结果为所更新的记录数量；②−2，说明 SQL 语句执行成功，但未得到受影响的行数；③−3，说明 SQL 语句执行失败，仅当执行失败后继续执行后面的 SQL 语句时出现。若驱动程序不支持批处理，或未能全部成功执行 Batch 中的 SQL 语句将抛出异常
close()	关闭 Statement 实例，立即释放 Statement 实例占用的数据库和 JDBC 资源

8.3.5 执行动态SQL语句接口PreparedStatement

java.sql.PreparedStatement接口继承自Statement接口，是Statement接口的扩展，用来执行动态的SQL语句，即包含参数的SQL语句。通过PreparedStatement实例执行的动态SQL语句，将被预编译并保存到PreparedStatement实例中，从而可以反复并高效地执行该SQL语句。PreparedStatement接口的常用方法如表8-5所示。

表8-5 PreparedStatement接口的常用方法

方法名称	功能描述
executeQuery()	执行含有参数的动态Select语句，返回一个不为null的ResultSet对象
executeUpdate()	执行含有参数的动态Insert、Update或Delete语句，返回int型数值，为所更新的记录数量
clearParameters()	清除当前所有参数的值
setXxx()	为指定参数设置对应Xxx类型的值
close()	关闭PreparedStatement实例，立即释放PreparedStatement实例占用的数据库和JDBC资源

通过Connection连接对象创建PreparedStatement对象时，需要提前将带参数的SQL语句作为实参传给连接对象的prepareStatement()方法，然后使用PreparedStatement对象的setXxx()方法为SQL语句中的参数赋值，参数的顺序与类型要一一对应，当然也可以使用setObject()函数统一地设置各种类型的输入参数。但需要注意的是，PreparedStatement.setXxx()方法中参数的编号是从1开始而不是从0开始。PreparedStatement接口的使用方法如下。

```
PreparedStatement ps = connection.prepareStatement("select * from users where id>? and name
like ? and gender = ?");
ps.setInt(1, 1120);
ps.setString(2, "%张%");
ps.setObject(3, "女");
```

8.3.6 访问结果集接口ResultSet

java.sql.ResultSet接口类似于一个数据表，通过该接口的实例可以获得检索结果集，以及对应数据表的相关信息，例如列名和类型等。ResultSet实例通过Statement对象或PreparedStatement对象执行查询数据库的SQL语句生成。

ResultSet实例具有指向其当前数据行的指针。最初，指针指向第一行记录的前方，通过next()方法可以将指针移动到下一行，因为该方法在没有下一行时将返回false，所以可以通过while循环来迭代ResultSet结果集。在默认情况下，ResultSet对象是不可以更新的，只有一个可以向前移动的指针，因此只能迭代它一次，并且只能按从第一行到最后一行的顺序进行。如果需要，可以生成可滚动和可更新的ResultSet对象。

ResultSet接口提供了从当前行检索不同类型列值的getXxx()方法，均有两个重载方法，可以通过列的索引编号或列的名称检索，通过列的索引编号较为高效，列的索引编号从1开始。对于不同的getXxx()方法，JDBC驱动程序尝试将基础数据转换为与getXxx()方法相应的Java类型并返回。

在 JDBC 2.0 API (JDK 1.2)之后,为该接口添加了一组更新方法 updateXxx(),均有两个重载方法,可以通过列的索引编号或列的名称指定列,用来更新当前行的指定列,或者初始化要插入行的指定列,但是该方法并未将操作同步到数据库,需要执行 updateRow()或 insertRow()方法完成同步操作。

ResultSet 接口提供的常用方法如表 8-6 所示。

表 8-6　ResultSet 接口提供的常用方法

方法名称	功能描述
first()	移动指针到第一行位置;如果结果集为空则返回 false,否则返回 true;如果结果集类型为 TYPE_FORWARD_ONLY 将抛出异常
last()	移动指针到最后一行;如果结果集为空则返回 false,否则返回 true;如果结果集类型为 TYPE_FORWARD_ONLY 将抛出异常
previous()	移动指针到上一行;如果存在上一行则返回 true,否则返回 false;如果结果集类型为 TYPE_FORWARD_ONLY 将抛出异常
next()	移动指针到下一行;指针最初位于第一行之前,第一次调用该方法指针将移动到第一行;如果存在下一行则返回 true,否则返回 false
beforeFirst()	移动指针到 ResultSet 实例的开头,即第一行之前;若结果集类型为 TYPE_FORWARD_ONLY 将抛出异常
afterLast()	移动指针到 ResultSet 实例的末尾,即最后一行之后;若结果集类型为 TYPE_FORWARD_ONLY 将抛出异常
absolute(int n)	移动指针到指定行;有一个 int 型参数,正数表示从前向后编号,负数表示从后向前编号,编号均从 1 开始;如果存在指定行则返回 true,否则返回 false;如果结果集类型为 TYPE_FORWARD_ONLY 将抛出异常
relative(int r)	移动指针到相对于当前行的指定行;有一个 int 型参数,正数表示向后移动,负数表示向前移动,当前行为 0;如果存在指定行则返回 true,否则返回 false,若结果集类型为 TYPE_FORWARD_ONLY 将抛出异常
getRow()	获取当前行的索引编号;索引编号从 1 开始,如果位于有效记录行上则返回一个 int 型索引编号,否则返回 0
findColumn(String s)	返回指定列名的索引编号,该方法有一个 String 类型的参数,传入要查看的列的名称,如果包含指定列,则返回 int 型索引编号,否则将抛出异常
isBeforeFirst()	查看指针是否位于 ResultSet 实例的开头,即第一行之前,如果是则返回 true,否则返回 false
isAfterLast()	查看指针是否位于 ResultSet 实例的末尾
isFirst()	查看指针是否位于结果集的第一行,如果是则返回 true,否则返回 false
isLast()	查看指针是否位于结果集的最后一行,如果是则返回 true,否则返回 false
close()	立即释放 ResultSet 实例占用的数据库和 JDBC 资源,释放实例对象

8.3.7　执行存储过程接口 CallableStatement

java.sql.CallableStatement 接口继承自 PreparedStatement 接口,是 PreparedStatement 接口的扩展,用来执行存储在服务器上的存储过程。

JDBC API 定义了一套存储过程 SQL 转义语法,该语法允许对所有关系型数据库管理系统 RDBMS 通过标准方式调用数据库存储过程。该语法定义了两种形式,分别是包含结果参数和不包含结果参数。如果使用结果参数，则必须将其注册为 out 型参数，参数是根据定义位置按顺序引用的，第一个参数的索引为 1 而不是 0。

CallableStatement 接口使用 setXxx()方法为参数赋值，在执行存储过程之前，必须注册所有 out 参数的类型；它们的值是在执行后通过 getXxx()方法检索的。CallableStatement 可以返回一个或多个 ResultSet 实例。

视频讲解

8.4 JDBC 程序开发过程

无论对何种数据库进行操作，一般都要遵循加载驱动、连接数据库并获取连接对象、通过连接对象创建执行对象、通过执行对象执行查询或更新 SQL 语句、获取查询结果和关闭数据连接 6 个步骤，下面进行详细介绍。

8.4.1 配置构建路径，引入相应的驱动类

在 Java 程序开发中，数据库驱动类一般都封装在特定的 jar 包文件中，需要把这些 jar 文件导入到 Java 项目的构建路径中。如果是 Java 项目，需要把 jar 文件复制到项目中某个文件夹下，并添加到构建路径中；如果是 Java Web 项目，只需要把 jar 文件复制到 WEB-INF\lib 目录中即可(下同)。

8.4.2 加载 JDBC 驱动程序

将驱动程序对应的 jar 包配置到项目的构建路径并不等价于加载驱动程序，这一点需要特别注意。因为我们可以将多种驱动 jar 包都导入到项目的构建路径中，但在连接某一个数据库时，只能使用其中的一种驱动程序。

在连接数据库之前，首先需要加载将要连接数据库的驱动到 Java 虚拟机(JVM)，Java 通过 java.lang.Class 类的 forName(String className) 静态方法来实现驱动程序的加载。例如，加载 MySQL 数据库连接驱动的代码如下。

```
try {
    Class.forName("com.mysql.jdbc.Driver");
    System.out.println("数据库驱动加载完毕");
} catch (ClassNotFoundException e) {
    System.out.println("加载数据库驱动异常,异常信息如下: ");
    e.printStackTrace();
}
```

驱动程序成功加载后，会将加载的驱动类注册给 DriverManager 类，如果加载失败，将抛出 ClassNotFoundException 异常，即未找到指定的驱动类，所以需要在加载数据库驱动类时捕获可能抛出的异常。

在数据库操作过程中，加载数据库驱动通常是一次性完成，不需要反复加载，所以一般将负责加载驱动的程序写到 static 静态代码块中，这样做的好处是只有 static 静态代码块所在的类第一次被加载时才加载数据库驱动，避免重复加载驱动程序，浪费系统资源。

8.4.3 创建数据库连接

加载驱动程序的目的就是通过驱动程序所给的方式连接数据库，只有与数据库建立了连接才能进行正常的增删改查操作。在 Java 中，java.sql.DriverManager（驱动程序管理类）负责建立和管理数据库连接，通过该类的 getConnection(String url, String user, String password)静态方法即可建立与数据库的连接，对应的三个参数分别为数据库连接字符串 url、数据库登录用户名 user 及密码 password。在数据库连接字符串 url 中需要设定连接协议、数据库服务器地址、监听接口和数据库的名称，典型代码如下。

```
Connection conn = DriverManager.getConnection("jdbc:mysql://127.0.0.1:3306/pjwy","root",
"mysql");
```

在以上代码中，jdbc:mysql 是连接协议，即通过 JDBC 协议连接 MySQL 数据库，127.0.0.1 表示本机 IP 地址，当开发网络版系统程序时一般输入数据库服务器的 IP 地址，3306 是 MySQL 数据库服务的监听端口，pjwy 是要访问的数据库名称，在一个数据库服务器上可能会存在多个数据库，所以一定要指定要访问的数据库是哪一个。root 是登录 MySQL 数据库所需的用户账号，mysql 是 root 账号对应的密码。

不同类型的数据库，其驱动程序、连接参数、用户名和密码也不尽相同，我们将常见数据库的连接参数后续会做一总结。

8.4.4 创建执行对象，执行 SQL 语句

数据库连接对象 Connection 仅是应用程序与数据库进行通信的一个渠道，但是 Connection 对象并不能直接执行 SQL 语句，必须通过 Connection 实例创建 Statement 对象来执行 SQL 语句，Statement 对象又分为以下 3 种类型。

(1) Statement 对象：最基础的执行 SQL 语句的对象，只能用来执行静态的 SQL 语句。

(2) PreparedStatement 对象：继承自 Statement，对 Statement 进行了扩展，增加了执行带参数动态 SQL 语句的功能。

(3) CallableStatement 对象：该对象是 PreparedStatement 的子类，在保证父类 PreparedStatement 基本功能的基础上，又增加了执行数据库端存储过程的功能。

根据所执行的 SQL 语句类型不同，可以把 SQL 语句分为查询语句和更新语句两大类，查询语句一般是 Select 语句，只从数据库中检索相应数据，不对数据库产生修改；更新语句包括添加记录、修改记录、删除记录以及权限、库表结构的变化等 SQL 语句。以上三种 Statement 对象在执行查询类 SQL 语句时调用的是 executeQuery()函数，执行更新式 SQL 语句时一般调用 executeUpdate()函数。

8.4.5 获取查询结果

通过 Statement 接口的 executeQuery()和 executeUpdate()函数可以执行对应的查询、更新 SQL 语句，并返回执行结果。executeUpdate()函数返回的是一个 int 整型数值，表示所影响的记录数量，即添加、修改或删除了几条记录；executeQuery()函数执行查询之后将返回一个 ResultSet 类型的结果集对象，其中不仅包含所有满足查询条件的记录，还包含相

应数据库表的相关信息，如字段的名称、类型及列的数量等。

8.4.6 关闭数据库连接

Connection 连接对象、Statement 执行对象和 ResultSet 结果集对象在创建时均会占用一定的数据库与 JDBC 资源，所以每次访问数据库结束之后都应该及时销毁这些对象以释放其占用的资源。这三种对象都含有 close()方法来实现自身的资源释放与关闭。在关闭这三类对象时，应遵循先创建的后关闭、后创建的先关闭的顺序。创建对象时一般是先创建 Connection 连接对象，再通过连接对象创建 Statement 执行对象，然后通过执行对象运行 SQL 语句获取结果集 ResultSet 对象；所以关闭顺序应按照以下顺序关闭。

```
resultSet.close();
statement.close();
connection.close();
```

采用上面的顺序关闭三种对象的原因在于 Connection 是一个接口，close()方法的实现方式有多种。如果是通过 DriverManager 类的 getConnection()方法得到的 Connection 实例，在调用 close()方法关闭 Connection 实例时会同时关闭 Statement 实例和 ResultSet 实例。但是通常情况下需要采用数据库连接池，在调用通过连接池得到的 Connection 实例的 close()方法时，Connection 实例可能并没有被释放，而是放回到了连接池中，又被其他连接调用，在这种情况下如果不手动关闭 Statement 实例和 ResultSet 实例，它们在 Connection 中可能会越来越多。虽然 JVM 的垃圾回收机制会定时清理缓存，但是如果清理得不及时，当数据库连接达到一定数量时，将严重影响数据库和计算机的运行速度，甚至导致软件或操作系统瘫痪。

8.4.7 常用数据库的连接

下面对常见的单机数据库 Access，网络数据库 MySQL、SQL Server、Sybase 和 Oracle 的连接做一个简单总结，给出实例演示代码。

1. Access 数据库的连接

1）使用 JDBC-ODBC 桥连接

使用 JDBC-ODBC 桥进行数据库的连接，必须安装 1.7 或更低版本的 JDK，对 Java SE1.8 及以上版本的 JDK 无法使用 JDBC-ODBC 桥访问数据库。

假设在 D:\data 目录下有 Access 2007 格式数据库文件 db_stu.accdb(或 Access 2000 格式的文件后缀名为.mdb)，内含名为 StuInfo 的数据库表，包括 ID(自动编号)、sno(文本)和 sname(文本)三个字段，添加一条记录值为(1,"2018110101","张悦")。

(1) 创建对应的 ODBC 数据源。

进入 Windows 10 的控制面板，选择“大图标”查看方式，打开“管理工具”中的“ODBC 数据源(32 位)”，打开 ODBC 数据源管理程序，如图 8-3 所示。

在“用户 DSN”选项卡中单击“添加”按钮，打开如图 8-4 所示的“创建新数据源”对话框。

选择 Microsoft Access Driver(*.mdb, *.accdb)选项，单击“完成”按钮，打开如图 8-5

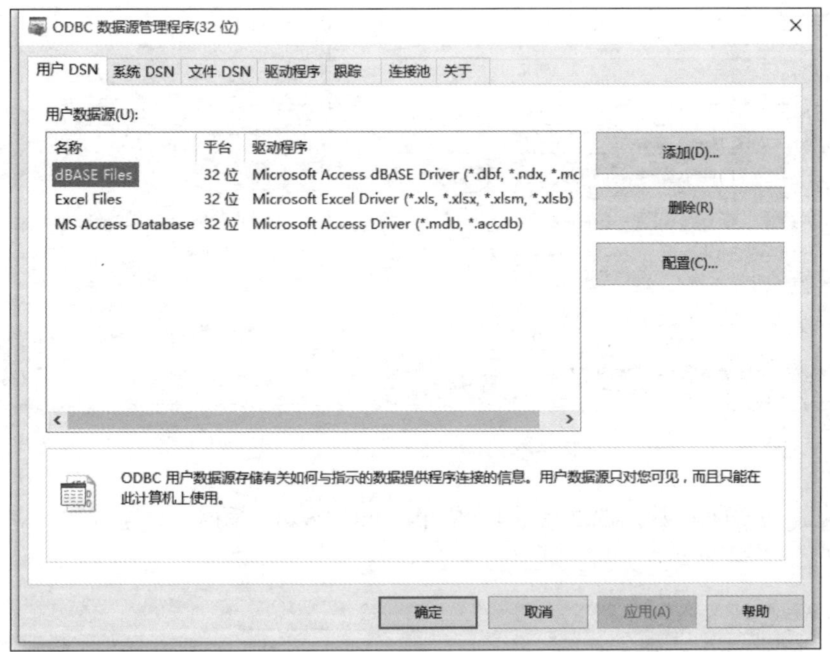

图 8-3　ODBC 数据源管理程序

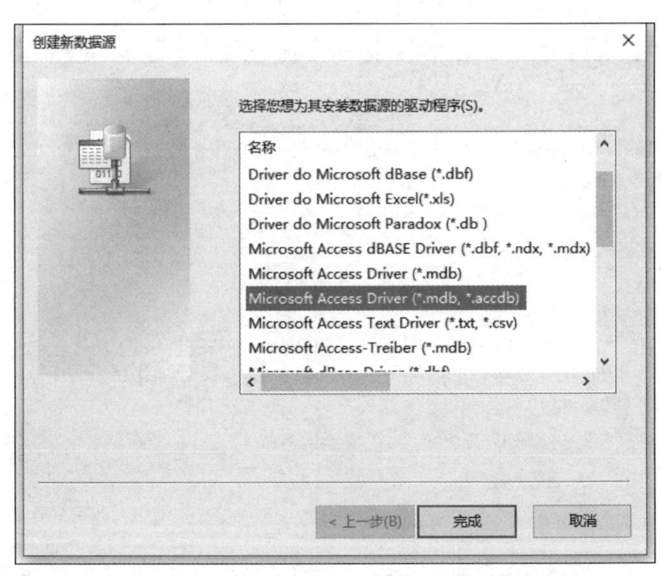

图 8-4　“创建新数据源”对话框

所示的“ODBC Microsoft Access 安装”对话框。

手动填写“数据源名”、“说明”选项并单击“选择”按钮定位要连接的 Access 数据库文件，如果 Access 数据库文件添加了用户名和密码保护，可单击“高级”按钮，打开如图 8-6 所示的设置用户名和密码对话框进行用户名和密码的设置，然后依次单击两个对话框中的“确定”按钮，对应的 ODBC 数据源即可创建成功，可在“ODBC 数据源管理程序”对话框中“用户 DSN”选项卡中进行查看。

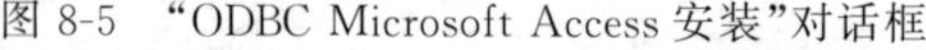

图 8-5 “ODBC Microsoft Access 安装”对话框

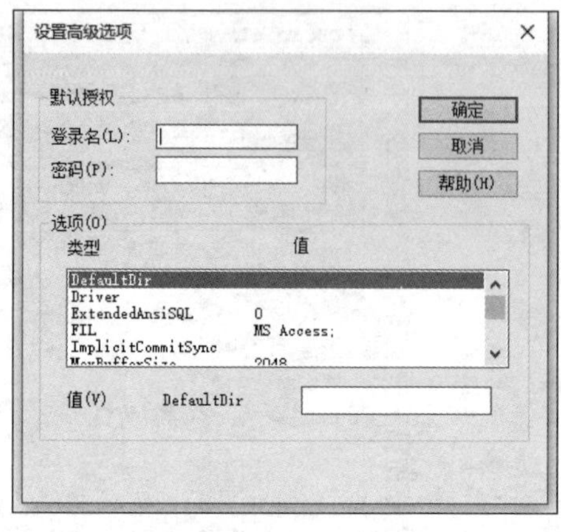

图 8-6 设置用户名和密码对话框

(2) 设置好 ODBC 数据源之后,即可使用 JDBC-ODBC 桥接方式连接数据库了,连接数据库的代码如下。

```
import java.sql.Connection;
import java.sql.DriverManager;
import java.sql.SQLException;

public class JDBCDemo {
    public static void main(String[ ] args) throws ClassNotFoundException {
        Connection con = null;
        try{
            Class.forName("sun.jdbc.odbc.JdbcOdbcDriver"); //JDBC - ODBC 桥接器
            System.out.println("驱动已加载");
        } catch(ClassNotFoundException e) {
            System.out.print(e);
        }
        try { //连接数据源:
            con = DriverManager.getConnection("jdbc:odbc:db_stu","","");
            if(!con.isClosed()) System.out.println("数据库连接成功!");
        } catch (SQLException e) {
            System.out.println(e);
        }
    }
}
```

由于 ODBC 是通用型的开放式数据库连接接口,如果使用 JDBC-ODBC 桥连接其他类型的数据库时,只需要创建对应的 ODBC 数据源,而不需要修改以上代码即可完成数据库的连接,但桥接方式增加了数据库的访问环节,效率明显降低,所以 JDK 1.8 及以后版本不再支持 JDBC-ODBC 桥,因此本书也不推荐使用桥接方式连接和访问数据库。

2) 利用 Access_JDBC 驱动连接 Access 数据库

Access_JDBC 是 HXTT 实验室面向 Access 数据库开发的纯 Java 代码 JDBC 驱动程序,当前最新版本为 HXTT Access V7.0,用户可以登录网址 http://www.hxtt.com/access.html 下载 V3.0 试用版本(有访问上限 50 次和读取数据最多 1000 条的限制)或购买最新的 V7.0 版本使用。本书使用的是试用 V3.0 版本，将下载的 access.zip 压缩包解压，提取 lib 子目录中的 Access_JDBC30.jar 文件，即为 Java 连接 Access 的驱动程序 jar 文件，将该文件导入到 Java 项目的构建路径即可。

通过 Access_JDBC 驱动连接 Access 数据库的实例代码如下。

```
import java.sql.Connection;
import java.sql.DriverManager;
import java.sql.ResultSet;
import java.sql.Statement;

public class JDBCDemo {
    static Connection con = null;
    public static void main(String[ ] args) throws ClassNotFoundException {
        try {
            //加载驱动
            Class.forName("com.hxtt.sql.access.AccessDriver");
            //获取连接对象,连接参数"jdbc:Access:///D:/mydata.accdb",用户名和密码均为空
            Connection conn = DriverManager.getConnection("jdbc:Access:///D:/data/db_stu.
accdb","","");
            Statement stat = conn.createStatement();
            String sql = "select * from StuInfo";
            ResultSet rs = stat.executeQuery(sql);
            //循环读取结果集中的数据
            while(rs.next()) {
                System.out.println(rs.getString(2) + "    " + rs.getString(3));
            }
        } catch(Exception e) {
            System.out.println("数据库连接失败!");
            e.printStackTrace();
        }
    }
}
```

2. 连接 MS SQL Server 数据库

微软的 SQL Server 比较成熟的有 2000、2005、2008 和 2012 几个版本，由于系统资源占用低、操作简单等特点，当前部分小型企业还在使用 SQL Server 2000 数据库管理系统，因此本书连同 SQL Server 2000 数据库的连接一并讨论。

1）使用微软提供的驱动连接 SQL Server 2000 数据库

读者可以上网下载并安装驱动 SQL Server 2000 Driver for JDBC Service Pack 3.exe，安装完毕之后在对应的安装目录下可以获取到 3 个 jar 文件：mssqlservice.jar、msutil.jar 和 msbase.jar。导入这 3 个 jar 文件到项目的构建路径，同时对 SQL Server 2000 服务器进行适当配置，主要包括双身份认证模式(操作系统身份认证和用户名密码身份认证)、TCP/IP 登录协议、服务端口设定、为 SQL Server 2000 安装 Server Package 4 等，配置完毕后即可使用下列代码连接 SQL Server 2000 数据库服务器。

```
Class.forName("com.microsoft.jdbc.sqlserver.SQLServerDriver");                 //加载驱动
String url = "jdbc:microsoft:sqlserver://127.0.0.1:1433; DatabaseName = master";   //连接参数
```

```
Connection cn = DriverManager.getConnection(url,"sa","密码");                    //连接数据库
```

完整的实例代码如下。


```
import java.sql.*;
public class SQL2K {
    public static void main(String[] args) {
        String driverName = "com.microsoft.jdbc.sqlserver.SQLServerDriver";
        String dbURL = "jdbc:microsoft:sqlserver://192.168.1.4:1433; DatabaseName = master";
        String userName = "sa",  userPwd = "";
        Connection dbConn;
        try {
            Class.forName(driverName);
            dbConn = DriverManager.getConnection(dbURL, userName, userPwd);
            System.out.println("Connection Successful!");
            dbConn.close();
        }
        catch (Exception e) {
            e.printStackTrace();
        }
    }
}
```

2）使用微软提供的驱动连接 SQL Server 2005/2008/2012

通过 Java 连接 SQL Server 2005 及以后的版本，其 JDBC 驱动及代码基本相同，用户首先需要下载 Microsoft SQL Server JDBC 驱动程序 6.0，详细下载地址为 https://docs.microsoft.com/zh-cn/sql/connect/jdbc/download-microsoft-jdbc-driver-for-sql-server?view=sql-server-2017，下载后可得名为 sqljdbc_7.0.0.0_chs.exe 的可执行文件（因网站动态更新，读者下载时可能会略有差异），该文件为一自解压的可执行压缩包，解压后可得 mssql-jdbc-7.0.0.jre8.jar 和 mssql-jdbc-7.0.0.jre10.jar 两个 jar 文件，很明显，这两个文件是微软开发的针对 JRE 8 和 JRE 10 版本的 MS SQL Server 驱动程序，选择前者复制到项目中并导入该 jar 文件到构建路径。对数据库服务器进行适当配置，由于 SQL Server 数据库具有账号、密码登录和 Windows 身份认证两种认证模式，在此依次给出两种模式对应的连接代码如下。

（1）通过 Windows 身份认证模式。

```
Class.forName("com.microsoft.sqlserver.jdbc.SQLServerDriver");
DriverManager.getConnection("jdbc:sqlserver://localhost:1433;
    integratedSecurity = true;DatabaseName = master");
```

（2）通过登录账号和密码进行身份认证。

```
Class.forName("com.microsoft.sqlserver.jdbc.SQLServerDriver");
DriverManager.getConnection("jdbc:sqlserver://localhost:1433;
    DatabaseName = master","sa","123456");
```

给出通过用户名和密码登录网络 SQL Server 数据库服务器的完整代码如下。

```
import java.sql.*;
```

```
public class Test {
    public static void main(String args[]) {
        String driverName = "com.microsoft.sqlserver.jdbc.SQLServerDriver";       //加载驱动
        String dbURL  =  "jdbc:sqlserver://localhost:1433; DatabaseName = master"; //连接
        Connection dbConn;
        try {
            Class.forName(driverName);
            dbConn  =  DriverManager.getConnection(dbURL,"sa","sa");
            System.out.println("Connection Successful!");
            dbConn.close();
        } catch (Exception e) {
            e.printStackTrace();
        }
    }
}
```

3. 使用开源社区的 jTDS 数据库驱动类连接 SQL Server 和 Sybase 数据库

jTDS 是一个开放源代码的 100%纯 Java 实现的 JDBC 3.0 驱动，它用于连接 Microsoft SQL Server(6.5,7,2000,2005,2008 和 2012)和 Sybase(10,11,12,15)等数据库。jTDS 是基于 freeTDS 的，并且是目前最快的可企业级应用的 SQL Server 和 Sybase 的 JDBC 驱动程序。

jTDS 完全与 JDBC 3.0 兼容，支持只向前和可滚动、可更新的结果集(ResultSets)，并且支持完全独立的并行 Statements，而且实现了所有的数据库元数据(Database MetaData)和结果集元数据(ResultSet MetaData)方法。

登录 SourceForge 官方主页 https://sourceforge.net/下载 jTDS - SQL Server and Sybase JDBC driver 驱动(具体下载地址为 https://sourceforge.net/projects/jtds/)，将下载所得压缩文件 jtds-1.3.1-dist.zip 解压，其中的 jtds-1.3.1.jar 即是对应的 JDBC 驱动 jar 文件。导入该 jar 文件到项目的构建路径之后即可访问 SQL Server 数据库或 Sybase 数据库。

1) 连接 SQL Server 2005 数据库

```
Class.forName("net.sourceforge.jtds.jdbc.Driver");                //加载驱动
Connection conn  =  DriverManager.getConnection("jdbc:jtds:sqlserver://localhost:1433/master",
"sa","sa");                                                        //连接
```

2) 连接 Sybase 数据库

```
Class.forName("net.sourceforge.jtds.jdbc.Driver").newInstance();  //通过 jTDS 方式连接
String url  = "jdbc:jtds:sybase://192.168.102.100:5000/test";     //jTDS 方式连接 test 数据库
Connection conn = DriverManager.getConnection(url,"sa","");
Statement stmt = conn.createStatement();
String sql = "select * from bookinfo";
ResultSet rs = stmt.executeQuery(sql);
while(rs.next())
{
  out.println("id = " + rs.getString("id") + "; 标题 = " + rs.getString("title") + "; 作者 =
" + rs.getString("author") + "<br/>");
}
```

```
try
{
  rs.close();
  stmt.close();
  conn.close();
}
catch(Exception e)
{
  out.println("数据库关闭出错");
}
```

4. 连接 MySQL 数据库

连接 MySQL 数据库，需要到 MySQL 的官网 https://www.mysql.com/下载 JDBC 驱动程序，本书中下载的是 mysql-connector-java-5.1.45.jar 文件，将该文件导入 Java Web 项目的构建路径。直接使用以下代码连接 MySQL 数据库即可。

```
import java.sql.Connection;
import java.sql.DriverManager;
import java.sql.ResultSet;
import java.sql.SQLException;
import java.sql.Statement;

public class MySQLDemo {
    public static void main(String[] args) {
        //驱动程序名
        String driver = "com.mysql.jdbc.Driver";
        //URL 指向要访问的数据库名 world
        String url = "jdbc:mysql://127.0.0.1:3306/mybatis?useUnicode = true&characterEncoding =
utf - 8";
        //MySQL 配置时的用户名
        String user = "root";
        //MySQL 配置时的密码
        String password = "mysql";
        String name;
        try {
            //加载驱动程序
            Class.forName(driver);
            //连接数据库
            Connection conn = DriverManager.getConnection(url, user, password);
            if(!conn.isClosed())
                System.out.println("Succeeded connecting to the Database!");
            //statement 用来执行 SQL 语句
            Statement statement = conn.createStatement();
            //要执行的 SQL 语句
            String sql = "select * from user";
            //结果集
            ResultSet rs = statement.executeQuery(sql);
            while(rs.next())  {
                //选择 Name 这列数据
                name = rs.getString("username");
```

```
                //输出结果
                System.out.println(rs.getString("address") + "\t" + name);
            }
            rs.close();
             conn.close();
        }
        catch(ClassNotFoundException e) {
            System.out.println("Sorry,can't find the Driver!");
            e.printStackTrace();
        } catch(SQLException e) {
            e.printStackTrace();
        } catch(Exception e) {
            e.printStackTrace();
        }
    }
}
```

5. 连接 Oracle 数据库

连接 Oracle 数据库的 JDBC 驱动程序可以登录 Oracle 公司的官网 http://www.oracle.com 进行搜索下载,详细地址为 https://www.oracle.com/technetwork/database/application-development/jdbc/downloads/index.html。从稳定性和开发效率方面出发,本书选择下载 Oracle 11g 版本的驱动程序 ojdbc14.jar,但在安装 Oracle 11g 版本的数据库管理系统时,Oracle 会直接在安装目录中带有 classes12.jar 驱动包,ojdbc14.jar 和 classes12.jar 都可以连接 Oracle 11g 数据库进行一般的增删改查操作,其区别在于驱动包 classes12.jar 用于 JDK 1.2 和 JDK 1.3,而 ojdbc14.jar 用于 JDK 1.4 及以上,所以建议尽量不要使用 classes12.jar。

将下载所得的 ojdbc14-10.2.0.1.0.jar 文件作为连接 Oracle 的 JDBC 驱动,复制到 Java Web 项目\WEB-INF\lib 目录中,完成构建路径的自动导入,然后就可以使用以下代码连接和访问 Oracle 数据库了。

```
    Connection conn = null;
    Statement stmt = null;
    ResultSet rs = null;
    try {
        Class.forName("oracle.jdbc.OracleDriver");                //加载驱动 1
        //Class.forName("oracle.jdbc.driver.OracleDriver");       //加载驱动 2
         conn = DriverManager.getConnection("jdbc:oracle:thin:@127.0.0.1:1521:ORCL",
"scott","tiger");                                                 //建立连接
        stmt = conn.createStatement();                            //建立 statement 对象
        rs = stmt.executeQuery("SELECT pwd FROM sysusers WHERE userid= '" + "Admin" +"'");
        if(rs.next()) {                                           //库里有此账号
            System.out.println("登录成功");
        } else {                                                  //数据库中无此账号
            System.out.println("用户名或密码错误");
        }
    } catch (ClassNotFoundException | SQLException e1) {
        e1.printStackTrace();
    } finally {
```

```
            try {
                if(rs!= null) rs.close();
                if(stmt!= null) stmt.close();
                if(conn!= null) conn.close();
            } catch (SQLException e1) {
                e1.printStackTrace();
            }
        }
    }
```

视频讲解

8.5 数据库操作技术

与数据库建立连接是进行数据库操作的基础和前提，数据库连接对象创建之后就可以通过 Statement 执行对象或 PreparedStatement 预执行对象调用相应的 SQL 语句完成对数据库的操作。常用的数据库操作主要有增加(Create)、读取查询(Retrieve)、更新(Update)和删除(Delete)，即通常所说的 CRUD。当然，两种执行对象也可以执行 DDL(数据定义语句)和 DCL(数据控制语句)，供用户定义数据库的模式结构与权限约束，实现权限的授予与回收等操作。

为演示数据库的基本操作技术，这里以 MySQL 数据库为例，创建一个名为 javaweb 的数据库，设置其字符集编码格式为 UTF-8(避免存储中文时出现乱码)，在该数据库中创建一个 tb_User 数据表，内含 uid、uname、gender 和 pwd 共 4 个字段，gender 字段为 2 个长度的字符型，其他字段均为 20 个长度的字符型，随后向表中插入两条记录{"admin","张珂","男","123"}和{"sysman","李娜","女","456"}。表结构、数据转储 SQL 语句如下。

```
/*
Navicat MySQL Data Transfer

Source Server         : root@localhost
Source Server Version : 50168
Source Host           : localhost:3306
Source Database       : javaweb

Target Server Type    : MYSQL
Target Server Version : 50168
File Encoding         : 65001

Date: 2018-12-25 21:17:10
*/

SET FOREIGN_KEY_CHECKS = 0;

-- ------------------------------
-- Table structure for tb_user
-- ------------------------------
DROP TABLE IF EXISTS 'tb_user';
CREATE TABLE 'tb_user' (
```

```
  'uid' char(20) NOT NULL,
  'uname' char(20) DEFAULT NULL,
  'gender' char(2) DEFAULT NULL,
  'pwd' char(20) DEFAULT NULL,
  PRIMARY KEY ('uid')
) ENGINE = InnoDB DEFAULT CHARSET = utf8;

-- ----------------------------
-- Records of tb_user
-- ----------------------------
INSERT INTO 'tb_user' VALUES ('admin', '张珂', '男','123');
INSERT INTO 'tb_user' VALUES ('sysman', '李娜', '女','456');
```

8.5.1 查询数据

JDBC API 提供了两种实现数据查询的方法，一种是通过 Statement 对象执行静态 SQL 语句实现查询。静态 SQL 语句是指执行之前 SQL 语句对应的字符串已经提前形成，在执行过程中 SQL 查询语句不能再进行更改，但 SQL 语句生成过程中是可以进行动态拼接的。另一种是通过 PreparedStatement 对象预先编译一条带有一个或多个“?”占位符的 SQL 语句，在 SQL 语句执行时，通过动态设置各占位符参数对应的参数值，来达到执行动态 SQL 的目的。下面通过两个例子分别应用两种方法实现数据查询。

【例 8-1】 通过 Statement 对象执行静态 SQL 语句进行数据查询。

```
<%@page import = "java.sql.*" %>
<%@ page language = "java" contentType = "text/html; charset = UTF - 8" pageEncoding = "UTF - 8" %>
<!DOCTYPE html>
<html>
<head>
<meta http - equiv = "Content - Type" content = "text/html; charset = UTF - 8">
<title>通过 Statement 执行查询</title>
</head>
<body>
<%
  Class.forName("com.mysql.jdbc.Driver");
  Connection conn = DriverManager.getConnection("jdbc:mysql://localhost:3306/javaweb","root",
"mysql");
  Statement stmt = conn.createStatement();
  String unamefilter = "%张%";
  ResultSet rs = stmt.executeQuery("select * from tb_User where uname like '" + unamefilter +
"'");
  while(rs.next()){
      out.println("账号: " + rs.getString("uid") + "\t 用户名: " + rs.getString("uname"));
  }
  rs.close();
  stmt.close();
  conn.close();
 %>
</body>
</html>
```

【例 8-2】 通过 PreparedStatement 对象执行动态 SQL 语句进行数据查询。

```
<%@page import="java.sql.*"%>
<%@ page language="java" contentType="text/html; charset=UTF-8" pageEncoding="UTF-8"%>
<!DOCTYPE html>
<html>
<head>
<meta http-equiv="Content-Type" content="text/html; charset=UTF-8">
<title>通过 Statement 执行查询</title>
</head>
<body>
<%
  Class.forName("com.mysql.jdbc.Driver");
  Connection conn = DriverManager.getConnection("jdbc:mysql://localhost:3306/javaweb",
"root","mysql");
  PreparedStatement pstmt = conn.prepareStatement("select * from tb_User where uid like ?
and uname like ?");
  pstmt.setString(1, "%ad%");
  pstmt.setString(2, "%张%");
  ResultSet rs = pstmt.executeQuery();
  while(rs.next()){
      out.println("账号: " + rs.getString("uid") + "\t 用户名: " + rs.getString("uname"));
  }
  rs.close();
  pstmt.close();
  conn.close();
%>
</body>
</html>
```

运行以上两个例程，得到的结果如图 8-7 所示。对比两个 SQL 语句组装过程，Statement 对象对应的静态 SQL 需要实现通过字符串变量和字符串常量进行拼接，而且对字符串变量的拼接过程中还需要引入单引号作为变量值的界定符，静态 SQL 语句的拼接过程容易引发 SQL 注入的安全隐患。

图 8-7 例 8-1 和例 8-2 运行结果

SQL 注入，就是通过把 SQL 命令插入到 Web 表单提交或输入域名或页面请求的查询字符串，最终达到欺骗服务器执行恶意的 SQL 命令的目的。具体来说，它是利用现有应用程序，将(恶意的)SQL 命令注入到后台数据库引擎执行的能力，它可以通过在 Web 表单中输入(恶意)SQL 语句得到一个存在安全漏洞的网站上的数据库，而不是按照设计者意图去执行 SQL 语句。比如先前的很多影视网站泄露 VIP 会员密码大多就是通过 Web 表单递交查询字符暴出的，这类表单特别容易受到 SQL 注入式攻击。下面通过一个例子来简单演示一下 SQL 注入的安全隐患所在。

【例 8-3】 通过 Statement 对象执行静态 SQL 语句引发 SQL 注入。

(1) 新建一个名为 CheckLoginServlet 的 Servlet,用来接收登录页面传来的用户账号和密码,然后利用 Statement 对象运行 SQL 语句,在数据库中查找是否存在对应记录,代码如下。

```
package cn.pju.servlets;

import java.io.IOException;
import java.sql.Connection;
import java.sql.DriverManager;
import java.sql.ResultSet;
import java.sql.SQLException;
import java.sql.Statement;

import javax.servlet.ServletException;
import javax.servlet.annotation.WebServlet;
import javax.servlet.http.HttpServlet;
import javax.servlet.http.HttpServletRequest;
import javax.servlet.http.HttpServletResponse;

import org.apache.jasper.tagplugins.jstl.core.Out;
import org.apache.tomcat.dbcp.dbcp2.PoolingConnection.StatementType;

@WebServlet("/CheckLoginServlet")
public class CheckLoginServlet extends HttpServlet {
    private static final long serialVersionUID = 1L;

    public CheckLoginServlet() {
        super();
    }

    protected void doGet(HttpServletRequest request, HttpServletResponse response) throws
ServletException, IOException {
        request.setCharacterEncoding("UTF-8");    //设置 request 对象的字符集编码
        response.setCharacterEncoding("UTF-8");   //设置 response 对象服务器端的编码方式
        response.setContentType("text/html;charset=utf-8");
                                                  //设置 response 对象浏览器端编码
        String uid = request.getParameter("uid");
        String pwd = request.getParameter("pwd");
        System.out.println("uid:" + uid);
        System.out.println("pwd:" + pwd);
        Connection conn = null;
        Statement stmt = null;
        ResultSet rs = null;
        try {
            Class.forName("com.mysql.jdbc.Driver");
            conn = DriverManager.getConnection("jdbc:mysql://localhost:3306/javaweb", "root",
"mysql");
            stmt = conn.createStatement();
            String sql = "select * from tb_User where uid = '" + uid + "'and pwd = '" +
```

```
pwd + "'";
                System.out.println("sql:" + sql);
                rs = stmt.executeQuery(sql);
                if(rs.next()) {
                    response.getWriter().println("登录成功");
                } else {
                    response.getWriter().println("用户名或密码错误.");
                }
            } catch (ClassNotFoundException e) {
                e.printStackTrace();
            } catch (SQLException e) {
                e.printStackTrace();
            } finally {
                try {
                    rs.close();
                    stmt.close();
                    conn.close();
                } catch (SQLException e) {
                    e.printStackTrace();
                }
            }
        }

        protected void doPost(HttpServletRequest request, HttpServletResponse response) throws
ServletException, IOException {
            doGet(request, response);
        }
}
```

(2) 新建JSP页面MyLogin.jsp，在表单内包含用户名和密码输入框，将表单action行为交由CheckLoginServlet执行，代码如下。

```
<%@ page language = "java" contentType = "text/html; charset = UTF-8" pageEncoding = "UTF-8" %>
<!DOCTYPE html>
<html>
<head>
<meta http-equiv = "Content-Type" content = "text/html; charset = UTF-8">
<title>系统登录</title>
</head>
<body>
   <form action = "${pageContext.request.contextPath}/CheckLoginServlet" method = "post">
       账号: <input type = "text" name = "uid"><br>
       密码: <input type = "password" name = "pwd"><br>
       <input type = "submit" value = "登录">
   </form>
</body>
</html>
```

运行MyLogin.jsp，输入正确的用户名、密码进行测试，系统提示登录成功，输入非法的用户名和密码进行测试，系统会提示用户名或密码错误，看似非常正常。但如果随意输入一个用户名如test，在密码栏输入“abc' or '8'>'0”，再次进行测试，系统会提示登录成功，结果如图 8-8 和图 8-9 所示。

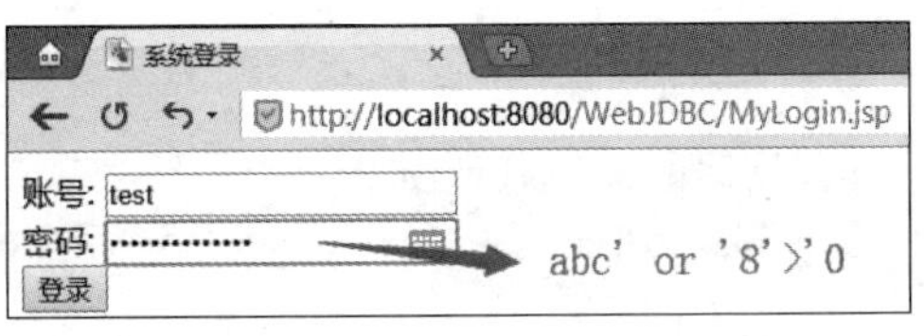

图 8-8 输入特殊密码登录

图 8-9 SQL 注入非法登录成功

由于我们在 Servlet 中对前端输入的用户账号、密码和 Statement 对象执行的 SQL 查询语句都进行了测试输出，因此可以很清晰地分析出 SQL 注入导致非法登录成功的原因。如图 8-10 所示，登录界面输入的账号是 test，该账号在数据库中其实是不存在的；密码中含有单引号和逻辑运算符，Statement 对象所执行的 SQL 查询语句为 select * from tb_User where uid='test' and pwd='abc' or '8'>'0'，由于 SQL 拼接的原因，导致条件过滤语句变为 uid='test' and pwd='abc' or '8'>'0'，分析该逻辑运算表达式，按逻辑运算符的优先级顺序(not > and > or)uid='test'首先与 pwd='abc'做逻辑与运算，即 false and false，最终结果为 false；接下来是 false 与'8'>'0'做逻辑或运算，很显然'8'>'0'返回逻辑真 true，实际运算为 false or true，最终结果为 true，故此系统提示登录成功。

```
Markers  Properties  Servers  Data Source Explorer  Snippets  Problems  Console
Tomcat v9.0 Server at localhost [Apache Tomcat] C:\Program Files\Java\jre1.8.0_192\bin\javaw.exe (2018年12月25日 下午11:12:58)
uid:test
pwd:abc' or '8'>'0
sql:select * from tb_User where uid = 'test' and pwd = 'abc' or '8'>'0'
```

图 8-10 Console 控制台输出测试信息

SQL 字符串拼接导致 Statement 在执行静态 SQL 语句时容易引发安全隐患，因此不建议使用 Statement 对象进行数据库操作。PreparedStatement 对象由于采用了占位符和参数引入的方式直接将要执行的 SQL 语句进行提前预编译，从而有效地解决了 SQL 注入存在的安全隐患问题，因此建议尽量使用 PreparedStatement 对象执行数据库的增删改查操作。

8.5.2 添加数据

添加数据的操作与数据查询类似，可以通过 Statement 对象执行静态 SQL 语句或 PreparedStatement 对象执行动态 SQL 语句两种方式实现。不同之处在于数据查询不对数据库产生修改，两个对象执行的是 executeQuery()函数；而添加操作与修改、删除都会对数据库产生修改式操作，将数据库从一种稳态更新到另一种稳态，所以两个执行对象调用的是 executeUpdate()函数。

使用 Statement 执行对象向 tb_User 插入一条记录的关键代码如下。

```
Class.forName("com.mysql.jdbc.Driver");
Connection conn = DriverManager.getConnection("jdbc:mysql://localhost:3306/javaweb","root",
"mysql");
Statement stmt = conn.createStatement();
String sql = "insert into tb_User(uid, uname, gender,pwd) values('002', '钱文','女', '789')";
```

```
stmt.executeUpdate(sql);
stmt.close();
conn.close();
```


使用 PreparedStatement 执行对象向 tb_User 插入数据的关键代码如下。

```
Class.forName("com.mysql.jdbc.Driver");
Connection conn = DriverManager.getConnection("jdbc:mysql://localhost:3306/javaweb","root",
"mysql");
String sql = "insert into tb_User(uid, uname,gender, pwd) values(?, ?, ?, ?)";
PreparedStatement pstmt = conn.prepareStatement(sql);
pstmt.setString(1, "001");
pstmt.setString(2, "张颖");
pstmt.setString(3, "女");
pstmt.setString(4, "234");
pstmt.executeUpdate();
pstmt.close();
conn.close();
```

8.5.3 修改数据

JDBC 修改数据的操作与插入操作基本类似，只要将 Statement 对象执行的静态 SQL 语句或 PreparedStatement 对象执行的动态 SQL 语句由 Insert 改为相应的 Update 即可。

使用 Statement 执行对象将 tb_User 表中 uid 为 001 的用户名和密码进行修改的关键代码如下。

```
Class.forName("com.mysql.jdbc.Driver");
Connection conn = DriverManager.getConnection("jdbc:mysql://localhost:3306/javaweb","root",
"mysql");
Statement stmt = conn.createStatement();
String sql = "update tb_User set uname='李会', pwd='345' where uid='001'";
stmt.executeUpdate(sql);
stmt.close();
conn.close();
```

使用 PreparedStatement 执行对象修改 tb_User 表中 uid 为 001 对应记录的用户名和密码的关键代码如下。

```
Class.forName("com.mysql.jdbc.Driver");
Connection conn = DriverManager.getConnection("jdbc:mysql://localhost:3306/javaweb","root",
"mysql");
String sql = "update tb_User set uname=?, pwd=? where uid=?";
PreparedStatement pstmt = conn.prepareStatement(sql);
pstmt.setString(1, "张颖");
pstmt.setString(2, "234");
pstmt.setString(3, "001");
pstmt.executeUpdate();
pstmt.close();
conn.close();
```

8.5.4 删除数据

删除操作中 Statement 和 PreparedStatement 对象需要执行的是 Delete 删除 SQL 语句。

使用 Statement 对象删除 tb_User 表中 uid 为 001 数据记录的关键代码如下。

```
Class.forName("com.mysql.jdbc.Driver");
Connection conn = DriverManager.getConnection("jdbc:mysql://localhost:3306/javaweb",
"root","mysql");
Statement stmt = conn.createStatement();
String sql = "delete from tb_User where uid = '001' ";
stmt.executeUpdate(sql);
stmt.close();
conn.close();
```

使用 Statement 对象执行静态删除 SQL 语句时，如果被注入了恶意代码，会致使 where 条件变为全真 true，则会删除数据表中所有的记录，危险性极高，建议慎用。

使用 PreparedStatement 对象删除 tb_User 表中 uid 为 001 数据记录的关键代码如下。

```
Class.forName("com.mysql.jdbc.Driver");
Connection conn = DriverManager.getConnection("jdbc:mysql://localhost:3306/javaweb",
"root","mysql");
String sql = "delete from tb_User where uid = ?";
PreparedStatement pstmt = conn.prepareStatement(sql);
pstmt.setString(1, "001");
pstmt.executeUpdate();
pstmt.close();
conn.close();
```

8.5.5 调用存储过程

通常，操作数据库的 SQL 语句在执行的时候需要先编译然后执行，而存储过程(Stored Procedure)是一组为了完成特定功能而定义的 SQL 语句集合，经编译后存储在数据库中，用户通过指定存储过程的名字并给定参数(如果该存储过程带有参数)来调用执行它。

一个存储过程通常是一个可编程的函数，它在数据库中创建并保存。它可以由 SQL 语句和一些特殊的控制结构组成。当希望在不同的应用程序或平台上执行相同的函数，或者封装特定功能时，存储过程是非常有用的。数据库中的存储过程可以看作是对编程中面向对象方法的模拟，它允许控制数据的访问方式。

存储过程通常具有以下优点。

(1) 存储过程增强了 SQL 的功能和灵活性。存储过程可以用流控制语句编写，有很强的灵活性，可以完成复杂的判断和较复杂的运算。

(2) 存储过程允许标准组件式编程。存储过程被创建后，可以在程序中被多次调用，而不必重新编写该存储过程的 SQL 语句。而且数据库专业人员可以随时对存储过程进行修改，对应用程序源代码毫无影响。

(3) 存储过程能实现较快的执行速度。如果某一操作包含大量的 T-SQL 代码或分别被多次执行,那么存储过程要比批处理的执行速度快很多。因为存储过程是预编译的。在首次运行一个存储过程时,优化器对其进行分析优化,并且给出最终被存储在系统表中的执行计划。而批处理的 T-SQL 语句在每次运行时都要进行编译和优化,速度相对要慢一些。

(4) 存储过程能减少网络流量。针对同一个数据库对象的操作(如查询、修改),如果这一操作所涉及的 T-SQL 语句被组织成存储过程,那么当在客户计算机上调用该存储过程时,网络中传送的只是该调用语句,从而大大增加了网络流量并降低了网络负载。

(5) 存储过程可被作为一种安全机制来充分利用。系统管理员通过执行某一存储过程的权限进行限制,能够实现对相应的数据的访问权限的限制,避免了非授权用户对数据的访问,保证了数据的安全。

1. 存储过程的创建

以 MySQL 数据库为例,在 javaweb 数据库中新建一个名为 testproc 的存储过程,创建存储过程的 SQL 代码如下。

```
/* 设置定界符为 $$,默认定界符为;
因创建存储过程的代码中会用到;,所以此处必须修改默认定界符,待存储过程创建完毕后再修改回; */
DELIMITER $$
/* 在 javaweb 数据库中创建名为 testproc 的存储过程,该过程有一个字符型的形式参数 genderfilter
该存储过程的功能为: (1)启动事务;
                    (2)查找 javaweb 数据库中的 tb_user_temp 表,若存在则删除;
                    (3)创建一个 tb_user_temp 数据库表,结构与 tb_user 相同;
                    (4)从表 tb_user 中查询性别为 genderfilter 的记录,并插入到 tb_user_temp 表中;
                    (5)提交事务。
*/
CREATE PROCEDURE 'javaweb'.'testproc'(genderfilter VARCHAR(2))
  BEGIN
    START TRANSACTION;                      /* 启动事务 */
    DROP TABLE IF EXISTS 'tb_user_temp';    /* 删除 tb_user_temp 表 */
    CREATE TABLE 'tb_user_temp' (           /* 新建 tb_user_temp 表 */
      'uid' CHAR(20) NOT NULL,
      'uname' CHAR(20) DEFAULT NULL,
      'gender' CHAR(2) DEFAULT NULL,
      'pwd' CHAR(20) DEFAULT NULL,
      PRIMARY KEY ('uid')
    ) ENGINE = INNODB DEFAULT CHARSET = utf8;
    /* 从 tb_user 中查找性别为 genderfilter 的数据记录并插入到 tb_user_temp 表中 */
    INSERT INTO 'tb_user_temp' (SELECT * FROM tb_user WHERE tb_user.'gender' = genderfilter);
    COMMIT;                                 /* 提交事务 */
  END$ $                                    /* 遇到 $ $ 表示定界符终止,即存储过程定义完毕 */

DELIMITER ;                                 /* 将定界符恢复为默认的; */
```

2. 存储过程的调用

在 JSP 页面中,通过调用 CallableStatement 对象的 prepareCall()和 execute()函数来实现数据库后台存储过程的调用,具体代码如下。

```
<%@page import="java.sql.*"%>
<%@ page language="java" contentType="text/html; charset=UTF-8" pageEncoding="UTF-8"%>

<!DOCTYPE html>
<html>
<head>
<meta http-equiv="Content-Type" content="text/html; charset=UTF-8">
<title>通过 CallableStatement 执行存储过程</title>
</head>
<body>

<%
  Class.forName("com.mysql.jdbc.Driver");
  Connection conn = DriverManager.getConnection("jdbc:mysql://localhost:3306/javaweb","root",
"mysql");
  CallableStatement cstmt = conn.prepareCall("{call testproc(?)}");
  cstmt.setString(1, "女");
  cstmt.execute();
  cstmt.close();

  Statement stmt = conn.createStatement();
  ResultSet rs = stmt.executeQuery("select * from tb_User_temp");
  while(rs.next()){
    out.println("账号: " + rs.getString("uid") + "\t 用户名: " + rs.getString("uname") + "\t
性别: " + rs.getString("gender"));
    out.println("<br>");
  }
  rs.close();
  stmt.close();
  conn.close();
%>

</body>
</html>
```

运行该 JSP 页面后，查看 MySQL 数据库中的表对象，会发现 tb_user_temp 表被创建，且表中的数据即是筛选出来的女性用户记录，页面的显示结果如图 8-11 所示。

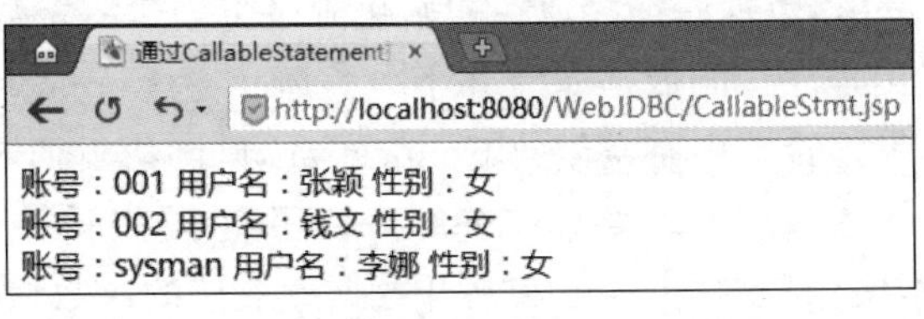

图 8-11　执行存储过程后的显示结果

8.6　数据库连接池与数据源

JDBC 访问数据库的基本操作过程中，每操作一次数据库都会执行创建连接对象、执行查询或更新操作、处理结果集、请求结束关闭连接等一系列操作。这种频繁地建立和关闭连接是比较消耗时间和系统资源的，而且十分影响数据库的访问效率，当 Web 应用程序访问用户数量较大时，如果客户每次请求时都要新建连接，将大大增加请求的响应时间，并且增加代码量。

为了提高数据库的访问效率，从 JDBC 2.0 开始提供了一种更好的方法建立数据库连接对象，即使用连接池和数据源技术访问数据库。

8.6.1 数据库连接池

每次访问数据库之前临时建立数据库连接十分消耗系统资源，而且延长了数据库访问时间，降低了数据库连接效率。对访问量相对较低的系统尚可，若访问量较高，将严重影响系统性能，甚至会导致数据库系统崩溃。为解决这一问题，引入了数据库连接池的概念。

数据库连接池(Connection Pooling)就是预先建立好一定数量的数据库连接对象，逻辑存放在一个连接池中，由连接池负责分配、管理和释放这些连接对象，它允许应用程序重复使用现有的数据库连接，而不是每次都重新建立。

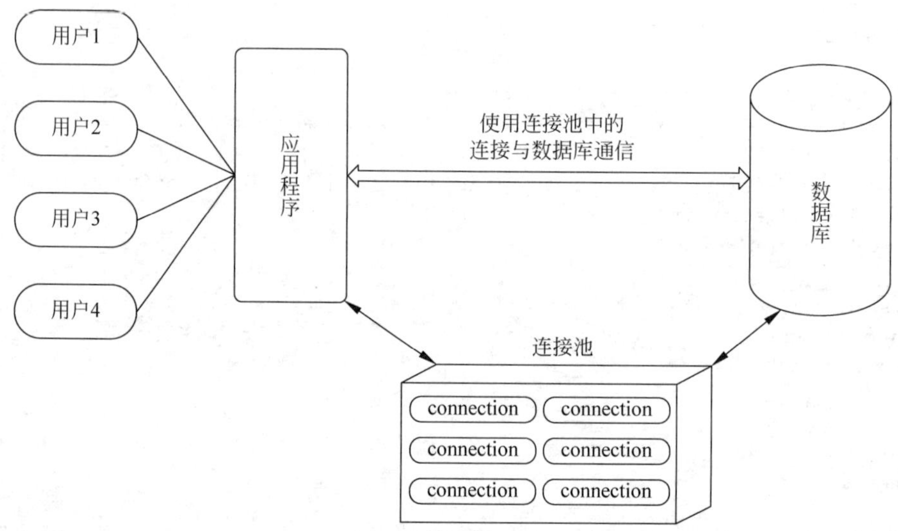

图 8-12　数据库连接池示意图

从图 8-12 中可以看出，数据库连接池在初始化阶段将创建一定数量的数据库连接对象放置在连接池内，当应用程序访问数据库时并不是直接创建 Connection，而是向连接池"申请"一个可用连接。如果连接池中有空闲的 Connection，则随机返回一个；如果连接池中无可用连接时，则新建一个连接对象。当 Connection 使用完毕后，连接池会将该对象回收，并将后续交付给其他线程使用，以减少创建和断开数据库连接的次数，从而提高数据库的访问效率。

连接池还解决了数据库连接数量限制的问题。由于数据库能够承受的连接数量是有限的，当达到一定程度时，数据库的性能会下降直至崩溃，而池化管理机制通过有效地使用和调度连接池中的连接，有效地解决了这一问题。

数据库连接池的具体操作流程如下。

(1) 预先创建一定数量的连接，存放在数据库连接池中。

(2) 当程序请求一个连接时,连接池为该请求分配一个空闲连接,而不是去重新建立一个连接对象;当程序使用完连接后,该连接对象被重新放回到连接池中,而不是将连接直接关闭释放。

(3) 当连接池中的空闲连接数量低于下限时,连接池将根据管理机制和实际需求追加创建一定数量的连接;当空闲连接数量高于上限时,连接池将释放一定数量的连接对象。

数据库连接池具有以下优点。

(1) 创建一个新的数据库连接所耗费的时间主要取决于网络的速度、应用程序和数据库服务器的网络距离耗时以及创建数据库连接对象所需要的时间,采用数据库连接池之后,数据库的连接请求可以直接通过连接池实现,而不需要为该请求重新连接、认证到数据库服务器,从而节省了时间。

(2) 提高了数据库连接的重复使用率。

(3) 解决了数据库对连接数量的限制。

数据库连接池的缺点主要如下。

(1) 连接中可能存在多个与数据库保持连接但未被使用的连接,在一定程度上浪费了资源。

(2) 要求开发人员和使用者准确地估算系统需要提供的最大数据库连接数,以确定数据库连接池的大小。

8.6.2 数据源简介

数据源(Data Source)的概念是在 JDBC 2.0 中引入的,是目前 Web 应用开发中获取数据库连接的首选方法。这种方法是事先建立若干连接对象,将它们存放在数据库连接池中供数据访问组件共享。使用这种技术,应用程序在启动时只需要创建少量的连接对象即可,这样就不需要为每个 HTTP 请求都创建一个连接对象,从而大大降低请求的响应时间。

JDBC 中的数据源是通过 javax. sql. DataSource 接口对象来实现的,它负责与数据库建立连接并返回连接对象,该接口定义了如下两个返回 Connection 对象的方法。

```
Connection DataSource.getConnection()
Connection DataSource.getConnection(String username, String password)
```

上述两个重载的方法都能用来获取连接对象 Connection,由此可见,DataSource 是对 DriverManager 的一种替代。

接口通常都会有其实现类,javax. sql. DataSource 接口也不例外,我们习惯性地把实现了 javax. sql. DataSource 接口的类,称为数据源。顾名思义,即数据的来源或源泉。

通常数据源 DataSource 对象是从连接池中获取 Connection 连接对象。通过数据源获得数据库连接对象不能在应用程序中使用创建实例的方法来生成 DataSource 对象,而是需要采用 Java 命名与目录接口(Java Naming and Directory Interface,JNDI)技术来获得 DataSource 对象的引用。

可以简单地把 JDNI 理解为一种将名字和对象绑定的技术,对象工厂负责创建对象,这些对象都和唯一的名字绑定,外部程序可以通过名字来获得某个对象的访问。在 javax. naming 包中提供了一个 Context 接口,该接口提供了将名字和对象绑定,通过名字检索对象的方法。可以通过该接口的一个实现类 InitialContext 来获得上下文对象。

数据库连接池是一种逻辑运行机制,数据源中包含数据库连接池。如果把数据比作水,数据库就是水库,数据源就是连接到水库的管道,终端用户看到的数据集就是管道里流出来的水。一些开源组织提供了数据源的独立实现,常用的有 DBCP 数据源和 C3P0 数据源。

8.6.3 DBCP 数据源

DBCP 是数据库连接池(Database Connection Pool)的简称,是 Apache 组织下的开源连接池实现,也是 Tomcat 服务器使用的连接池组件。

1. 导入 jar 包

单独使用 DBCP 数据源时,需要在 Web 应用程序中导入 commons-dbcp.jar 和 commons-pool.jar 两个 jar 文件,这两个 jar 包可以在 Apache 官网地址 http://commons.apache.org/proper/查询下载。下载后的两个 jar 文件直接复制到 Web 项目的 WebContent/WEB-INF/lib 目录下即可。

1) commons-dbcp.jar 包

commons-dbcp.jar 包是 DBCP 数据源的实现包,包中主要有 BasicDataSourceFactory 和 BasicDataSource 两个实现类,它们都包含获取 DBCP 数据源对象的方法、所有操作数据库连接信息和数据库连接池初始化信息的方法,并实现了 DataSource 接口的 getConnection()方法。

2) commons-pool.jar 包

commons-pool.jar 包是 DBCP 数据库连接池实现包的依赖包,为 commons-dbcp.jar 包中的方法提供支持。

使用 DBCP 数据源时,首先需要创建数据源对象。数据源对象的创建方式有两种:一种是使用 BasicDataSource 类直接创建数据源对象;另一种是通过 BasicDataSourceFactory 工厂类读取配置文件来创建数据源对象,根据配置文件的配置方式不同,又可分为读取局部配置文件和读取全局配置文件创建数据源两种。

2. 通过 BasicDataSource 类直接创建数据源对象

使用 BasicDataSource 类创建一个数据源对象时,需要通过代码设置数据源对象的各属性值,然后通过该数据源对象来获取数据库连接 Connection 对象,具体步骤如下。

在 Eclipse 中创建一名为 BDS 的 Web 项目,将 mysql-connector-java-5.1.8.jar、commons-dbcp-1.4.jar 和 commons-pool-1.6.jar 三个 jar 包文件复制到项目中 WebContent/WEB-INF/lib 目录下,在 WebContent 目录下新建 getBDS.jsp 页面文件,代码如下。

```
<%@page import="java.sql.*"%>
<%@page import="javax.sql.*"%>
<%@page import="org.apache.commons.dbcp.BasicDataSource"%>

<%@ page language="java" contentType="text/html; charset=UTF-8" pageEncoding="UTF-8"%>

<!DOCTYPE html>
<html>
<head>
<meta http-equiv="Content-Type" content="text/html; charset=UTF-8">
```

```
<title>通过 BasicDataSource 类创建数据源</title>
</head>
<body>
<%
  //获取 DBCP 数据源实现类对象
  BasicDataSource bds = new BasicDataSource();
  //设置连接数据库必需的配置信息
  bds.setDriverClassName("com.mysql.jdbc.Driver");
  bds.setUrl("jdbc:mysql://localhost:3306/javaweb?useUnicode = true&characterEncoding = utf - 8");
  bds.setUsername("root");
  bds.setPassword("mysql");
  //设置连接池的参数
  bds.setInitialSize(5);
  bds.setMaxActive(5);
  DataSource ds = bds;
  //通过数据源 DataSource 对象获取数据库连接对象 Connection
  Connection conn = ds.getConnection();
  //通过 Connection 对象创建 Statement 执行对象进行查询
  Statement stmt = conn.createStatement();
  String unamefilter = "%张%";
  ResultSet rs = stmt.executeQuery("select * from tb_User where uname like '" + unamefilter +
"'");
  while(rs.next()){
    out.println("账号: " + rs.getString("uid") + "\t 用户名: " + rs.getString("uname"));
    out.println("<br>");
  }
  rs.close();
  stmt.close();
  conn.close();
%>

</body>
</html>
```

程序的运行结果如图 8-13 所示。

图 8-13　通过 BasicDataSource 类创建数据源

3. 通过配置文件创建数据源对象

在 Tomcat 中可以配置两种数据源：局部数据源和全局数据源。局部数据源只能被定义数据源的 Web 应用程序使用；全局数据源可以被 Tomcat 服务器容器中所有的应用程序使用。根据配置文件的格式不同，又可以分为 context.xml 文件配置或.properties 文件配置两种。

1）配置局部数据源

在 Eclipse 中新建动态 Web 项目 MyDataSource，将 commons-dbcp-1.4.jar、commons-pool-1.6.jar 和 mysql-connector-java-5.1.8.jar 三个文件复制到项目下 WebContent/WEB-INF/lib 目录中。

（1）在 WebContent/META-INF 目录下新建 context.xml 文件，内容如下。

```
<?xml version="1.0" encoding="UTF-8"?>
<Context reloadable="true">
    <Resource
        name="test/sampleDS"
        type = "javax.sql.DataSource"
        maxActive = "4"
        maxIdle = "2"
        maxWait = "5000"
        username = "root"
        password = "mysql"
        driverClassName = "com.mysql.jdbc.Driver"
        url = "jdbc:mysql://localhost:3306/javaweb?useUnicode=true&characterEncoding=utf-8"
    />
</Context>
```

context.xml 文件是 Tomcat 容器中上下文环境配置参数文件，如果将该文件放置在 Web 项目中 WebContent/META-INF 目录下，Web 项目被发布到 Tomcat 服务器上时，该文件会随项目一起发布到调试服务器发布目录 wtpwebapps\MyDataSource\META-INF 或发布服务器 webapps\MyDataSource\META-INF 中。由于 WebContent/META-INF/context.xml 文件伴随项目存在，所以我们称为局部上下文配置文件。

在 context.xml 配置文件中，定义了一个 Context 上下文标签，可重复加载。Context 标签内定义了一个 Resource 数据源，名字为 test/sampleDS；type 定义了该数据源的类型为 javax.sql.DataSource；maxActive 表示可同时为连接池分配的活动连接实例最大个数；maxIdle 表示连接池中可空闲连接的最大个数；maxWait 表示在没有可用连接的情况下，连接池在抛出异常前等待的最大毫秒数；username 和 password 分别是用户名和密码；driverClassName 是驱动名称；url 为连接参数字符串。

（2）在 WebContent 目录下新建名为 localDs.jsp 的 JSP 文件，详细代码如下。

```
<%@page import="java.sql.*"%>
<%@page import="javax.sql.*"%>
<%@page import="javax.naming.*"%>

<%@ page language="java" contentType="text/html; charset=UTF-8" pageEncoding="UTF-8"%>

<!DOCTYPE html>
<html>
<head>
<meta http-equiv="Content-Type" content="text/html; charset=UTF-8">
<title></title>
</head>
<body>
```

```
<%
  try{
       Context ctx = new InitialContext();
       DataSource ds  = (DataSource)ctx.lookup("java:comp/env/test/sampleDS");
       Connection conn = ds.getConnection();
       Statement stmt = conn.createStatement();
       String unamefilter = "%张%";
       ResultSet rs = stmt.executeQuery("select * from tb_User where uname like '" + unamefilter +
"'");
       while(rs.next()){
            out.println("账号: " + rs.getString("uid") + "\t 用户名: " + rs.getString("uname"));
            out.println("<br>");
       }
       rs.close();
       stmt.close();
       conn.close();

  } catch(NamingException e){
       e.printStackTrace();
  }
 %>
</body>
</html>
```

分析 JSP 文件中的 Java 代码，定义了一个 javax.naming.Context 接口的实现类对象 ctx，利用该对象的 lookup()函数查找 JNDI 数据源，该函数的参数为数据源名字符串，java:comp/env 为前缀，表示它是 JNDI 命名空间的一部分。test/sampleDS 表示在 context.xml 文件中配置的数据源名称，然后根据配置的参数获取连接数据源，得到数据源之后再获取连接对象进行下一步的查询操作。该 JSP 页面的运行结果如图 8-14 所示。

图 8-14　通过局部数据源配置文件获取 DataSource

2）配置全局数据源

局部数据源的配置具有较强的针对性，一般被广泛使用。但有时也会遇到多个应用程序使用同一个数据源的情况，如果在每个程序中都配置一个 context 上下文配置文件就略显烦琐，此时可以配置全局数据源文件。Tomcat 服务器对应的配置目录（发布服务器为 C:\Program Files\Apache Software Foundation\Tomcat 9.0\conf；调试服务器对应目录为 D:\JavaEE\eclipse-workspace\Servers\Tomcat v9.0 Server at localhost-config）下默认有一个 context.xml 配置文件，该文件即是 Tomcat 的全局上下文配置文件。只要将数据源信息在该文件中进行了设置，则在当前 Tomcat 服务器上调试或发布的所有 Web 项目都可以使用该数据源。

在 Eclipse 中新建动态 Web 项目 GlobalDataSource，将 commons-dbcp-1.4.jar、commons-pool-1.6.jar 和 mysql-connector-java-5.1.8.jar 三个文件复制到项目下 WebContent/WEB-INF/lib 目录中。

(1) 编辑全局上下文配置文件，加入 Resource 配置标签，编辑后的配置文件代码如下。

```
<?xml version = "1.0" encoding = "UTF - 8"?>

<! -- The contents of this file will be loaded for each web application -- >
< Context >

    <! -- Default set of monitored resources. If one of these changes, the      -- >
    <! -- web application will be reloaded.                                      -- >
    < WatchedResource > WEB - INF/web.xml </WatchedResource >
    < WatchedResource > WEB - INF/tomcat - web.xml </WatchedResource >
    < WatchedResource > ${catalina.base}/conf/web.xml </WatchedResource >

    <! -- Uncomment this to disable session persistence across Tomcat restarts -- >
    <! --
    < Manager pathname = "" />
     -- >

    < Resource name = "dss/glbds"
            auth = "Container"
            type = "javax.sql.DataSource"
            driverClassName = "com.mysql.jdbc.Driver"

url = "jdbc:mysql://127.0.0.1/javaweb?useUnicode = true&characterEncoding = utf - 8"
            username = "root"
            password = "mysql"
            maxActive = "20"
            maxIdle = "10"
            maxWait = " - 1"/>

</Context >
```

(2) 在 WebContent 目录下新建名为 globalDs.jsp 的 JSP 文件，详细代码如下。

```
< % @page import = "java.sql. * " % >
< % @page import = "javax.sql. * " % >
< % @page import = "javax.naming. * " % >
< % @ page language = "java" contentType = "text/html; charset = UTF - 8" pageEncoding = "UTF - 8" % >

<! DOCTYPE html >
< html >
< head >
< meta http - equiv = "Content - Type" content = "text/html; charset = UTF - 8">
< title ></title >
</head >
< body >
< %
  try{
      Context ctx = new InitialContext();
```

```
        DataSource ds  = (DataSource)ctx.lookup("java:comp/env/dss/glbds");
        Connection conn = ds.getConnection();
        Statement stmt = conn.createStatement();
        String unamefilter = "%张%";
        ResultSet rs = stmt.executeQuery("select * from tb_User where uname like '" +
unamefilter + "'");
        while(rs.next()){
            out.println("账号: " + rs.getString("uid") + "\t 用户名: " + rs.getString("uname"));
            out.println("<br>");
        }
        rs.close();
        stmt.close();
        conn.close();

    } catch(NamingException e){
        e.printStackTrace();
    }
 %>
</body>
</html>
```

JSP 运行结果与图 8-14 相同。读者可以自行新建其他的 Web 项目,将 globalDs.jsp 这一 JSP 文件复制到新建项目中运行测试,若该 JSP 页面在新项目中能够正常运行,说明数据源配置文件定义在 Tomcat 服务器端,为全局数据源。

3) 配置全局数据源的其他方法

还有一种配置全局数据源的方法是修改 Tomcat 服务器的 server.xml 配置文件来实现的,由于编辑 server.xml 配置文件存在一定的风险,稍有不慎就有可能导致 Tomcat 服务器无法启动,所以不建议使用该种方法配置全局数据源,在此只给出其基本配置方法,不做深入探讨。

(1) 修改 Tomcat 服务器的配置文件 server.xml

根据服务器的类型不同,server.xml 配置文件所对应的目录页不同,若配置的是 Eclipse 中的调试服务器,相应的文件夹为 D:\JavaEE\eclipse-workspace\Servers\Tomcat v9.0 Server at localhost-config;如果是发布服务器,则目录为 C:\Program Files\Apache Software Foundation\Tomcat 9.0\conf。找到相应的 server.xml 配置文件后对其进行编辑,在<GlobalNamingResources>元素内增加如下代码。

```
<Resource name = "jdbc/mysqlds"
  type = "javax.sql.DataSource"
  maxActive = "4"
  maxIdle = "2"
  maxWait = "5000"
  username = "root"
  password = "mysql"
  driverClassName = "com.mysql.jdbc.Driver"
  url = "jdbc:mysql://localhost:3306/javaweb?useUnicode = true&characterEncoding = utf - 8"/>
```

(2) 在 Web 应用程序的 META-INF 目录下新建 context.xml 文件,内容如下。

```
<?xml version = "1.0" encoding = "UTF - 8"?>
```

```
<Context reloadable="true">
  <ResourceLink
      global="jdbc/mysqlds"
      name="jdbc/glds"
      type="javax.sql.DataSource"/>
  <WatchedResource>WEB-INF/web.xml</WatchedResource>
</Context>
```

上述文件中<ResourceLink>元素用来创建到 JNDI 资源的连接。该元素有以下三个属性。

global：指定在全局 JNDI 环境中所定义的全局资源名。

name：指定数据源名，该名相对于 java:comp/env 命名空间前缀。

type：指定该资源的类型的完整类名。

分析以上代码，首先在 server.xml 配置文件中配置了一个名为 jdbc/mysqlds 的全局数据源，又在项目的上下文配置文件 context.xml 中通过 ResourceLink 标签中的 global="jdbc/mysqlds"对全局数据源进行了引用，并重新设定其引用名称为 name="jdbc/glds"，之后在 JSP 或 Servlet 中即可加载数据源了，只是需要注意的是加载时使用的数据源名称是 jdbc/glds，而不是 jdbc/mysqlds。

(3) 在 WebContent 目录下新建名为 globalDs2.jsp 的 JSP 文件，详细代码如下。

```
<%@page import="java.sql.*"%>
<%@page import="javax.sql.*"%>
<%@page import="javax.naming.*"%>
<%@ page language="java" contentType="text/html; charset=UTF-8" pageEncoding="UTF-8"%>

<!DOCTYPE html>
<html>
<head>
<meta http-equiv="Content-Type" content="text/html; charset=UTF-8">
<title></title>
</head>
<body>
<%
  try{
      Context ctx = new InitialContext();
      DataSource ds   = (DataSource)ctx.lookup("java:comp/env/jdbc/glds");
      Connection conn = ds.getConnection();
      Statement stmt = conn.createStatement();
      String unamefilter = "%张%";
      ResultSet rs = stmt.executeQuery("select * from tb_User where uname like '" +
unamefilter + "'");
      while(rs.next()){
          out.println("账号:" + rs.getString("uid") + "\t 用户名:" + rs.getString("uname"));
          out.println("<br>");
      }
      rs.close();
      stmt.close();
      conn.close();
```

```
    } catch(NamingException e){
        e.printStackTrace();
    }
 %>
</body>
</html>
```

由于 server.xml 是 Tomcat 的核心配置文件，修改之后必须重新启动 Tomcat 服务器使之生效，然后才能运行 JSP 页面，以上 JSP 页面的运行效果同图 8-14。

与配置全局数据源道理相同，如果在同一个 Tomcat 服务器上的多个项目使用到了相同的驱动程序或其他配置文件等资源，可以将其配置在服务器级别，避免在每个项目中重复配置。例如，上述两个例子中创建的 MyDataSource 和 GlobalDataSource 项目，都需要将三个文件 commons-dbcp-1.4.jar、commons-pool-1.6.jar 和 mysql-connector-java-5.1.8.jar 复制到对应项目下 WebContent/WEB-INF/lib 目录中，两个项目发布时，这三个文件会在 Tomcat 服务器发布端复制两次，造成资源浪费。此时可以将这三个文件直接复制到 Tomcat 服务器的 lib 目录下(物理路径为 C:\Program Files\Apache Software Foundation\Tomcat 9.0\lib)，然后将这两个项目中 lib 目录下对应的三个文件删除，重启 Tomcat 服务器之后运行两个项目中的任意 JSP 页面，可以验证 JSP 文件都能正常运行。

4) 通过 properties 配置文件创建数据源

除了使用 context.xml 上下文配置文件之外，还可以使用属性文件(*.properties)来配置和加载数据源，具体操作流程如下。

(1) 新建名为 PropDS 的 Web 项目，导入三个 jar 文件 commons-dbcp-1.4.jar、commons-pool-1.6.jar 和 mysql-connector-java-5.1.8.jar；在 src 目录下创建 dbcpconfig.properties 配置文件，具体内容如下。

```
driverClassName = com.mysql.jdbc.Driver
url = jdbc:mysql://localhost:3306/javaweb?useUnicode = true&characterEncoding = utf - 8
username = root
password = mysql
initialSize = 10
maxActive = 50
maxIdle = 20
minIdle = 5
maxWait = 60000
connectionProperties = useUnicode = true;characterEncoding = utf8
defaultAutoCommit = true
defaultReadOnly = true
defaultTransactionIsolation = REPEATABLE_READ
```

(2) 在 src 目录下新建 MyDBUtil 类，用以获取连接对象和数据源。

```
package cn.pju.utils;

import java.sql.*;
import java.util.Properties;
import javax.sql.*;
```

```
import org.apache.commons.dbcp.BasicDataSourceFactory;

public class MyDBUtil {
    public static Connection getConnection(){
          Connectionconn = null;
          try {
              conn = getDataSource().getConnection();
          }catch (SQLException e) {
              e.printStackTrace();
          }
          return conn;
    }

    private static DataSource getDataSource(){
          DataSource dataSource = null;
          Properties p = new Properties();
          try {
p.load(MyDBUtil.class.getClassLoader().getResourceAsStream("dbcpconfig.properties"));
              dataSource = BasicDataSourceFactory.createDataSource(p);
          }catch (Exception e) {
              throw new RuntimeException("获取 DataSource 对象失败");
          }
          return dataSource;
    }
}
```

(3) 在 JSP 文件中使用 MyDBUtil 类获取数据源进行数据操作。

新建名为 propDs.jsp 的 JSP 文件,代码如下。

```
<%@page import = "java.sql.*" %>
<%@page import = "javax.sql.*" %>
<%@page import = "javax.naming.*" %>
<%@page import = "cn.pju.utils.MyDBUtil" %>

<%@ page language = "java" contentType = "text/html; charset = UTF-8"
  pageEncoding = "UTF-8" %>

<!DOCTYPE html>
<html>
<head>
<meta http-equiv = "Content-Type" content = "text/html; charset = UTF-8">
<title></title>
</head>
<body>
  <%
    Connection conn = MyDBUtil.getConnection();
    Statement stmt = conn.createStatement();
    String unamefilter = "%张%";
    ResultSet rs = stmt.executeQuery("select * from tb_User where uname like '" + unamefilter + "'");
    while (rs.next()) {
        out.println("账号: " + rs.getString("uid") + "\t 用户名: " + rs.getString("uname"));
```

```
            out.println("<br>");
        }
        rs.close();
        stmt.close();
        conn.close();
      %>
</body>
</html>
```

以上 JSP 页面的运行效果同图 8-14。

DBCP 数据源能完成常见的数据连接和操作，被程序员广泛使用，但当前最新版本的 DBCP 数据源是 DBCP2，即 commons-dbcp 的升级版。随书给出的资源是 commons-dbcp2-2.2.0.jar 和 commons-pool2-2.5.0.jar，DBCP2 数据源的使用与 DBCP 大同小异，在此不再进行展开，读者可自行查阅相关资料学习使用。

8.6.4 C3P0 数据源

C3P0 是目前最流行的开源数据库连接池之一，它实现了 DataSource 数据源接口，支持 JDBC2 和 JDBC3 的标准规范，易于扩展并性能优越，著名的开源框架 Hibernate 和 Spring 都支持该数据源。使用 C3P0 数据源，需要导入核心 jar 包 c3p0-0.9.5.2.jar 和依赖包 mchange-commons-java-0.2.14.jar。C3P0 中的 DataSource 接口有一个实现类 ComboPooledDataSource，它是 C3P0 的核心，提供了数据源对象的相关方法，详见表 8-7。

表 8-7 ComboPooledDataSource 类常用方法

方　法	功　能
ComboPooledDataSource()	无参构造方法
ComboPooledDataSource(String configName)	使用 configName 配置信息构造数据源
void setDriverClass()	设置连接数据库的驱动
void setJdbcUrl()	设置连接数据库的连接参数
void setUser()	设置数据库的登录账号
void setPassword()	设置数据库的登录密码
void setMaxPoolSize()	设置数据库连接池的最大连接数目
void setMinPoolSize()	设置数据库连接池的最小连接数目
void setInitialPoolSize()	设置数据库连接池的初始连接数目
Connection getConnection()	从数据库连接池获取一个连接

1. 通过 ComboPooledDataSource()构造方法创建数据源对象

使用 ComboPooledDataSource()构造方法创建数据源对象，需要调用 setXxx()函数手动设置数据源对象的各属性值，详细代码如下。

1）创建工具类 CpdsUtils

```
package cn.pju.cpds;

import javax.sql.DataSource;
import com.mchange.v2.c3p0.ComboPooledDataSource;
```

```
public class CpdsUtils {
    public static DataSource ds = null;
    static{
        ComboPooledDataSource cpds = new ComboPooledDataSource();
        try {
            cpds.setDriverClass("com.mysql.jdbc.Driver");
            cpds.setJdbcUrl("jdbc:mysql://localhost:3306/javaweb?useUnicode=
true&characterEncoding=utf-8");
            cpds.setUser("root");
            cpds.setPassword("mysql");
            cpds.setInitialPoolSize(5);
            cpds.setMaxPoolSize(10);
            ds = cpds;
        } catch (Exception e) {
            e.printStackTrace();
        }
    }
    public static DataSource getDataSource() {
        return ds;
    }
}
```

2）在 JSP 页面中调用工具类获取连接对象

```
<%@page import="java.sql.*" %>
<%@page import="javax.sql.*" %>
<%@page import="javax.naming.*" %>
<%@page import="cn.pju.cpds.CpdsUtils" %>

<%@ page language="java" contentType="text/html; charset=UTF-8" pageEncoding="UTF-8" %>

<!DOCTYPE html>
<html>
<head>
<meta http-equiv="Content-Type" content="text/html; charset=UTF-8">
<title></title>
</head>
<body>
  <%
      Connection conn = CpdsUtils.ds.getConnection();
      Statement stmt = conn.createStatement();
      String unamefilter = "%张%";
      ResultSet rs = stmt.executeQuery("select * from tb_User where uname like '" +
unamefilter + "'");
      while (rs.next()) {
          out.println("账号: " + rs.getString("uid") + "\t 用户名: " + rs.getString("uname"));
          out.println("<br>");
      }
      rs.close();
      stmt.close();
      conn.close();
```

```
    %>
</body>
</html>
```

JSP 页面的运行效果同图 8-14。

2. 通过 XML 配置文件创建数据源对象

(1) 在项目的 src 目录下新建名为 c3p0-config. xml 的配置文件,注意配置文件的命名必须使用 c3p0-config. xml,且注意大小写,配置文件的详细代码如下。

```
<?xml version = "1.0" encoding = "UTF - 8"?>
< c3p0 - config >
  < default - config >
    < property name = "driverClass"> com.mysql.jdbc.Driver </property >
    < property name = "jdbcUrl"> jdbc:mysql://localhost:3306/javaweb </property >
    < property name = "user"> root </property >
    < property name = "password"> mysql </property >
    < property name = "initialPoolSize"> 10 </property >
    < property name = "maxIdleTime"> 30 </property >
    < property name = "maxPoolSize"> 100 </property >
    < property name = "minPoolSize"> 10 </property >
  </default - config >

  < named - config name = "MySqlDs">
    < property name = "driverClass"> com.mysql.jdbc.Driver </property >
    < property name = "jdbcUrl"> jdbc:mysql://localhost:3306/javaweb </property >
    < property name = "user"> root </property >
    < property name = "password"> mysql </property >
    < property name = "initialPoolSize"> 10 </property >
    < property name = "maxIdleTime"> 30 </property >
    < property name = "maxPoolSize"> 100 </property >
    < property name = "minPoolSize"> 10 </property >
  </named - config >
</c3p0 - config >
```

在配置文件中定义了两个数据源,即用< default-config >定义的默认数据源和用< named-config >定义的命名数据源 MySqlDs。使用 ComboPooledDataSource()无参构造方法创建数据源时,系统会自动到类路径下搜索 c3p0-config. xml 配置文件中的默认数据源;若想根据命名数据源配置信息创建 DataSource,只需将数据源的 name 属性对应的字符串作参数传递给 ComboPooledDataSource 类的构造方法即可,比如此处的 ComboPooledDataSource("MySqlDs")。

(2) 定义工具类 XmlCpdsUtils。

```
package cn.pju.cpds;
import java.sql.Connection;
import java.sql.SQLException;
import javax.sql.DataSource;
import com.mchange.v2.c3p0.ComboPooledDataSource;

public class XmlCpdsUtils {
```

```
    public static DataSource ds = null;
    static {
        //使用默认配置创建数据源
        ComboPooledDataSource cpds = new ComboPooledDataSource();
        //使用命名的设置创建数据源
        //ComboPooledDataSource cpds = new ComboPooledDataSource("MySqlDs");
        ds = cpds;
    }

    public static DataSource getDataSource() {
        return ds;
    }

    public static Connection getConnection(){
          Connection conn = null;
          try {
              conn = ds.getConnection();
          }catch (SQLException e) {
              e.printStackTrace();
          }
          return conn;
      }
}
```

(3) 创建 JSP 网页文件 xmlCpDs.jsp。

```
<%@page import="java.sql.*"%>
<%@page import="javax.sql.*"%>
<%@page import="javax.naming.*"%>
<%@page import="cn.pju.cpds.XmlCpdsUtils"%>

<%@ page language="java" contentType="text/html; charset=UTF-8" pageEncoding="UTF-8"%>

<!DOCTYPE html>
<html>
<head>
<meta http-equiv="Content-Type" content="text/html; charset=UTF-8">
<title></title>
</head>
<body>
  <%
      Connection conn = XmlCpdsUtils.ds.getConnection();
      Statement stmt = conn.createStatement();
      String unamefilter = "%张%";
      ResultSet rs = stmt.executeQuery("select * from tb_User where uname like '" +
unamefilter + "'");
      while (rs.next()) {
          out.println("账号:" + rs.getString("uid") + "\t 用户名:" + rs.getString("uname"));
          out.println("<br>");
      }
      rs.close();
```

```
        stmt.close();
        conn.close();
    %>
</body>
</html>
```

3. 通过属性配置文件创建数据源对象

(1) 在 src 目录下新建 c3p0.properties 配置文件,内容如下。

```
c3p0.driverClass = com.mysql.jdbc.Driver
c3p0.jdbcUrl
jdbc:mysql://localhost:3306/javaweb?useUnicode = true&characterEncoding = utf - 8
c3p0.user = root
c3p0.password = mysql
c3p0.maxPoolSize = 20
c3p0.minPoolSize = 3
c3p0.maxStatements = 30
c3p0.maxIdleTime = 150
```

(2) 创建数据源工具类 PropCpdsUtils。

```
package cn.pju.cpds;

import java.sql.Connection;
import java.sql.SQLException;
import javax.sql.DataSource;
import com.mchange.v2.c3p0.ComboPooledDataSource;

public class PropCpdsUtils {
  public static DataSource ds = null;
  static {
      //使用默认配置创建数据源,该无参构造方法默认加载类路径下的 c3p0.properties 或
//c3p0 - config.xml
      ComboPooledDataSource cpds = new ComboPooledDataSource();
      ds = cpds;
  }

  public static DataSource getDataSource() {
      return ds;
  }

  public static Connection getConnection(){
        Connection conn = null;
        try {
            conn = ds.getConnection();
        }catch (SQLException e) {
            e.printStackTrace();
        }
        return conn;
    }
}
```

(3) 创建 JSP 页面 propCpDs. jsp。

```
<%@page import="java.sql.*"%>
<%@page import="javax.sql.*"%>
<%@page import="javax.naming.*"%>
<%@page import="cn.pju.cpds.PropCpdsUtils"%>

<%@ page language="java" contentType="text/html; charset=UTF-8" pageEncoding="UTF-8"%>

<!DOCTYPE html>
<html>
<head>
<meta http-equiv="Content-Type" content="text/html; charset=UTF-8">
<title></title>
</head>
<body>
  <%
      Connection conn = PropCpdsUtils.ds.getConnection();
      Statement stmt = conn.createStatement();
      String unamefilter = "%张%";
      ResultSet rs = stmt.executeQuery("select * from tb_User where uname like '" +
unamefilter + "'");
      while (rs.next()) {
          out.println("账号: " + rs.getString("uid") + "\t 用户名: " + rs.getString("uname"));
          out.println("<br>");
      }
      rs.close();
      stmt.close();
      conn.close();
  %>
</body>
</html>
```

细心的读者应该不难发现,XmlCpdsUtils 类与 PropCpdsUtils 类的代码其实是相同的,它们的核心都是通过 ComboPooledDataSource 类的无参构造方法创建数据源对象,即

```
ComboPooledDataSource cpds = new ComboPooledDataSource();
```

该无参构造方法默认从项目的类路径下寻找 c3p0. properties 或 c3p0-config. xml 配置文件进行数据源参数的加载,而且如果加载的是 c3p0-config. xml 配置文件,选择其中 <default-config>定义的默认数据源信息进行加载。同理,xmlCpDs. jsp 和 propCpDs. jsp 两个页面文件也是相同的。

需要注意的是,在使用 ComboPooledDataSource(String configName)方法创建对象时必须遵循以下两点。

① 配置文件的名称必须为 c3p0-config. xml 或 c3p0. properties,且位于项目 src 根目录下。

② 当传入的 configName 值为空或不存在时,则使用默认的配置方式创建数据源。

4. 使用属性配置文件和 ComboPooledDataSource 类的 setXxx()函数创建数据源对象

该方法主要是通过读取配置文件中的字符串内容,然后结合 ComboPooledDataSource

类的 setXxx()函数来创建数据源。

(1) 在 src 目录下创建任意名称的属性文件,如 config.properties,内容如下。

```
jdbc.driverClassName = com.mysql.jdbc.Driver
jdbc.url = jdbc:mysql://localhost:3306/javaweb?useUnicode = true&characterEncoding = utf8
jdbc.username = root
jdbc.password = mysql
```

(2) 创建工具类 DBUtil,从 config.properties 配置文件中读取参数值,通过 ComboPooledDataSource 类的 setXxx()方法来创建数据源。

```
package cn.pju.cpds;

import java.beans.PropertyVetoException;
import java.io.IOException;
import java.sql.Connection;
import java.sql.DriverManager;
import java.sql.PreparedStatement;
import java.sql.SQLException;
import java.sql.Statement;
import java.util.Properties;

import javax.sql.DataSource;

import com.mchange.v2.c3p0.ComboPooledDataSource;
import com.sun.org.apache.bcel.internal.generic.NEW;

public class DBUtil {
  public static DataSource ds = null;

  static {
      Properties prop = new Properties();
      try {

  prop.load(DBUtil.class.getClassLoader().getResourceAsStream("config.properties"));
              ComboPooledDataSource cpds = new ComboPooledDataSource();
              cpds.setDriverClass(prop.getProperty("jdbc.driverClassName"));
              cpds.setJdbcUrl(prop.getProperty("jdbc.url"));
              cpds.setUser(prop.getProperty("jdbc.username"));
              cpds.setPassword(prop.getProperty("jdbc.password"));
              cpds.setInitialPoolSize(5);
              cpds.setMaxPoolSize(10);
              ds = cpds;
      } catch (IOException e) {
              e.printStackTrace();
      } catch (PropertyVetoException e) {
              e.printStackTrace();
      }
  }

  public static DataSource getDataSource() {
```

```
        return ds;
    }

    public static Connection getConnection() {
        try {
            return ds.getConnection();
        } catch (SQLException e) {
            e.printStackTrace();
        }
        return null;
    }

}
```

(3) 新建 JSP 页面 propSetCpDs.jsp,用以测试数据源的可用性,代码如下。

```
<%@page import = "java.sql.*" %>
<%@page import = "javax.sql.*" %>
<%@page import = "javax.naming.*" %>
<%@page import = "cn.pju.cpds.DBUtil" %>
<%@ page language = "java" contentType = "text/html; charset = UTF-8" pageEncoding = "UTF-8" %>
<!DOCTYPE html>
<html>
<head>
<meta http-equiv = "Content-Type" content = "text/html; charset = UTF-8">
<title></title>
</head>
<body>
  <%
      Connection conn = DBUtil.getConnection();
      Statement stmt = conn.createStatement();
      String unamefilter = "%张%";
      ResultSet rs = stmt.executeQuery("select * from tb_User where uname like '" +
unamefilter + "'");
      while (rs.next()) {
          out.println("账号: " + rs.getString("uid") + "\t 用户名: " + rs.getString("uname"));
          out.println("<br>");
      }
      rs.close();
      stmt.close();
      conn.close();
  %>
</body>
</html>
```

该 JSP 页面的运行效果与图 8-14 效果相同。

小　　结

Java 程序是通过 JDBC API 访问数据库的,JDBC API 定义了 Java 程序访问数据库的接口。访问数据库首先应该建立到数据库的连接,传统的方法是通过 DriverManager 类的

getConnection()函数建立连接对象，使用这种方法很容易产生性能问题，因此从 JDBC 2.0 开始，提供了通过数据源建立连接对象的机制。

通过数据源连接数据库，首先要建立数据源，然后通过 JNDI 查找数据源，建立连接对象，最后通过 JDBC API 操作数据库，通过 PreparedStatement 对象，可以创建预处理语句对象，它可以执行动态 SQL 语句。

习　　题

1. 简述 Java 访问数据库的两层和三层模型。
2. 简述传统的数据库连接步骤。这种方法有什么缺点？

第9章 Java Web 实用开发技术

当前 Internet 已经普及社会的每个角落，Web 应用也已经成为 Internet 上最受欢迎的应用，而 Web 应用的出现也推动了 Internet 的普及与推广。Web 技术已经成为 Internet 上最重要的技术之一。Web 应用越来越广泛，Web 开发逐渐成为软件开发技术的重要组成部分。Web 开发是 B/S 模式下的一种开发形式。本章简单介绍程序开发架构、Java Web 开发所需要的主流技术，以及开发 Java Web 应用所需要的开发环境、运行环境和开发工具。最后介绍建立简单的 Web 项目，并讲解 Web 项目的结构。

9.1 图形验证码

验证码(CAPTCHA)是 Completely Automated Public Turing test to tell Computers and Humans Apart(全自动区分计算机和人类的图灵测试)的缩写，是一种区分用户是计算机还是人的公共全自动程序，可以防止恶意破解密码、刷票、论坛灌水，有效防止某个黑客对某一个特定注册用户用特定程序暴力破解方式进行不断的登录尝试。实际上，使用验证码是现在很多网站通行的方式，我们利用比较简易的方式实现了这个功能。这个问题可以由计算机生成并评判，但是只有人类才能解答。由于计算机无法解答 CAPTCHA 的问题，所以回答出问题的用户就可以被认为是人类。

常见的验证码包括图形验证码、手机短信验证码、手机语音验证码、视频验证码等。

9.1.1 图形验证码简介

验证码最早是在 2002 年由卡内基-梅隆大学的 Luis von Ahn、Manuel Blum、Nicholas J. Hopper 以及 IBM 的 John Langford 所提出。卡内基-梅隆大学曾试图将 CAPTCHA 注册为商标，但该申请于 2008 年 4 月 21 日被拒绝。一种常用的 CAPTCHA 测试是让用户输入一个扭曲变形的图片上所显示的文字或数字，扭曲变形是为了避免被光学字符识别(Optical Character Recognition，OCR)之类的计算机程序自动辨识出图片上的数字而失去效果。由于这个测试是由计算机来考人类，而不是标准图灵测试中那样由人类来考计算机，人们有时称 CAPTCHA 是一种反向图灵测试。如图 9-1 所示为验证码生成效果。

图 9-1 验证码的生成与输入

9.1.2 图形验证码的实现

一般情况下，图形验证码的实现使用的是服务器端语言（例如 Java，PHP，C#等），使用服务器端语言生成一个字节流，使用图形化技术，把随机生成的文字、数字与干扰项一起转换为图片输出到客户端，并使用 HTML 标签显示该图片内容，并在服务器端的会话中保存随机生成的内容。当用户提交数据时，连同验证码一并提交，数据在服务器端被验证。如果用户输入验证码的内容与服务器端保存的内容一致，即为通过，否则为失败。如图 9-2 所示为用户请求响应 Web 服务的流程过程描述如下。

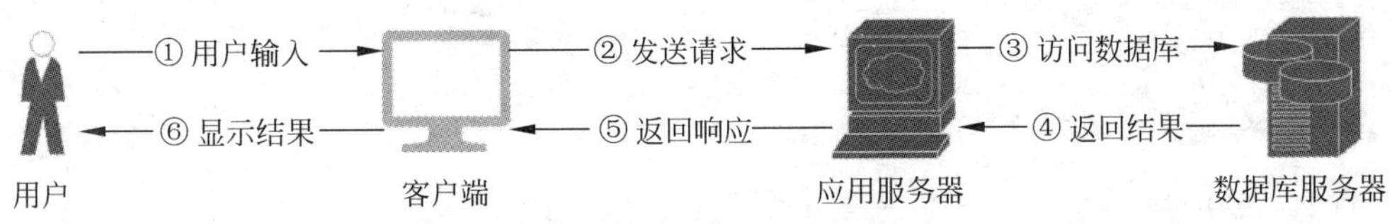

图 9-2　用户请求响应 Web 服务的流程

（1）用户输入。客户端通过浏览器接收用户的输入，如用户名、密码、验证码信息等。

（2）发送请求。客户端向应用服务器发送请求，客户端把请求信息（包含表单中的输入以及其他请求等信息）发送到应用服务器端，客户端等待服务器端的响应。

（3）访问数据库。即应用服务器使用某种脚本语言访问数据库，查询数据，并获取查询结果。

（4）返回结果。数据库服务器向应用服务器中的程序返回结果。

（5）返回响应。即应用服务器端向客户端发送响应信息（一般是动态生成的 HTML 页面）。

（6）显示结果。即浏览器解释 HTML 代码，将结果界面呈现给用户。

9.1.3 案例——带图形验证码的登录模块

登录流程如图 9-3 所示。

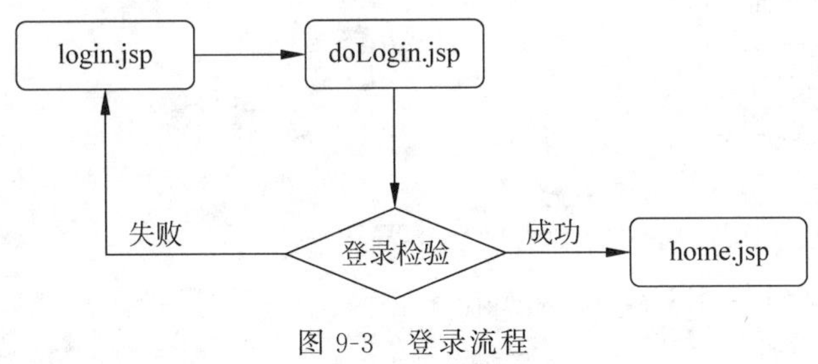

图 9-3　登录流程

流程介绍：

（1）用户浏览网站，单击打开 login. jsp，填入手机号、密码、验证码，登录系统。

（2）服务器端使用 doLogin. jsp 进行处理。

（3）如果成功，重定向到 home. jsp。

（4）如果失败，重定向到 login. jsp，并提示相关错误（例如，用户名或密码错误、验证码错误等）。

代码实现：

分析时一般是从前端到后端，代码设计和编写的过程一般是从后端到前端。具体的代码编写过程如下。

(1) 设计表结构(数据库代码如下)。

```
create  table t_user(
   t_phone char(11) primary key,
   t_nickname varchar(20),
   t_pwd varchar(32),
   t_create_time datetime
)engine = Innodb;
```

(2) User 实体类的创建。

```
import java.util.Date;

public class User {
  private String phone;
  private String nickName;
  private String pwd;
  private Date createTime;
  public String getPhone() {
    return phone;
  }
  public void setPhone(String phon){
    this.phone  =  phone;
  }
}
```

(3) UserDao 数据访问接口，功能为通过电话查询用户信息。

```
/**
 *根据手机号码查询用户
 * @param phone
 * return User
 * throws SQLException
 */
User getByPhone(String phone) throws SQLException;
```

(4) 数据库数据封装类 UserRowMapper。

```
public class UserRowMapper implements RowMapper<User>{
    @Override
    public User mapperObject(ResultSet rs) throws SQLException {
        User user  =  new User();
        user.setPhone(rs.getString(nt_phonen));
        user.setNickName(rs.getString(nt_nicknamen));
        user.setPwd(rs.getString(nt_pwdn));
        user.setCreateTime(DateUtil.stringToDate(rs.getString("t_create_time"));
        return user;
```

```
    }
}
```

(5) 数据访问实现类 UserDaoImpl。

```
@Override
public User getByPhone(String phone) throws SQLException {
    String sql = "select t_phone,t_nickname,t_pwd,t_create_time from t_user where t_phone = ?";
    return JdbcTemplate.selectOne(sql, new UserRowMapper(), phone);
}
```

(6) 业务逻辑接口 UserService。

```
/** 登录
 *     @param phone
 *     @param pwd
 *     @return
 *     @throws MoodException */
User login(String phone,String pwd)throws MoodException;
```

(7) 业务逻辑接口实现 UserServiceImpl。

```
@Override
public User login (String phone, String pwd) throws MoodException {
    User user = null;

    try{
        tx.begin ();
        user = userDao.getByPhone(phone);
        if (null == user) {                          //手机号不存在
            throw new MoodException ("手机号码不存在");
        }else{
            if (! pwd.equals(user.getPwd())){        //密码不正确
                throw new MoodException ("密码不正确");
            }
            tx.commit ();
        }
    }catch(SQLException e) {
            e.printStackTrace ();
            tx.rollback ();
        }
    return user;
}
```

(8) 图形验证码生成类 CodeUtil。

```
public class CodeUtil {
    private static String[ ] charactors = {"1","2","3","4","5","6","7","8","9","a","b"};
                                                            //还有其他字符串
    public static String generateCode(){
        //随机生成四个字符
        StringBuffer sb = new StringBuffer();
```

```
        for(int i = 0; i < 4; i++){
            //随机从 charactors 数组中获取一个字符
            //随机生成一个数组的下标[0, charactors .length - 1]
            int randomNumber = (int)(Math.random() * charactors.length|);
            sb.append(charactors[randomNumber]);
        }
        return sb.toString ();
    }
}
```

(9) 客户端验证码显示。

```
< span class = "send - code - btn lf" id = "sendCodeBtn">
    发送验证码
</span >
< span id = "codeArea"></span >
```

JS 文件：

```
$ ("#sendCodeBtn").click:(function(){
        $ .ajax({
              type :"GET",
              url:"user/generateCode.do",
              success:function(msg){
               $ ("fcodeArea").text(msg);
        }
        });
});
```

(10) 测试验证码输入是否正确。

```
public String regist ( HttpServletRequest request, HttpServletResponse response ) throws
ServletException, IOException{
    String phone = request.getParameter("phone");
    String nickName = request.getParameter("nickName");
    String pwd = request.getParameter("pwd");
    String code = request.getParameter("code");    //客户端的验证码
    String serverCode = (String)request.getSession().getAttribute("serverCode");
    if (!serverCode.equals (code)){                 //验证码不正确
        request.setAttribute ("errMsg","验证码不正确");
        return "error";
    }
}
```

9.2 MD5 加密

加密,是以某种特殊的算法改变原有的信息数据,使得未授权的用户即使获得了已加密的信息,但因不知解密的方法,仍然无法了解信息的内容。

在密码学中,加密是将明文信息隐匿起来,使之在缺少特殊信息时不可读。虽然加密作为通信保密的手段已经存在了几个世纪,但是,只有那些对安全要求特别高的组织和个人才会使用它。在 20 世纪 70 年代中期,强加密(Strong Encryption)的使用开始从政府保密机构延伸至公共领域，并且目前已经成为保护许多广泛使用系统的方法，比如互联网电子商务、手机网络和银行自动取款机等。

加密可以用于保证安全性，但是其他一些技术在保障通信安全方面仍然是必需的，尤其是关于数据完整性和信息验证，例如，信息验证码（MAC）或者数字签名。另一方面的考虑是为了应付流量分析。

9.2.1 MD5 加密简介

MD5 的典型应用是对一段信息（Message）产生信息摘要（Message-Digest），以防止被篡改。例如，在 UNIX 下有很多软件在下载的时候都有一个文件名相同，文件扩展名为 .md5 的文件，在这个文件中通常只有一行文本，大致结构如 MD5 (tanajiya.tar.gz) = 0ca175b9c0f726a831d895e269332461。这就是 tanajiya.tar.gz 文件的数字签名。

MD5 将整个文件当作一个大文本信息，通过其不可逆的字符串变换算法，产生了这个唯一的 MD5 信息摘要。为了让读者对 MD5 的应用有个直观的认识，举例来描述一下其工作过程。任何人都有自己独一无二的指纹，这常常成为公安机关鉴别罪犯身份最值得信赖的方法；与之类似，MD5 就可以为任何文件（不管其大小、格式、数量）产生一个同样独一无二的"数字指纹"，如果任何人对文件名做了任何改动，其 MD5 值也就是对应的"数字指纹"都会发生变化。

9.2.2 MD5 加密的实现

MD5 算法是典型的消息摘要算法，其前身有 MD2、MD3 和 MD4 算法，它由 MD4、MD3 和 MD2 算法改进而来。

不论是哪一种 MD 加密算法，它们都需要获得一个随机长度的信息并产生一个 128 位的信息摘要。如果将这个 128 位的二进制摘要信息换算成十六进制，可以得到一个 32 位的字符串，因此加密完成后的十六进制的字符串长度为 32 位。

MD5 加密后的信息最终以十六进制输出，因此首先编写 byte 数组转换为十六进制并以字符串形式展现。首先创建方法名称 convertByteToHexString，此方法需要一个 byte 数组作为传入参数，并最终返回 String 类型的字符串。具体代码如下。

```
/**
 * 将 byte 数组转换为十六进制输出
 * @param bytes
 * @return
 */
public static String convertByteToHexString(byte[] bytes)
{
  String result = "";
  for(int i = 0; i < bytes.length; i++)
  {
      int temp = bytes[i] & 0xff;
      String tempHex = Integer.toWexString(temp);
      if(tempHex.length()< 2){
          result += "0" + tempHex;
      }else{
          result += tempHex;
```

```
        }
        return result;
    }
}
```


编写程序实现 MD5 加密算法。方法名称为 md5Jdk,同样需要传入一个参数 String(原始信息),返回为 String(加密后信息)。

```
/**
 * JDK 自带的 MD5 加密
 * @param message
 * @return
 */
public static String md5Jdk(String message){
    String temp = "";
    try{
        MessageDigest md5Digest = MessageDigest.getInstance("MD5");
        byte[] encodeMd5Digest = md5Digest.digest(message.getBytes());
        temp = convertByteToHexString(encodeMd5Digest);
    }catch(NoSuchAlgorithmExcetpion e){
        e.printStackTrace();
    }
    return temp;
}
```

测试 MD5 加密的效果。

```
public static void main(String[] args) {
    String password = "123456789";
    System.out.println(md5Jdk(password));
}
```

9.2.3 案例——带密码加密功能的注册模块

流程如图 9-4 所示。

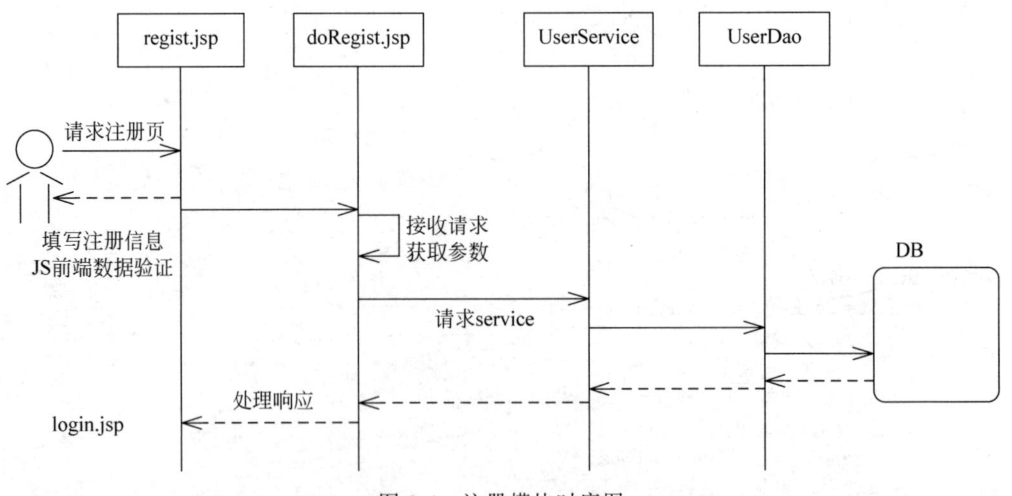

图 9-4　注册模块时序图

流程介绍：

(1) 用户请求注册页面，填写注册内容，并提交。

(2) 在 doRegist.jsp 中获得用户提交的注册内容，并把密码加密后保存到数据库中。

(3) 后台调用 Service 与 DAO 层的功能代码，数据被写入到数据库中。

代码实现：

(1) 数据库表的建立与上面所述相同，不再赘述。

(2) 编写 DAO 层接口及其实现类。

```
import com.njwbhz.mood.entity.User;
public interface UserDao{
    void add(User user) throws SQLException;
}
public class UserDaoImpl implements UserDao{
    public void add(User user) throws SQLException{
        String sql = "insert into t_user(t_phone, t_nikeName, t_pwd, t_create_time)
values(?,?,?,?)";
        JdbcTemplate.insert(sql, user.getPhone(), user.getNickName(), user.getPassword(),
user.getCreateTime());
    }
}
```

(3) 编写 Service 层与实现类。

```
  public interface UserService{
      void regist(User user) throws MoodException;
  }

import java.sql.SQLException;
public class UserServicelmpl implements UserService{
  private UserDao userDao;
  private Transaction tx;

  public void setTx (Transaction tx) {
      this.tx  = tx;
  }

  public void setUserDao(UserDao  userDao)  {
      this.userDao =  userDao;
  }

  @Override
  public void regist(User  user) throws MoodException {
      try {
          tx.begin();
          userDao.add(user);
          tx.commit();
      } catch  (SQLException  e) {
          e.printStackTrace();
          tx.rollback();
```

```
        }
    }
}
```


（4）修改原有的 doRegist.jsp，加密密码 user.setPwd(Md5Tool.md5Jdk(pwd))；Md5Tool 为上面所写的工具类。

```
<body>
  <%
    //用于接收用户注册的请求
    //获取请求参数
    request.setCharacterEncoding("UTF-8");
    String phone = request.gRtParametar("phone");
    String nickName = request.getParameter("nickName");
    String pwd = request.getParameter("pwd");
    //验证码暂时先不考虑
    Userservice userservice = (Userservice) ApplicationContext.getBean("userservice");
    User user = new User();
    user.setPhone(phone);
    user.setNickName(nickName);
    user.setPwd(pwd);
    try {
        userservice.regist(user);
        //响应
        Response.sendRedirect("login.jsp");
    } catch (MoodException moodException) {

    }
  %>
</body>
```

9.3 在线编辑器

在 Web 程序应用中，最常见的一种是信息的发布和交流。而在信息发布的同时，往往需要对发布的数据进行格式的转换，才能使信息以用户需要的格式显示在 Web 页面上。而为了实现 Web 应用中在线信息发布的正确显示和用户对信息发布的格式、类型和功能上的需求，HTML 在线编辑器的概念就应运而生了。

9.3.1 在线编辑器简介

HTML 在线编辑器就是用于在线编辑的工具，编辑的内容是基于 HTML 的文档。因为它可用于在线编辑基于 HTML 的文档，所以，它经常被应用于留言板留言、论坛发帖、Blog 编写日志等或需要用户输入普通 HTML 的地方，是 Web 应用的常用模块之一。

1. 百度出品的 UEditor

UEditor 是由百度 Web 前端研发部开发的所见即所得的富文本 Web 编辑器，具有轻量、可定制、注重用户体验等特点，开源基于 MIT 协议，允许自由使用和修改代码。特别要说明的是，头条号后台发布文章的编辑器就是用的 UEditor。

UEditor 还有一个轻量版，叫作 UMeditor，简称 UM。UM 是为满足广大门户网站对于简单发帖框或者回复框需求所定制的在线 HTML 编辑器。其主要特点是容量和加载速度上的改变，主文件的代码量为 139KB，而且放弃了使用传统的 iframe 模式，采用了 div 的加载方式，以达到更快的加载速度和零加载失败率。UM 的第一个使用者是百度贴吧，已经受贴吧每天几亿的页面访问考验，功能设计应当是最优化的了。当然，随着代码的减少，UM 的功能对于 UE 来说还是有所减少，但也有增加，比如拖曳图片上传、Chrome 中的图片拖动改变大小等。

2. xhEditor 开源 HTML 编辑器

xhEditor 是一个基于 jQuery 开发的简单迷你并且高效的可视化 HTML 编辑器，基于网络访问并且兼容 IE 6.0＋，Firefox 3.0＋，Opera 9.6＋，Chrome 1.0＋，Safari 3.22＋。

xhEditor 完全基于 JavaScript 开发，可以应用在任何的服务端语言环境下，例如 PHP、ASP、ASP.NET、Java 等。可以在 CMS、博客、论坛、商城等互联网平台上完美地嵌入运行，能够非常灵活简单地和用户的系统实现完美的无缝衔接。

主要特点如下。

(1) 精简迷你。初始加载 4 个文件，包括 1 个 JS(50kB)＋2 个 CSS(10kB)＋1 个图片(5kB)，总共 65kB。若 JS 和 CSS 文件进行 gzip 压缩传输，可以进一步缩减为 24kB 左右。

(2) 使用简单。简单的调用方式，加一个 class 属性就能将 textarea 变成一个功能丰富的可视化编辑器。

(3) 无障碍访问。提供 WAI-ARIA 全面支持，全键盘精细操作，全程语音向导，提供完美无障碍访问体验，充分满足残疾人的上网需求。

(4) 内置 Ajax 上传。内置强大的 Ajax 上传，包括 HTML 4 和 HTML 5 上传支持(多文件上传、真实上传进度及文件拖曳上传)，剪贴板上传及远程抓取上传。

(5) Word 自动清理。实现 Word 代码自动检测并清理，生成代码最优化精简，却不丢失细节效果。

(6) UBB 可视化编辑。支持 UBB 可视化编辑，在获得安全高效代码存储的同时，又能享受可视化编辑的便捷。

3. KindEditor 开源 HTML 编辑器

KindEditor 也是一个开源的在线 HTML 编辑器，使用 JavaScript 编写，可以无缝地与 Java、.NET、PHP、ASP 等程序集成，比较适合在 CMS、商城、论坛、博客、Wiki、电子邮件等互联网应用上使用。这个编辑器上手比较容易，功能也很强大，界面比较友好，很适合新手使用。

主要特点如下。

(1) 快速：体积小，加载速度快。

(2) 开源：开放源代码，高水平，高品质。

(3) 底层：内置自定义 DOM 类库，精确操作 DOM。

(4) 扩展：基于插件的设计，所有功能都是插件，可根据需求增减功能。

(5) 风格：修改编辑器风格非常容易，只需修改一个 CSS 文件。

(6) 兼容：支持大部分主流浏览器，如 IE、Firefox、Safari、Chrome、Opera。

4. 阿里巴巴的 KISSY

严格来说，KISSY 不仅是一个在线 HTML 编辑器，而且是由阿里巴巴集团前端工程师们发起创建的一个开源 JS 框架，具有跨终端、模块化、使用简单的特点，里面带有 HTML 编辑器这个模块。

正因为 KISSY 采取模块化设计，因此具有高扩展性、组件齐全、接口一致、自主开发、适合多种应用场景等优点。KISSY 除了有完备的工具集合诸如 DOM、Event、Ajax、Anim 等，还面向团队协作做了独特设计，提供了经典的面向对象、动态加载、性能优化解决方案。作为一款全终端支持的 JavaScript 框架，KISSY 还为移动终端做了大量适配和优化，做移动 Web 开发的读者可以好好研究一下 KISSY 的运用。

百度 UEditor 是由百度 Web 前端研发部开发的所见即所得的富文本在线编辑器，具有轻量、可定制、注重用户体验等特点，开源基于 BSD 协议，允许互联网开发者自由传播和使用代码。百度 UEditor 的推出，可以帮助解决不少网站开发者在开发富文本编辑器时所遇到的难题，节约开发者因开发富文本编辑器所需要的大量时间，有效降低了企业的开发成本。

9.3.2 在线编辑器的使用

（1）下载 UEditor。

（2）安装 NodeJS。

① 下载 NodeJS。打开官网下载链接：https://nodejs.org/en/download/，如图 9-5 所示。

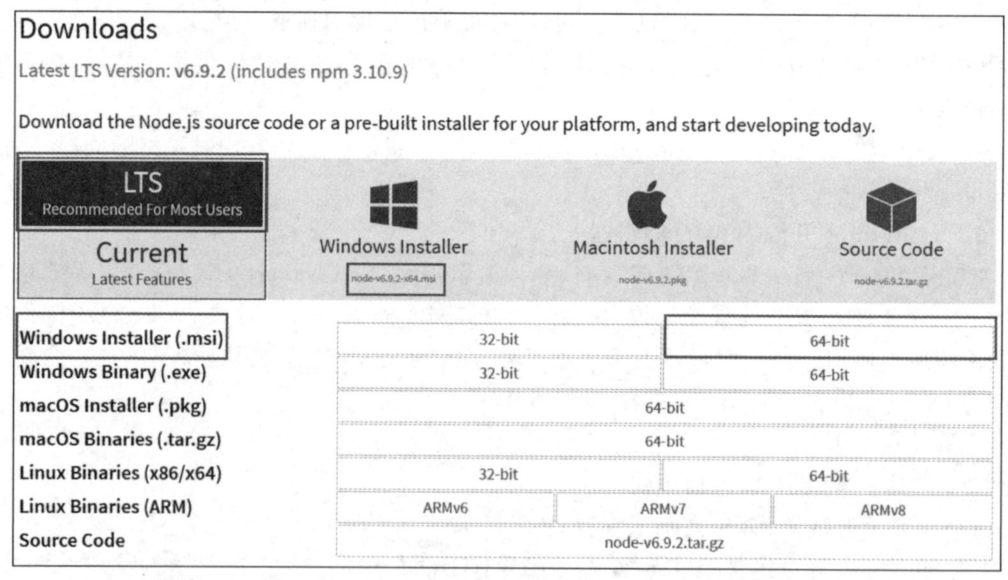

图 9-5　NodeJS 官方下载页面

② 安装 NodeJS，如图 9-6 所示。

③ 检查 NodeJS 是否安装成功，如图 9-7 所示。

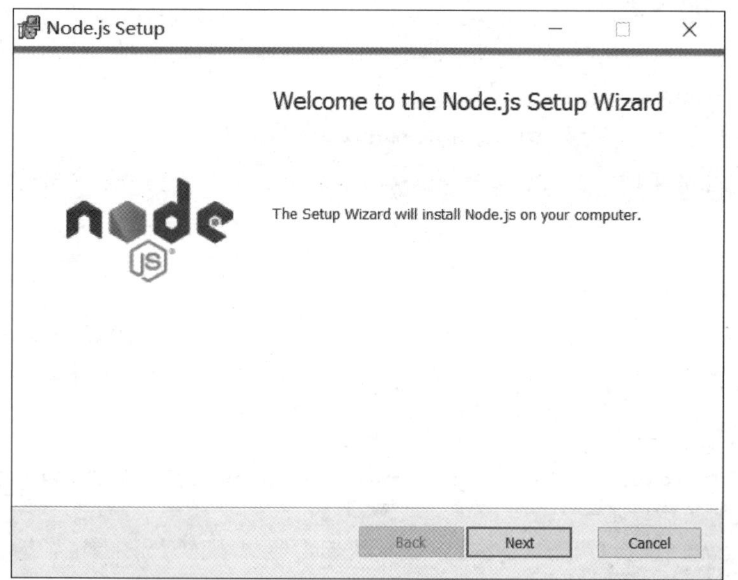

图 9-6　NodeJS 安装页面

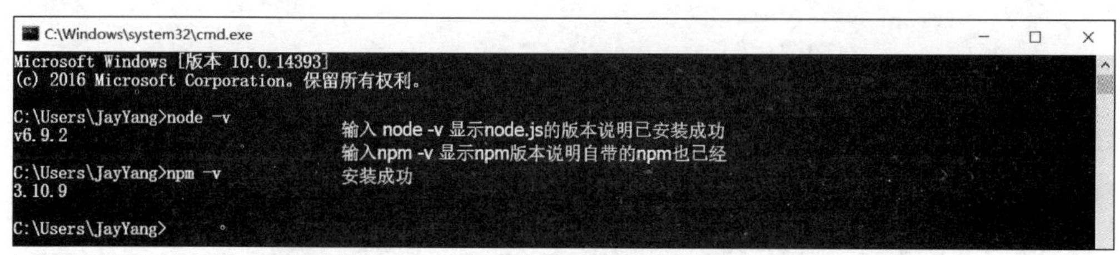

图 9-7　检查安装是否成功

(3) 安装 UEditor。

① 安装成功后，打开控制台，在控制台下输入如图 9-8 所示命令。

如果控制台输出 NodeJS 的版本。那恭喜你，NodeJS 就安装好了，可以使用 Ctrl+C 组合键退出 node 模式。

② 安装打包需要的 grunt 插件。

以终端方式(Windows 用户用 cmd)进入 UEditor 源码根目录，执行如图 9-9 所示命令。

图 9-8　查看 NodeJS 的版本

图 9-9　安装 npm

这个命令会根据 package.json 文件，安装打包需要的 grunt 和 grunt 插件。

安装结束后，会在 UEditor 目录下出现一个 node_modules 文件夹。

③ 执行打包命令。

以终端方式(Windows 用户用 cmd)进入 UEditor 源码根目录，执行如图 9-10 所示命令。

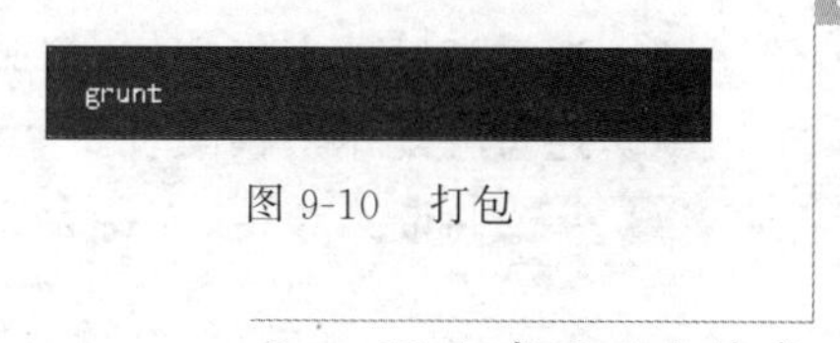

图 9-10　打包

这个命令会根据 Gruntfile.js 执行打包的任务，运行过程需要 Java 环境支持。

命令完成后,UEditor 目录下会出现 dist/目录,里面有打包好的 ueditor 文件夹。

(4) 使用 UEditor。

在 UEditor 目录下,新建一个 demo. html 文件,代码如下。

```
<! DOCTYPE HTML >
< html lang = "en - US">
< head >
  < meta charset = "UTF - 8">
  < title > ueditor demo </title >
</head >

< body >
  <! -- 加载编辑器的容器 -- >
  < script id = "container" name = "content" type = "text/plain">这里写你的初始化内容</script >
  <! -- 配置.文件 -- >
  < script type = "text/javascript" src = "ueditor.config.js" X/script >
    <! -- 编辑器源码文件 -- >
    < script type = "text/javascript" src = "ueditor.all.js"X/script >
    <! -- 实例化编辑器 -- >
   < script type = "text/javascript">
      var ue  =  UE.getEdi tor{ * container1);
    </script >
</body >
</html >
```

9.4 文件上传与下载

上传就是将信息从个人计算机(本地计算机)传递到中央计算机(远程计算机)系统上,让网络上的人都能看到。

“上传”一词来自英文(upload),拆开来 up 为“上”,load 为“载”,故上传也叫上载,与下载(download)是逆过程。

上传分为 Web 上传和 FTP 上传,前者直接通过单击网页上的链接即可操作,后者需要专用的 FTP 工具。

下载(download) 常简称 down,通常的意思是把服务器上保存的软件、图片、音乐、文本等下载到本地机器中。

广义上说,凡是在屏幕上看到的不属于本地计算机上的内容,都是通过“下载”得来的。狭义上,人们只认为那些自定义了下载文件的本地磁盘存储位置的操作才是“下载”。

9.4.1 文件上传简介

(1) Web 上传:即通过浏览器来上传文件,特点如下。

① 通过浏览器上传文件,按照操作向导一步步操作完成,用户无须培训。

② 通过分配用户权限发布文件,简单、安全。

③ 不支持断点续传,支持大文件上传。

④ 上传文件属性(格式、上传时间、人员等)自动生成、方便快捷。

⑤ 上传后的文件配有审核机制,保证文件质量。

⑥ 审核后的文件自动归类,用户通过网络浏览。

⑦ Web 上传需要有一定的网页内容支持(包括上面所说的很多功能)。

(2) FTP 上传:简称文件传输协议,通过 FTP 软件上传,特点如下。

① 上传之前,需要安装专业上传软件,并对软件加以学习,用户需要学习上传软件。

② 需要建立 FTP 服务器及配置设置,专业性强。

③ 支持断点续传,无须重新上传,支持大文件上传。

④ FTP 上传后的文件,需要从后台手动输入文件属性,费时费力。

⑤ FTP 上传后的文件,没有审核机制。

⑥ FTP 上传的文件,需要手动进行归类,比较麻烦。

⑦ FTP 上传具有 Web 上传绝无仅有的优势,就是可以批量上传、批量整理,不受太多限制。

9.4.2 文件上传准备

文件上传是开发中常用的功能,本节主要介绍使用 commons-fileupload-1.1.jar 包实现基本的文件上传功能,即上传文件到指定的目录中,同时介绍上传过程中使用到的相关类及其方法。

下载插件:准备需要的 jar 包。

commons-fileupload-1.1.jar:文件上传 jar 包(必须导入)。

commons-io-1.2.jar:必须导入,如果不导入程序编译时不会报错,但是发布后运行时会报错。

log4j-1.2.8.jar:强烈建议导入,但在本类中不是必需的,后面的上传文件到数据库中的类时会使用。

classes12.jar:连接 Oracle 数据库的 jar 包,后面的上传文件到数据库中时必须导入。

项目结构如图 9-11 所示。

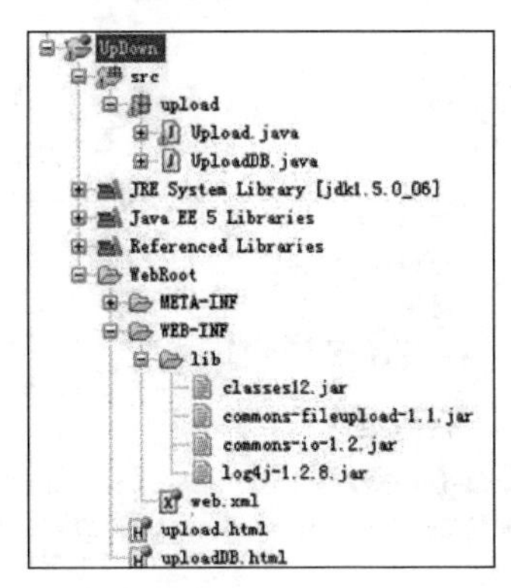

图 9-11 项目结构

9.4.3 案例——头像上传

功能介绍:实现用户头像文件的上传,并对上传的文件大小进行限制。

流程介绍:用户打开网页,上传文件,后台保存文件,代码如下。

1. 前端页面

```
< html >
< head >
  < title >上传头像</title >
</head >
< body >
  < form name = "uploadform" method = "POST" action = "upload"
    ENCTYPE = ,,multipart/fonn - data">
    < table border = "1" width = "450" cellpadding = "4"
```

```
        cellspacing = "2
                bordercolor = "#9BD7FF">
        <tr>
            <td width = "100%" colsFan = "2">文件 1: <input name = "a" size = "40" type = "file">
            </td>
        </tr>
        <tr>
            <td width = "100%" colspan = "2">文件 2: <input name = "b" size = "40" type = "file">
            </td>
        </tr>
        <tr>
            <td width = "100%" colsFan = "2">文件 3: <input name = "c" size = "40" type = "file">
            </td>
        </tr>

    </table>
    <br /><br />
    <table>
                <tr>
                  <td align = "center">
                        <input name = "upload" type = "submit" value = "开始上传"/>
                  </td>
                </tr>

    </table>
  </form>
</body>
</html>
```

2. 后台核心代码

```
//定义常量,保存文件路径
private static final String FILE_PATH = "D:" + File.separator + "test"
        + File.separator + "upload" + File.separator;    //文件上传的路径

private static final String FILE_TEMP = "D:" + File.separator + "test"
        + File.separator + "temp" + File.separator;;    //文件缓存路径

        public void doPost(HttpServletRequest request, HttpServletResponse response)
                throws ServletException, IOException {
            response.setContentType("text/html; char3et = GB2312");
            PrintWriter out = response.getWriter();
            //ServletFileUpload.isrtultipartContent(request);
            //可以处理之前用上面的方法检测 request 中是否有 multipart 内容,但已是废弃的方法了
            //生成 DiskFileltemFactorv 工厂
            DiskFileltemFactory factory = new DiskFileltemFactory();
            //对工厂进行相关的配置
            //设置最多只允许在内存中存储的数据,单位:字节
            factory.setSizeThreshold(2048):

                //设置一旦文件大小超过 getSizeThreshold()的值时数据存放在硬盘的目录文件
```

```
//缓存路径
        //判断指定的目录是否存在,如果不存在则新建该目录,注意 mkdirs()和 mkdir()
//的区别:
        //如果 test 存在,用 mkdir()程序会在后面报错,用 rnkdirs()就不会报错
        File fileTemp = new File(FILE_TEMP);
    if  (!fileTemp.exists()){
        fileTemp.mkdirs():
    }
    File filePath1 = new File(FILE_PATH);
    if  (!filePath1.exists()) {
        filePath1.mkdir(); //此处可以用 mkdir()方法,因为前面的代码执行后 test
//目录一定存在
    }
    //设置缓存路径
    factory.setRepository(fileTemp);
    //将 DiskFileltemFactory 对象传给 ServletFileUpload 构造方法,生成上传类
    //ServletFileUpload 的对象
    ServletFileUpload sevletFileUpload = new ServletFileUpload(factory);
    //设置允许用户上传文件大小,单位:字节,这里设为 2MB
    sevletFileUpload.setSizeMax(2 * 1024 * 1024);
}
```

9.5 JavaMail 开发

电子邮件是一种用电子手段提供信息交换的通信方式,是互联网应用最广泛的服务。通过网络的电子邮件系统,用户可以以非常低廉的价格(不管发送到哪里,都只需负担网费)、非常快速的方式(几秒钟之内可以发送到世界上任何指定的目的地),与世界上任何一个角落的网络用户联系。

电子邮件在 Internet 上发送和接收的原理可以很形象地用人们日常生活中邮寄包裹来形容:当我们要寄一个包裹时,首先要找到任何一个有这项业务的邮局,在填写完收件人姓名、地址等之后包裹就寄出而到了收件人所在地的邮局,那么对方取包裹的时候就必须去这个邮局才能取出。同样地,发送电子邮件时,这封邮件是由邮件发送服务器(任何一个都可以)发出,并根据收信人的地址判断对方的邮件接收服务器而将这封信发送到该服务器上,收信人要收取邮件也只能访问这个服务器才能完成。

1. 电子邮件的发送

SMTP 是维护传输秩序、规定邮件服务器之间进行哪些工作的协议,它的目标是可靠、高效地传送电子邮件。SMTP 独立于传送子系统,并且能够接力传送邮件。

SMTP 基于以下的通信模型:根据用户的邮件请求,发送方 SMTP 建立与接收方 SMTP 之间的双向通道。接收方 SMTP 可以是最终接收者,也可以是中间传送者。发送方 SMTP 产生并发送 SMTP 命令,接收方 SMTP 向发送方 SMTP 返回响应信息,如图 9-12 所示。

连接建立后,发送方 SMTP 发送 MAIL 命令指明发信人,如果接收方 SMTP 认可,则返回 OK 应答。发送方 SMTP 再发送 RCPT 命令指明收信人,如果接收方 SMTP 也认可,

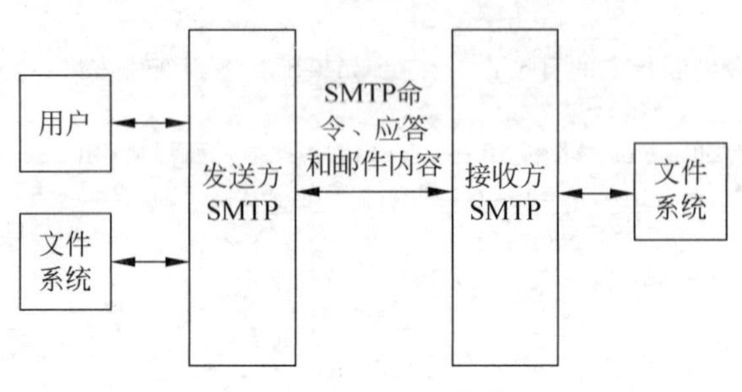

图 9-12　SMTP 通信模型

则再次返回 OK 应答；否则将给予拒绝应答(但不中止整个邮件的发送操作)。当有多个收信人时，双方将如此重复多次。这一过程结束后，发送方 SMTP 开始发送邮件内容，并以一个特别序列作为终止。如果接收方 SMTP 成功处理了邮件，则返回 OK 应答。

对于需要接力转发的情况，如果一个 SMTP 服务器接受了转发任务，但后来却发现由于转发路径不正确或者其他原因无法发送该邮件，那么它必须发送一个"邮件无法递送"的消息给最初发送该信息的 SMTP 服务器。为防止因该消息可能发送失败而导致报错消息在两台 SMTP 服务器之间循环发送的情况，可以将该消息的回退路径置空。

2. 电子邮件的接收

1) 电子邮件协议第 3 版本(POP3)

要在互联网的一个比较小的节点上维护一个消息传输系统(Message Transport System，MTS)是不现实的。例如，一台工作站可能没有足够的资源允许 SMTP 服务器及相关的本地邮件传送系统驻留且持续运行。同样地，要求一台个人计算机长时间连接在 IP 网络上的开销也是巨大的，有时甚至是做不到的。尽管如此，允许在这样小的节点上管理邮件常常是很有用的，并且它们通常能够支持一个可以用来管理邮件的用户代理。为满足这一需要，可以让那些能够支持 MTS 的节点为这些小节点提供邮件存储功能。POP3 就是用于提供这样一种实用的方式来动态访问存储在邮件服务器上的电子邮件的。一般来说，就是指允许用户主机连接到服务器上，以取回那些服务器为它暂存的邮件。POP3 不提供对邮件更强大的管理功能，通常在邮件被下载后就被删除。更多的管理功能则由 IMAP4 来实现。

邮件服务器通过侦听 TCP 的 110 端口开始 POP3 服务。当用户主机需要使用 POP3 服务时，就与服务器主机建立 TCP 连接。当连接建立后，服务器发送一个表示已准备好的确认消息，然后双方交替发送命令和响应，以取得邮件，这一过程一直持续到连接终止。一条 POP3 指令由一个与大小写无关的命令和一些参数组成。命令和参数都使用可打印的 ASCII 字符，中间用空格隔开。命令一般为 3～4 个字母，而参数却可以长达 40 个字符。

2) 互联网报文访问协议第 4 版本(IMAP4)

IMAP4 提供了在远程邮件服务器上管理邮件的手段，它能为用户提供有选择地从邮件服务器接收邮件、基于服务器的信息处理和共享信箱等功能。IMAP4 使用户可以在邮件服务器上建立任意层次结构的保存邮件的文件夹，并且可以灵活地在文件夹之间移动邮件，随心所欲地组织自己的信箱，而 POP3 只能在本地依靠用户代理的支持来实现这些功能。如果用户代理支持，那么 IMAP4 甚至还可以实现选择性下载附件的功能，假设一封电子邮件中含有 5 个附件，用户可以选择下载其中的 2 个，而不是所有。

与POP3类似,IMAP4仅提供面向用户的邮件收发服务。邮件在互联网上的收发还是依靠SMTP服务器来完成。

3）电子邮件地址的构成

电子邮件地址的格式由三部分组成。第一部分“USER”代表用户信箱的账号,对于同一个邮件接收服务器来说,这个账号必须是唯一的；第二部分“@”是分隔符；第三部分是用户信箱的邮件接收服务器域名,用以标志其所在的位置。

9.5.1 JavaMail简介

JavaMail,顾名思义,是提供给开发者处理电子邮件相关的编程接口。它是Sun发布的用来处理E-mail的API,可以方便地执行一些常用的邮件传输。可以基于JavaMail开发出类似于Microsoft Outlook的应用程序。

虽然JavaMail是Sun的API之一,但它还没有被加在标准的Java开发工具包中(Java Development Kit,JDK),这就意味着在使用前必须另外下载JavaMail文件。除此之外,还需要有Sun的JavaBeans Activation Framework(JAF)。JavaBeans Activation Framework的运行很复杂,在这里简单地说就是JavaMail的运行必须得依赖于它的支持。在Windows 2000下使用需要指定这些文件的路径,在其他的操作系统上也类似。

JavaMail是可选包,因此如果需要使用的话需要首先从Java官网上下载。最新版本是JavaMail1.5.0。使用JavaMail的时候需要Javabean Activation Framework的支持,因此也需要下载JAF。安装JavaMail只是需要把它们加入到CLASSPATH中,如果不想修改CLASSPATH的话,可以直接把它们的jar包移动到JAVA_HOME/lib/ext下。这样JavaMail就安装好了。

JavaMail包中用于处理电子邮件的核心类是Session,Message,Address,Authenticator,Transport,Store,Folder等。Session定义了一个基本的邮件会话,它需要从Properties中读取类似于邮件服务器、用户名和密码等信息。

9.5.2 JavaMail的实现

JavaMail API按照功能可以划分为如下三大类。

(1) 创建和解析邮件的API。

(2) 发送邮件的API。

(3) 接收邮件的API。

以上三种类型的API在JavaMail中由多个类组成,但是主要有四个核心类,在编写程序时记住这四个核心类,就很容易编写出Java邮件处理程序,如图9-13所示。

(1) Message类：javax.mail.Message类是创建和解析邮件的核心API,这是一个抽象类,通常使用它的子类javax.mail.internet.MimeMessage类。它的实例对象表示一份电子邮件。客户端程序发送邮件时,首先使用创建邮件的JavaMail API创建出封装了邮件数据的Message对象,然后把这个对象传递给邮件发送API(Transport类)发送。客户端程序接收邮件时,邮件接收API把接收到的邮件数据封装在Message类的实例中,客户端程序再使用邮件解析API从这个对象中解析收到的邮件数据。

(2) Transport类：javax.mail.Transport类是发送邮件的核心API类,它的实例对象

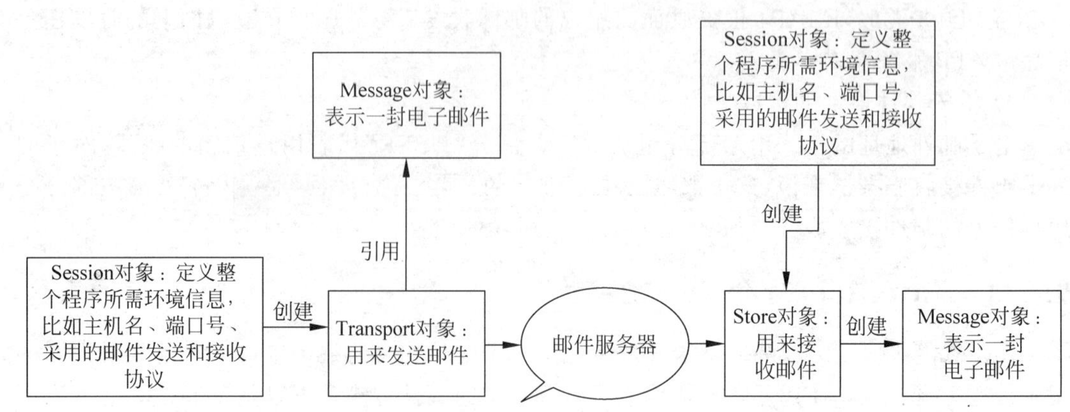

图 9-13　JavaMail 处理邮件的流程

代表实现了某个邮件发送协议的邮件发送对象，例如 SMTP。客户端程序创建好 Message 对象后，只需要使用邮件发送 API 得到 Transport 对象，然后把 Message 对象传递给 Transport 对象，并调用它的发送方法，就可以把邮件发送给指定的 SMTP 服务器。

（3）Store 类：javax. mail. Store 类是接收邮件的核心 API 类，它的实例对象代表实现了某个邮件接收协议的邮件接收对象，例如 POP3 协议。客户端程序接收邮件时，只需要使用邮件接收 API 得到 Store 对象，然后调用 Store 对象的接收方法，就可以从指定的 POP3 服务器获得邮件数据，并把这些邮件数据封装到表示邮件的 Message 对象中。

（4）Session 类：javax. mail. Session 类用于定义整个应用程序所需的环境信息，以及收集客户端与邮件服务器建立网络连接的会话信息，例如，邮件服务器的主机名、端口号、采用的邮件发送和接收协议等。Session 对象根据这些信息构建用于邮件收发的 Transport 和 Store 对象，以及为客户端创建 Message 对象时提供信息支持。

注意：QQ 邮箱默认 SMTP/POP3 服务是关闭的，其他邮箱是默认开启的。QQ 邮箱开启 SMTP/POP3 服务时会要求使用授权码，并在使用第三方客户端发送邮件时用授权码代替密码。所以使用 QQ 邮箱的 SMTP 服务时，邮箱和授权码。当使用其他邮箱的 SMTP 服务时，只需提供邮箱和密码即可。

9.5.3　案例——使用 JavaMail 实现简单的邮件发送模块

（1）设置 QQ 邮箱的 SMPT 协议。

登录 QQ 邮箱，在 QQ 邮箱里的“设置”→“账户”里开启 SMTP 服务，如图 9-14 所示。

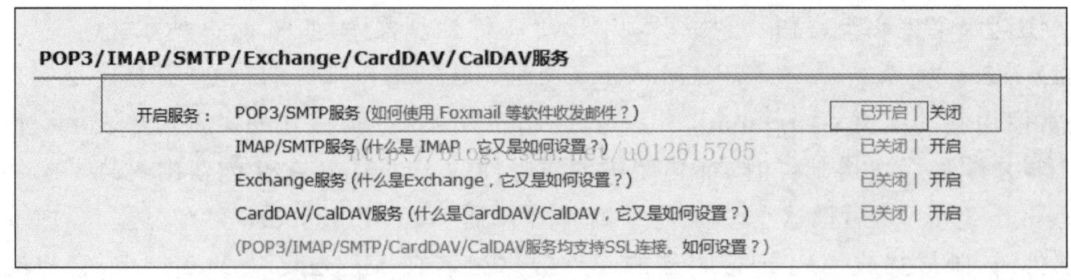

图 9-14　开启 QQ 邮箱的 SMTP 服务

(2) 下载 JavaMail 的 API,如图 9-15 所示,路径如下。

https://www.oracle.com/technetwork/java/javasebusiness/downloads/java-archive-downloads-eeplat-419426.html#javamail-1.4.7-oth-JPR

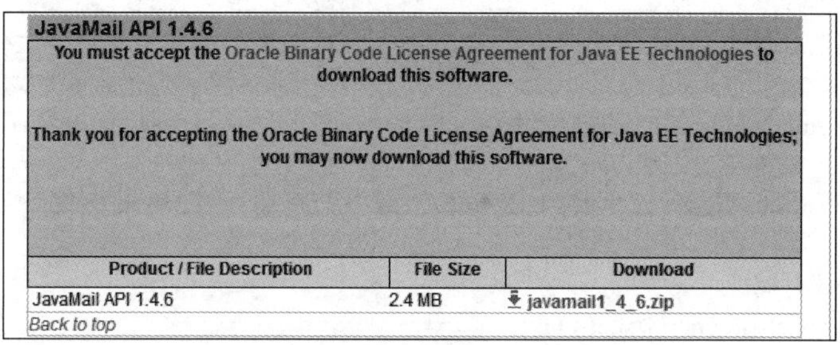

图 9-15　JavaMail API 下载页面

(3) 编写邮件发送代码。

```
public String sendMail() {
    Properties props = new Properties ();                    //参数配置
    props.secProperty ("mall. transport.protocol", "smtp"); //使用的协议(JavaMail 规范要求)
    props.secProperty("mall.smtp.hosc", myEmailSMTPHosv);
    props. secProperty ("mall. smtp. port", "25");          //设置发件人邮箱的 SMTP 服务器地址
    props. setProperty ("mall. smtp. auch", "true");        //需要请求认证
    //props.setProperty("mail.smtp.startvis.enable", "true");
    //需要请求认证
    //根据配置创建会话对象,用于和邮件服务器交互
    Session session = Session.getlnstance(props);
    session.setDebug (true);                          //设置为 debug 模式,可以查看详细的发送 log

    //创建一封邮件
    MimeMessage message = null;
    Transport transport = null;
    try {
        message = creaceMimeMessage(session, myEmailAccounv, receiveMailAccounc);
        transport = session.gecTransporv();
        transport.connect(myEmailAccounv, myEmailPassword);
        //发送邮件,发到所有的收件地址, message. gevAHRecipients ()
        //获取到的是在创建邮件对象时添加的所有收件人,抄送人,密送人
        transport. sendMessage (message, message. gevAHRecipients ());
        //关闭连接
        transport.close();
    } catch (Exception e) {
        e.prinvSvackTrace();
    }
    return null;
}

public MimeMessage createMimeMessage (Session session, String sendMail, String receiveMail)
throws Exception {
  //1.创建一封邮件
  MimeMessage message = new MimeMessage (session);
```

```
    //2. From:发件人(昵称有广告嫌疑,避免被邮件服务器误认为是滥发广告以至返回失败,请修改昵称)
    message.secFrom(new IncernetAddress (sendMail, "163", "UTF - 8"));
    //3. To:收件人(可以增加多个收件人、抄送、密送)
    message.secRecipient(MimeMessage.RecipiencType.TO, new IncernetAddress(receiveMail, "qq
用户","UTF - 8"));
    //4. Subject:邮件主题(标题有广告嫌疑,避免被邮件服务器误认为是滥发广告以至返回失败,
//请修改标题)
    message.setSubject("test mail", "UTF - 8");
    //5. Content:邮件正文
    message.setConcent("qq用户你好,我是163/////今天全场5折,快来抢购","text/html;charset =
UTF - 8");
    //6.设置发件时间
    message.secSencDace(new Date());
    //7.保存设置
    message.saveChanges();
    return message;
}
```

小　　结

本章重点介绍了 Java Web 开发过程中经常使用到的实用高级开发技术,主要包括登录界面图形验证码技术、MD5 数据加密技术、在线编辑器技术、文件的上传与下载技术和 Java Mail 开发技术,这些技术在日常开发过程中非常实用,请读者务必学习和掌握。

第10章 开发实训——问答系统

前面系统学习了Java Web开发环境的配置、JSP基本语法、JSP访问数据库技术等，这些内容属于JSP编程的基础知识。本章利用一个问答系统，来对这些内容进行复习和提升实践动手能力。

10.1 问答网站系统案例需求

随着时代的发展，各行各业的发展都非常迅速，人们获得知识、掌握知识的途径也越来越多。如果人们想获得自己不知道或不了解的东西，不再是通过面对面的提问，而是通过网络搜索或发帖提问，越来越多的人已经习惯这样的沟通，问答网站也就应运而生了。为了更好地促进交流，提升自身与他人的能力，本章就来开发一个问答网站系统。

10.2 问答网站系统分析

10.2.1 需求分析

提供一个交流的平台，注册用户可以发布提问内容，或回答其他用户的提问。提问用户可以设置每一个问题回答的奖励分。回答用户（应答者）回答的答案如果令提问者满意就给予相应的积分奖励（如果提问者在有效时间内没有确认答案是否满意，该奖励分将给予“赞”最多的答案的用户）。同时还有相应的违规处理。

10.2.2 功能分析

建立一个问答网站，默认注册用户积分为100，刚注册时用户默认为普通用户，并随机生成与用户相对应的银行卡，可以进行发帖、看帖、回帖、结帖（采纳最佳答案）、收藏帖、举报帖、点赞回复帖、删除自己帖下的未采纳回复，可以修改账户的基本信息，进行积分的充值和会员的充值，对会员的充值可以通过银行卡及积分充值的形式。充值成会员后，比普通用户多出一个置顶帖功能，可以优先显示自己的帖子，更方便问题的求教。管理员用户可以删除帖子，可以审核帖子，违规次数过多的用户账号会被封停。

10.2.3 系统设计

(1) 用户登录与注册。

(2) 发布提问内容。

（3）奖励积分设置。

（4）个人信息设置。

（5）个人主页设置。

（6）举报功能与举报审核。

（7）点赞。

（8）消息处理。

（9）回复提问。

（10）充值。

10.3 开发过程

开发过程详解文档

小　结

本章主要从软件工程的角度出发，详细介绍了基于 Java Web 开发技术，实现了一个简单的问答系统具体开发过程。通过该项目的开发过程学习，可有效整合本书前几章所学内容，提高读者实际动手开发能力。

图书资源支持

感谢您一直以来对清华版图书的支持和爱护。为了配合本书的使用，本书提供配套的资源，有需求的读者请扫描下方的“书圈”微信公众号二维码，在图书专区下载，也可以拨打电话或发送电子邮件咨询。

如果您在使用本书的过程中遇到了什么问题，或者有相关图书出版计划，也请您发邮件告诉我们，以便我们更好地为您服务。

资源下载、样书申请

书圈

我们的联系方式：

地　　址：北京市海淀区双清路学研大厦 A 座 701

邮　　编：100084

电　　话：010-83470236　010-83470237

资源下载：http://www.tup.com.cn

客服邮箱：2301891038@qq.com

QQ：2301891038（请写明您的单位和姓名）

扫一扫，获取最新目录

课 程 直 播

用微信扫一扫右边的二维码，即可关注清华大学出版社公众号“书圈”。